热结构的声振特性

李跃明　耿　谦　著

科学出版社

北　京

内 容 简 介

装备结构服役时，受到温度、湿度、振动及噪声等多物理场的作用，其动态响应准确预测的难度显著增加。针对装备结构在复杂服役环境下的动态特性，本书通过理论建模、数值仿真和实验验证相结合，建立一套典型壁板结构在热环境下的声振特性分析方法，获得结构振动和声响应随温度的变化规律，从理论上解释演化过程的原因，揭示热载对结构动态特性的影响机理，发展针对几何非线性和高频响应预测问题的高效仿真计算方法，为复杂热结构的声振响应预测提供参考依据和技术手段，并对潮湿环境下复合材料壁板的声振特性进行讨论。

本书可作为力学、航空宇航、机械工程等专业高年级本科生和研究生的教学参考书，也可供相关领域研究设计人员参考阅读。

图书在版编目(CIP)数据

热结构的声振特性/李跃明，耿谦著. —北京：科学出版社，2021.1

ISBN 978-7-03-067164-6

Ⅰ. ①热… Ⅱ. ①李… ②耿… Ⅲ. ①高超音速飞行器-板-振动控制-热环境-研究 Ⅳ. ①V414.3

中国版本图书馆 CIP 数据核字(2020) 第 247840 号

责任编辑：宋无汗／责任校对：杨 赛
责任印制：张 伟／封面设计：迷底书装

科学出版社 出版
北京东黄城根北街 16 号
邮政编码：100717
http://www.sciencep.com

北京中石油彩色印刷有限责任公司 印刷
科学出版社发行 各地新华书店经销
*
2021 年 1 月第 一 版 开本：720×1000 B5
2021 年 1 月第一次印刷 印张：17 1/4
字数：348 000

定价：118.00 元

(如有印装质量问题，我社负责调换)

序

飞行器、燃气轮机等高端装备服役于热变、噪声、振动等复杂环境，其结构力学性能随着环境变化而发生改变，给装备结构设计带来巨大挑战。因此，热结构力学性能的准确认知是高端装备设计的基础，具有重要的学术研究和工程应用价值。

李跃明教授长期从事结构动力学研究，在该领域取得了丰硕研究成果。十年前，他参与我主持的某国家重大科技专项课题，致力于其中的结构热声振特性研究。近十年来，他还承担国家自然科学基金项目、国家 973 计划项目，并与航天企业开展科技合作，持续研究热环境下结构多场耦合动力学问题，建立了热结构动态特性的理论模型、数值分析方法及实验验证方法，取得一系列研究成果。

在上述研究基础上，李跃明教授撰写了学术专著《热结构的声振特性》。该书以高端装备结构的热、噪声、振动服役环境为背景，先介绍热、声、振动问题的一般理论，再以工程中常见的各向同性板、夹芯板、层合板等为对象，分析热环境下典型壁板结构的线性声振特性、热屈曲和温度梯度作用下的非线性声振特性，以及加筋复合材料板和连接结构的热模态特性，并讨论复合材料结构在湿环境下的声振响应特性。

该书是国内首部在理论上揭示热、湿作用下结构初始应力、初始变形等效应对结构声振特性作用机理的学术著作，对于深刻认识装备结构在服役条件下的动力学行为及指导工程设计具有重要意义。该书主要内容已在相关领域的国内外著名期刊发表，获得学术界的认可，并用于解决工程问题。

该书内容由浅入深，逐级递进，层次清晰，可读性强。全书各章的内容相互关联，围绕典型壁板热结构依次展开各个专题研究，形成完整的知识脉络，适合初学者对结构热声振基本问题的系统学习。此外，各章均从研究对象的基本理论推导开始，配合相应的实验和数值分析，自成体系，便于读者对某一专题的学习和研究。

我很高兴向广大读者推荐此书，是为序。

胡海岩

中国科学院院士

中国振动工程学会理事长

2020 年 10 月

前　言

高端装备在服役过程中，其整体或局部结构常需承受热、湿、机械载荷、噪声激励、过载等环境的影响。例如，飞行器在高速飞行时，气动热引起的温升使结构产生热膨胀，导致其动态响应特性发生变化；气动噪声及发动机振动和噪声等，使结构承受高强度动态激励。这些因素均会不同程度地改变结构的力学特性，增加系统运行状态的复杂程度。因此，有效预测结构在复杂环境下的服役特性，对装备的设计和控制具有重要意义。

作者自十余年前参与某国家重大科技工程起，即开始了热结构声振特性的研究工作。随后，又承担一系列的相关研究任务，作者团队对相关的不同专题进行了深入探索，逐步获得了对热结构声振特性较为系统的认知，从而有了撰写成书的基础。

本书以结构在热环境下的动态响应特性为研究内容，以实际装备中常用的典型壁板为对象，采用理论建模、数值仿真与实验测试相结合的手段，建立一套较为完整的热结构声振响应特性分析方法，开展考虑温度效应的壁板结构振动及声响应特性研究，对热屈曲效应、梯度热载效应、热模态演变过程、几何非线性降阶计算、高频响应预测等问题进行专题讨论，获得温度变化对壁板结构动态特性的影响机制，为复杂结构在热环境下的响应预测和动态特性分析提供理论基础和参考依据。最后，借鉴这一研究方法，对复合材料在潮湿环境下的响应特性进行简要介绍。本书内容对于先进飞行器、核反应堆、航空发动机、燃气轮机、集成电路以及工业和民用建筑等存在的热、湿结构动力学行为问题，均具有参考价值和指导意义。

本书是作者及团队近十年来研究成果的总结，参加研究工作的有杨雄伟博士、赵鑫博士、刘圆博士、张博博士、王迪博士、李欢硕士、李微硕士、杜萌硕士、李重岭硕士、胡君逸硕士等。相关工作得到了国家自然科学基金项目、国家重点基础研究发展计划 (973 计划) 项目、国家重大专项等的支持。研究生吴磊、王恬、周雨晴、杜小燕等为书稿的整理工作也付出了辛勤的劳动。

承蒙中国振动工程学会理事长、中国科学院院士胡海岩先生对这项工作的长期支持与肯定，并拨冗为本书作序，作者在此表示衷心的感谢。同时，感谢科学出版社宋无汗编辑为本书提出了大量宝贵的修改意见，为全书质量的提升做出了巨大努力。

鉴于作者水平有限，书中难免有疏漏和不足之处，敬请各位读者朋友批评指正。

目　　录

第1章　绪　　论

装备系统在运行时，常受到温度、湿度、振动、噪声、静载、冲击、过载等不同形式载荷的作用。这些因素或单独、或多个同时存在，构成了特定的服役环境，直接影响装备结构的设计性能，在很大程度上决定了其在服役期内的可靠性和实际寿命。

随着装备性能不断提升，其服役环境的严苛程度也不断提高，主要体现在两方面：其一，载荷量级更高。以飞行器为例，巡航速度的提高使其受到更强的气动加热作用，结构温度变化更加剧烈，热环境的影响逐渐凸显[1,2]；同时，更强的气动噪声产生更高量级的噪声激励，导致结构动态响应表现出更强的非线性特性[3,4]。其二，载荷形式更复杂。飞行器在高马赫数下航行时，气动热、气动噪声、机械振动、过载等往往同时作用，且各因素间也存在不同程度的相互影响，形成了多物理场耦合的载荷环境[5,6]，导致结构响应的复杂程度显著提高，为系统响应预示造成更大困难。

对于众多装备结构，热、振动和噪声是较为常见的载荷因素。例如，在飞行器、燃气轮机、发动机、核反应堆等系统中，其核心部件在经受温度变化的同时，也常受到机械振动和噪声激励作用。热、振、声三场环境的载荷条件，导致结构表现出新的动力学行为，可能对系统的安全运行带来隐患。因此，针对热结构的声振特性，建立一套完整有效的分析方法，获得结构特性随载荷因素的变化规律，对装备结构的优化设计和先进制造具有重要的指导意义。

1.1　结构服役环境

1. 热环境

装备结构在服役过程中所承受的热载荷有多种来源。虽然形式不同，但均会不同程度地导致结构温度变化。例如，高超声速飞行器服役时，其外表面受到气流强烈摩擦产生的气动热作用，可导致结构温度在短时间内升至 1400℃以上[7]；重型燃气轮机在工作时，高温高压燃气持续流过转子和叶片，可使其表面温度长时间保持在 1600℃以上[8]；航天器在轨运行时，在反复进出地球阴影区的过程中，高通量的热辐射变化会使结构温度发生上百摄氏度温差的周期性变化[9]。

在所处热环境作用下，结构温度发生变化，进而影响装备系统的运行状态。首先，温度变化会改变结构材料的物理属性，升温往往导致材料变软、结构刚度降低，破坏其承载性能。其次，热载荷会使结构产生膨胀，改变其几何构型及应力状态，影响其稳定性和动态性能。同时，装备结构的温度变化还会改变其内部环境温度，影响结构部件和电子元器件以及操作人员的工作条件。以上热环境的各种作用，都会对系统状态产生影响，且负面影响居多，对装备结构的设计和制造提出了更高要求。

2. 力学环境

装备结构在工作时，除了受热环境影响，也会经受不同形式载荷的作用。以高超声速飞行器为例，外部空气被压缩并高速流过飞行器表面，由此产生的气流压力扰动造成高频高强度噪声激励，使其在局部位置可达到甚至超过 180dB[10]。该作用会引起结构振动，一方面，使结构内产生高频交变应力，经过长时间工作，可能诱发部件疲劳失效[11] 以及裂纹扩展甚至断裂[12]，导致飞行器结构破坏或发生解体；另一方面，起初的小幅振动在气流压力的作用下，很可能演变为发散的大幅自激振动，即发生颤振，在短时间内造成飞行器结构的灾难性破坏[13]。

在飞行器内部，发动机提供强大动力以维持高速飞行，但也会对飞行器系统产生强烈扰动。发动机工作时的振动会对飞行器产生动态激励，引起结构振动；同时，发动机运转时产生的噪声也会改变飞行器内部及外部的声学环境，使得系统各元器件处于持续高声强的条件下工作。

另外，由现有试验机飞行测试结果可知，高速飞行器可在短时间内加速到接近马赫数为 10 的巡航速度[14]。在此加速过程中，飞行器结构受到巨大过载[15]，承受大于自身重力数倍的加速度作用，结构强度及承载能力受到考验，其动态特性也会发生变化。

3. 综合环境

处于热环境和力学环境的综合服役条件下，飞行器系统的运行状态也呈现出复杂的变化过程，其热场、力场、声场等各物理场间存在明显的耦合关系。受温度变化影响，材料物理属性及结构状态均会产生变化，从而改变飞行器的动力学特性。结构振动会改变飞行器的声环境，声介质的扰动又会反作用于结构，影响其动态特性，改变飞行器结构的工作状态。同时，结构响应变化又会直接影响飞行器的气动特性，进而改变温度分布。在巡航过程中，高速飞行器的各环境因素均影响着系统服役性能，并且各因素间也存在互相作用。温度变化、结构振动以及声环境变化往往同时发生，且各物理场间存在耦合关系。飞行器系统所处的复杂条件可能导致其工作环境恶化，加速结构破坏及系统失效。

与高速飞行器类似，其他处于综合服役环境下的装备系统，如燃气轮机、航空发动机、火箭发动机、核反应堆等，其结构在工作时的运行特性也大体相同。

1.2 研究现状

在对具体问题的讨论中，多物理场的耦合作用常会引起系统中各未知量间的高度非线性关系，使问题的复杂程度提高，导致求解难度增大，甚至出现无解的情况。为有效降低求解难度，在实际分析中，常根据特定问题对各物理场进行解耦处理。

很多情况下，结构温度的波动频率往往远小于其所受外激励的频率，且热状态主要由结构热条件决定。因此，在动态过程中，温度场可认为是恒定不变的，将其简化为稳态条件来处理，热场与振动位移场间可实现解耦。

在结构与声介质组成的系统中，结构振动与声响应问题的分析方法可分为两种：其一，关注结构变形对空间声介质的扰动，由结构振动响应计算其声辐射量，考察系统将机械能转化为辐射声能的水平；其二，关注结构变形与空间声介质扰动之间的耦合作用，同时求解结构振动响应及空间声压分布，考察机械振动与声耦合系统的整体特性。

1.2.1 结构的热振动研究

关于结构热弹性问题的研究可追溯至十九世纪初期，由法国学者 Duhamel 在法国科学院宣读并发表在 1837 年的学术期刊上。其内容主要包括边值问题求解，以及温度场与结构变形场的耦合问题求解[16]。早期的结构热弹性研究多针对静力问题开展，通过将结构温度变化产生的热载荷转化为面力或体力，把问题退化为普通的弹性力学问题，并采用经典弹性理论进行求解。

在第二次世界大战前后，由于工业生产、武器制造及航空装备等领域内科学技术的快速发展，结构热弹性问题也逐渐在更大范围的工程应用中凸显。在此期间，研究的主要内容包括对复杂机械系统及其部件的热应力分析、对不同材料结构在不同载荷作用下许用应力的评估、对结构受热时的稳定性预测等[17,18]。这些工作主要关注结构在热载荷作用下的静态、准静态及稳定性问题。同时，结构热弹性问题的分析对象也逐渐由无限大体或半无限大体[19,20]扩展至条带状结构、圆盘、球形结构、圆柱壳等更复杂的基础构造物[21,22]。随着计算数学和计算机技术的快速发展和广泛应用，结构热弹性问题数值解法的研究也得到了发展。在众多分析方法中，应用较多的主要包括有限条分法 (finite strip method，FSM)[23]、有限差分法 (finite difference method，FDM)[24]、有限体积法 (finite volume method，FVM)[25]以及有限单元法 (finite element method，FEM)[26−33]等。其中，有限单元法在建立计算模型时，将形式复杂的结构离散成几何形状规则的单元体集合，从而实现对任意结构的分析，并能获得较合理的结果，在各数值方法中使用最为广泛。

在服役过程中，工程结构常受到时变因素的作用，结构状态也在不断变化[34]。

与静力问题相对应，结构在动态过程中的热问题也具有重要的研究价值，是考察仪器仪表、工业机械及航空航天运载器等受热结构运行状态及失效破坏的基础。在这些问题中，热结构的动态响应往往是决定系统安全性及使用寿命的重要因素。

温度变化对结构的直接作用主要体现为可改变材料的物理属性，以及改变结构的应力状态和构型。一般情况下，材料的弹性模量随温度升高呈单调降低的变化趋势 (少数材料会升高)，导致结构变软。热应力及热变形的影响则更复杂，不但受温度分布影响，还由约束条件、结构构型及材料分布等因素决定。在建立热结构的振动控制方程时，材料物理属性的变化改变本构关系，应力状态和构型的变化改变结构受力情况。对于前者，直接改变结构的刚度即可；对于后者，可把热载荷产生的热应力计入结构微元体的平衡条件，或从能量角度出发利用 Hamilton 原理，将热因素对结构动态响应的影响引入推导过程。因此，在处理热振动问题时，可将热应力转化为结构在初始静态热载作用下的振动响应分析[35−43]。

针对受初始载荷作用的结构动态响应问题，在二十世纪中叶，Weinstein 和 Chien[36,37] 以及 Kaul 和 Tewari[38]分析了固支板在预加载均匀拉力和压力条件下的振动响应。Dickinson[39]研究了各向同性板在面内剪力作用下的横向自由振动。采用类似的处理方法，学者们也考察了正交各向异性板在受面内初始载荷作用下的动态响应特性[40,41]。作为初始载荷的一种特殊情况，当初始内力是由热载荷引起时，结构在热环境下的振动特性也可以采用相同的方法进行分析。胡琦[44] 考虑热应力和热弯矩的作用，建立了扁壳热致振动的控制方程，得到了四边简支扁壳在热冲击载荷作用下振动响应的理论解。Jadeja和 Loo[45]针对结构热致振动问题，计算了矩形平板在热流输入条件下的温度变化及热应力和热弯矩分布，并考虑热载荷对控制方程的影响，采用 Galerkin 法给出了受热板振动响应的双三角级数形式近似解。吴晓和马建勋[46,47]采用改进 L-P 法和伽辽金原理，对正交异性矩形平板和圆柱壳在热载荷作用下的非线性振动问题开展研究。Shu 等[48]考虑温度场及应力场间的耦合效应，分析了固支圆板的自由振动特性。Yeh[49]研究了在热力耦合作用下正交各向异性板的大挠度振动问题，计算结果表明，热力耦合效应表现为热弹性阻尼的作用，减小了结构振动响应幅值。Kim[50] 考虑结构应力及材料物理属性随温度的变化，对热环境下功能梯度矩形板的振动问题建立了理论分析方法。Brischetto 和 Carrera[51]采用热力完全耦合模型，研究了单层及双层受热金属板的自由振动问题。Zhang 等[52,53]建立了简化叶片模型在均匀热载和梯度热载作用下的动力学方程，研究了受热叶片结构的非线性振动问题。

由于理论分析中基础假设的理想化，其仅能对某些特定结构及问题进行解答，对于结构形式和热载荷分布较为复杂的情况，则可借助数值方法获得分析结果。其中，有限元法因具有较好的适应性，得到了广泛应用。针对板件等基元结构，在二十世纪七十年代末，沈守正[54]编制了求解板热刚度和热振动的有限元程序，针对简单问题得到了与精确解吻合较好的数值预测结果。Fallon 和 Thornton[55]通过在有限元振动方程中加入预应力刚度矩阵 (也称几何刚度矩阵)，考察了热应力对薄壳振动响应及稳定性的影响。Ganesan 和 Dhotarad[56]利用有限元法分析了矩形平板的热应力，并以此为基础，采用有限差分法及变分法分析了在热应力作用下的振动特性。Liu 和 Huang[57]考虑一阶剪切变形效应，采用有限元法分析了存在热应变作用时层合板的振动特性。杨自春[58,59]建立了考虑热应变的有限元模型，研究了受热复合材料层合板的非线性振动问题。刘芹等[60]采用商业有限元软件对薄壁圆柱壳进行传热及热应力求解，再利用预应力模态分析实现非线性热振动特性的计算。Amabili和 Carra[61]采用数值计算及实验方法，分析了热作用下板的非线性受迫振动响应。针对复杂结构，薛明德等利用有限元法对哈勃太空望远镜太阳能帆板的热致振动问题开展研究[62−64]。文献[65]和[66]对飞行器变厚度舵面结构进行瞬态传热过程的温度分布和固有振动特性分析，研究发现在加热过程中，结构的固有频率呈现先下降后升高的趋势，并指出热效应对弯扭耦合模态影响最大。Marlana等[67]考虑气动热及静压力改变结构形状及应力状态，开展金属热防护结构的随机噪声激励响应分析。研究发现，热载荷对结构在较高频率段内的响应影响明显，响应曲线在热环境下出现了新的共振峰。张博和李跃明[68]考虑结构缝隙处的热短路效应，采用有限元法研究了工作状态下热防护系统内的温度分布及热模态特性。

在理论及数值计算中，分析对象及问题多经过不同程度的简化和理想化处理。因此，其结果常不能完全反映出真实结构在实际状态下的响应特性，实验手段便成为理论及数值分析的重要补充和参考依据。

关于结构的热实验测试，Vosteen和 Fuller[69]采用石墨加热的方法对悬臂铝板开展了低阶模态实验研究。测试结果表明，结构的一阶弯曲及扭转频率随温度的升高明显降低。采用同样方法，Vosteen 等[70]又分别对楔形截面壁板及多墙式结构壁板进行了相同的实验，得到类似的测试结果。McWithey 和 Vosteen[71] 以 X-15 飞行器的原型机机翼为对象，考察了其在均匀及非均匀加热条件下基频固有振动特性的变化规律。实验结果表明，热应力的存在会显著降低结构刚度。Kehoe和 Snyder[72,73]采用实验方法考察了自由铝板在不同热加载下的模态特性，并开展相应的仿真计算。结果表明，在温度升高的过程中，材料弹性模量降低导致试件固有频率降低，模态振型保持不变，阻尼逐渐升高。Kehoe和 Deaton[74]以自由铝合金板及钛合金板为对象，在瞬态及稳态加热条件下开展模态实验。测试结果表明，热环境引起的材料物理特性和热应力变化是导致结构刚度下降的根本原因。Brown[75]对 X-34 飞行器 FASTRAC 引擎的复合材料火箭喷管开展了高温环境下的实验，并编制了有限元程序对其进行仿真。吴大方等[76]以附有防热材料的钛合金薄板为对象，模拟导弹高速巡航时的高温环境，对防热部件的隔热性能及抗振性能开展了实验研究。Hudson 和 Stephens[77]以及 Natalie[78]以 X-37 飞行器方向舵结构为对象，开展了加热状态下的模态及振动响应测试。苏华昌等[79]利用振动台和激光测振系统，开展了舵面结构在热环境下的一阶弯曲及扭转模态测试。Joen 等[80]对自由矩形铝板在不同加热速率下，进行了固有振动测试。实验中发现，某些模态振型会随加热水平的提高而消失。张治君等[81]采用非接触测试方法搭建了一套加热振动联合实验系统，开展了某试件在热环境下的振动特性研究。吴大方等[82]针对中空翼面结构进行了高温环境下的振动测试，获得其前三阶模态随温度的变化规律。结果表明，在升温至 900℃的加热过程中，各阶固有频率持续降低。

以上工作多以某实际工程结构或某典型部件为对象开展，且多为无约束体或悬臂结构。而在很多情况下，由于系统各部件间存在相互影响，结构在边界处的变形通常会受到限制。相比于自由状态，被约束结构在热环境下会产生更大的热应力，从而出现热失稳等现象，其对动态特性的影响在自由体中是无法体现的。而对许多实际结构而言，这些现象更为普遍。

对于结构在热环境下的后屈曲动态特性，Tawfik等[83]采用有限元法分析了形状记忆合金板在热载荷作用下，发生热屈曲前后基频的变化规律。Singha 等[84]采用四节点高精度剪切矩形弯曲板单元，研究了复合材料板在热屈曲前后的振动特性变化。Xia 和 Shen[85,86]对功能梯度板在热致后屈曲状态下的振动特性开展理论分析，研究了其固有频率随热载荷的变化规律。Fazzolari 和 Carrera[87]考虑热力耦合效应，研究了各向异性多层板在发生热屈曲前后的自由振动特性。以上理论及数值研究结果均表明，结构固有频率在热屈曲前随着温度升高逐渐降低，基频在临界屈曲点处降低至零。在板发生热屈曲后，一阶固有频率开始回升，更高阶频率则依次降低至零并逐渐回升。Murphy 等[88,89]对四边固支钢板在热环境下的固有振动特性进行理论分析，并开展了相关的实验验证。结果表明，结构的初始构型缺陷会影响其在热环境下的固有振动特性。

Geng 等[90,91] 针对热结构的振动问题也开展了研究。以矩形固支铝板为对象开展了动态响应测试，在被约束壁板热屈曲前后，获得了固有频率随温度先降低后回升的变化过程，以及频响曲线随温度升高先平移后集中的两阶段变化过程。同时，采用数值分析讨论了初始变形、非均匀热载及非理想边界约束等因素对薄板动态响应特性的影响。针对实验测试和数值仿真结果，以层合板为对象建立了热屈曲后的振动控制方程[92]，获得了热屈曲前后固有振动和受迫振动特性的变化规律，从理论上解释了产生以上实验现象的机理，分析了结构初始变形和梯度热载对其响应特性的影响。在此基础上，采用实验方法研究了正交各向异性板在热环境下模态特性和受迫振动响应的变化规律[93]。针对以上研究结果，采用数值方法对壁板结构的模态特性开展研究[94,95]，考虑温度变化对材料物理属性和结构应力及构型的影响，研究了复合材料加筋板和连接板在跨越屈曲温度前后的热模态特性演变规律。

1.2.2 振动问题的高效数值计算

数值方法可对结构形式和载荷条件复杂的模型开展分析，不但比理论模型的适用范围更广，也比实验测试所消耗的成本更低，是研究过程中不可或缺的重要手段。因此，有效利用数值手段，可为结构热振动问题的研究提供极大帮助。目前，有限元法是应用最为广泛的数值仿真方法之一，在求解静力学问题和多数动力学问题时，其具有适应性强、计算精度高以及求解稳定等优点。然而在处理某些动力学问题时，传统有限元法则受自身特点限制，存在一定的局限性和明显劣势。

对于非线性动态问题，计算过程中常需进行大量迭代分析。为保证求解精度，有限元模型往往网格数量大、节点数多、方程规模大，导致非线性求解耗费大量时间和存储空间，且极易出现收敛性问题，计算效率显著降低。然而在热环境作用下，结构动力学特性的复杂程度提升，进一步增大了非线性响应预测的难度。因此，在处理非线性动力学问题时，如何在保证计算精度的前提下，尽可能提高计算效率，是研究的一个重要问题。由此，产生了非线性降阶模型 (reduced order model，ROM) 的概念，通过将模型由物理空间转换至模态空间，将控制方程的未知数由节点位移转换为模态位移，从而有效减小系统自由度，加速迭代求解过程，寻求高效可靠的数值解。

在基于有限元法的非线性降阶计算中，Mei 等提出了非线性降阶的直接法。这种方法需对每种类型单元 (梁、板等) 给出特定的降阶格式，并提取有限元模型的非线性刚度矩阵进行计算，但都存在一定困难，使其在工程应用中受到限制[96,97]。与之相对应，非线性降阶的间接法随后被提出[98,99]。其利用有限元法求解一系列非线性静力方程，以获得降阶方程中的刚度系数，进而对该非线性动力学问题进行降阶求解。在非线性降阶的间接法中，刚度系数的确定是非常重要的环节，直接影响最终求解的可靠性。McEwan等[98]利用所选模态基底的加权叠加，构造一系列静态载荷，求解结构相应的非线性静态位移，以获得降阶模型的刚度系数，称为施加载荷法 (也称隐式缩减法)。Muravyov 和 Rizzi[99]根据所选基底假设一系列结构静态位移，求取相应的支反力从而获得刚度系数，称为假设位移法。

Hollkamp 等将利用降阶方法得到的固支梁非线性振动响应与实验结果进行比较，分析了不同降阶方法的结构声疲劳预测结果[100−102]，验证了降阶方法的正确性。在曲板非线性振动响应[103]及后屈曲突弹跳变响应[104]分析中，当基底同时包括对称与反对称弯曲模态以及面内模态时，降阶方法可获得更为精确的预测结果。Hollkamp 和 Gordon[105]提出了隐式缩减与扩展法，根据非线性静力分析结果构造一组面内基底，进而开展非线性应力应变响应计算。Spottswood 等[106] 应用施加载荷法，研究了热环境下受强噪声作用，曲梁在屈曲前后的非线性响应特性。Rizzi 和 Przekop[107]基于正交特征分解法提出了基底选取标准。Mignolet 和 Soize[108]在降阶模型中引入随机参数，对随机结构 (结构尺寸参数等具有随机性) 的非线性振动响应特性进行了分析。Perez 等[109,110]提出了切线刚度矩阵法，在保证精度的同时提高了降阶分析效率。Gordon 和 Hollkamp[111]根据刚度系数之间的比例关系，减小了未知刚度系数的数量，加快了降阶分析速度。Perez 等[112−114]将结构降阶模型推广至结构–传热耦合降阶模型，对热环境下壁板瞬态传热–非线性振动响应进行了分析。Parandvar 和 Farid[115]采用降阶模型研究了复合材料板在热屈曲前后的非线性振动响应特性。在含有缺陷的壁板结构非线性降阶分析中，Perez 等[116−119]在无缺陷板的基底基础上，补充了描述缺陷特征的基底，从而准确地捕捉到缺陷附近的位移和应力特征。

在动力学问题的有限元求解中，为保证结构内振动形式的完整表征，通常需在一个波长内划分至少 6~8 个单元。因此，随着分析频率的提升，有限元网格也要相应进行加密。单元数量增加直接导致数值模型的自由度数提升，求解时会占据更多的存储资源，且计算时间也相应增加。同时，在高频段内，有限元解对网格划分的敏感性高，分析结果的准确性也会受到结构局部特征 (几何构型、材料属性等) 的影响。因此，针对有限元法在进行结构高频响应预测时存在的问题，学者们基于波动理论和有限元离散思想，提出了能量有限元方法 (energy finite element method，EFEM)[120,121]。该方法通过建立单元节点间的能量密度关系，由能量控制方程出发求解结构的振动能量信息，在降低数值模型自由度的同时，有效提高了高频段内的响应计算效率。

Belov 和 Rybak[122,123]推导了类似于热传导方程的能量控制方程，将结构振动分析转化为结构能量流分析。在能量分析的基础上，Nefske 和 Sung[124]引入有限元格式，开创了能量有限元方法。Wohlever 和 Bernhard[125]推导了杆中纵波的能量控制方程，以及梁中弯曲波的能量控制方程。Bouthier 和 Bernhard[126−128]以空间和时间平均的能量密度为未知量，推导了各向同性板和膜的能量控制方程。Philip[129]研究了耦合结构的能量有限元方法，得到了耦合杆、耦合梁和耦合板等的能量传递和反射系数。Langley 和 Heron[130]针对一般形式的多板耦合结构，采用动刚度法推导了考虑弯曲波、剪切波和纵波的耦合结构波传递和反射系数计算方法。Bitsie[131]采用类似于结构耦合的处理方法，形成结构–声场耦合的能量有限元格式。借鉴边界元法的求解方式，Wang 等[132]提出了能量边界元方法，得到了声场观测点的能量值。Zhao 等提出了含点焊接头结构的能量有限元方法[133,134]，并发展了针对结构中频振动响应的混合有限元–能量有限元方法[135−137]。Borlase 和 Vlahopoulos[138]基于能量有限元方法，提出了大型结构高频减振优化方法。Zhang 等[139-142]基于正交不相干波假设，提出了新的能量控制方程推导方法，并在此基础上提出了加筋承液结构的能量密度分析方法。Hong 等系统地研究了耦合板结构的面内波能量控制方程[143]、正交各向异性薄板的能量控制方程[144]，以及考虑剪切和转动效应的铁木辛柯梁[145,146]、Mindlin 板[147]、Rayleigh-Bishop 杆的能量控制方程[148]。针对以往研究多考虑稳态振动的特点，Xie 等[149]首次提出了瞬态过程的能量有限元方法，并采用基于能量有限元–能量边界元的耦合方法，计算了飞行器仪器舱的能量分布[150]和充液管的能量传递特性[151]，并进一步提出了非均匀热环境下耦合结构的能量有限元方法[152]。Zhang 等[153]研究了热效应对梁能量密度分布的影响。Kong 等[154]研究了能量有限元方法的有效性，对阻尼、激励频率、结构尺寸等因素的影响进行了讨论。Zhu 等[155]针对结构在多点激励作用下的中频振动响应预测问题，发展了混合有限元–能量有限元方法。

1.2.3 振动结构的声响应研究

在实际工作状态下，工程结构与声空间介质的接触无处不在，二者间的能量传递也无时无刻不在发生。结构质点的往复运动产生机械振动，声介质受到结构扰动引起空间质点振动状态的传播便产生了声，声波又会作用在结构上产生激励作用，如此形成声振耦合系统。在以上过程中，结构振动产生的辐射声会改变其内部及周围的声环境状态，同时也会对相关工作人员及仪器仪表产生影响[156]。相反地，结构受到其内部及外部空间的声激励作用，也会产生受迫振动，影响其工作状态和服役寿命等特性。

在理论方面，Maidanik[157]采用统计方法在全频段范围内分析了加筋壁板的声响应特性，研究发现加强筋能有效提高结构的声阻抗，该理论模型也得到了实验结果的验证。Wallace[158]研究了有限尺寸矩形板的模态声辐射阻抗特性，得到了该问题在低频段内的近似解。计算结果表明，在低于结构临界频率的频段内，板的声阻抗呈现波状增长趋势。冯瑀正[159]在对有梭织机结构的模型进行简化的基础上，对其在撞击载荷作用下的振动及声辐射响应开展了分析。Williams[160]利用波数的升幂指数级数展开解，研究了振动面源的声辐射特性。孙广荣[161]分析了机械结构振动时产生的辐射噪声，并提出了抑制噪声源的方法。Berry 等[162]以及 Zhang 和 Li[163]分别给出了矩形板在任意边界条件下声辐射响应的通用表达形式。Atalla 等[164]采用变分法分析了有限大薄板在弹性支撑条件下的声辐射特性，发现障板对低频区辐射特性的影响较明显。Pluymers 等[165]采用基于波的预测技术研究了结构的稳态声振辐射特性。Xie 等[166]对板及条状构造物的平均辐射效率开展研究，通过分析指出，在低于基频的频段内，条状结构的声辐射效率与其短边长度的平方成正比。李双和陈克安[167]研究了结构振动模态和声辐射模态间的对应关系，并验证了其有效性和实用性。Putra 和 Thompson[168]在研究了带孔洞板的声辐射特性后指出，提高结构开孔率和减小孔洞尺寸都会降低其声辐射效率。随后，他们又研究了刚性反射壁面对实体板和带孔洞板辐射效率的影响，分析结果和实验测量值具有较好的一致性[169]。Wang 等[170]考虑外加静载对结构应力状态和构型的影响，通过实验测试和数值仿真，研究了固支铝板在横向静压作用下的振动及声辐射特性。针对形式更为复杂的结构，赵鑫等[171]建立了正交各向异性圆锥壳的理论分析模型，考察了边界条件、几何参数及材料属性等因素对壳体振动和声辐射特性的影响。

当构造物受到声激励作用时，一部分能量传递至结构产生受迫振动；另一部分能量则传递至结构另一侧的声空间内。利用这一特性，可以研究结构的隔声性能，需对环境噪声进行隔离和控制，以降低有害噪声对系统的影响。李敬芳和何祚镛[172]采用模态分析和傅里叶变换，研究了水下复合板在噪声激励下的振动及声辐射特性，分析结果表明，在钢板表面粘贴阻尼层可显著提高结构的高频减振降噪能力。Kang 和 Bolton[173]研究了垂直入射声作用下泡沫夹芯双层板的隔声性能，发现夹层对结构在低频段内的声特性影响明显。Ruzzene[174]采用有限元法对三明治夹层梁建立分析模型，考察了不同夹芯形式对结构振动及隔声性能的影响。Lee 和 Kim[175]考虑结构与声的耦合作用，采用虚拟能量法对无限长单向加筋板的传声特性开展分析，讨论了材料属性、加强筋尺寸及排布密度等参数对传声损失的影响。Wang 等[176]分别采用等效的物理模型及周期结构理论对双层轻质结构的隔声性能开展研究。Xin 等[177−179]给出了双层板及多层板传声损失的理论解，并开展了数值仿真及实验研究。

对于复杂问题，更多采用数值方法和实验手段来预测结构的声响应特性。其中，有限元法、边界元法 (boundary element method，BEM)[180]及统计能量分析 (statistical energy analysis，SEA)[181]是几种最常用且较有效的模拟手段。沈顺根等[182] 结合结构有限元方程和 Helmholtz 边界积分方程，建立了一种求解结构声辐射及物面动态响应的方法，得到与实验结果吻合较好的预测结果。余兴倬等[183] 采用同样的方法建立了箱型结构的振动与声辐射模型。Vlahopoulos 等[184]通过联合使用有限元法和边界元法 (FEM-BEM)，对火箭发射时的声振环境开展数值模拟分析。尹岗等[185]使用商业有限元软件分析了矩形薄板的固有振动特性，并以此为基础考察了板的辐射声响应，发现薄板在低频段内的声辐射效率特性较为独特，且随载荷位置的改变而变化。丁渭平和陈花玲[186]建立了弹性薄壁腔体的声振耦合对称化有限元模型，并对具体结构开展分析。Anders 和 Lennart[187]在结构刚度不同部位使用不同模拟方法，建立了有限元法和统计能量分析联合仿真模型 (FEM-SEA)，分析了卡车的谐响应特性。Bryce 等[188]采用混合 FEM-SEA 方法对复杂结构的声振响应特性进行预测，并开展了相关的实验研究。吴卫国等[189] 采用远场方法获得了结构的声辐射模态及其辐射效率，得到了与远场方法相同的响应预测结果。贺晨等[190]使用有限元法、边界元法和统计能量分析相结合的方法，利用商业软件对圆柱壳结构在全频段内的辐射特性进行预测。Liu 等[191]采用混合 FEM-BEM 方法，对装甲车内部噪声分布进行数值预测。李林凌等[192]研究了不同厚度板在不同媒质中的动态及声辐射响应特性。Lin 和 Pan[193]利用混合 FEM-BEM 方法分析了箱型结构的声辐射特性。韩峰等[194]在商业仿真软件 VIRTUAL LAB 中建立圆锥壳结构的声振耦合模型，采用混合 FEM-BEM 方法分析了结构在混响随机噪声激励作用下的响应特性，得到与实验结果吻合较好的数值解。缪旭弘等[195]在有限元软件 ABAQUS 中建立双层壳体结构和声介质有限元模型，通过设置非反射边界来模拟无限流场域，研究了水下结构的声辐射问题。张波等[196]基于超参壳单元模拟变厚度结构，采用 FEM-BEM 方法分析了板的声辐射特性。李跃明等针对高速列车建立了车厢结构与其内声腔的声振耦合有限元模型[197,198]，研究了列车在高速运行及会车等过程中结构模态、振动响应及内腔声压分布等特性。Inoyama 等[199]分别采用统计能量分析和边界元法，对飞行器内空腔在中高频段 (200Hz 以上) 及低频段 (200Hz 以下) 内的声振环境进行预测分析。

1.2.4 热环境下的声振响应研究

随着热问题在装备服役过程中逐渐凸显，结构在热环境下的动态及声响应特性也出现一系列新的变化，对工程结构的状态预测和系统设计带来新挑战。

对于热环境下的振动和噪声问题，通常以结构热振动分析为基础，进而开展声响应特性研究。针对典型壁板结构，耿谦等通过将热载荷产生的热应力引入微元体受力分析，建立了结构的热振动控制方程[200−204]，求解获得不同温度下的振动特性，结合声学方程获得受热结构的声辐射特性。采用此方法，研究了各向同性板[200,201]、夹芯梁[202]、夹芯板[203] 及层合板[204]等在热环境下的振动与声辐射特性及传声特性[205,206]。研究结果表明，温升引起的结构 “软化” 会导致板的振动和声辐射响应曲线整体向低频方向移动。对于热失稳结构，将屈曲变形引入理论推导，建立热载荷作用下的非线性振动控制方程，获得更大温度范围内的声振响应特性[207]。分析结果表明，板的固有频率在热屈曲前后呈现出随温度先下降后回升的变化过程，振动和声辐射响应曲线在热屈曲前整体向低频方向移动，在热屈曲后逐渐向高频方向挤压，这一结果得到了实验的验证[91]。与热屈曲作用类似，沿壁板厚度方向梯度分布的热载荷同样会在结构内产生热应力和热弯曲变形，以上分析方法也可扩展至对该问题的处理[92]。

对于结构和载荷形式等更为复杂的情况，可采用数值方法开展研究。Jeyaraj 等[208,209] 利用商业软件 ANSYS 和 SYSNOISE 建立 FEM-BEM 联合仿真模型，分析了各向同性板和复合材料板在热环境下的动态特性，考察了结构温度、阻尼特性等对壁板在热环境下振动和声辐射响应的影响。针对不同结构，Kumar 等[210] 利用商业有限元及边界元软件，对热环境下椭圆形功能梯度片的声振响应特性开展研究，并进行了参数分析。Jeyaraj 等[211]对各向同性圆柱壳结构开展了相应研究。李跃明等利用有限元法建立了飞行器[212,213]和圆锥壳[214]的声振耦合模型，考察了气动热作用下结构振动响应及内腔声压响应特性的变化。针对不同频段内的响应特点，采用 FEM-SEA 联合建模技术[215]，研究了热环境下飞行器声振耦合系统的宽频响应特性。基于对热结构声振响应特性的分析，进一步开展了受热壁板的拓扑优化设计[216−221]，以降低结构在热环境下的振动和声辐射量级。由于湿度变化产生的湿应力对结构的作用机制与温度类似，Zhao 等[222−224] 采用与处理热环境相同的方法，对复合材料结构在湿度变化过程中的声振响应特性开展了研究。

1.3 本书主要内容

针对典型壁板结构在热环境下的声振响应特性，作者团队近十年来开展了持续性的研究工作，通过理论建模分析、数值仿真计算及实验测试相结合的手段，建立了系统性的认识。本书为作者及团队研究成果的总结，主要内容可分为以下几部分。

第一部分 (第 1 章)：介绍热结构声振问题及其在实际工程应用中对装备系统的影响，以及相关研究工作的重要性。从结构的热振动、振动问题的高效数值计算、振动结构的声响应、热环境下的声振响应等方面，对研究做系统性综述。

第二部分 (第 2~6 章)：论述热、声、振动多场问题的基本理论，以此为基础，分别以各向同性板、夹芯板及层合板为对象，建立在热屈曲前考虑热效应的线性振动控制方程和声响应方程，分析温度、边界条件、结构形式等因素对壁板结构声振响应特性的影响。通过数值仿真和实验测试验证理论模型，并讨论实际结构在热环境下的声振行为，揭示结构在发生热屈曲前热载荷对其声振响应特性的作用机理。

第三部分 (第 7~9 章)：针对典型壁板结构在热环境下的声振响应开展专题讨论。首先，考虑热屈曲效应，建立复合材料层合板在热环境下非线性声振响应的理论模型，分析热屈曲和梯度热载荷作用下，结构热应力和热变形对声振响应特性的影响规律和作用机理，并以铝制薄板为对象开展实验测试，讨论实际结构的热屈曲及声振特性演化过程。其次，针对仿真和实验中观察到的固有频率及振型的变化过程，以复合材料加筋板和连接板为对象，采用理论建模和数值仿真，对典型壁板结构的热模态演化规律开展深入分析，解释产生固有频率随温度先降后升、模态顺序交换、实际结构频率不会降低至零等现象的原因，揭示热载荷在以上变化过程中的作用机理。最后，针对传统有限元法在结构动力学分析中存在的缺陷，分别建立适用于非线性响应求解的降阶方法和适用于高频响应求解的能量有限元方法，分析受热壁板结构在强噪声作用下振动响应的突弹跳变，以及在均匀和非均匀热载下高频振动响应的能量分布等问题。

第四部分 (第 10 章)：类比热环境的作用，考虑湿度变化对结构应力和质量的影响，建立复合材料壁板在潮湿环境下的声振响应理论分析模型，获得湿度变化对结构振动和声辐射响应特性的影响规律及其作用机理。

第2章 结构热、声、振动多场问题

2.1 引 言

对热、声环境联合作用下结构振动特性的研究，涉及热、声及结构位移三个物理场。这些物理场共同作用且相互影响，构成一个复杂的热、声、振耦合环境。目前，针对结构温度和振动耦合问题，以及结构振动和空间声耦合问题的研究较多，综合考虑三场特性的研究仍不多见。

本书的关注对象为壁板结构，围绕其在热环境下的振动和声响应特性开展研究，主要包含热振耦合问题和声振耦合问题，忽略以声介质为中心的热声耦合问题。本章将基于结构的热振耦合和声振耦合理论，建立热、声、振三场问题的耦合控制方程，为后续章节的研究奠定基础。

2.2 热振耦合问题

结构的振动特性受其自身温度场影响，同时，结构的温度场也会因振动而改变，这就是热振耦合。在理论方程中，表现为结构热传导方程中存在应变率的耦合项，而结构的材料本构方程中存在热应变的影响项。下面分别对这两个方程进行介绍，并针对某一具体板结构推导其热振耦合控制方程的方法。这里仅以各向同性材料体为例，若结构组成材料更为复杂，则需利用相应的热传导方程和本构关系对热振耦合问题进行分析。

1. 热传导方程

结构温度场与应变场的相互依赖关系由热传导方程确定，无内热源的均质各向同性体在线性热弹性问题中的热传导方程如式 (2-1) 所示[225]:

$$\nabla^2 T - \frac{1}{\kappa}\frac{\mathrm{d}T}{\mathrm{d}t} - \mu\frac{\mathrm{d}\varepsilon_{kk}}{\mathrm{d}t} = 0 \tag{2-1}$$

式中，T 为结构温度；$\kappa = \dfrac{\lambda_0}{\rho C_{\mathrm{s}}}$ 为热扩散率，λ_0 为材料导热系数，ρ 为材料密度，C_{s} 为材料比热容；t 为时间；$\mu = \dfrac{\alpha E T_0}{\lambda_0(1-2\nu)}$ 为热弹耦合因子，α 为材料线热膨胀系数，E 为材料弹性模量，ν 为材料泊松比，T_0 为结构初始温度；ε_{kk} 为结构体应变。

由于耦合项 $\mu\dfrac{\mathrm{d}\varepsilon_{kk}}{\mathrm{d}t}$ 的存在，温度场 $T(x,t)$ 不能独立地由式 (2-1) 解出，必须与振动方程联立求解。

2. 材料本构方程

忽略材料物性随温度的变化，仅考虑变温产生结构变形的影响，各向同性材料本构关系如式 (2-2) 所示：

$$\varepsilon_{ij} = \frac{1+\nu}{E}\sigma_{ij} - \frac{\nu}{E}\sigma_{kk}\delta_{ij} + \alpha(T-T_0)\delta_{ij} \tag{2-2}$$

式中，ε_{ij} 为应变；σ_{ij} 为应力；δ_{ij} 为克罗内克函数。

3. 热振动耦合分析

针对某一个具体板结构，热振耦合分析步骤如下：

(1) 根据几何方程和本构方程得到受热板内的应力与位移关系，进而求得内力与内力矩的表达式；

(2) 取受热板内的微元体进行受力分析，根据其平衡方程和协调方程得到板的振动控制方程；

(3) 根据边界条件建立结构的热传导方程；

(4) 联立振动控制方程和热传导方程，对热振问题进行求解。

2.3　声振耦合问题

当受到声激励作用时，结构会发生振动，而由结构振动所引起的声介质扰动又会反作用于结构，这个过程就是声振耦合。下面具体介绍声振耦合问题分析流程，如图 2-1 所示，以受激励作用的结构为切入点，分析其弹性动力学响应，根据结构振动响应计算所产生的辐射声压，获得结构对声场的扰动，再以此为外部激励作用，进行结构振动的求解，从而实现结构振动与声场的耦合特性分析。

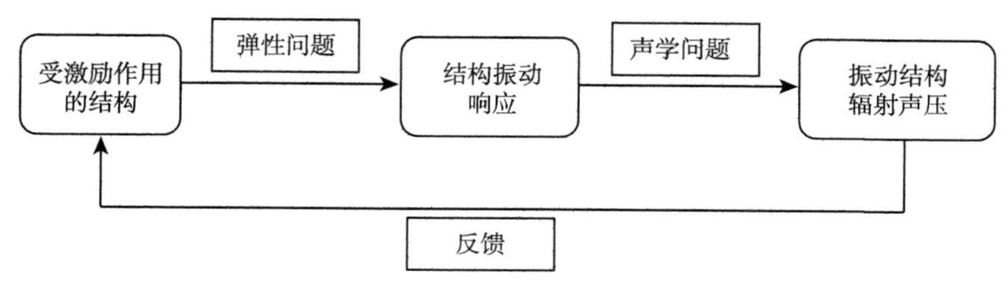

图 2-1　声振耦合问题分析流程[226]

1. 弹性问题

考虑某一个弹性板壳结构，受到随时间简谐变化的驱动力 F 作用，该力以圆频率 ω 呈周期性变化，作用方向为沿结构表面的法线方向，加载点位置由矢量 $\vec{R}_j$

表示，则该驱动力的表达式为

$$F(\vec{R}_j,t)=F(\vec{R}_j)\mathrm{e}^{-\mathrm{i}\omega t} \tag{2-3}$$

结构上一点 $\vec{R}_k$ 处的法线速度分量可表示为

$$\dot{w}(\vec{R}_k)=\gamma(\vec{R}_k|\vec{R}_j)F(\vec{R}_j) \tag{2-4}$$

式中，$\gamma(\vec{R}_k|\vec{R}_j)$ 为机械导纳，表征单位力作用于 $\vec{R}_j$ 时在 $\vec{R}k$ 处所引起的振动速度。当结构上多个点受到法向激励时，其速度响应是由每个力所引起的响应叠加得到：

$$\dot{w}(\vec{R}_k)=\sum_{j=1}^{N}F(\vec{R}_j)\gamma(\vec{R}_k|\vec{R}_j) \tag{2-5}$$

当激励形式为分布载荷时 (如声压)，速度响应为在结构表面的积分。当分布力是辐射载荷时，积分面与结构和流体的界面一致。将压力视为一个在与振动速度相反方向上是正值的分布载荷，则式 (2-5) 可扩展为

$$\dot{w}(\vec{R}_k)=-\int_S p(\vec{R}_j)\gamma(\vec{R}_k|\vec{R}_j)\mathrm{d}S(\vec{R}_j)+\sum_{j=1}^{N}F(\vec{R}_j)\gamma(\vec{R}_k|\vec{R}_j) \tag{2-6}$$

式 (2-6) 给出了结构受到法向激励作用时，速度响应法向分量的表达式。下面将根据结构表面的振动速度求解其辐射声压。

2. *声学问题*

本小节讨论不考虑耦合作用的纯声学问题，即求解由于声源振动所产生的辐射声压。声源位置被限制在结构与声介质交界的刚性面边界上，$\vec{R}_0$ 为刚性面边界上点声源所在位置。用强度 $\dot{Q}(\vec{R}_0,t)$ 表征某一点声源特性，定义为其体积速度。同样地，考虑其随时间的简谐变化：

$$\dot{Q}(\vec{R}_0,t)=\dot{w}(\vec{R}_0)\mathrm{d}S(\vec{R}_0)\mathrm{e}^{-\mathrm{i}\omega t} \tag{2-7}$$

声压解可表示为一个格林函数与点源强度的乘积：

$$p(\vec{R}_j,t)=p(\vec{R}_j)\mathrm{e}^{-\mathrm{i}\omega t}=G(\vec{R}_j|\vec{R}_0)\dot{w}(\vec{R}_0)\mathrm{d}S(\vec{R}_0)\mathrm{e}^{-\mathrm{i}\omega t} \tag{2-8}$$

式中，$G(\vec{R}_j|\vec{R}_0)$ 为格林函数。在整个有速度分布的表面进行积分，可得 $\vec{R}_j$ 点处的总声压为

$$p(\vec{R}_j)=\int_S \dot{w}(\vec{R}_0)G(\vec{R}_j|\vec{R}_0)\mathrm{d}S(\vec{R}_0) \tag{2-9}$$

在求解不考虑耦合作用的纯声学问题时，辐射表面的速度分布 $\dot{w}$ 不受其产生的辐射声压影响。

3. 耦合问题

考虑某一浸没在声介质中的弹性结构，受到 N 个激励 F_j 的作用。同时，受到式 (2-9) 所示的辐射声载荷作用，其中场点 $\vec{R}_j$ 在结构与声介质交界面上。将式 (2-9) 代入式 (2-6) 右端第一项中，可得结构动态响应：

$$\dot{w}(\vec{R}_k) = -\int_S \gamma(\vec{R}_k|\vec{R}_j)\left[\int_S \dot{w}(\vec{R}_0)G(\vec{R}_j|\vec{R}_0)\mathrm{d}S(\vec{R}_0)\right]\mathrm{d}S(\vec{R}_j) + \sum_{j=1}^{N} F(\vec{R}_j)\gamma(\vec{R}_k|\vec{R}_j) \tag{2-10}$$

可简写为

$$\dot{w}(\vec{R}_k) = \int_S K(\vec{R}_k|\vec{R}_0)\dot{w}(\vec{R}_0)\mathrm{d}S(\vec{R}_0) + f(\vec{R}_k) \tag{2-11}$$

其中，

$$K(\vec{R}_k|\vec{R}_0) = -\int_S \gamma(\vec{R}_k|\vec{R}_j)G(\vec{R}_j|\vec{R}_0)\mathrm{d}S(\vec{R}_j) \tag{2-12}$$

$$f(\vec{R}_k) = \sum_{j=1}^{N} F(\vec{R}_j)\gamma(\vec{R}_k|\vec{R}_j) \tag{2-13}$$

在式 (2-11) 右端的载荷项中，声载荷表达式包含结构振动响应项，即结构所处的声环境受自身振动响应影响，同时结构振动响应又受声场激励的作用，从而形成耦合系统。

若外载为入射声波，结构动态响应则为式 (2-11) 的解，其中 $f(\vec{R}_k)$ 包含结构表面上的声压 $p(\vec{R}_j)$，根据式 (2-6) 可得

$$f(\vec{R}_k) = -\int_S p(\vec{R}_j)\gamma(\vec{R}_k|\vec{R}_j)\mathrm{d}S(\vec{R}_j) \tag{2-14}$$

4. 瑞利积分

在已知结构振动速度时，通常采用瑞利积分公式求解其产生的辐射声压，这里简要给出瑞利积分的推导过程[226]，为后续章节理论部分的应用提供基础。

1) 自由空间格林函数

自由空间格林函数以点源 $\vec{R}_0$ 和场点 $\vec{R}$ 的标量距离为自变量，表示为 $g(|\vec{R}-\vec{R}_0|)$，满足非齐次 Helmholtz 方程：

$$(\nabla^2 + k^2)g(|\vec{R}-\vec{R}_0|) = \delta(\vec{R}-\vec{R}_0) \tag{2-15}$$

和 Sommerfeld 辐射条件：

$$\lim_{|\vec{R}-\vec{R}_0|\to\infty} |\vec{R}-\vec{R}_0|\left(\frac{\partial g}{\partial|\vec{R}-\vec{R}_0|} - \mathrm{i}kg\right) = 0 \tag{2-16}$$

式中，$\delta(\vec{R}-\vec{R}_0)$ 为三维狄拉克函数，由其积分式$\int_V \varPhi(\vec{R}_0)\delta(\vec{R}-\vec{R}_0)\mathrm{d}V(\vec{R}_0)=\varsigma\cdot\varPhi(\vec{R})$ 的值定义，$\vec{R}$ 在体 V 内部时，ς 为 1；$\vec{R}$ 在体 V 边界上时，ς 为 0.5；$\vec{R}$ 在体 V 外时，ς 为 0。

满足式 (2-15) 和式 (2-16) 的解在有限范围内不受任何边界的约束，因而称为自由空间格林函数。通过推导，可得自由空间格林函数的表达式：

$$g(|\vec{R}-\vec{R}_0|)=-\frac{\mathrm{e}^{\mathrm{i}k|\vec{R}-\vec{R}_0|}}{4\pi|\vec{R}-\vec{R}_0|} \tag{2-17}$$

2) Helmholtz 积分方程

下面将得到一个在以面 S_0 和 S_1 为边界的体 $V(\overrightarrow{R})$ 内部满足 Helmholtz 方程的压力场 $p(\overrightarrow{R})$ 的积分表达，体和面的位置如图 2-2 所示。

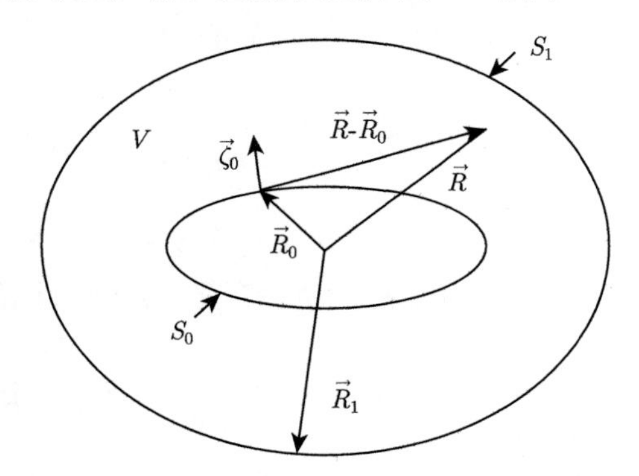

图 2-2　建立 Helmholtz 积分方程的体和面的示意图

压力场需满足的 Helmholtz 方程及边界条件为

$$(\nabla^2+k^2)p=0,\quad \text{在体}V\text{内部} \tag{2-18}$$

$$\frac{\partial p}{\partial \xi_0}=-\rho\ddot{w},\quad \text{在面}S_0\text{上} \tag{2-19}$$

式中，p 为空间声压；$\ddot{w}$ 为结构振动加速度。这里仅考虑在面 S_0 上有声源的情况，设

$$\overrightarrow{F}\equiv p(\vec{R}_0)\nabla_0 g(|\vec{R}-\vec{R}_0|)-g(|\vec{R}-\vec{R}_0|)\nabla_0 p(\vec{R}_0) \tag{2-20}$$

利用高斯积分公式：

$$\int_V \nabla\cdot\vec{F}\mathrm{d}V=-\int_S \vec{F}\cdot\vec{\xi}\mathrm{d}S \tag{2-21}$$

可得

$$\int_V (p\nabla_0^2 g-g\nabla_0^2 p)\mathrm{d}V(\overrightarrow{R}_0)=-\int_S\left(p\frac{\partial g}{\partial\xi_0}-g\frac{\partial p}{\partial\xi_0}\right)\mathrm{d}S(\overrightarrow{R}_0),S=S_0+S_1 \tag{2-22}$$

考虑到式 (2-18) 和式 (2-15)，可得

$$\nabla_0^2 p = -k^2 p \tag{2-23}$$

$$\nabla_0^2 g = -k^2 g + \delta(\vec{R} - \vec{R}_0) \tag{2-24}$$

将式 (2-23) 和式 (2-24) 代入式 (2-22) 可得

$$p(\vec{R}) = -\varepsilon \int_{S_0+S_1} \left(p\frac{\partial g}{\partial \xi_0} - g\frac{\partial p}{\partial \xi_0}\right)\mathrm{d}S \tag{2-25}$$

式中，$\vec{R}$ 在体V内部时，ε 为 1；$\vec{R}$ 在体 V 边界上时，ε为 2；$\vec{R}$ 在体V外时，ε为 0。

3) Sommerfeld 辐射条件

若式 (2-25) 中在无穷远处的面积分不为零，则会得到一个违反常理的结论，即在无其他场源存在时，压力场并不唯一地由辐射表面 S_0 的边界条件决定。通过再次引入 Sommerfeld 辐射条件可排除这一反常结果。忽略外边界 S_1 上的压力变化，并假设其形状为球面，即在面 S_1 上的积分变为被积分项与球面面积 $4\pi R_1^2$ 的乘积，其中 R_1 为球面半径。对于有限空间内一点 $\vec{R}$，在无穷远处该积分为零，其数学表达式为

$$\begin{aligned} &-\int_{S_1} \left(p\frac{\partial g}{\partial \xi_0} - g\frac{\partial p}{\partial \xi_0}\right)\mathrm{d}S \\ &= \lim_{\vec{R}_1\to\infty} 4\pi R_1^2 \left[g(|\vec{R} - \vec{R}_1|)\frac{\partial p(\vec{R}_1)}{\partial R_1} - p(\vec{R}_1)\frac{\partial g(|\vec{R} - \vec{R}_1|)}{\partial R_1}\right] = 0 \end{aligned} \tag{2-26}$$

将式 (2-17) 代入式 (2-26)，辐射条件变为

$$\lim_{R_1\to\infty} R_1 \left[\mathrm{i}kp(\vec{R}_1) - \frac{\partial p(\vec{R}_1)}{\partial R_1}\right] = 0 \tag{2-27}$$

一般地，有限尺寸声源所发出的声辐射随着与声源距离的增大而减小。因此，在无穷远处的面积分为零，式 (2-25) 中的 $p(\vec{R})$ 只与辐射面 S_0 有关，引入边界条件式 (2-19)，并限定 $\vec{R}$ 为 V 中的点，式 (2-25) 变为

$$p(\vec{R}) = -\int_{S_0} \left(p\frac{\partial g}{\partial \xi_0} + \rho\ddot{\omega}g\right)\mathrm{d}S(\vec{R}_0) \tag{2-28}$$

由式 (2-28) 可见，辐射声压不仅由结构表面加速度决定，还受声源表面声压影响。

为避开结构表面声压的求解，构造一个满足 Neumann 边界条件的格林函数：

$$\frac{\partial G(\vec{R}|\vec{R}_0)}{\partial \xi_0} = 0, \quad 在面S_0(\vec{R}_0)上 \tag{2-29}$$

式 (2-28) 可改写为一个简单的积分式：

$$p(\vec{R}) = -\rho\int_{S_0}\ddot{\omega}(\vec{R}_0)G(\vec{R}|\vec{R}_0)\mathrm{d}S(\vec{R}_0) \tag{2-30}$$

式中，$G(\vec{R}|\vec{R}_0) = g(|\vec{R}-\vec{R}_0|) + \Gamma(\vec{R}|\vec{R}_0)$。在面 S_0 上满足 $\dfrac{\partial \Gamma}{\partial \xi_0} = -\dfrac{\partial g}{\partial \xi_0}$，$\Gamma$ 为式 (2-18) 的解。当找到满足要求的格林函数之后，便可通过式 (2-30) 得到辐射声压。

4) 平面声源的瑞利积分

若要求得平面声源的声辐射具体表达式，需先找到在无限平面 $z=z_0$ 上满足 Neumann 边界条件的格林函数。如图 2-3 所示，两个完全相同的点声源所产生的声压场，在对称平面法线方向的导数为零，这恰好满足格林函数在平面上的要求。

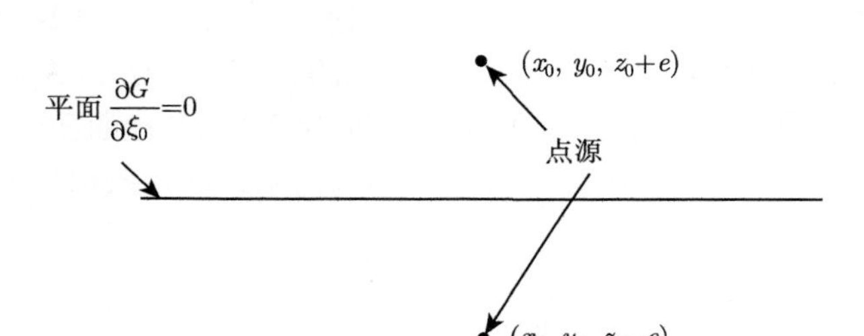

图 2-3　点声源与平面位置示意图

因此，在笛卡儿坐标系下，要求的格林函数形式为

$$\begin{aligned}G(\vec{R}|\vec{R}_0) &= \lim_{e\to 0}\left[g(x,y,z|x_0,y_0,z_0+e) + g(x,y,z|x_0,y_0,z_0-e)\right]\\ &= 2g(x,y,z|x_0,y_0,z_0)\\ &= 2g(|\vec{R}-\vec{R}_0|)\end{aligned} \tag{2-31}$$

式中，$|\vec{R}-\vec{R}_0| = \sqrt{(x-x_0)^2+(y-y_0)^2+(z-z_0)^2}$。

将式 (2-31) 代入式 (2-30)，有

$$p(\vec{R}) = -2\rho\int_{S_0} g(\vec{R}-\vec{R}_0)\ddot{\omega}(\vec{R}_0)\mathrm{d}S(\vec{R}_0) \tag{2-32}$$

当坐标原点在源中心附近时，$g(|\vec{R}-\vec{R}_0|)$ 中的 $|\vec{R}-\vec{R}_0|$ 近似等于 R，式 (2-32) 可改写为

$$p(\vec{R}) = \frac{\rho}{2\pi R}\int_{S_0} \mathrm{e}^{\mathrm{i}k|\vec{R}-\vec{R}_0|}\ddot{\omega}(\vec{R}_0)\mathrm{d}S(\vec{R}_0), \quad \vec{R}_0 \ll \vec{R} \tag{2-33}$$

即瑞利积分的表达式。

2.4　热、声、振动多场作用问题

在热振、声振耦合方程的基础上，将两部分联立，可得结构在热、声、振动三场作用下的耦合控制方程。由于热对结构的影响直接体现在材料本构关系中，因而对于不同结构形式，热作用下的振动控制方程也是不同的。同理，热传导方程也因结构而异。为使耦合方程更具普遍性，这里只给出对任意结构都适用的方程组:

$$\begin{cases} \nabla^2 T - \dfrac{1}{\kappa}\dfrac{\mathrm{d}T}{\mathrm{d}t} - \mu\dfrac{\mathrm{d}\varepsilon_{kk}}{\mathrm{d}t} = 0 \\ \varepsilon_{ij} = \dfrac{1+\nu}{E}\sigma_{ij} - \dfrac{\nu}{E}\sigma_{kk}\delta_{ij} + \alpha(T - T_0)\delta_{ij} \\ q_{\mathrm{r}}(\vec{R}_j) = q(\vec{R}_j) + \displaystyle\int_S \dot{w}(\vec{R}_0)G(\vec{R}_j|\vec{R}_0)\mathrm{d}S(\vec{R}_0) \end{cases} \tag{2-34}$$

式中，$q_{\mathrm{r}}(\vec{R}_j)$ 为 $\vec{R}_j$ 点处的总载荷；$q(\vec{R}_j)$ 为 $\vec{R}_j$ 点处的外载。对于实际结构，可从以上方程组出发，得到相应的耦合控制方程组。

式 (2-34) 中的第一个公式为考虑应变率影响的热传导方程；第二个公式为热作用下的材料本构关系；第三个公式表示结构边界上所受总载荷，其中右侧第一项为外载，第二项为由结构振动引起的声载荷。

在上述耦合方程组中，未知物理量多，相互关系复杂，求解非常困难。实际工程中，由结构变形引起的热变化相比外热源一般很小，常将其忽略。本书在后续章节的理论推导中，忽略热传导方程中的应变率耦合项，即仅考虑由于热引起的结构振动特性变化，而不考虑结构振动产生的温度变化。

2.5　本 章 小 结

本章介绍了热振耦合和声振耦合理论，并以此为基础，给出了结构在热、声、振动载荷作用下的耦合控制方程组。由于基本方程具有一般性，因而针对具体的结构形式，可由其出发得到适用于相应问题的控制方程。

第 3 章　热环境下各向同性板的声振特性

3.1　引　　言

环境温度升高时，会导致结构应力状态、几何构型以及材料物理属性等发生改变，对结构的力学性能产生影响，从而改变装备系统的工作状态。另外，在动态过程中，由振动引起的构型变化在结构内形成热源，改变系统的热平衡条件，引起温度的重新分布。在实际状态下，以上两个变化过程同时存在，结构的热状态与力学状态同时改变并相互影响。热场和力场的耦合关系使问题的复杂程度及求解难度增大。多数情况下，结构温度的变化速率远低于结构的振动频率。因此，在热结构的动态响应分析中，可将热条件简化为稳态条件来处理，认为在结构的动态过程中，温度分布保持不变。

在振动过程中，结构会与其周围声介质相互作用，发生能量交换。结构变形对空间状态造成扰动，引起声的传播；声作用在结构上，产生动态激励，又会成为结构的能量输入。目前，针对热结构动态特性的研究，大多关注结构在热环境下振动响应特性的变化，考虑结构振动及声响应特性在热环境下变化规律的研究还不多见。

基于上述问题分析，本章以各向同性矩形薄板为研究对象，采用理论方法研究稳态温度变化对板振动及声响应特性的影响，并开展相关数值仿真验证。在基本方程的推导中，忽略热环境变化对结构材料及声介质物理属性的影响，从温度分布变化改变结构应力状态出发，将结构热应力作为初始条件，根据微元体受力分析，建立热载荷作用下板的振动控制方程并求解。以结构振动响应为基础，考察受热板的声辐射特性及声激励响应特性。

3.2　受热板的振动特性

本节针对受热板对空间声介质的单向扰动开展理论分析，建立该问题的基本控制方程。在此物理过程中，板振动是整个结构与声空间系统状态变化的驱动因素。因此，分析过程从受热板的动态响应开始。

3.2.1　受热各向同性板的振动控制方程

以板中面位于 $z=0$ 的矩形薄板为研究对象，如图 3-1 所示，其长度及宽度分别为 a 和 b，厚度为 h。与板临近的声介质充满 $z>0$ 的半无限空间，板振动时在空间内产生辐射声。

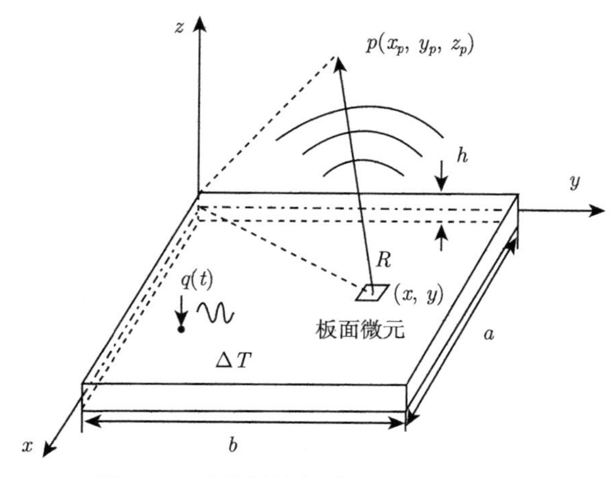

图 3-1　受热板的振动及声辐射示意图

通常情况下，结构温度改变会引起材料及结构状态的一系列变化。本章考察稳态热变化对板响应特性的影响，假设板的温度在其动态过程中保持不变，并忽略结构振动对其温度分布的影响。因此，分析过程可分解为两个独立的部分：①热环境变化改变板静态力学状态的过程；②受热板在外激励作用下的振动及声辐射过程。

以上两步在分析时保持严格的先后顺序关系，即板在振动过程中平衡位置的形状，由其在热载荷作用下产生静态变形后的构型决定。因此，板内的应力状态也可表示为两部分之和，即温度变化产生的静态热应力，以及结构动态变形产生的动态应力。

由上述对问题的假设及简化可知，受热板在振动过程中仍满足基尔霍夫薄板理论的基本假设。对于弹性薄板的小挠度振动问题，根据线性系统的可叠加性，可得受热板的面内应力分量为

$$\sigma_x = -\frac{Ez}{1-\nu^2}\left(\frac{\partial^2 w}{\partial x^2} + \nu\frac{\partial^2 w}{\partial y^2}\right) + \sigma_{Tx}\left(\Delta T, x, y, z\right) \tag{3-1}$$

$$\sigma_y = -\frac{Ez}{1-\nu^2}\left(\frac{\partial^2 w}{\partial y^2} + \nu\frac{\partial^2 w}{\partial x^2}\right) + \sigma_{Ty}\left(\Delta T, x, y, z\right) \tag{3-2}$$

$$\tau_{xy} = -\frac{Ez}{1+\nu}\left(\frac{\partial^2 w}{\partial x \partial y}\right) + \tau_{Txy}\left(\Delta T, x, y, z\right) \tag{3-3}$$

式中，w 为板的动态挠度；E 为弹性模量；ν 为泊松比；σ_{Tx}、σ_{Ty} 和 τ_{Txy} 为板内热应力分量；ΔT 为板内温度变化量。温度变化量定义为板在振动过程中的温度分布与初始状态下的温度分布差值。正值表示温度升高，负值表示温度降低。

在本章中，仅考虑边界条件对板面内热膨胀的约束，由温度变化产生的沿板厚度方向的热膨胀则不受影响。因此，受热板内的横向剪力仍与经典薄板相同，可由薄板微元体的应力平衡微分方程得出：

$$\begin{aligned}\tau_{xz}&=\int_{z}^{h/2}\left(\frac{\partial\sigma_x}{\partial x}+\frac{\partial\tau_{xy}}{\partial y}\right)\mathrm{d}z\\&=-\frac{E}{2\left(1-\nu^2\right)}\left(\frac{h^2}{4}-z^2\right)\frac{\partial}{\partial x}\nabla^2 w+\int_{z}^{h/2}\left(\frac{\partial\sigma_{Tx}}{\partial x}+\frac{\partial\tau_{Txy}}{\partial y}\right)\mathrm{d}z\end{aligned}\tag{3-4}$$

$$\begin{aligned}\tau_{yz}&=\int_{z}^{h/2}\left(\frac{\partial\sigma_y}{\partial y}+\frac{\partial\tau_{xy}}{\partial y}\right)\mathrm{d}z\\&=-\frac{E}{2\left(1-\nu^2\right)}\left(\frac{h^2}{4}-z^2\right)\frac{\partial}{\partial y}\nabla^2 w+\int_{z}^{h/2}\left(\frac{\partial\sigma_{Ty}}{\partial y}+\frac{\partial\tau_{Txy}}{\partial y}\right)\mathrm{d}z\end{aligned}\tag{3-5}$$

式 (3-1) 中的热应力分量可由热弹性理论获得[16]

$$\sigma_{Tx}=\frac{E}{1-\nu^2}\left[\left(\frac{\partial u_T}{\partial x}+\nu\frac{\partial v_T}{\partial y}\right)-z\left(\frac{\partial^2 w_T}{\partial x^2}+\nu\frac{\partial^2 w_T}{\partial y^2}\right)-(1+\nu)\,\alpha\Delta T\right]\tag{3-6}$$

$$\sigma_{Ty}=\frac{E}{1-\nu^2}\left[\left(\frac{\partial v_T}{\partial y}+\nu\frac{\partial u_T}{\partial x}\right)-z\left(\frac{\partial^2 w_T}{\partial y^2}+\nu\frac{\partial^2 w_T}{\partial x^2}\right)-(1+\nu)\,\alpha\Delta T\right]\tag{3-7}$$

$$\tau_{Txy}=\frac{E}{2\left(1+\nu\right)}\left(\frac{\partial u_T}{\partial y}+\frac{\partial v_T}{\partial x}-2z\frac{\partial^2 w_T}{\partial x\,\partial y}\right)\tag{3-8}$$

式中，u_T、ν_T 和 w_T 为板内温度变化引起的静态热变形；α 为材料的热膨胀系数。

将式 (3-1) 沿板厚积分，可得板微元体在单位长度及宽度内的面内力表达式为

$$N_x=\int_{-h/2}^{h/2}\sigma_{Tx}\mathrm{d}z,\quad N_y=\int_{-h/2}^{h/2}\sigma_{Ty}\mathrm{d}z,\quad N_{xy}=\int_{-h/2}^{h/2}\tau_{Txy}\mathrm{d}z\tag{3-9}$$

横向剪力表达式为

$$Q_x=-\frac{Eh^3}{12\left(1-\nu^2\right)}\frac{\partial}{\partial x}\nabla^2 w+\int_{-h/2}^{h/2}\int_{z'}^{h/2}\left(\frac{\partial\sigma_{Tx}}{\partial x}+\frac{\partial\tau_{Txy}}{\partial y}\right)\mathrm{d}z'\mathrm{d}z\tag{3-10}$$

$$Q_y=-\frac{Eh^3}{12\left(1-\nu^2\right)}\frac{\partial}{\partial y}\nabla^2 w+\int_{-h/2}^{h/2}\int_{z'}^{h/2}\left(\frac{\partial\sigma_{Ty}}{\partial y}+\frac{\partial\tau_{Txy}}{\partial y}\right)\mathrm{d}z'\mathrm{d}z\tag{3-11}$$

内力矩表达式为

$$M_x=\int_{-h/2}^{h/2}\sigma_x z\mathrm{d}z=-D\left(\frac{\partial^2 w}{\partial x^2}+\nu\frac{\partial^2 w}{\partial y^2}\right)+\int_{-h/2}^{h/2}\sigma_{Tx}z\mathrm{d}z\tag{3-12}$$

$$M_y=\int_{-h/2}^{h/2}\sigma_y z\mathrm{d}z=-D\left(\frac{\partial^2 w}{\partial y^2}+\nu\frac{\partial^2 w}{\partial x^2}\right)+\int_{-h/2}^{h/2}\sigma_{Ty}z\mathrm{d}z \tag{3-13}$$

$$M_{xy}=-D\left(1-\nu\right)\frac{\partial^2 w}{\partial x\partial y}+\int_{-h/2}^{h/2}\tau_{Txy}z\mathrm{d}z \tag{3-14}$$

由以上内力及内力矩的表达式可知，与无热载荷作用的经典薄板相比，受热薄板在弯曲振动过程中，可能存在面内力的作用，这是由温度变化引起的。同时，结构的温度变化也可能影响板内横向剪力及内力矩的分布。

根据板中内力及内力矩的分布，对板微元体进行受力分析，可得其沿三个坐标方向的力平衡条件：

$$\frac{\partial N_x}{\partial x}+\frac{\partial N_{xy}}{\partial y}=0 \tag{3-15}$$

$$\frac{\partial N_{xy}}{\partial x}+\frac{\partial N_y}{\partial y}=0 \tag{3-16}$$

$$\frac{\partial Q_x}{\partial x}+\frac{\partial Q_y}{\partial y}+N_x\frac{\partial^2 w}{\partial x^2}+N_y\frac{\partial^2 w}{\partial y^2}+2N_{xy}\frac{\partial^2 w}{\partial x\partial y}+q-\rho h\frac{\partial^2 w}{\partial t^2}=0 \tag{3-17}$$

以及绕 x 轴和 y 轴的矩平衡条件：

$$\frac{\partial M_{xy}}{\partial x}+\frac{\partial M_y}{\partial y}-Q_y=0 \tag{3-18}$$

$$\frac{\partial M_x}{\partial x}+\frac{\partial M_{xy}}{\partial y}-Q_x=0 \tag{3-19}$$

将式 (3-9)~式 (3-14) 代入式 (3-15) 和式 (3-19) 并化简，可得板在热载荷作用下的振动控制方程：

$$\begin{aligned}D_0\nabla^4 w+\rho h\frac{\partial^2 w}{\partial t^2}=&q+\int_{-h/2}^{h/2}\sigma_{Tx}\mathrm{d}z\frac{\partial^2 w}{\partial x^2}+\int_{-h/2}^{h/2}\sigma_{Ty}\mathrm{d}z\frac{\partial^2 w}{\partial y^2}+2\int_{-h/2}^{h/2}\tau_{Txy}\mathrm{d}z\frac{\partial^2 w}{\partial x\partial y}\\&+\frac{\partial^2}{\partial x^2}\int_{-h/2}^{h/2}\sigma_{Tx}z\mathrm{d}z+\frac{\partial^2}{\partial y^2}\int_{-h/2}^{h/2}\sigma_{Ty}z\mathrm{d}z+2\frac{\partial^2}{\partial x\partial y}\int_{-h/2}^{h/2}\tau_{Txy}z\mathrm{d}z\end{aligned} \tag{3-20}$$

式中，$D_0=Eh^3\left(1+\mathrm{j}\eta\right)/12(1-\nu^2)$，为板的抗弯刚度，j 为虚数单位，$\eta$ 为损失因子；ρ 为质量密度；q 为作用在板上的动态激励，可为点激励、均布面激励或声载荷等形式。

由式 (3-20) 可知，板内温度变化引起的热面内力及热弯矩，都会改变板的振动控制方程。当板内无温度变化时，式 (3-20) 可退化为经典薄板的振动控制方程。从简单情况入手，本章考察温度均匀变化对四边约束板响应特性的影响。当结构温差在整个板内均匀分布时，即 ΔT 为空间坐标的常数，在热载荷作用下，板内不产生静态面内位移及横向位移。在此条件下，式 (3-6)~式 (3-8) 可简化为

$$\sigma_{Tx}=-\frac{E\alpha\Delta T}{1-\nu},\quad \sigma_{Ty}=-\frac{E\alpha\Delta T}{1-\nu},\quad \tau_{Txy}=0 \tag{3-21}$$

此时，板内仅有沿 x 轴及 y 轴两个方向的热致面内力，不存在热致面内剪力及热弯矩。将式 (3-21) 代入式 (3-20)，可得被约束板在均匀热载荷作用下的振动控制方程为

$$D_0\nabla^4 w+\rho h\frac{\partial^2 w}{\partial t^2}=q-\frac{E\alpha\Delta Th}{1-\nu}\nabla^2 w \tag{3-22}$$

采用振动位移的级数展开形式对式 (3-22) 进行求解。受热薄板中面内各点的横向位移，可由板各阶固有振动的叠加获得，其表达式为

$$w(x,y,t)=\sum_{m,n}w_{mn}\phi_{mn}(x,y)\exp(\mathrm{j}\omega t) \tag{3-23}$$

式中，m 和 n 为模态指数，表示模态振型在板面内 x 及 y 两个方向上分别具有的半波数；w_{mn} 为 (m,n) 阶模态的模态位移；$\phi_{mn}(x,y)$ 为 (m,n) 阶模态的振型函数。

对于不同边界约束条件的板，所对应的振型函数各不相同，其相应的振动控制方程求解过程及复杂程度也不尽相同。本章以四边简支板和四边固支板为研究对象，具体考察板在热环境下响应特性的变化。

3.2.2　简支边界理论解

对于不可移动的简支约束，板在边界处满足零位移及零弯矩条件，如图 3-2 所示。

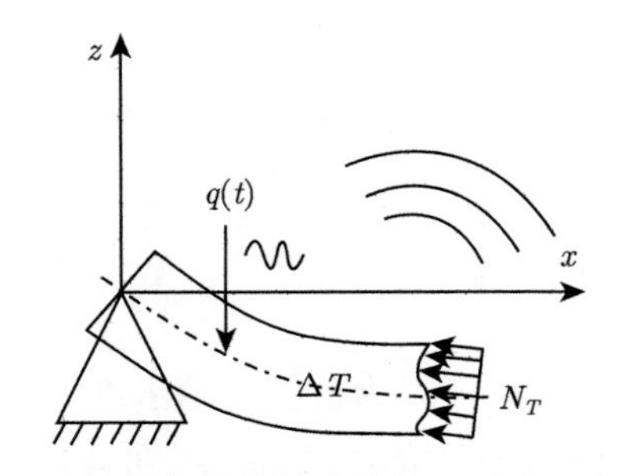

图 3-2　受热板的简支边界及受力示意图

对于四边简支矩形板有

$$x=0,x=a;\quad w=\frac{\partial^2 w}{\partial x^2}=0 \tag{3-24}$$

$$y=0, y=b; \quad w=\frac{\partial^2 w}{\partial y^2}=0 \tag{3-25}$$

为满足以上边界条件，矩形板的模态振型函数采用：

$$\phi_{mn}^{\text{ssss}}(x,y)=\sin\frac{m\pi x}{a}\sin\frac{n\pi y}{b} \tag{3-26}$$

式中，上标 ssss 表示四边简支边界条件。去掉式 (3-22) 中的激励项，可得均匀热载荷作用下板的自由振动方程：

$$D_0\nabla^4 w+\frac{E\alpha\Delta Th}{1-\nu}\nabla^2 w+\rho h\frac{\partial^2 w}{\partial t^2}=0 \tag{3-27}$$

假设板以 (m,n) 阶主振动的形式做自由振动，其位移分布可表示为

$$w(x,y,t)=\phi_{mn}^{\text{ssss}}(x,y)\exp(\mathrm{j}\omega_{mn}t) \tag{3-28}$$

式中，ω_{mn} 为 (m,n) 阶模态的固有频率。将式 (3-28) 代入式 (3-27)，则有

$$D_0\nabla^4\phi_{mn}^{\text{ssss}}(x,y)+\frac{E\alpha\Delta Th}{1-\nu}\nabla^2\phi_{mn}^{\text{ssss}}(x,y)-\omega_{mn}^2\rho h\phi_{mn}^{\text{ssss}}(x,y)=0 \tag{3-29}$$

将振型函数式 (3-26) 代入式 (3-29) 并求解，可得受热简支板的 (m,n) 阶模态的固有频率为

$$\omega_{mn}=\sqrt{\frac{Eh^2\pi^4}{12\rho(1-\nu^2)}\left(\frac{m^2}{a^2}+\frac{n^2}{b^2}\right)^2-\frac{\alpha E\Delta T\pi^2}{\rho(1-\nu)}\left(\frac{m^2}{a^2}+\frac{n^2}{b^2}\right)} \tag{3-30}$$

由式 (3-30) 可知，受热简支板的固有频率主要受两个因素影响：材料物理属性和板内热应力。对于被约束板升温的情况，结构在面内的热膨胀变形完全被限制，板内热应力表现为压应力。同时，对于大多数材料，其弹性常数随着温度的升高表现出降低的趋势。以上两个变化都会使板的固有频率降低。相反地，对于被约束板降温的情况，材料弹性常数升高及结构内产生热致拉应力的综合作用，会导致板的固有频率升高。

采用加权余量法 (Galerkin 法)，可得受热板受迫振动方程的加权残值表达式为

$$\iint_{\Omega}\left(D_0\nabla^4 w+\rho h\frac{\partial^2 w}{\partial t^2}-\frac{E\alpha\Delta Th}{1-\nu}\nabla^2 w-q\right)\cdot\sin\frac{k\pi x}{a}\sin\frac{l\pi y}{b}\mathrm{d}A=0 \tag{3-31}$$

将式 (3-23) 及式 (3-26) 代入式 (3-31) 并化简，遍历 k 和 l 的取值范围，可得以模态位移 $\boldsymbol{w}$ 为未知量的非齐次线性方程组：

$$\boldsymbol{C}_{(M\times N)\times(M\times N)}\boldsymbol{w}_{(M\times N)}=\boldsymbol{Q}_{(M\times N)} \tag{3-32}$$

式中，$\boldsymbol{C}$ 为系数矩阵，其各元素由式 (3-31) 中的积分获得；$\boldsymbol{Q}$ 为激励列向量；$M \times N$ 为分析中所用的模态个数。通过求解上述线性方程组，可得在外激励作用下，受热板各阶主振动的模态位移，进而获得板的振动位移响应。

由于四边简支矩形板的振型函数对于其内积具有良好的正交性，即

$$\iint\limits_{\Omega} \phi_{mn}^{\text{ssss}}(x,y) \times \phi_{kl}^{\text{ssss}}(x,y)\,\mathrm{d}A = \begin{cases} ab/4, & m=k \text{ 且 } n=l \\ 0, & m \neq k \text{ 或 } n \neq l \end{cases} \tag{3-33}$$

式 (3-32) 中的系数矩阵 $\boldsymbol{C}$ 为对角阵，则求解该方程组的过程可转化为求解一组一元一次方程。从而可得模态位移：

$$w_{mn} = \frac{Q_{mn}}{\omega_{mn}^2 - \omega^2} \tag{3-34}$$

式中，Q_{mn} 为正则化的动态激励。因此，受热简支矩形板的横向振动位移响应为

$$w(x,y,t) = \sum_{m,n} \frac{Q_{mn}}{\omega_{mn}^2 - \omega^2} \sin\frac{m\pi x}{a} \sin\frac{n\pi y}{b} \exp(\mathrm{j}\omega t) \tag{3-35}$$

板横向振动的速度分布可相应表示为

$$v(x,y,t) = \sum_{m,n} \frac{\mathrm{j}\omega Q_{mn}}{\omega_{mn}^2 - \omega^2} \sin\frac{m\pi x}{a} \sin\frac{n\pi y}{b} \exp(\mathrm{j}\omega t) \tag{3-36}$$

本节以矩形铝制薄板为对象，具体考察其在热环境下的动态响应。板长度及宽度分别取 0.4m 和 0.3m，厚度取 0.01m。计算所用的简支板模型材料属性如表 3-1 所示。计算中不考虑材料属性随温度变化的改变。

表 3-1　简支板模型材料属性

弹性模量/GPa	泊松比	密度/(kg·m^{-3})	热膨胀系数/K^{-1}	损失因子
70	0.3	2700	2.3×10^{-5}	0.001

对于被约束板，当其所受热载荷足够大时，结构将发生热屈曲，该热载荷被定义为板的临界屈曲温度。此时，结构的平衡位置已不再是初始的平板构型，由式 (3-22) 所示的控制方程求解结构响应的方法不再适用。因此，本章算例选取的热载荷均低于板的临界屈曲温度。

对于面内受压薄板的稳定性问题，其控制方程可表示为[227]

$$D_0 \nabla^4 w = N_x \frac{\partial^2 w}{\partial x^2} + N_y \frac{\partial^2 w}{\partial y^2} + 2N_{xy} \frac{\partial^2 w}{\partial x \partial y} \tag{3-37}$$

对于均匀升温的四边简支薄板，其临界屈曲载荷满足以下条件：

$$N_x \frac{m^2}{a^2} + N_y \frac{n^2}{b^2} = -D_0 \pi^2 \left(\frac{m^2}{a^2} + \frac{n^2}{b^2}\right)^2 \tag{3-38}$$

将式 (3-9) 及式 (3-21) 代入式 (3-38)，可得简支薄板的一阶临界屈曲温度 T_{cr} 为

$$T_{\mathrm{cr}}=\frac{h^2\pi^2}{12(1+\nu)\alpha}\left(\frac{1}{a^2}+\frac{1}{b^2}\right) \tag{3-39}$$

对于本节计算所选用的简支薄板模型，其一阶临界屈曲温度约为 47.7℃。因此，分别选取 0℃、5℃、15℃、25℃、35℃及 45℃作为各分析工况的热载荷。在本章的算例分析中，若无特殊说明，均默认将 0℃作为参考温度，描述板的无热应力状态。因此，结构的温度值即为其温差值。

先分析热载荷作用下板的固有振动特性。表 3-2 给出了不同热载荷下简支板前五阶固有频率及模态振型。由表中数据可知，随着结构温度升高，简支板的各阶固有频率均降低，热载荷对板表现为软化作用。在热环境下，各振型的构型不发生变化，且模态振型的排列顺序也未改变。

表 3-2　不同热载荷下简支板前五阶固有频率及模态振型

热载荷工况	固有频率/Hz				
	模态 (1,1)	模态 (2,1)	模态 (1,2)	模态 (3,1)	模态 (2,2)
0℃	420.2	874.0	1227.0	1630.4	1680.8
5℃	397.6	851.7	1204.8	1608.2	1658.6
15℃	348.0	805.3	1159.1	1563.0	1613.4
25℃	290.1	756.1	1111.6	1516.4	1566.9
35℃	217.2	703.4	1061.9	1468.3	1519.0
45℃	100.9	646.4	1009.8	1418.6	1469.5

通过引入频率比的概念来描述结构固有频率在热环境下的折减程度。定义板在热环境下的固有频率为 f_T，与其在无热应力状态下的固有频率 f_0 的比值 f_T/f_0 为频率比。如图 3-3 所示，为不同温度下受热简支板前五阶固有频率的频率比。由图

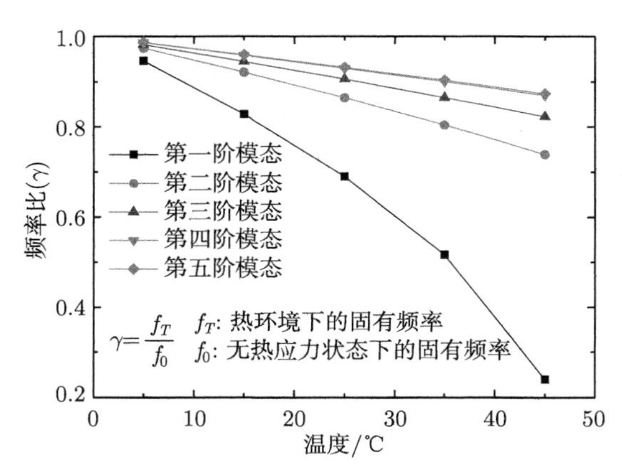

图 3-3　不同温度下受热简支板前五阶固有频率的频率比

中数据可知，在各温度点处，简支板第一阶固有频率的频率比曲线斜率均小于其他各阶固有频率 (其绝对值最大)，并且随着结构温度升高，其斜率减小得最快。当热载荷接近板的临界屈曲温度时，第一阶固有频率迅速接近零，其折减速度远大于其他各阶固有频率。因此，板的第一阶固有频率对热环境的变化最敏感。

在固有振动特性分析的基础上，研究简支板在热环境下的受迫振动及声辐射响应特性。考察受热板在单位简谐点激励作用下，2000Hz 频段内的稳态响应。激励施加点位于板内坐标 $(a/4, b/4)$ 处，以避开板在所考察频段内各阶模态振型的节线，保证结构在 2000Hz 以内的固有振动均被激发。

如图 3-4 所示，为不同热载荷下简支板的均方速度响应。受热应力的作用，由于板固有频率降低而各阶模态振型的构型及排列顺序保持不变，结构振动响应曲线在热环境下表现出向低频方向移动的趋势，且其整体特性保持不变。随着简支板温度升高，各响应共振峰均出现在更低的频率点处，且一阶共振峰幅值有所降低。

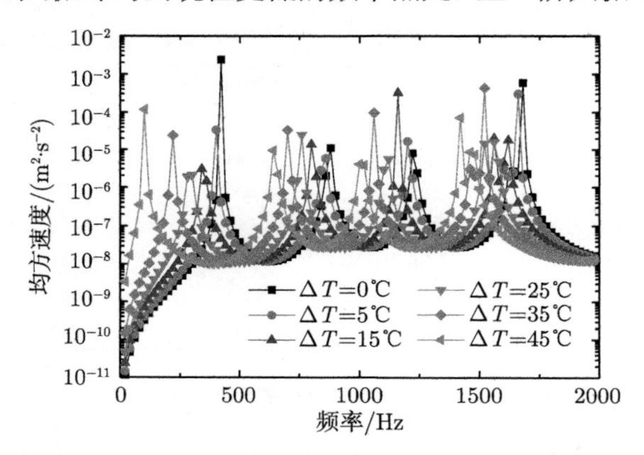

图 3-4　不同热载荷下简支板的均方速度响应

这里采用数值仿真方法对以上理论解进行验证。有限元分析中，对结构在预应力作用下进行固有振动特性预测，可通过引入应力刚度矩阵来实现[213−215,228]：

$$\left(\boldsymbol{K}+\boldsymbol{K}_{\sigma}-\omega^{2}\boldsymbol{M}\right)\boldsymbol{U}=\boldsymbol{0} \tag{3-40}$$

式中，$\boldsymbol{K}$ 为传统刚度矩阵；$\boldsymbol{K}_\sigma$ 为应力刚度矩阵；ω 为角频率；$\boldsymbol{M}$ 为质量矩阵；$\boldsymbol{U}$ 为节点自由度列向量。

板模型的应力刚度矩阵可由静力学分析获得的结构薄膜力计算得到：

$$\boldsymbol{K}_{\sigma}=\sum_{i}\int_{A_i}\boldsymbol{G}^{\mathrm{T}}\begin{bmatrix}N_x & N_{xy}\\ N_{xy} & N_y\end{bmatrix}\boldsymbol{G}\mathrm{d}A \tag{3-41}$$

式中，$\boldsymbol{G}$ 为单元应变矩阵；A_i 为第 i 个单元的面域。

在 ABAQUS 软件的有限元计算中，受热板的固有振动分析由两步组成：第一步，进行热弹性静力计算，获得板内热应力分布；第二步，进行热预应力作用下的模态计算，获得板的模态预测结果。薄板网格由四节点矩形壳单元 (S4) 组成，在矩形板四条边的各节点处约束三个平动自由度。

先对有限元模型进行收敛性分析，考察网格数量对仿真结果的影响，以确定数值计算所需的单元数量。如表 3-3 所示，为划分不同网格数量时，简支板有限元模型的收敛性分析。计算结果表明，当在简支板的长度及宽度上分别划分 60 个及 44 个单元时，前五阶固有频率的有限元解基本收敛。在本节的数值仿真分析中，采用该网格数量进行计算。

表 3-3　简支板有限元模型的收敛性分析

网格数量/个	固有频率/Hz				
	模态 (1,1)	模态 (2,1)	模态 (1,2)	模态 (3,1)	模态 (2,2)
20×15	416.7	868.3	1232.8	1636.9	1668.0
20×30	414.8	861.5	1215.2	1609.1	1648.0
60×44	414.4	860.1	1212.0	1603.9	1644.1
80×60	414.2	859.6	1210.7	1602.0	1642.6

如表 3-4 所示，为受热简支板固有频率的理论解与有限元解对比，相应的结果在图 3-5 中给出了直观展示，固有频率的相对误差以有限元解为参考值进行计算。由结果对比可知，简支板前五阶固有频率在有、无热应力状态下基本吻合，且各阶模态振型的预测结果均相同。在 45°C热载荷作用下，板的第一阶固有频率误差明显增大。从前述理论分析可知，热环境对简支板第一阶固有频率的影响最大，尤其在热载荷接近结构临界屈曲温度时，该频率值对热环境的变化十分敏感。这一特点在数值计算的结果中也得到了验证。

表 3-4　受热简支板固有频率的理论解与有限元解对比

热载荷工况	求解方式	第一阶	第二阶	第三阶	第四阶	第五阶
0°C	理论解/Hz	420.2	874.0	1227.0	1630.4	1680.8
	ABAQUS/Hz	416.0	867.7	1222.7	1636.9	1658.9
	相对误差/%	1.01	0.73	0.35	−0.40	1.32
45°C	理论解/Hz	100.9	646.4	1009.8	1418.6	1469.5
	ABAQUS/Hz	89.3	642.5	1010.5	1432.7	1453.6
	相对误差/%	13.0	0.61	−0.07	−0.98	1.09

对于受热简支板固有频率的预测值，产生以上误差的原因主要有以下两方面：一方面，板的第一阶固有频率小于其他各阶固有频率，在热致面内力的作用下，虽然结构各阶固有频率折减量的绝对值相差不大，但第一阶固有频率的频率比最小，

且变化最明显 (图 3-3)，其对热环境的变化更为敏感；另一方面，在理论分析及有限元计算中所用求解方法不同，导致预测结果的数值存在一定偏差，在 45℃热载荷计算时 (接近板的临界屈曲温度)，简支板第一阶固有频率对温度变化的敏感性使得计算误差明显增大。即便如此，受热简支板固有频率的有限元解仍能很好地体现出热应力对结构的软化作用，与理论解预测的变化趋势相同。

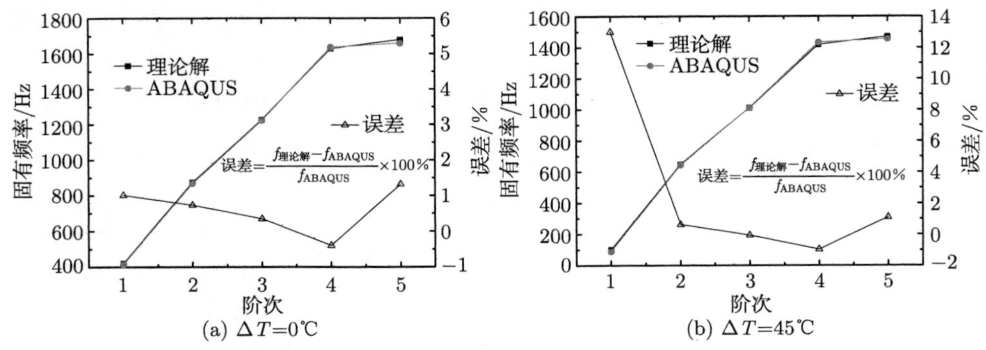

(a) ΔT=0℃　　(b) ΔT=45℃

图 3-5　受热简支板固有频率预测值对比

在固有振动特性分析的基础上，开展受热简支板在简谐激励作用下的稳态振动响应有限元仿真模拟，相应的控制方程可表示为

$$(\boldsymbol{K}+\boldsymbol{K}_{\sigma})\boldsymbol{U}+\boldsymbol{M}\ddot{\boldsymbol{U}}=\boldsymbol{F} \tag{3-42}$$

式中，$\boldsymbol{F}$ 为激励列向量。

如图 3-6 所示，为受热简支板激励点速度响应的预测值对比。两个分析结果在计算固有频率时存在一定误差，导致结构响应共振峰值位置有一定差别 [图 3-6(b) 中的一阶共振峰]。然而，理论解和有限元计算结果在所考察频段内，还是具有很好的整体一致性。

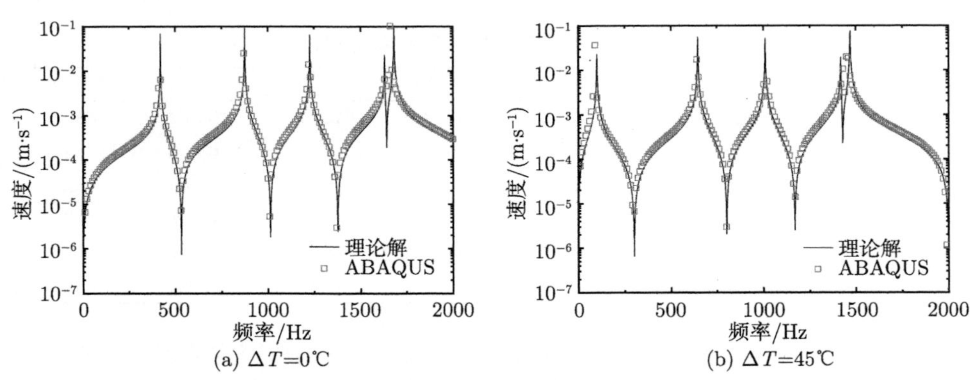

(a) ΔT=0℃　　(b) ΔT=45℃

图 3-6　受热简支板激励点速度响应的预测值对比

3.2.3　固支边界理论解

由于简支边界条件的数学表达形式更为简单，其在理论分析中能极大简化推导过程及结果形式，便于讨论。但在实际工程结构中，固支约束则更为常见。本节以固支板为分析对象，考察热环境变化对其的影响。

对于固支约束条件，边界处需满足零位移及零转角条件，如图 3-7 所示。

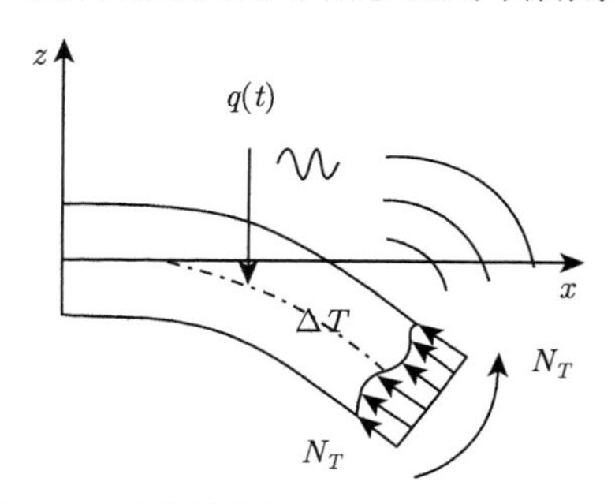

图 3-7　受热板的固支边界及受力示意图

对于四边固支矩形板，其边界条件可表示为

$$x=0, x=a;\quad w=\frac{\partial w}{\partial x}=0 \tag{3-43}$$

$$y=0, y=b;\quad w=\frac{\partial w}{\partial y}=0 \tag{3-44}$$

为满足以上边界条件，矩形板的振型函数可采用较为简单的双余弦形式[89]：

$$\phi_{mn}^{\text{cccc1}}(x,y)=\left[\cos\frac{(m-1)\pi x}{a}-\cos\frac{(m+1)\pi x}{a}\right]\cdot\left[\cos\frac{(n-1)\pi y}{b}-\cos\frac{(n+1)\pi y}{b}\right] \tag{3-45}$$

或者[229]

$$\phi_{mn}^{\text{cccc2}}(x,y)=\left(1-\cos\frac{2m\pi x}{a}\right)\cdot\left(1-\cos\frac{2n\pi y}{b}\right) \tag{3-46}$$

另外，满足四边固支约束的振型函数还有如下的双正弦形式[230]：

$$\begin{aligned}\phi_{mn}^{\text{cccc3}}(x,y)=&\left[(-1)^m\left(\frac{x^3}{a^3}-\frac{x^2}{a^2}\right)+\left(\frac{x^3}{a^3}-2\frac{x^2}{a^2}+\frac{x}{a}\right)-\frac{1}{m\pi}\sin\frac{m\pi x}{a}\right]\\&\cdot\left[(-1)^n\left(\frac{y^3}{b^3}-\frac{y^2}{b^2}\right)+\left(\frac{y^3}{b^3}-2\frac{y^2}{b^2}+\frac{y}{b}\right)-\frac{1}{n\pi}\sin\frac{n\pi y}{b}\right]\end{aligned} \tag{3-47}$$

通过对比可知，虽然式 (3-47) 的形式相对更为复杂，但在选取相同模态个数的情况下，由其计算获得的固支板固有频率与有限元解更接近。并且，由式 (3-45) 及式 (3-46) 计算得到的结果，仅能保证低阶固有频率具有较高精度。对于高阶固有频率，其与有限元解间的误差会随着模态阶数的升高而快速增大，远超出工程应用许可的误差范围。这些结果均在前期的研究中得到确认，因此，本章对四边固支板的分析中，选用式 (3-47) 作为振型函数。

由板壳振动理论可知[231]，对于矩形薄板的振动问题，仅四边简支板具有精确解，其他边界条件板只能得其固有振动的近似解。同时，由于四边固支板的振型函数与四边简支板相比更为复杂，本书 3.2.2 小节所用的求解简支板固有振动的方法已不适用，这里采用傅里叶级数展开的方法进行求解[230]。

将式 (3-23) 及振型函数式 (3-47) 代入式 (3-27)，受热板的自由振动方程展开为双重傅里叶级数形式，可得

$$F\left(w\right)=D_0\nabla^4 w+\frac{E\alpha\Delta Th}{1-\nu}\nabla^2 w+\rho h\frac{\partial^2 w}{\partial t^2}=\sum_{m,n}\beta_{mn}\sin\frac{m\pi x}{a}\sin\frac{n\pi y}{b}=0 \quad (3\text{-}48)$$

为保证式 (3-48) 成立，各傅里叶系数 β_{mn} 需满足以下条件：

$$\beta_{mn}=\frac{4}{ab}\int_{\Omega}F\left(w\right)\sin\frac{m\pi x}{a}\sin\frac{n\pi y}{b}\mathrm{d}A=0 \quad (3\text{-}49)$$

根据式 (3-49)，可建立一个以模态位移为未知量的齐次线性方程组：

$$\boldsymbol{C}_{(M\times N)\times(M\times N)}\boldsymbol{w}_{(M\times N)}=\boldsymbol{0}_{(M\times N)} \quad (3\text{-}50)$$

由于振型函数式 (3-47) 对其内积不具备正交性，因此，式 (3-50) 中的系数矩阵 $\boldsymbol{C}$ 实际为满阵。为保证上述方程组存在非零解，需满足其系数矩阵行列式为零，从而可得以频率为未知数的一元 $2M\times N$ 次多项式方程，其根即为受热固支板的固有频率。

根据阿贝尔–鲁菲尼定理 (Abel-Ruffini theorem)[232]，对于次数高于 4 的多项式方程，通常不存在一般形式的代数解法，需借助数值方法进行迭代求解。现有求解高次多项式方程的数值方法，其计算效率及结果精度会随方程次数的增加而降低，且各方法通常存在数值稳定性的问题，可能造成结果不可信。对于结构固有振动的分析，所关注的模态数往往很大，导致求解高次多项式方程的过程费时费力，且不一定能得到有效解。同时，即便采用以上方法得到了固支板的固有频率，仍很难确定与各频率值相对应的模态振型。由此可知，求解固支板固有振动需借助其他方法。

在受迫振动中，当激励频率接近固支板的某阶固有频率时，结构响应将迅速增大，系统发生共振。此时，对于无阻尼系统，该阶固有振动的模态位移趋近于无穷大。由此可知，结构的固有频率可通过求解其共振频率的方法近似获得，具体而言，即为求解各阶模态位移倒数的零点。由式 (3-34) 给出的模态位移形式可知，本方法对于四边简支板同样适用。固有频率求解的具体过程如下。

(1) 由式 (3-22)、式 (3-23) 及式 (3-47) 获得受热固支板受迫振动方程的双重傅里叶级数形式:

$$F'(w)=D_0\nabla^4 w+\frac{E\alpha\Delta Th}{1-\nu}\nabla^2 w+\rho h\frac{\partial^2 w}{\partial t^2}-q=\sum_{m,n}\beta'_{mn}\sin\frac{m\pi x}{a}\sin\frac{n\pi y}{b}=0 \quad (3\text{-}51)$$

式中的傅里叶系数 β'_{mn} 需满足以下条件:

$$\beta'_{mn}=\frac{4}{ab}\int_{\Omega}F'(w)\sin\frac{m\pi x}{a}\sin\frac{n\pi y}{b}\mathrm{d}A=0 \quad (3\text{-}52)$$

(2) 根据式 (3-52)，可建立一个以固支板受迫振动模态位移为未知数的非齐次线性方程组，其形式类似式 (3-32)。

(3) 求解上述线性系统，获得受热固支板受迫振动模态位移的表达式。

(4) 求解上述模态位移倒数的零点，所得解即为该阶模态的固有频率。

在本方法计算受热固支板固有频率的过程中，需求解 $M\times N$ 个一元多次多项式方程。通常，这些多项式方程的最高次数不超过 4，且不随 $M\times N$ 的变化而改变。因此，本方法的计算量仅随所关注固有频率数量的增加呈线性倍数增长，具有较高的计算效率。在前述利用自由振动求解受热固支板固有频率的方法中，需求解一个次数为 $2M\times N$ 的一元多项式方程。随所关注固有频率数量的增加，此方法计算量的增速远大于上述方法，即利用受迫振动模态位移进行求解。并且，此方法也存在十分明显的数值稳定性问题。综上所述，这里选取后一种方法，即基于受迫振动响应求解受热固支板的固有振动特性。

在基于受迫振动响应计算求解受热固支板固有频率的过程中，通过步骤 (3) 已获得受迫振动的各阶模态位移。由式 (3-23) 及式 (3-47)，可计算得到固支板的振动位移响应，及相应的振动速度及加速度响应。这里不再赘述。

以长为 0.3m、宽为 0.2m、厚为 0.003m 的矩形铝制薄板为研究对象，考察固支板在热环境下的动态行为，固支板模型材料属性如表 3-5 所示。计算中不考虑材料属性随温度的变化。

表 3-5　固支板模型材料属性

弹性模量/GPa	泊松比	密度/(kg·m^{-3})	热膨胀系数/K^{-1}	损失因子
65	0.27	2810	2.3×10^{-5}	0.001

采用傅里叶级数展开求解得到的固支板固有振动为其近似解，而非精确解。因此，在进行具体计算前，需先对该方法做收敛性分析。以上述固支板在无热应力状态下的固有振动为对象，考察模态个数选取对固支板前五阶固有频率计算值的影响，结果如表 3-6 所示。由对比可知，当计算采用的模态个数为 36 时，该固支板固有频率近似解已基本收敛。

表 3-6　固支板前五阶固有频率近似解的收敛性分析

$M \times N$/个	固有频率/Hz				
	模态 (1,1)	模态 (2,1)	模态 (1,2)	模态 (3,1)	模态 (2,2)
4×4	462.0	711.1	1134.7	1145.3	1360.3
5×5	463.8	713.5	1136.5	1140.5	1360.3
6×6	463.8	715.0	1136.2	1140.5	1367.1
7×7	464.3	715.8	1137.0	1142.3	1367.1

与简支板相同，固支板在受热载荷作用时，也存在热屈曲的问题。由式 (3-37) 计算可得，对于本节所用固支板模型，其理论临界屈曲温度约为 26.2℃。因此，选取 0℃、10℃及 20℃作为分析工况的热载荷，分别考察固支板在无热载荷及受热应力作用下的响应特性。另外，选取 26.1℃作为极限工况热载荷，考察临近热屈曲时的响应特性。

首先，考察受热固支板固有振动特性的变化。如表 3-7 所示，为不同热载荷下固支板前五阶固有频率的近似解。与简支板类似，受热固支板前五阶固有频率均随温度升高逐渐降低。当固支板的温度接近其临界屈曲温度时，第一阶固有频率接近零。

表 3-7　不同热载荷下固支板前五阶固有频率的近似解

热载荷工况	固有频率/Hz				
	模态 (1,1)	模态 (2,1)	模态 (1,2)	模态 (3,1)	模态 (2,2)
0℃	463.8	715.0	1136.2	1140.5	1367.1
10℃	367.4	604.4	1029.1	1026.2	1254.8
20℃	229.4	465.6	908.3	896.3	1130.3
26.1℃	28.7	353.2	825.2	806.2	1046.6

对比表 3-7 中的第三阶和第四阶固有频率可见，固支板的模态顺序在热载荷作用下发生交换。在无热应力状态下，模态 (3,1) 所对应的固有频率虽高于模态 (1,2)，但这两阶频率值十分接近，相对差值不到 0.4%。当固支板温度升高时，模态 (3,1) 的固有频率折减速度相对更快，其频率比相对更低，如图 3-8 所示。在热环境下，模态 (3,1) 成为固支板的第三阶模态。这一变化表明，热载荷对矩形固支板面内两个方向上的影响不完全相同。在本书 3.2.2 小节对受热简支板的讨论中，未观察到模态交换现象。

对固支板施加横向单位简谐点激励，考察其在热环境下的振动响应特性。加载点位置与简支板算例相同，选取板内坐标 $(a/4, b/4)$ 点处。如图 3-9 所示，为不同温度下固支板的振动位移响应和振动速度响应曲线。由计算结果可知，与受热简支板相同，固支板振动响应曲线随结构温度升高，整体向低频方向移动。这一现象主要由受热固支板固有振动特性的变化决定。观察固支板的基频响应共振峰幅值可以发现，该点处位移响应量级在升温过程中几乎保持不变，在结构温度达到

26.1℃时，即接近固支板的临界屈曲温度时，该点处的响应共振峰幅值发生突增。与此相比，观测点速度响应的基频共振峰幅值，在热环境下则呈现出小幅震荡的变化趋势。

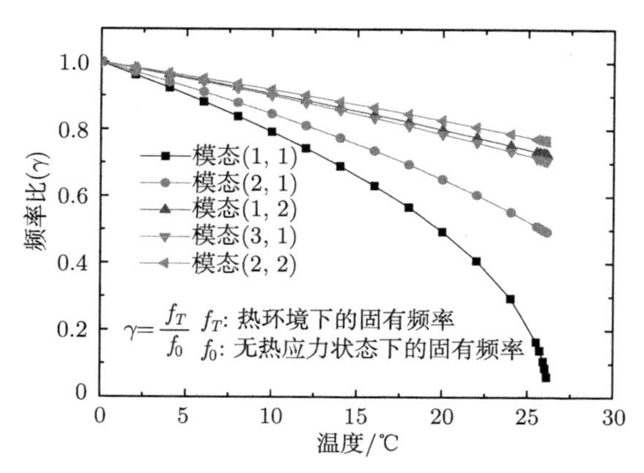

图 3-8　不同温度下受热固支板前五阶固有频率的频率比

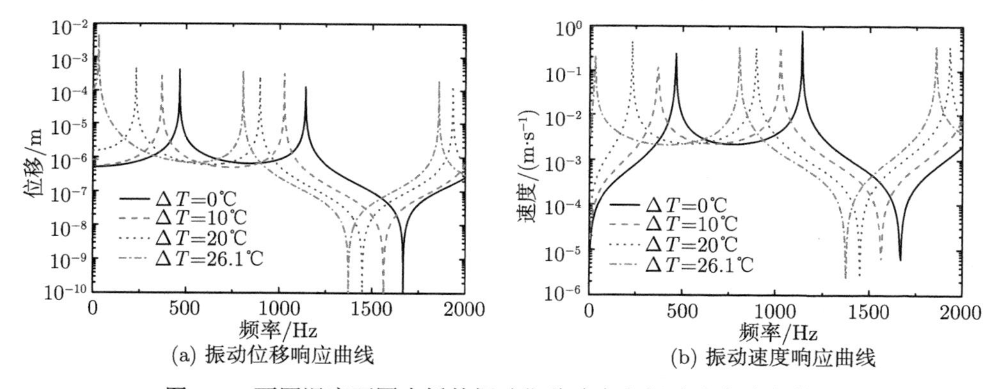

(a) 振动位移响应曲线　(b) 振动速度响应曲线

图 3-9　不同温度下固支板的振动位移响应和振动速度响应曲线

在固支板温度升高的过程中，结构内部产生压应力。固支板受到热载荷的软化作用，导致结构刚度降低，从而引起位移响应幅值增大。当热载荷接近固支板的临界屈曲温度时，结构达到失稳前的极限状态，其刚度大幅折减导致响应量级突增。对于稳态过程，振动速度响应可由位移响应及响应频率的乘积获得。在热环境下，结构共振峰虽然出现在更低的频率点处，但速度响应峰幅值的变化趋势并不一定单调。

本节同样采用有限元仿真对受热固支板的近似理论解进行验证。借助 NASTRAN 进行受热固支板的固有振动特性分析，再利用 VA ONE 进行板的振动响应计算。在 NASTRAN 中，固支板热模态分析的实现分两步：第一步，利用线性静

态求解器 (sol 101) 进行静态热弹性分析，获得固支板的热应力分布；第二步，利用正则模态求解器 (sol 103) 进行预应力模态分析。在第二步中，将静力求解得到的热应力作为初始条件，计算固支板的应力刚度矩阵并叠加至其传统刚度矩阵中，以实现预加载荷对板振动特性的影响。

在开展仿真分析前，同样对固支板有限元模型进行收敛性分析，确定数值计算所需的单元量。如表 3-8 所示，为不同网格数量下，固支板无热载荷时的前五阶固有频率有限元解。计算结果表明，在固支板模型长度及宽度方向上分别划分 60 个及 40 个单元时，固有频率的有限元解基本收敛。

表 3-8 固支板无热载荷时的前五阶固有频率有限元解

网格数量/个	固有频率/Hz				
	模态 (1,1)	模态 (2,1)	模态 (1,2)	模态 (3,1)	模态 (2,2)
30×20	462.3	710.5	1129.8	1131.3	1351.9
45×30	463.2	713.6	1132.1	1136.6	1360.4
60×40	463.5	714.7	1132.9	1138.5	1363.6
75×50	463.7	715.2	1133.3	1139.5	1365.1

如表 3-9 所示，为受热固支板前五阶固有频率近似理论解与有限元解的相对误差，这里以有限元解为参考值。由表中数据可知，在所考察的热状态下，固支板固有频率的近似理论解与有限元解吻合很好。虽然各阶频率的相对误差随固支板温度升高略有增大，但其绝对值不超过 1.2%。各误差值的符号表明，近似理论解略高于有限元解，这主要由固支板振型函数的特性决定。在受热固支板固有振动的有限元计算中，同样观察到模态 (1,2) 与模态 (3,1) 的模态交换现象。

表 3-9 受热固支板前五阶固有频率近似理论解与有限元解的相对误差

热载荷工况	相对误差/%				
	模态 (1,1)	模态 (2,1)	模态 (1,2)	模态 (3,1)	模态 (2,2)
0℃	0.05	0.05	0.29	0.18	0.26
10℃	0.32	0.29	0.44	0.51	0.40
20℃	1.17	0.75	−0.64	1.02	0.59

在 26.1℃热载荷的有限元计算中，模态 (1,1) 的固有频率预测值为 0Hz，表明该阶固有振动已不存在。这一结果说明，在 NASTRAN 的模态计算中，固支板在此温度状态下已达到 (或超过) 该有限元模型的临界屈曲温度。通过对固支板开展热屈曲有限元分析 (sol 105) 可知，NASTRAN 预测的结构临界屈曲温度约为 26.0℃。因此，在 26.1℃时固支板的热模态有限元计算与理论分析结果已无可比性。但在固支板未发生热屈曲的模态分析中，固支板第一阶固有频率的有限元解同样表现出对温度变化的敏感性，与图 3-8 中所示结果相同。热屈曲板的模态特性分析会在后

续章节中重点论述。

如图 3-10 所示，为受热固支板振动速度响应的预测值对比。结果表明，数值仿真得到的受热固支板振动速度响应与理论结果呈现相同的变化趋势，在反共振点附近以外的频率范围内，二者均吻合很好。因此，本节所提出的受热固支板响应近似理论分析方法具有较高的可靠性。

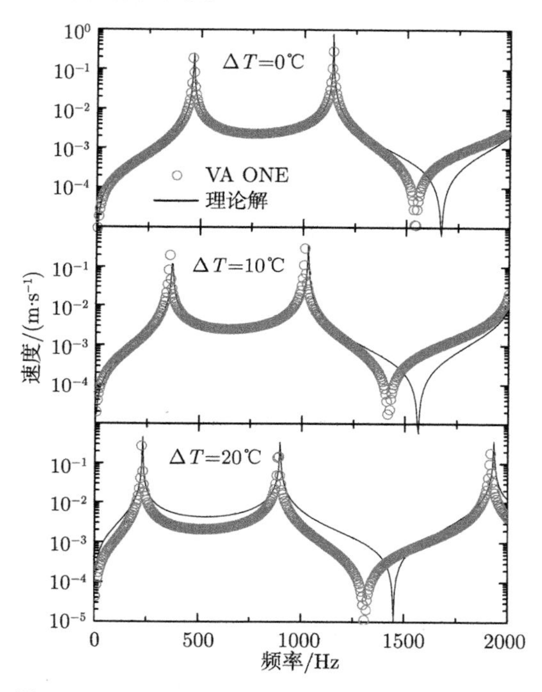

图 3-10　受热固支板振动速度响应的预测值对比

3.3　受热板的声特性

3.3.1　受热板的声辐射

对于受热板的声辐射问题，在获得其动态响应的基础上，可由瑞利积分计算得到其远场辐射声压[233]：

$$p\left(x_p, y_p, z_p, t\right)=\frac{\mathrm{j} \omega \rho_a}{2 \pi} \int_{\Omega} v(x, y, t) \frac{\exp \left(-\mathrm{j} k_a R\right)}{R} \mathrm{d} A \tag{3-53}$$

式中，ω 为受热板的振动角频率；ρ_a 为声介质密度；Ω 为受热振动板的面域；v 为受热板的振动速度；$k_a=\omega/c_a$ 为波数，c_a 为介质中的声速；R 为声介质内空间声压观测点 (x_p, y_p, z_p) 与振动板内积分点 $(x, y, 0)$ 间的距离。

根据受热板的振动及辐射声压响应，可考察其声辐射效能。首先，由受热板的振动速度及板面声压计算板的声辐射功率：

$$\bar{P}(\omega)=\frac{1}{2}\int_{\Omega}\mathrm{Re}\left[v(x,y,\omega)^{*}\cdot p(x,y,0,\omega)\right]\mathrm{d}A \tag{3-54}$$

式中，Re 为复数的实数部分；$*$ 为复数的共轭。这里，通常采用瑞利积分计算板表面声压[233]。

受热板和与其等面积振动活塞的辐射声能之比，为受热板的声辐射效率，表征受热板将机械能转化为辐射声能的能力：

$$\sigma=\bar{P}(\omega)/\rho_a c_0 ab\left\langle|v(\omega)|^2\right\rangle \tag{3-55}$$

式中，$\left\langle|v(\omega)|^2\right\rangle$ 为受热板在时间及空间内的均方速度。

这里主要讨论受热简支板的声辐射特性，在 3.2.2 小节获得动态响应的基础上，可计算板在振动过程中的声辐射特性。图 3-11 给出了受热简支板中心点上方 3m 处声场观测点的声压级 (sound pressure level，SPL) 响应曲线 (参考值 =2×10^{-5}Pa)。由瑞利积分可知，结构的辐射声压直接受其振动响应的影响。与简支板动态响应在热环境下的变化类似，该观测点处的声压级响应曲线同样整体向低频方向移动，各响应共振峰随结构温度升高，均出现在更低的频率点。声压级第一阶共振峰幅值明显降低。

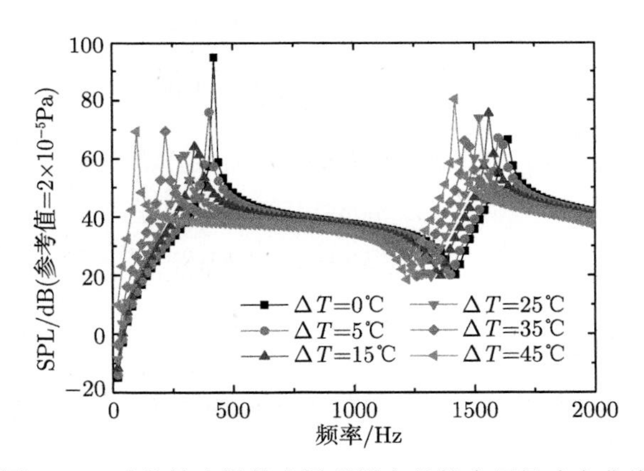

图 3-11　受热简支板外声场观测点处的声压级响应曲线

如图 3-12 所示，为不同热载荷下简支板的声辐射功率响应曲线。在简谐点激励的作用下，振动板的声辐射主要由其共振模态引起[234]。在热应力的作用下，由于简支板各阶固有频率逐渐降低，其辐射声功率响应曲线在热环境下也表现出整体向低频方向移动的趋势，且各共振峰幅值变化与均方速度的变化趋势基本相同。

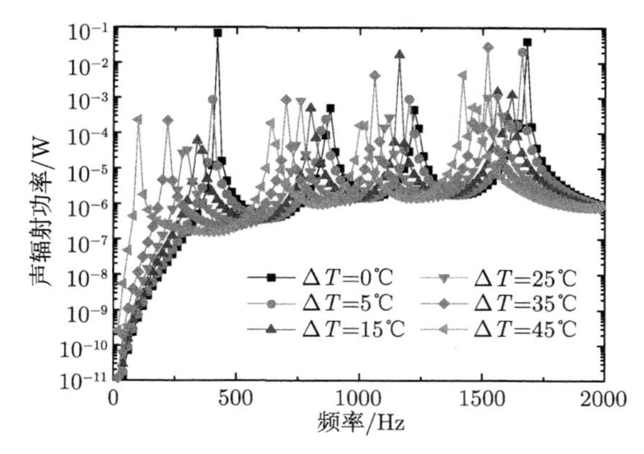

图 3-12　不同热载荷下简支板的声辐射功率响应曲线

如图 3-13 所示，为不同热载荷下简支板的声辐射效率曲线。本节计算得到的结果与文献[158] 中的结果相似。在低于简支板临界频率的频段内 (本算例中简支板的临界频率约为 1200Hz)，声辐射效率曲线呈现出明显的波状增长。在高于简支板临界频率的频段内，声辐射效率达到最大值，并开始逐渐降低，趋近于单位值。

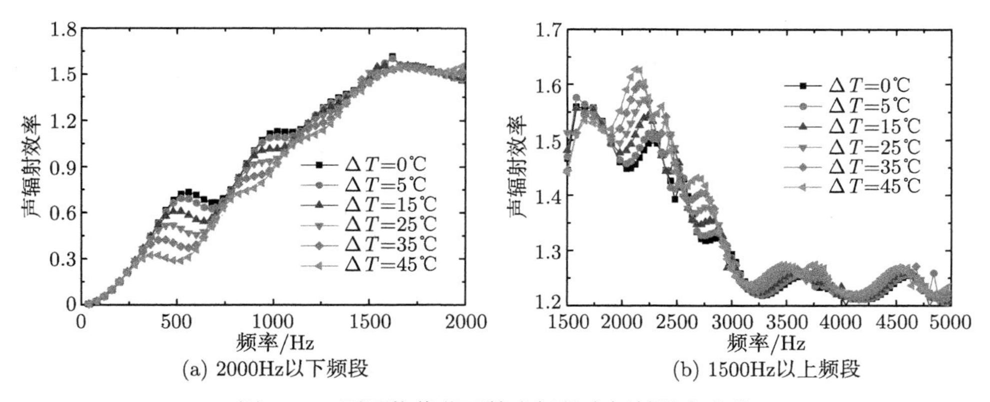

(a) 2000Hz以下频段　(b) 1500Hz以上频段

图 3-13　不同热载荷下简支板的声辐射效率曲线

热载荷对简支板声辐射效率影响明显，但并没有改变声辐射效率曲线的整体形状。在热环境下，简支板在 250Hz 以下频段内的声辐射效率曲线几乎未发生变化。在更高的频率范围内，受热简支板的声辐射效率明显降低。在 500Hz 附近，45°C时简支板的声辐射效率与无热载荷状态相比降低一半以上，此时简支板温度已十分接近其第一阶临界屈曲温度。在热环境下，简支板声辐射效率的波状特性逐渐减弱，曲线相对更加平滑，且第一个波状增长出现在更低的频率点处。随着激励频率升高，热环境对板声辐射效率的影响逐渐减弱。

在 1600Hz 附近 (略高于板的临界频率)，简支板的声辐射效率达到一个极值，且热环境变化对该极值的影响并不明显。在更高的频段内，热载荷导致简支板的声辐射效率小幅提升。当简支板温度接近其临界屈曲温度时，在 2500Hz 附近，声辐射效率出现新的峰值，热环境变化造成板声辐射效率的最大值点向高频方向移动。

对于受热板声辐射响应特性的数值验证计算，分别采用有限元–有限元 (FEM-FEM) 及有限元–边界元 (FEM-BEM) 联合仿真的求解方法开展分析。在 ABAQUS 中，对于振动结构向临近空间进行声辐射的问题，可通过结构有限元和声有限元耦合的方法实现仿真计算。如图 3-14 所示，为受热简支板振动及声辐射分析的有限元模型，简支板结构及空间声场均采用有限元网格进行模拟，矩形简支薄板由四节点矩形壳单元 (S4) 建立有限元模型，空间声场由三维八节点六面体声单元 (AC3D8) 及三维六节点五面体声单元 (AC3D6) 划分有限元域。对于结构外声场，通常采用有限大半球形空间来模拟。在声有限元模型边界与简支板模型几何位置相互重合的区域 (如图 3-14 所示半球体底部圆面中心的矩形区域)，将结构单元同与其对应位置的声单元设置绑定约束关系 (tie)，实现结构位移与声场声压计算数据间的相互传递，以模拟板与其外声场间的耦合作用。在声有限元模型边界不与板模型重合的区域 (如图 3-14 所示半球体顶部半球面及底部除中心矩形区域外的圆面区域)，设置非反射 (nonreflecting) 边界条件，以实现用有限域模拟无限空间的计算。

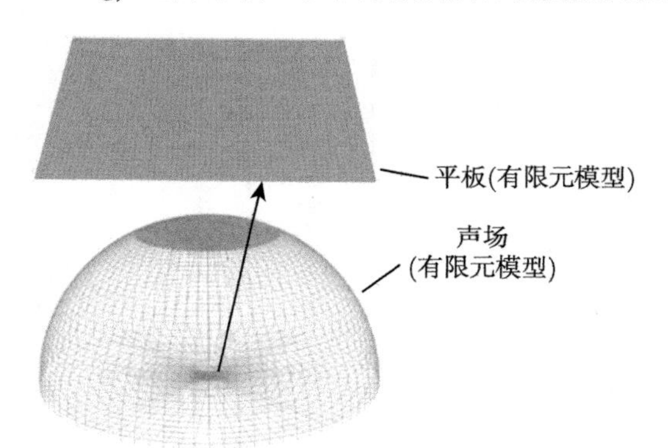

图 3-14　受热简支板振动及声辐射分析的有限元模型

受热结构与声场耦合分析的有限元动力学控制方程可表示为

$$\begin{bmatrix} \boldsymbol{M}_{\mathrm{a}} & \rho_{\mathrm{a}}\boldsymbol{R}_{\mathrm{a}} \\ \boldsymbol{0} & \boldsymbol{M}_{\mathrm{s}} \end{bmatrix}\begin{Bmatrix} \ddot{\boldsymbol{P}} \\ \ddot{\boldsymbol{U}} \end{Bmatrix}+\begin{bmatrix} \boldsymbol{C}_{\mathrm{a}} & \boldsymbol{0} \\ \boldsymbol{0} & \boldsymbol{C}_{\mathrm{s}} \end{bmatrix}\begin{Bmatrix} \dot{\boldsymbol{P}} \\ \dot{\boldsymbol{U}} \end{Bmatrix}+\begin{bmatrix} \boldsymbol{K}_{\mathrm{a}} & \boldsymbol{0} \\ -\boldsymbol{R}_{\mathrm{s}} & \boldsymbol{K}_{\mathrm{s}}+\boldsymbol{K}_{\sigma} \end{bmatrix}\begin{Bmatrix} \boldsymbol{P} \\ \boldsymbol{U} \end{Bmatrix}=\begin{Bmatrix} \boldsymbol{0} \\ \boldsymbol{F} \end{Bmatrix} \tag{3-56}$$

式中，$\boldsymbol{M}_{\mathrm{a}}$ 为声场质量矩阵；$\boldsymbol{M}_{\mathrm{s}}$ 为结构质量矩阵；$\boldsymbol{R}_{\mathrm{a}}$ 和 $\boldsymbol{R}_{\mathrm{s}}$ 均为声场和结构间的耦合矩阵；$\boldsymbol{C}_{\mathrm{a}}$ 为声场阻尼矩阵；$\boldsymbol{C}_{\mathrm{s}}$ 为结构阻尼矩阵；$\boldsymbol{K}_{\mathrm{a}}$ 为声场刚度矩阵；$\ddot{\boldsymbol{P}}$ 为声场节点声压变化加速度列向量；$\dot{\boldsymbol{P}}$ 为声场节点声压变化速度列向量；$\boldsymbol{P}$ 为声场节点声压列向量；$\ddot{\boldsymbol{U}}$ 为结构节点加速度列向量；$\dot{\boldsymbol{U}}$ 为结构节点速度列向量。在结

构–声耦合系统的有限元分析中，待求量为声场单元节点处的声压以及结构单元节点处的位移。在计算过程中，同时求解各未知量，属于完全耦合分析。

对于有限元–边界元联合仿真分析，可采用商业软件 VA ONE 提供的求解器实现。建模时对板建立有限元网格模型，声空间则采用半无限大流场建立边界元流体计算域，在二者相接触的部位划分边界网格，作为边界元积分的数据点，通常直接采用结构的有限元网格。分析流程可分为两个阶段：第一个阶段，进行结构动态响应的有限元分析，得到板的振动位移、速度及加速度响应分布；第二个阶段，以结构振动响应为边界值，进行声场边界元分析，得到空间域内的声压响应结果。本方法属于顺序耦合分析。

在有限元–边界元联合仿真中，有限元分析的控制方程及求解过程，与式 (3-42) 相同。在边界元求解阶段，声场响应计算可归结为位势问题的边界元分析。在声空间内，声传播可用非齐次亥姆霍兹方程描述[235]：

$$\nabla^2 p + k_{\mathrm{a}}^2 p = \phi \tag{3-57}$$

式中，ϕ 为声场内激励源。

在结构与声介质的界面处，根据连续性条件可得线性化的动量方程为

$$\frac{\partial p}{\partial n_{\mathrm{s}}} = \mathrm{j}\omega\rho_{\mathrm{a}} v_n \tag{3-58}$$

式中，n_{s} 为界面的法线方向；v_{n} 为结构的法向振动速度。

对于混合边值问题的一般情况，诺依曼边界条件和狄利克雷边界条件可采用混合的罗宾边界条件表示，并采用阻抗的形式表达为 $Z_{\mathrm{n}} = p/v_{\mathrm{n}}$。对于简单结构及简单边界条件，可得式 (3-57) 及式 (3-58) 解的解析表达形式。对于复杂系统，则需借助数值方法进行求解。

在对声空间进行边界元数值求解时，主要有直接积分法及间接积分法等边界积分方法。直接积分法只适用于边界面为闭合面的问题；间接积分法则对闭合面问题及非闭合面问题均适用。

在声边界元直接积分法中，对于给定的计算频率，系统方程可表示为

$$\boldsymbol{A}(\omega)\boldsymbol{P} = \boldsymbol{B}(\omega)\boldsymbol{v}_{\mathrm{n}} \tag{3-59}$$

式中，$\boldsymbol{A}(\omega)$ 和 $\boldsymbol{B}(\omega)$ 为影响矩阵，是非对称阵；$\boldsymbol{P}$ 为边界元界面节点声压列向量；$\boldsymbol{v}_{\mathrm{n}}$ 为边界元界面节点法向速度列向量。根据界面上的计算结果，可得声场内任意点 $\boldsymbol{x}$ 处的声压值：

$$p(\boldsymbol{x}) = \int_{\Omega}\left[p(\boldsymbol{y})\frac{\partial G(\boldsymbol{x},\boldsymbol{y})}{\partial n_y} - \frac{\partial p(\boldsymbol{x},\boldsymbol{y})}{\partial n_y}G(\boldsymbol{x},\boldsymbol{y})\right]\mathrm{d}A(\boldsymbol{y}) \tag{3-60}$$

式中，$G(\boldsymbol{x},\boldsymbol{y})$ 为格林函数，单点声激励源的亥姆霍兹方程基本解；$\boldsymbol{x}$ 为声空间内声压观测点位置；$\boldsymbol{y}$ 为边界元界面内的积分点位置。

在声边界元间接积分法中，系统方程可表示为

$$\begin{bmatrix} \boldsymbol{B} & \boldsymbol{C}^{\mathrm{T}} \\ \boldsymbol{C} & \boldsymbol{D} \end{bmatrix} \begin{Bmatrix} \boldsymbol{\sigma} \\ \boldsymbol{\mu} \end{Bmatrix} = \begin{Bmatrix} \boldsymbol{f} \\ \boldsymbol{g} \end{Bmatrix} \tag{3-61}$$

式中，$\boldsymbol{B}$、$\boldsymbol{C}$ 和 $\boldsymbol{D}$ 为影响矩阵，是对称阵；$\boldsymbol{\sigma}$ 为速度跃变列向量；$\boldsymbol{\mu}$ 为声压跃变列向量；$\boldsymbol{f}$ 和 $\boldsymbol{g}$ 为激励列向量。同样地，根据边界元界面内的计算结果，可得声场内任意点 $\boldsymbol{x}$ 处的声压值：

$$p(\boldsymbol{x}) = \int_{\Omega} \left[\mu(\boldsymbol{y}) \frac{\partial G(\boldsymbol{x},\boldsymbol{y})}{\partial n_y} - \sigma(\boldsymbol{y}) G(\boldsymbol{x},\boldsymbol{y}) \right] \mathrm{d}A(\boldsymbol{y}) \tag{3-62}$$

在 VA ONE 中，提供了与 NASTRAN 连接的数据接口，可直接读取有限元分析模型 (bdf 文件) 及计算结果 (op2 文件或 pch 文件)。本节结合 NASTRAN 与 VA ONE 开展有限元–边界元联合求解。首先，在 NASTRAN 中建立受热板的有限元模型，采用线性静态求解器 (sol 101) 及正则模态求解器 (sol 103) 进行热载荷作用下的固有振动分析，得到固有频率及振型等模态参数。然后，通过读取 bdf 文件，将板的有限元模型导入 VA ONE 中，建立有限元–边界元联合仿真模型，如图 3-15 所示。最后，读取 NASTRAN 模态分析结果，进行结构振动及声辐射响应分析。

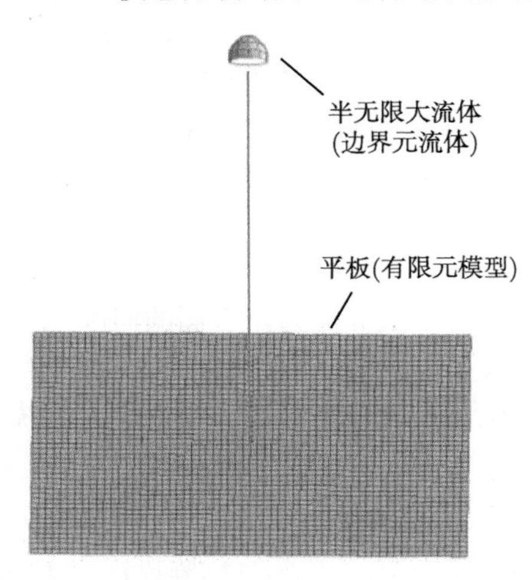

图 3-15　受热简支板振动及声辐射分析的有限元–边界元混合模型

在 NASTRAN 有限元分析中，矩形板模型由四节点四边形板单元 (CQUAD4) 构成，单元数量与所用的 ABAQUS 有限元模型相同。如图 3-16 所示，为受热简支板的辐射声压级预测值对比。由图中曲线可知，采用有限元–边界元混合建模方

法，计算得到的声压级响应与理论解整体上更接近。与之相比，有限元解的整体变化趋势虽与理论解相同，但也得到了许多“额外”的响应共振峰，声压级曲线波动明显。对于振动结构在轻流体介质中的声辐射问题，通常可简化为单向耦合问题处理，结构振动引起声介质扰动，从而产生声的传播，而流体扰动对结构的影响则忽略不计。在 ABAQUS 有限元计算中，结构与声介质间的作用是完全耦合的，声场模态被激发后产生了一系列“额外”的响应共振峰。对于本研究中所考虑的声介质空气，可作为轻流体处理。因此，采用有限元与边界元联合仿真方法获得的预测结果与理论解更接近。

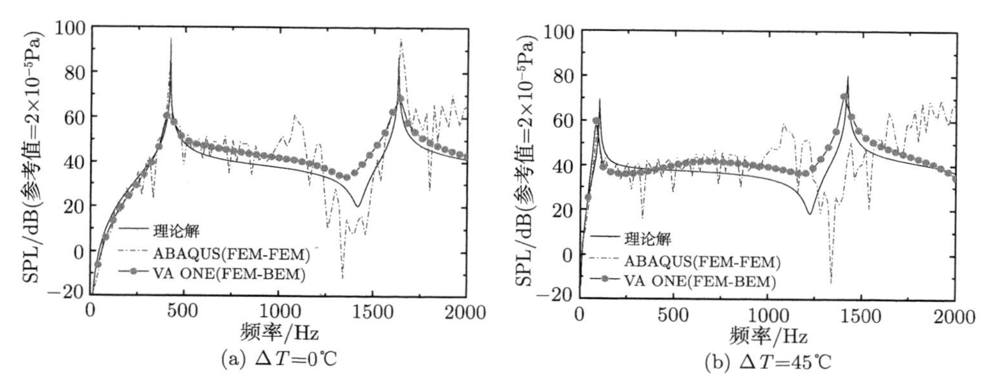

图 3-16　受热简支板的辐射声压级预测值对比

3.3.2　入射声对受热板的作用

本节讨论受热板与声介质间的耦合特性，将结构振动对其临近声介质的扰动作用，以及空间声压分布变化对结构振动的影响作用，同时计入振动控制方程。以平面声波为激励源，对矩形薄板在热环境下的振动及透射声响应特性开展分析。

如图 3-17 所示，受热板镶嵌于无限大刚硬平面障板中，板中面与 $z=0$ 平面重合。在 $z>0$ 的半无限大空间内，平面波沿 z 轴负方向传播，在板面处以某一入射方向作用于受热板。入射声波的水平入射角 θ，为平面波波向量在 $z=0$ 平面内的投影与 x 轴正方向的夹角，取值范围为 $-180°\leqslant\theta\leqslant180°$，逆时针方向为正。竖直入射角 ϕ，为平面波波向量与 z 轴正方向的夹角，取值范围为 $0°\leqslant\phi\leqslant90°$。

由于结构对声波的反射作用，部分入射声波以平面波的方式，由板面处沿 z 轴正方向发出。该反射声波波向量在 $z=0$ 平面内的投影与 x 轴负方向的夹角也为 θ，反射声波波向量与 z 轴正方向的夹角为 ϕ。

当受热板受到入射声波的激励作用时，结构发生受迫振动，从而对与其临近的声介质产生扰动，改变声空间内的声压分布。同时，板也会受到声介质对其产生的反作用。在 $z>0$ 的半无限大入射空间内，振动板发出的辐射声为散射声。相应地，

在 $z<0$ 的半无限大空间内，振动板发出的辐射声为透射声，该空间被称为透射空间。

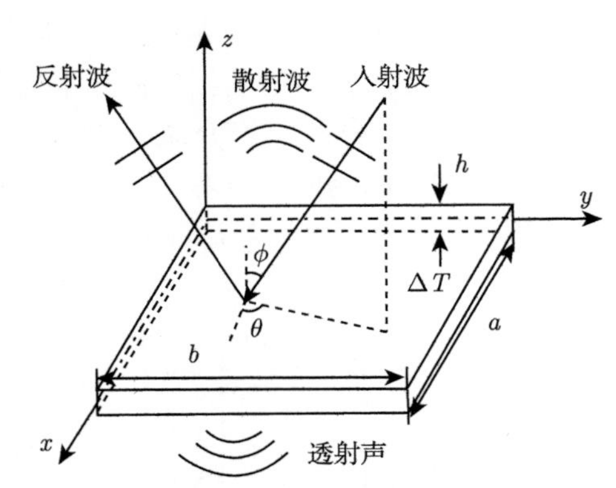

图 3-17　平面入射声波作用下受热板的响应示意图

在入射空间内，入射平面波在板面处的声压可表示为[226]

$$p_{\mathrm{i}}\left(x,y,\frac{h}{2},t\right)=P_0\exp\left\{\mathrm{j}\omega t-\mathrm{j}k_{\mathrm{a}}\left[\sin\phi\left(x\cos\theta+y\sin\theta\right)+\frac{h}{2}\cos\phi\right]\right\} \tag{3-63}$$

式中，P_0 为入射声波的声压幅值。受热板产生的反射声同样为平面波，其在板面处的声压可表示为[226]

$$p_{\mathrm{r}}\left(x,y,\frac{h}{2},t\right)=P_0\exp\left\{\mathrm{j}\omega t-\mathrm{j}k_{\mathrm{a}}\left[\sin\phi\left(x\cos\theta+y\sin\theta\right)-\frac{h}{2}\cos\phi\right]\right\} \tag{3-64}$$

受热板发生被激振动时，其在声空间内产生的辐射声可由瑞利积分获得。在入射空间内，散射声在板面处的声压可表示为

$$p_{\mathrm{s}}\left(x,y,\frac{h}{2},t\right)=-\frac{\omega^2\rho_{\mathrm{a}}}{2\pi}\exp\left(\mathrm{j}\omega t\right)\int_{\Omega}\frac{\exp\left(-\mathrm{j}k_{\mathrm{a}}R_{\mathrm{s}}\right)}{R_{\mathrm{s}}}w\mathrm{d}A \tag{3-65}$$

式中，R_{s} 为入射空间内散射声观测点与受热板内积分点间的距离。在透射空间内，由于振动板对声介质的扰动作用与入射空间相反，即压缩与膨胀状态相反，因此，透射声压的符号与散射声压相反，即为

$$p_{\mathrm{t}}\left(x,y,-\frac{h}{2},t\right)=\frac{\omega^2\rho_{\mathrm{a}}}{2\pi}\exp\left(\mathrm{j}\omega t\right)\int_{\Omega}\frac{\exp\left(-\mathrm{j}k_{\mathrm{a}}R_{\mathrm{t}}\right)}{R_{\mathrm{t}}}w\mathrm{d}A \tag{3-66}$$

式中，R_{t} 为透射空间内透射声观测点与受热板内积分点间的距离。

作用在板上的合激励为以上各项在板面处的声压总和：

$$
\begin{aligned}
q(x,y,t)=&p_{\mathrm{i}}+p_{\mathrm{r}}+p_{\mathrm{s}}-p_{\mathrm{t}}\\
=&2P_0\exp\left[\mathrm{j}\omega t-\mathrm{j}k_{\mathrm{a}}\sin\phi\left(x\cos\theta+y\sin\theta\right)\right]\cos\left(\frac{k_{\mathrm{a}}h}{2}\cos\phi\right)\\
&-\frac{\omega^2\rho_{\mathrm{a}}}{\pi}\exp\left(\mathrm{j}\omega t\right)\int_{\Omega}\frac{\exp\left(-\mathrm{j}k_{\mathrm{a}}R\right)}{R}w\mathrm{d}A
\end{aligned}
\tag{3-67}
$$

将式 (3-67) 代入式 (3-22)，可得受热板在平面入射声作用下的振动控制方程：

$$
\begin{aligned}
D_0\nabla^4 w+\rho h\frac{\partial^2 w}{\partial t^2}=&2P_0\exp\left[\mathrm{j}\omega t-\mathrm{j}k_a\sin\phi\left(x\cos\theta+y\sin\theta\right)\right]\cos\left(\frac{k_a h}{2}\cos\phi\right)\\
&-\frac{\omega^2\rho_a}{\pi}\exp\left(\mathrm{j}\omega t\right)\int_{\Omega}\frac{\exp\left(-\mathrm{j}k_a R\right)}{R}w\mathrm{d}A\\
&-\frac{E\alpha\Delta T h}{1-\nu}\nabla^2 w
\end{aligned}
\tag{3-68}
$$

式 (3-68) 为微分–积分方程，其等号右端第一项为入射声与反射声产生的激励项；第二项为散射声及透射声产生的激励项；第三项为热载荷项。

根据加权余量法 (Galerkin 法)，受热板在平面入射声作用下，振动控制方程的加权残值为

$$
\begin{aligned}
&\iint_{\Omega}\left\{\begin{array}{l}
D_0\nabla^4 w+\rho h\dfrac{\partial^2 w}{\partial t^2}\\
-2P_0\exp\left[\mathrm{j}\omega t-\mathrm{j}k_{\mathrm{a}}\sin\phi\left(x\cos\theta+y\sin\theta\right)\right]\cos\left(\dfrac{k_{\mathrm{a}}h}{2}\cos\phi\right)\\
+\dfrac{\omega^2\rho_{\mathrm{a}}}{\pi}\exp\left(\mathrm{j}\omega t\right)\displaystyle\int_{\Omega}\dfrac{\exp\left(-\mathrm{j}k_{\mathrm{a}}R\right)}{R}w\mathrm{d}A+\dfrac{E\alpha\Delta T h}{1-\nu}\nabla^2 w
\end{array}\right\}\\
&\cdot\sin\frac{k\pi x}{a}\sin\frac{l\pi y}{b}\mathrm{d}A=0
\end{aligned}
\tag{3-69}
$$

将式 (3-23) 及矩形板的振型函数代入式 (3-69) 并化简，可得以受热板受迫振动模态位移 $\boldsymbol{w}$ 为未知量的非齐次线性方程组：

$$
\boldsymbol{C}_{(M\times N)\times(M\times N)}\boldsymbol{w}_{(M\times N)}=\boldsymbol{Q}_{(M\times N)}
\tag{3-70}
$$

由于振动控制方程式 (3-68) 中含有待求位移的积分项，因此，对于四边简支板及四边固支板，式 (3-70) 中的系数矩阵 $\boldsymbol{C}$ 均为非对角阵。求解以上线性方程组，可得到受热板在平面入射声作用下的振动位移响应，进而获得其透射声响应。

选用本书 3.2.2 小节中的简支矩形板模型为研究对象开展分析。首先考察受热板在平面声波作用下的动态响应特性，选取 0°C、20°C及 40°C作为分析工况的热载

荷条件。结构振动响应观测点选取板内坐标 (0.1m, 0.1m) 处，透射声响应观测点选取透射空间内坐标 (0.1m, 0.1m, −3m) 处。入射声波的声压幅值选取单位值进行计算。

如图 3-18 所示，为垂直入射声波作用下受热简支板的振动速度与透射声压级响应曲线。由简支板内观测点处的速度响应曲线可知，平面波垂直入射与均布面压力作用相同。矩形受热简支板的反对称模态 (2,1)、(1,2) 和 (2,2) 均未被激发，响应曲线中的两个共振峰分别由对称模态 (1,1) 和 (3,1) 引起。随着结构温度升高，受热简支板振动速度响应及透射声压级响应曲线均整体向低频方向移动。这与受热简支板在机械点激励作用下的响应变化趋势相同，由热应力对结构刚度的折减作用决定。另外，透射声压级各响应峰幅值的变化，与受热简支板振动速度的变化同步。

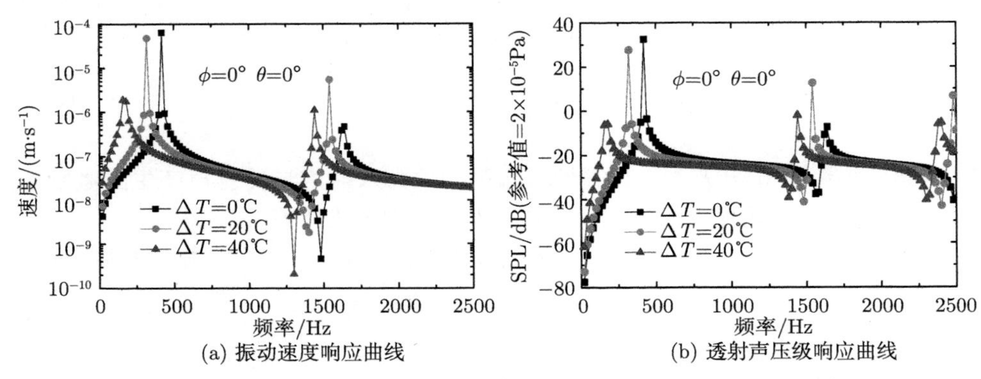

(a) 振动速度响应曲线　　(b) 透射声压级响应曲线

图 3-18　垂直入射声波作用下受热简支板的振动速度与透射声压级响应曲线

对于倾斜入射的情况，首先考察简支板在 40° 平面波水平入射角保持为 0°，在其竖直入射角由 0° 增至 60° 的过程中，简支板的振动与透射声响应，结果如图 3-19 所示。由对比可知，在倾斜入射声作用下，受热简支板的振动速度响应曲线

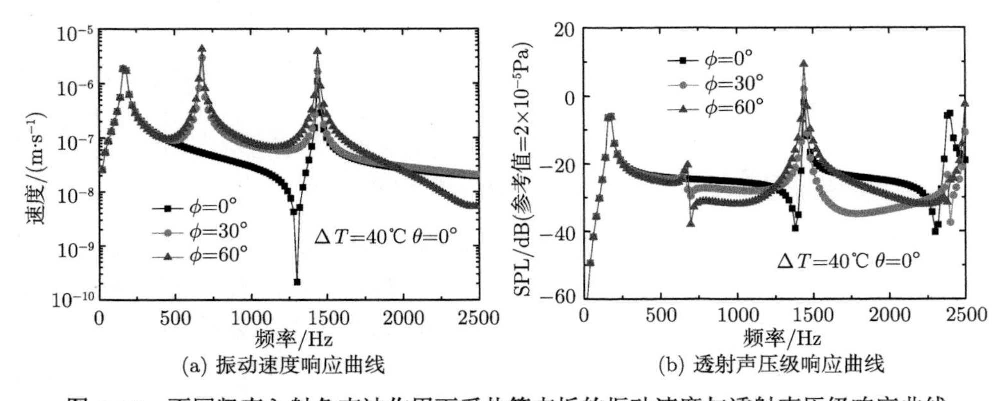

(a) 振动速度响应曲线　　(b) 透射声压级响应曲线

图 3-19　不同竖直入射角声波作用下受热简支板的振动速度与透射声压级响应曲线

在 700Hz 附近出现新的共振峰，对应于板的反对称模态 (2,1)，但其对透射声压级响应的影响相对不明显。同时，振动速度及透射声压级响应曲线在 1300Hz 附近的反共振峰均消失。随着竖直入射角增大，除基频共振峰外，其他共振峰的响应幅值均有不同程度的增长。

如图 3-20 所示，为简支矩形板在 40°C热环境下，平面波以 60° 竖直入射角入射时，不同水平入射角对受热简支板响应特性的影响。由计算结果可知，在水平入射角变化的过程中，受热简支板的振动速度及透射声压级响应曲线共振峰数量均在不断变化。随着水平入射角增大，模态 (2,1) 及模态 (3,1) 所对应的共振峰响应幅值逐渐降低，当入射声的波向量在 $z=0$ 平面内的投影与 y 轴平行时，以上两阶共振峰完全消失。相应地，模态 (1,2) 及模态 (3,2) 所对应的响应共振峰则表现出相反的变化过程。当水平入射角达到 60° 时，受热简支板在 1500～2200Hz 频段内的透射声压级明显降低。当入射声的波向量在 $z=0$ 平面内的投影不与任何坐标轴平行时，受热简支板的所有模态都被激发。

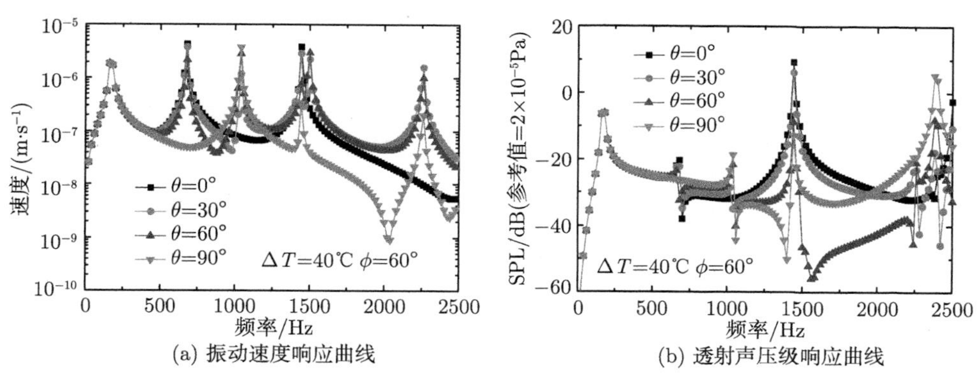

(a) 振动速度响应曲线　(b) 透射声压级响应曲线

图 3-20　不同水平入射角声波作用下受热简支板的振动速度与透射声压级响应曲线

利用 VA ONE 的有限元–边界元联合求解器，对本节的理论模型进行验证。在 VA ONE 的仿真模型中，对受热矩形板建立有限元结构 (FE structure) 网格，通过导入 NASTRAN 模型 bdf 文件及分析结果 op2 文件，获取有限元计算网格模型及模态信息。在矩形板的两侧各建立一个边界元流体 (BEM fluid) 计算域，分别模拟入射声空间及透射声空间，如图 3-21 所示。

在入射声空间的边界元流体内，设置平面波 (plane wave) 作为激励源，考察受热板的振动速度响应，以及透射声空间内的声压级响应，计算结果如图 3-22 及图 3-23 所示。振动速度及透射声压级响应的对比表明，理论解与 VA ONE 仿真结果总体吻合较好，本节所给出的理论分析是可信的。

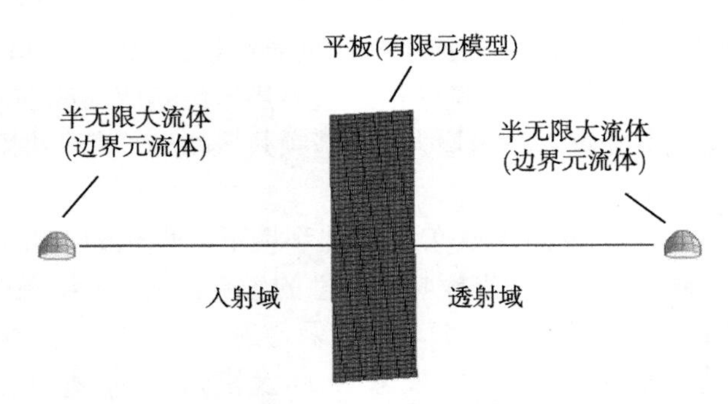

图 3-21 受热板入射声响应分析的有限元–边界元混合模型

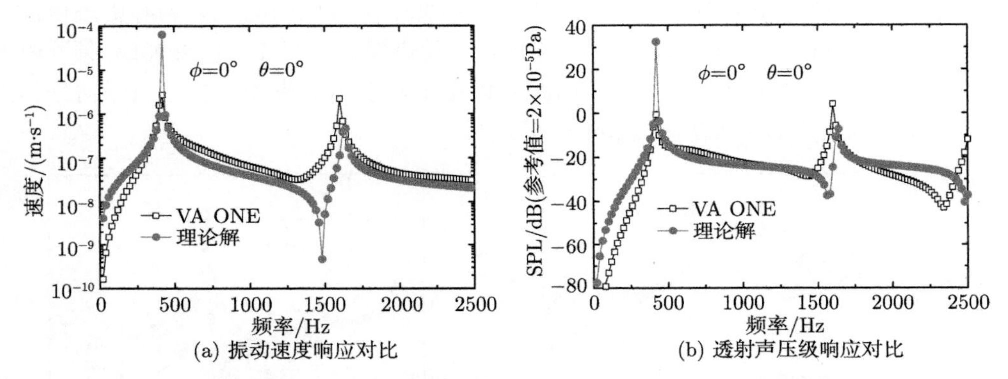

(a) 振动速度响应对比 (b) 透射声压级响应对比

图 3-22 无热载荷时入射声作用下受热板的振动速度与透射声压级响应对比

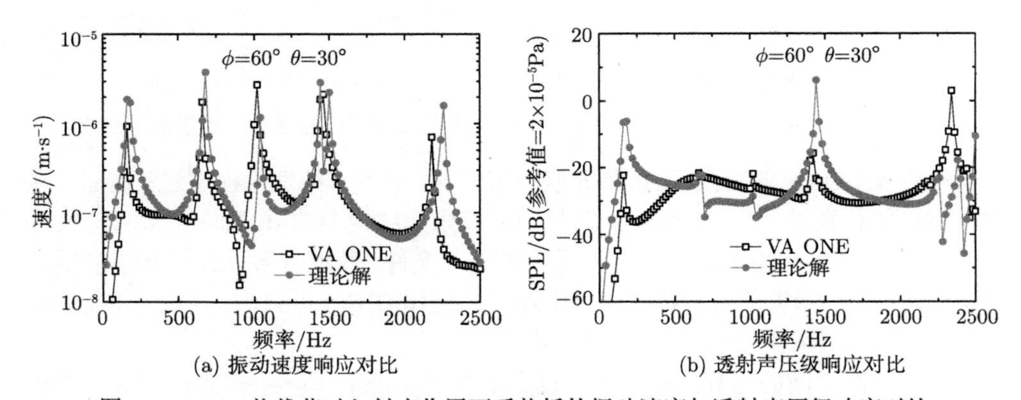

(a) 振动速度响应对比 (b) 透射声压级响应对比

图 3-23 40°C热载荷时入射声作用下受热板的振动速度与透射声压级响应对比

3.4 本 章 小 结

本章以各向同性矩形薄板为研究对象，从微元体在热环境下的受力分析入手，建立了矩形薄板在热载荷作用下的振动控制方程。以四边简支和四边固支边界条件为例，对受热板的振动响应及声响应特性开展理论研究，并进行相关的数值分析。

计算结果表明，在热屈曲前，被约束板的固有频率随温度升高而降低，一阶固有频率对温度变化最敏感。在接近临界屈曲温度时，一阶固有频率急剧降低并趋近于零。这一变化主要由热应力对板的软化作用引起。随结构温度升高，板的振动及声辐射响应曲线整体向低频方向移动，振动位移与辐射声压级响应的一阶共振峰幅值变化趋势相反。以板的临界频率为界，在低于该值的频段内，矩形薄板在热环境下的声辐射效率明显减小，而在更高的频段内，声辐射效率仅略微升高。声辐射效率的最大值及其对应频率几乎不变。受热板在入射声作用下的振动速度及透射压级声响应变化规律与机械载荷作用的情况基本相同，而且平面声波入射角变化会引起受热板响应峰数量改变。

第 4 章　热环境下固支板的声振实验

4.1　引　　言

在第 3 章中，建立了受热各向同性板声振特性的理论分析模型，获得了温度变化对受约束矩形薄板振动和声特性的影响规律，并用数值方法验证了预测结果的有效性。在建模和分析过程中，对问题的处理引入了一定假设，如平板模型、均匀热载、理想边界约束等。与实际结构相比，这些假设往往过于理想，可能造成分析结果与实际情况存在偏差。

本章在受热板声振特性理论分析的基础上，以矩形铝制薄板为研究对象，开展热环境下的声振响应实验研究。考察受热矩形固支板的固有振动特性、在外激励作用下的受迫振动以及声辐射特性随温度的变化规律，讨论实际结构中非理想因素对其热响应特性的影响。

4.2　实 验 系 统

4.2.1　测试平台及试件

本章设计并搭建了一套针对受热固支板的振动及声响应特性测试的系统，其实验结构及加热设备示意图如图 4-1 所示。以铝制矩形薄板为测试对象，将矩形板试件水平放置于实验系统中。试件四边由两片环形夹具上下夹紧，并置于厚重的钢制支墩之上，通过螺栓将夹具和板固定于支墩顶端，以实现矩形板各边界上的固支约束。

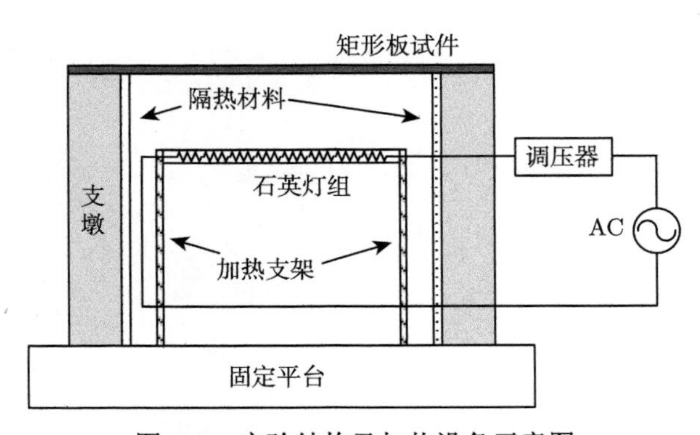

图 4-1　实验结构及加热设备示意图

由于各测试项目均与矩形板试件加热同时开展，需保证加热设备的工作不被干扰，且各测试过程不受加热设备影响。因此，采用加热空间与测试区域分离的设计方法，在矩形板试件下方设置加热设备，在其上方开展激励施加及响应信号采集等测试操作。测试系统的加热设备由四根平行排列的石英灯构成，石英灯组与调压器相连组成回路，通过改变石英灯两端的电压来控制其功率及发热量，从而在测试过程中改变并保持矩形板试件的温度。实验系统中的非测试部件的表面均覆盖有隔热材料，以减小各支撑结构及固定结构因受热对试件产生的影响。

实验所选取矩形板试件的整体尺寸为长 0.4m、宽 0.3m、厚 3mm，具体形式如图 4-2 所示。试件中心长 0.3m、宽 0.2m 的矩形部分为中心测试区域 (黑线框以内范围)，由矩形板四周边缘宽 0.05m 组成的环形区域为约束区 (黑线框以外范围)。在测试区的长度及宽度方向上，分别由 9 条及 4 条标识线将该区域等面积划分 50 份，并以各标识线交点为定位，进行各项测试的激励加载及数据采集。矩形板试件安装在测试系统中时，其约束区被两片环形夹具夹紧，并被一同固定于支墩顶端，以实现板边界处的固支约束条件。

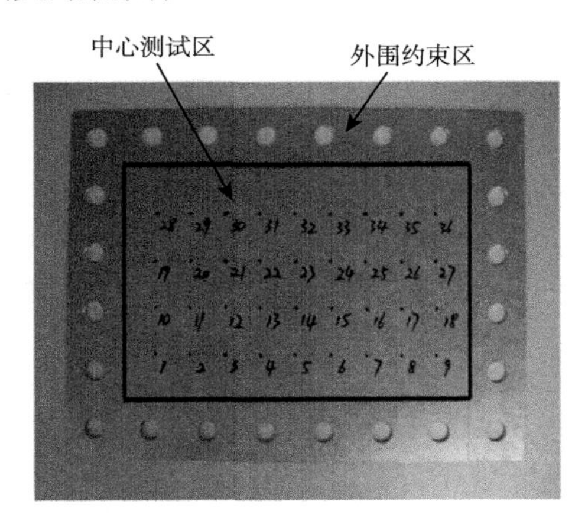

图 4-2　矩形板试件

实验中矩形铝板试件的材料属性如表 4-1 所示。其中，材料密度是通过各试件质量的实测值除以其体积并取平均值获得，热膨胀系数是根据材料手册中的数据确定[236]。试件材料的弹性模量及泊松比则在前期准备工作中，通过动态法[237−239]确定。首先，对矩形铝板试件进行模态测试，获得其在室温四边固支状态下的前五阶固有频率；然后，采用有限元预测板的固有振动，将数值结果与矩形铝板试件的各阶实测频率相比较；最后，通过调整有限元计算模型的弹性常数，反复多次进行数值仿真预测，以获得与测试结果吻合较好的固有频率预测值，以此近似估算试件的实际材料物理属性。初始计算所使用的弹性模量为 70GPa，泊松比为 0.3，材料密度为实测值。

表 4-1 矩形铝板试件的材料属性

弹性模量/GPa	泊松比	密度/($kg \cdot m^{-3}$)	热膨胀系数/K^{-1}
65	0.27	2810	2.3×10^{-5}

4.2.2 测试条件

实验装置在实验室室温 (约为 23℃) 环境下组装搭建，认为在此温度下矩形铝板试件内无初始热应力，板的动态特性只由其材料属性及固支边界决定。以室温下获得的测试结果为基准，进而在板升温约 10℃(实际温度约为 33℃) 及约 20℃(实际温度约为 43℃) 时开展测试，其温度均不超过试件的理论临界屈曲温度 (温差约为 26.2℃)。

在实验过程中，阶段性提高石英灯组的发热量，逐步提升矩形铝板的温度，待试件内温度分布稳定后进行测试。在正式实验前，针对矩形铝板试件的温度状态开展相关的前期测试，以确定其温度分布的均匀程度。在矩形铝板中心温度达到预设值并待升温稳定后，利用热电偶 (仪器误差约为 ±1℃) 测量矩形铝板内各测点及矩形铝板边缘处的温度。由测试结果可知，矩形铝板四角与其中心处温度最大相对差不超过 10%，矩形铝板内其他各处与矩形铝板中心的温差更小。

为改善试件温度分布不均匀的情况，曾尝试在试件与夹具间设置隔热材料。这一措施虽然可起到一定作用，但也对实验系统产生了不良影响。一方面，隔热材料刚度低，导致试件与夹具间夹紧力不足，不能满足矩形铝板边界处的横向位移及转角约束；另一方面，隔热材料相对较软，也导致试件边界处的面内位移约束不足，在加热状态下无法有效限制矩形板的热膨胀，使得温度变化对试件的影响被削弱。以上两点都在很大程度上破坏了矩形铝板的固支条件，进而导致实验失败。最终，在正式测试中选择移除试件边界处的隔热材料，以原设计条件开展实验，且以矩形铝板中心处的温度值表示结构温度状态。

本章实验中的全部测试项目均在半消声环境中完成。

4.3 受热固支板模态实验

本章首先对矩形固支板试件开展模态实验，以考察其固有振动特性随结构温度增长的变化规律。模态实验通过单点激励单点响应 (single-input single-output, SISO) 的锤击法实现，测试系统如图 4-3 所示。以力锤 (PCB 086C04) 在试件测试区域内的 36 个预设点处 (图 4-2 中矩形板试件测试区域内各标识线交点) 依次敲击，产生冲击载荷以激发试件振动。由设置在矩形板上的加速度传感器 (PCB

333B32)，采集观测点处在试件被激发后 2s 内的振动响应时程信号，对其做傅里叶变换，并根据力锤采集到的冲击载荷信息，获得观测点在带宽为 2560Hz 频率范围内的频率响应函数 (frequency response function, FRF) 曲线，频率分辨率为 0.625Hz。矩形板试件加速度响应测试点选取在观测点 12 处 (如图 4-2 所示)，以避开矩形板的前五阶模态振型节线，保证各阶固有振动均能被完整捕捉。在模态测试过程中，力锤产生的冲击载荷信号和观测点处振动响应信号的采集及数据处理分析，均由 LMS TEST.LAB 软件的 IMPACT TESTING 模块实现。

图 4-3　模态实验测试系统

如表 4-2 所示，为固支板试件前五阶固有频率及模态振型的测试结果。由表中数据可知，试件前五阶固有频率随结构温度升高均明显降低。当固支板温度升高约 20°C时，第一阶固有频率降低至其室温状态下初始值的约 72.1%，其余四阶固有频率分别降至各自始值的约 76.7%、85.1%、87.0%及 88.9%。矩形板试件第一阶固有频率的折减率最高，这与本书 3.2 节中对受热矩形板 (四边简支及四边固支边界条件) 进行理论分析及数值仿真计算得到的规律相同。在模态测试所考察的频段内，捕捉到的试件更高阶固有频率的变化趋势与前五阶相同，这里不再赘述。

表 4-2　固支板试件前五阶固有频率及模态振型的测试结果

测试状态	固有频率/Hz				
	第一阶	第二阶	第三阶	第四阶	第五阶
室温状态	447.6 (1,1)	681.4 (2,1)	1100.5 (1,2)	1119.2 (3,1)	1326.9 (2,2)
升高 10°C	369.6 (1,1)	581.8 (2,1)	996.6 (3,1)	1021.2 (1,2)	1230.6 (2,2)
升高 20°C	322.7 (1,1)	522.6 (2,1)	936.0 (3,1)	974.2 (1,2)	1179.3 (2,2)

本书第 3 章分析结果表明，热环境变化对被约束板固有频率的影响主要表现

在两点：①温度变化改变材料的弹性常数；②温度变化改变结构应力状态。一方面，由文献[74]中对受热自由铝板固有振动的测试结果可知，在本实验升温 20°C范围内，铝板材料属性的变化对其固有频率的影响十分微弱，可忽略不计。另一方面，对于实验中的矩形固支板而言，板在面内的热变形几乎完全被各边界处的夹紧条件所约束。当结构温度升高时，试件表现出膨胀的趋势，板内热应力为压应力，导致试件软化，对板的有效刚度产生折减作用。因此，实验中观察到的矩形板试件固有频率降低的现象，可认为主要由板内热压应力引起。

如图 4-4 所示，为矩形板试件在室温下的模态振型测试结果。由于结构的模态振型主要由其边界条件决定，在测试过程中，矩形板的固支约束状态并未发生改变。因此，当温度升高时，矩形板试件各阶模态振型的构型也未发生变化。加热状态下的测试结果表明，结构第三阶及第四阶模态振型的顺序发生了交换。由表 4-2 中数据可知，模态 (1,2) 及模态 (3,1) 的固有频率十分接近，在室温下该两阶固有频率的相对差不超过 2%。随着试件温度升高，模态 (3,1) 所对应固有频率的折减速率更快，其频率值逐渐小于模态 (1,2) 的固有频率，模态 (3,1) 成为固支板的第三阶固有振动。实验中观察到的这一变化，也验证了本书 3.2.3 小节固支板理论及数值分析中预测到的模态交换现象。

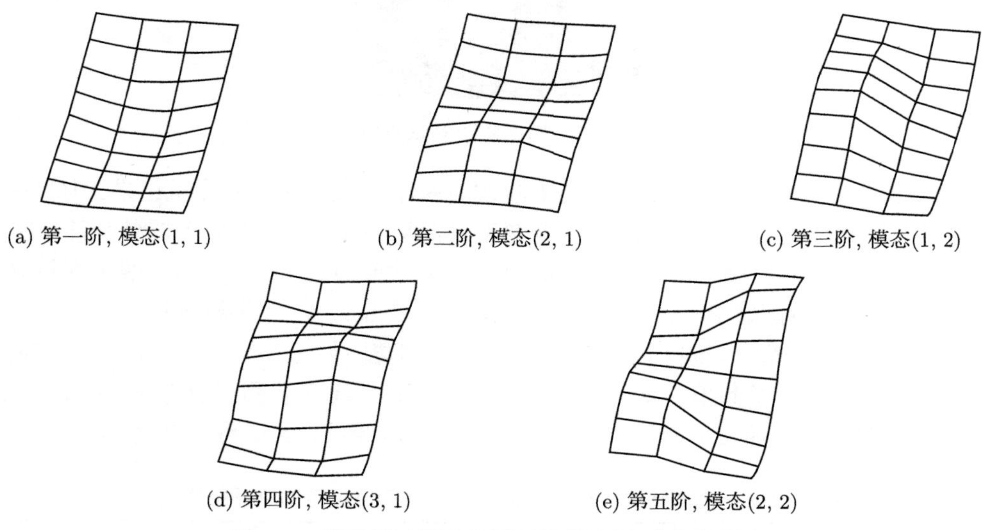

(a) 第一阶, 模态(1, 1)　(b) 第二阶, 模态(2, 1)　(c) 第三阶, 模态(1, 2)

(d) 第四阶, 模态(3, 1)　(e) 第五阶, 模态(2, 2)

图 4-4　矩形板试件在室温下的模态振型测试结果

阻尼比是描述振动系统能量耗散及振动衰减速度的模态参数，表征结构自身及其所处环境条件对振动的抑制作用。如表 4-3 所示，为固支板试件在不同温度下模态阻尼比的测试结果。在本章实验所考察的温度范围内，试件对称模态 (1, 1) 及 (3, 1) 的阻尼比均呈现升高的变化趋势，各反对称模态阻尼比的变化则并不单调，呈现出不同幅度的震荡。对于固支板的第一阶固有振动 [对应模态 (1, 1)]，当结构温度升高约 20°C时，其阻尼比升高至室温下的 3 倍多。对于模态 (3, 1)，其模态阻尼比也由 0.38%变为 0.60%，升高 1.5 倍多。

表 4-3　固支板试件在不同温度下模态阻尼比的测试结果

测试状态	模态阻尼比/%				
	模态 (1,1)	模态 (2,1)	模态 (1,2)	模态 (3,1)	模态 (2,2)
室温	0.47	0.53	0.89	0.38	1.09
升高 10°C	0.69	0.20	0.41	0.58	1.17
升高 20°C	1.59	0.32	0.41	0.60	0.86

4.4　受迫振动及声响应实验

在模态实验的基础上，开展固支板在室温及加热状态下的动态和声辐射响应测试，激励源分别为由扬声器产生的声激励，以及由激振器产生的机械点激励。

4.4.1　声激励响应测试

在声激励实验中，考察固支板在不同温度状态下的受迫振动响应特性。如图 4-5(a) 和 (b) 所示，声激励由架设在试件中心上方 0.3m 处的扬声器 (Alpine SPS-170A) 产生，通过功率放大器 (B&K type 2718) 控制其电压，调节测试过程中施加的声载荷量级，并由设置在试件上的加速度传感器 (PCB 333B32) 采集观测点处的振动响应信号。测试点分别选取矩形板内的观测点 6、观测点 8、观测点 12 及

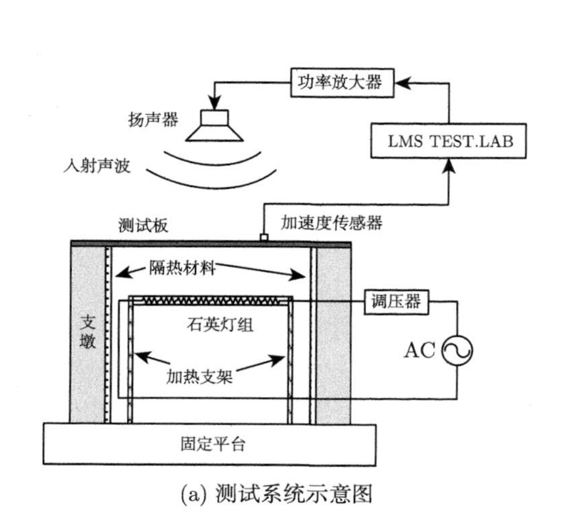

(a) 测试系统示意图

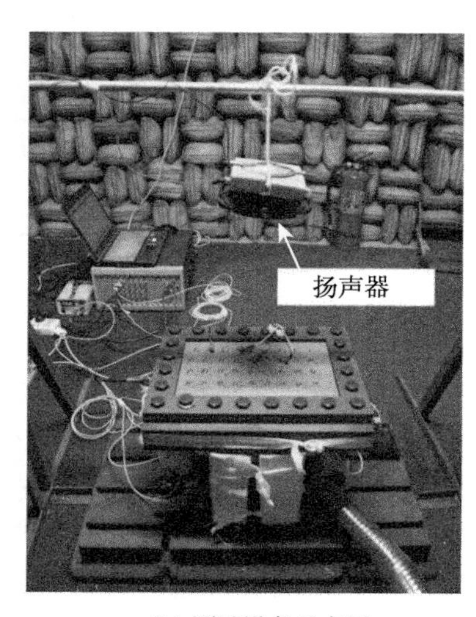

(b) 测试设备及布局

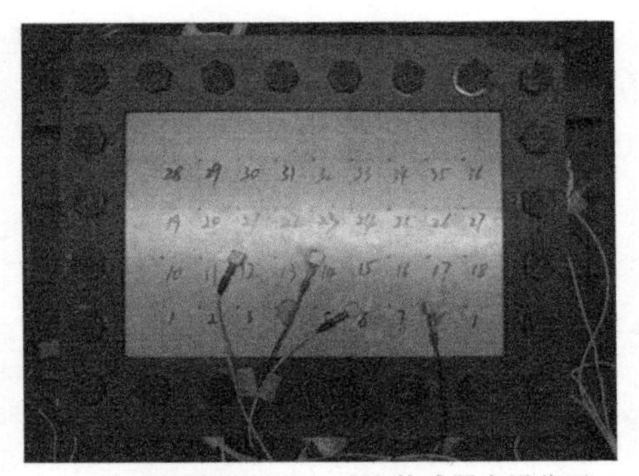

(c) 各观测点位置及加速度传感器布设位置

图 4-5　声激励实验测试系统

观测点 14，各观测点位置及加速度传感器布设位置如图 4-5(c) 所示。由于矩形板试件在其长度及宽度两个面内垂直方向上均具有对称性，以上所选观测点基本能反映出试件的整体振动特性。

在矩形板试件激励响应的频谱特性分析中，相比于正弦信号等单频信号以及随机信号等宽频信号，采用周期线性调频脉冲信号为激励形式的测试具有测量速度更快、响应曲线更清晰等优点，这已在前期准备工作中得到确认。因此，选取周期线性调频脉冲信号作为声激励及机械激励的信号形式，其理论波形如图 4-6 所示。

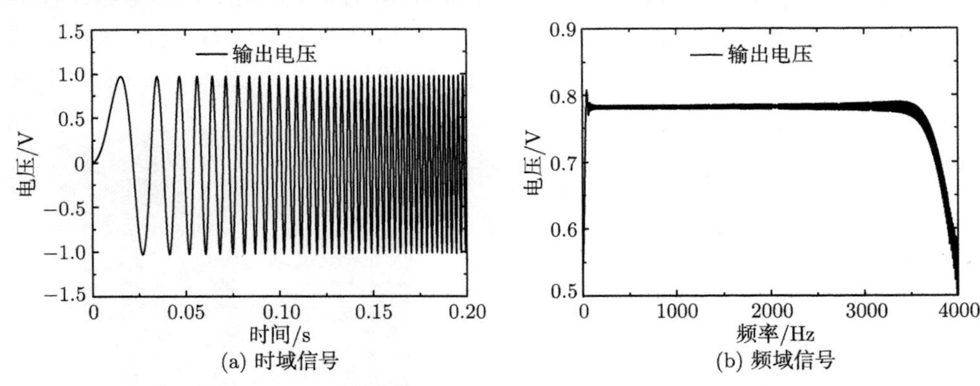

(a) 时域信号　　(b) 频域信号

图 4-6　周期线性调频脉冲信号

如图 4-7 所示，为矩形板试件在不同温度下的声激励振动加速度响应曲线。由测试结果可知，在热环境下，结构振动响应整体向低频方向移动，各点加速度响应曲线的共振峰数量及各共振峰间的相对位置均基本保持不变。这与本书 3.3 节中理论及数值预测得到的变化趋势相同。虽然受热固支板发生了模态交换，但由于这两阶模态的固有频率十分接近，试件在该频率附近 (约 1000Hz) 的振动加速度响应特性并未明显改变。

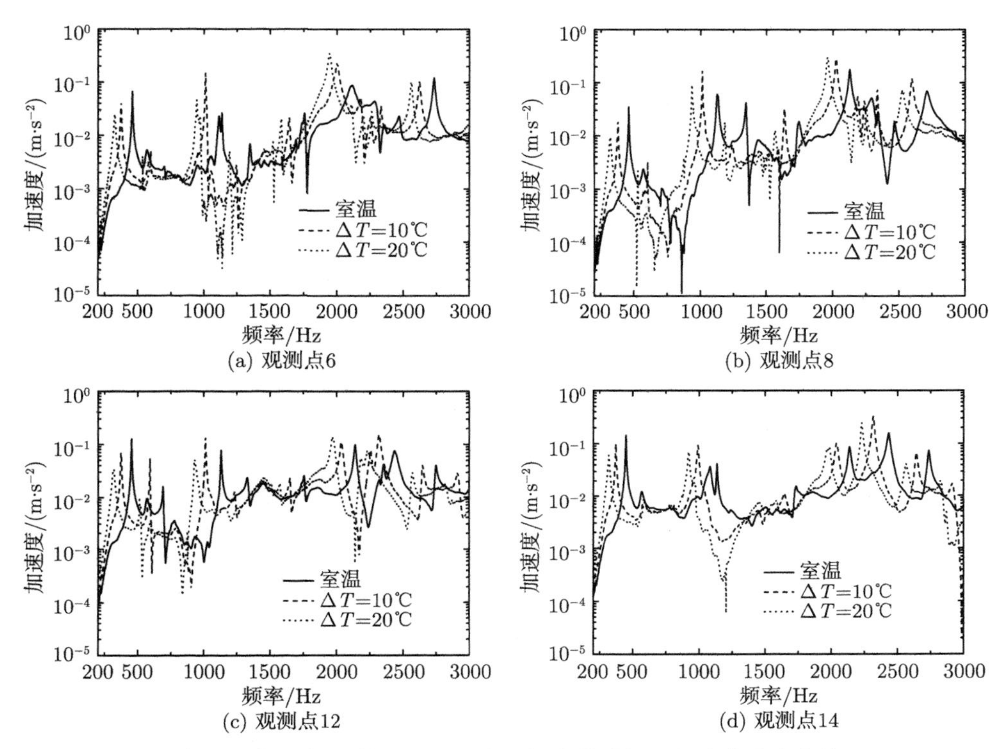

图 4-7　矩形板试件在不同温度下的声激励振动加速度响应曲线

观察矩形板加速度响应曲线的一阶共振峰，可知其响应幅值在热环境的作用下明显降低。以观测点 8 为例，由观测到的加速度响应估算可得，该点在室温及两个加热状态下振动速度响应的一阶共振峰幅值分别约为 $12.1\times10^{-6}\mathrm{m\cdot s^{-1}}$、$7.9\times10^{-6}\mathrm{m\cdot s^{-1}}$ 及 $4.7\times10^{-6}\mathrm{m\cdot s^{-1}}$，该点位移响应的一阶共振峰幅值分别约为 $4.2\times10^{-9}\mathrm{m}$、$3.3\times10^{-9}\mathrm{m}$ 及 $2.4\times10^{-9}\mathrm{m}$。可以看出，观测点 8 在该共振频率处的振动速度及位移响应均随温度的升高而降低。

对于受热被约束板，一方面，热压应力会降低板的有效刚度，导致其振动位移响应增大；另一方面，温度变化也改变了结构的阻尼特性。由表 4-3 中的测试结果可知，固支板的第一阶模态阻尼比在热环境下明显升高，结构振动受到的抑制作用增强。在以上两个因素的共同作用下，试件一阶共振峰响应幅值降低，表明该实验中，结构在热环境下响应幅值的变化主要由其阻尼特性的变化决定。

矩形板试件在 1000Hz 附近的响应共振峰，对应于板的第三阶模态及第四阶模态。由表 4-3 中的数据可知，模态 (1,2) 与模态 (3,1) 的模态阻尼比随温度升高呈现出相反的变化趋势。在这两阶模态的共同作用下，该共振峰响应幅值先升高后降低。说明在该共振频率附近，两阶模态的阻尼比交替起主导作用。

4.4.2 机械激励响应测试

机械激励实验中，在矩形板试件下方施加点激励，开展固支板在不同温度下的振动响应测试，以及板向其上方空间内辐射的声响应测试。如图 4-8 所示，为机械激励实验测试系统。载荷由设置在试件下方的激振器 (MB exciter MODAL 2) 产生，通过连杆将载荷传递并施加在板上。由于矩形板试件下方空间受支撑结构限制，以及激振设备自身体积对安装的要求，激振器被设置于接近矩形板中心正下方的位置。因此，机械激励的施加点也位于试件中心附近。

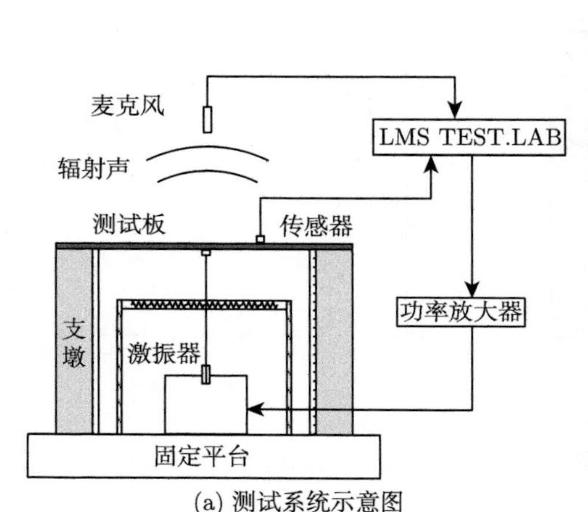

(a) 测试系统示意图

(b) 测试设备及布局

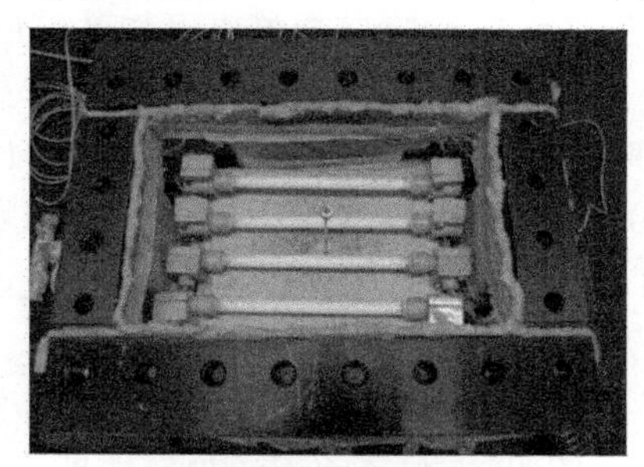

(c) 加热装置和激振器连杆设置

图 4-8 机械激励实验测试系统

由于激振器与加热设备同时设置于试件下方，需对激振设备采取隔热降温措施，以保证其正常的工作状态。一方面，在激振器上方铺设隔热材料，将石英灯组与激振器隔开，阻断石英灯组产生的部分辐射热，如图 4-8(c) 所示；另一方面，利用鼓风机向激振器安装空间内送风，以达到散热降温的效果。实验中，鼓风机仅在非测试的加热阶段送风，以避免其工作噪声对实验结果造成影响。由于激振器与加热设备均设置在试件同侧，整套激振设备都与石英灯组距离较近。因此，本章实验并未使用力传感器以获取激励信号。

机械激励实验所选取的振动响应观测点与声激励响应测试相同。同时，在矩形板试件中心上方 0.5m 处的空间位置设置麦克风 (B&K type 4961)，以采集矩形板在振动过程中产生的辐射声信号。在实验过程中，通过各传感器采集矩形板试件动态过程的时程响应信号，利用傅里叶变换得到在带宽为 3000Hz 频段范围内的频率响应曲线，频率分辨率为 0.5Hz。测试过程中的激励控制、响应信号采集和数据处理，均由 LMS TEST.LAB 软件的 SPECTRAL TESTING 模块实现。

如图 4-9 所示，为矩形板试件在不同温度下的机械激励振动加速度响应曲线。与声激励实验相同，板的加速度响应曲线随结构温度升高向低频方向平移，并且响应曲线的整体形状未发生明显改变。与图 4-7 中的测试结果相比，机械激励下结构的响应特性存在两点差别。

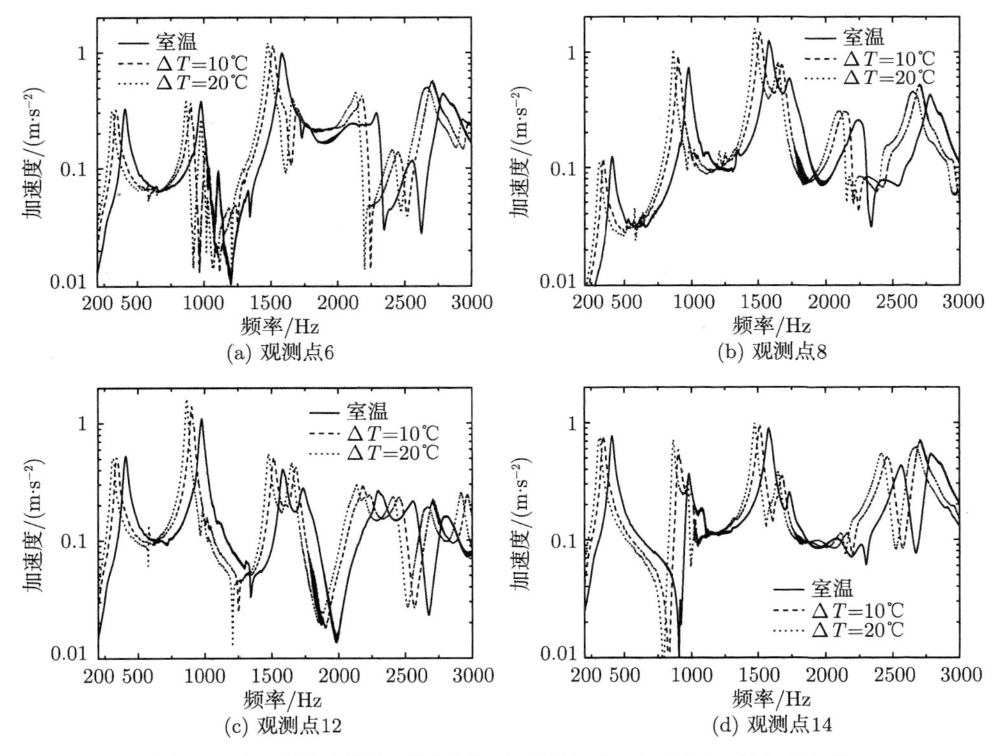

图 4-9　矩形板试件在不同温度下的机械激励振动加速度响应曲线

第一，各观测点响应峰的共振频率存在差异。机械激励实验中，矩形板试件在室温及两个加热状态下加速度响应的一阶共振峰频率分别出现在 410Hz、340Hz 及

310Hz 附近。而在声激励实验中，矩形板试件加速度响应的一阶共振峰频率则分别约为 460Hz、378Hz 及 320Hz，均高于机械激励实验结果，且与模态实验测得的板基频固有频率更为接近。这一共振峰频率降低的现象，主要是由于使用激振器造成的[240]。

第二，在机械激励及声激励实验中，观测到的加速度响应一阶共振峰幅值的变化趋势也有所不同。由图 4-9 中的数据可知，在所考察的各热环境下，矩形板试件加速度响应基频共振峰的幅值几乎保持不变，仅有微小降低。而根据声激励测试结果可知，随着温度升高，矩形板试件的振动加速度、速度及位移响应的基频共振峰幅值均连续降低。两组测试得到的变化趋势不尽相同。

在机械激励实验中，载荷由激振器产生，并通过激振杆将其施加于矩形板试件上。该过程为接触式加载，激振器及激振杆与试件直接连接，导致加载设备对板产生附加质量及附加刚度的影响。同时，与激振设备的接触也在一定程度上改变了试件的阻尼特性。在加热过程中，测试设备对矩形板试件产生的附加作用，均会随结构温度的变化而改变，很难给出较准确的估计。

如图 4-10 所示，为矩形板试件在不同温度下的辐射声响应曲线。对于空气等轻流体声介质，通常可忽略其对结构振动的影响，结构对声介质的扰动作用在动态过程中为主要矛盾。与矩形板试件振动响应特性的变化相同，随着测试温度升高，实验中观测到的声压级响应曲线，也表现出整体向低频方向移动的趋势。对比结构振动与辐射声响应的基频共振峰可知，辐射声压级响应幅值在热环境下逐渐升高，与矩形板试件加速度响应的变化趋势相反。以观测点 8 为例，由测得的机械激励振动加速度响应 (如图 4-9 所示) 估算可得，在室温及两个加热状态下，该点在振动速度响应基频共振峰处的响应幅值分别约为 $4.83\times10^{-5}\text{m·s}^{-1}$、$5.59\times10^{-5}\text{m·s}^{-1}$ 及 $5.65\times10^{-5}\text{m·s}^{-1}$，呈现出随温度升高而逐渐上升的变化趋势。由此可知，本章实验中矩形板试件辐射声压级的变化与其振动速度的变化趋势大体相同。

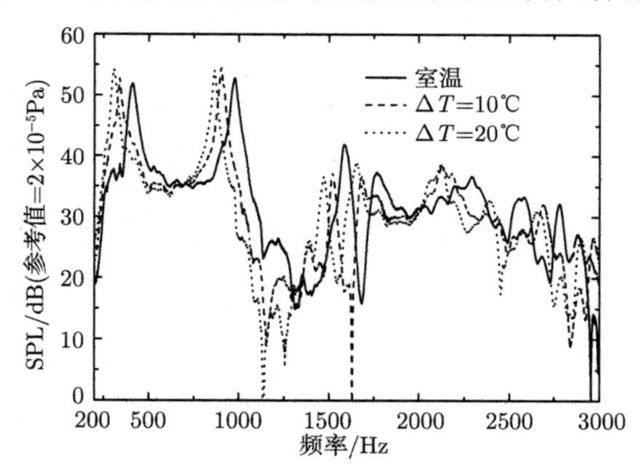

图 4-10　矩形板试件在不同温度下的辐射声响应曲线

4.5　实验结果的数值分析

本节采用数值方法对测试结果及实验现象开展仿真分析。首先，借助 NASTRAN 的有限元求解器，对试件的固有振动特性进行数值预测。仿真模型的有限元网格划分、材料物理属性设置及求解过程均与本书 3.2.3 小节相同，这里不再赘述。

如图 4-11 所示，为固支板固有频率有限元解与测试结果的相对误差，计算时以实验值为参照。由对比可知，在室温及升温约 10°C的加热状态下，矩形板试件固有频率的数值解与测试结果吻合较好，各固有频率值的最大误差仅为 5%左右。在有限元计算及实验中，均观察到了模态 (1,2) 及模态 (3,1) 的顺序交换现象。当矩形板试件温度升高约 20°C时，有限元解与测试结果间的误差明显增大，第一阶固有频率相对误差的绝对值已接近 30%，第二阶固有频率的相对误差也超过了 10%。

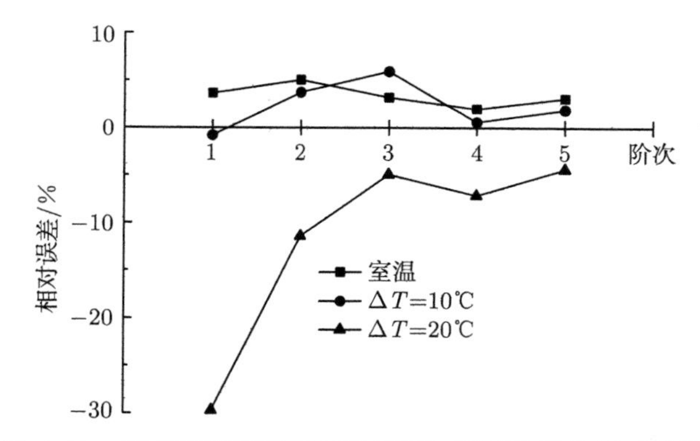

图 4-11　固支板固有频率有限元解与测试结果的相对误差

由固有频率的相对误差可知，矩形板试件在室温及升温约 10°C时，数值解略高于测试结果。随着温度继续升高，有限元预测的固有频率远低于实测值。说明实验中存在某个 (或某些) 对温度变化十分敏感的因素，使得试件在较高加热水平时，热环境对结构刚度的折减作用出现折损。而在受热固支板的有限元计算时，忽略了实验中这些因素的影响，从而导致模拟结果与实测值间产生较大偏差。

对比实验中的实际矩形板试件与数值模拟中所用的理想平板模型，可知二者间存在以下两点差异。

第一，由于受限于测试系统的空间布局，实验中对试件加热所用的石英灯数量及尺寸有限，使板边缘受到的热流密度小于中心区域，导致试件受热不均匀；同时，由于试件直接与夹具及支撑结构接触，试件内部分热量通过热传导向外散失。即便加热时间足够长，也无法保证试件内温度会完全均匀变化，面内不均匀热载的情况无法避免。

由矩形板试件上表面温度分布的实测结果可知，板中心处温度升高约 10℃(实际温度约为 33℃) 时，其边角处温度约为 30℃；板中心处温度升高约 20℃(实际温度约为 43℃) 时，其边角处温度约为 40℃。根据实验中测得的温度分布，在有限元前处理软件 PATRAN 中建立相应的温度场，如图 4-12 所示，进行结构热应力计算，并分析在该热载荷作用下固支板的固有振动特性。

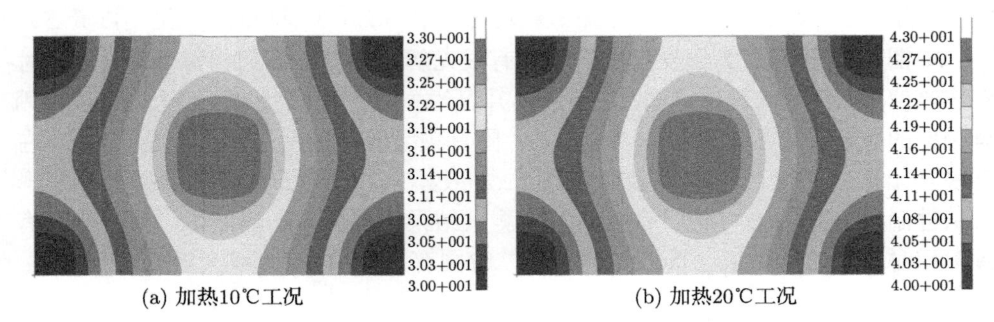

图 4-12　有限元计算中矩形板试件实际温度分布的模拟

如图 4-13 所示，为试件实际温度分布对固有频率计算值与测试结果误差的影响。由对比可知，以实测温度分布为依据进行模拟分析时，固支板的各阶固有频率均有不同程度的提升，这是由于不均匀热载荷产生的热应力整体低于理想均匀升温状态造成的。但数值结果与实测值间的差距并未明显改善，前两阶固有频率的误差仍很大。试件加热不均匀并不是影响本章固支板固有频率测试的主要因素。

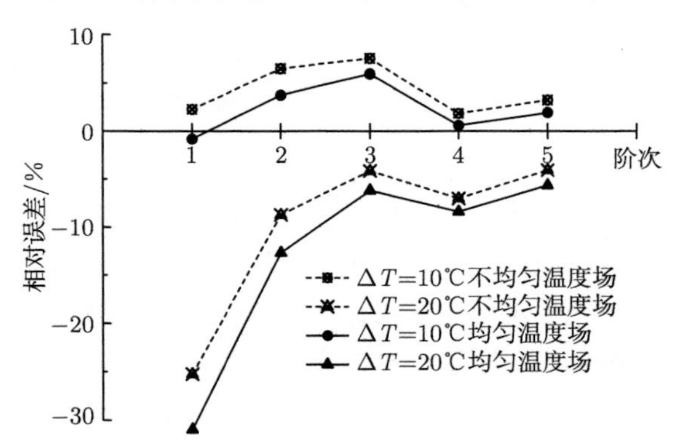

图 4-13　试件实际温度分布对固有频率计算值与测试结果误差的影响

第二，对于实际薄壁结构，通常不能保证其构型的理想平整性[241]。一方面，本章实验所用试件的长厚比仅约为 100 : 1，制成后板内必然存在一定的初始弯曲变形。受热载作用时，由于该初始弯曲的存在，即使板温度理想均匀变化，热载荷也会使矩形板试件产生横向热变形。此时，板内部分温度变化转化为热应力，引起结构刚度折减，其余则转化为板的横向热变形。另一方面，实验采用单面加热改变试件温度。虽然所选用的矩形板试件厚度较小，但在板温度状态达到稳定前，板内温度分布总会在一定时间段内是不均匀的 (沿板的厚度及面内方向均存在此现象)，结构必然会产生一定的热挠曲变形。当试件温度稳定后，由热环境变化而产生的结构横向变形并不会消失，试件仍会继续保持弯曲状态。由此可知，初始挠曲变形是实际薄板必然存在的属性，其可能会对板在热环境下的动力学特性产生影响。

为考察试件初始挠曲变形对模态特性的影响，这里采用一组假设的板初始挠度分布，将其影响计入受热板模态分析的数值计算中，开展模拟研究，具体分析流程如下。

步骤 1：对矩形板有限元模型施加均布面压力载荷进行静力计算，以模拟矩形板试件在未加热时产生的初始弯曲变形；

步骤 2：从步骤 1 的计算结果中提取变形后的弯板有限元网格，对其施加热载荷进行静态热弹性分析，以获得热应力及热变形分布。在导入弯板模型时，仅提取板受面压力载荷产生弯曲变形后的几何构型，不包括由面压力引起的应力状态，以保证板在热弹性分析前处于无应力状态；

步骤 3：在步骤 2 的热应力计算的基础上，对初始弯板模型进行考虑预应力作用的热模态分析，获得其在热环境下的固有振动特性。

在本节仿真计算中，采用 3 种假想的板初始弯曲构型，其中心点初始挠度逐渐增大，依次为 0.4mm、0.8mm 及 1.2mm。这里单独考察初始挠度对板固有频率的影响，忽略板内热载荷的不均匀分布。相对误差结果如图 4-14 所示。由对比可知，随着初始挠度增大，固支板在室温及热环境下的各阶固有频率均有不同程度的升高。说明板的横向变形对结构起到一定的刚化作用。其中，前两阶固有频率对初始构型的变化最敏感，相对误差均明显改善。当板温度升高约 20°C时，随着初始挠度增大，板

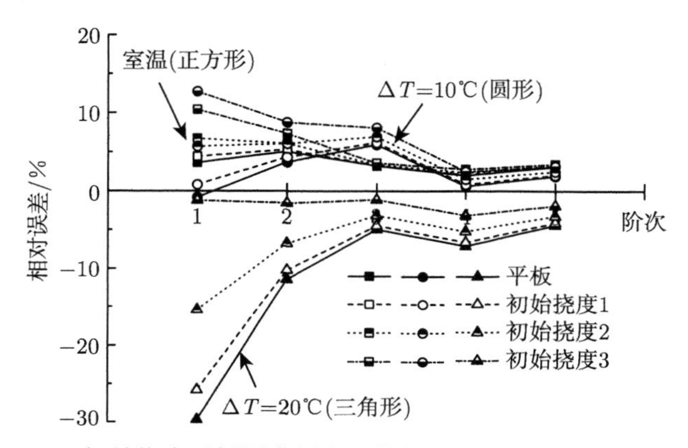

图 4-14 初始挠度对板固有频率计算与测试结果相对误差的影响

第一阶固有频率的误差从近 30%降低至约 1%，第二阶固有频率的误差也从约 11.5%降至约 1.5%，其他各阶固有频率的预测值都与实测结果更加接近。在室温及加热 10℃状态下，初始挠度的存在对固支板固有频率的影响相对较小。在室温下，板前两阶固有频率的误差均增大，有限元计算值逐渐远离测试结果，其他三阶固有频率的相对误差则几乎保持不变。在试件升温约 10℃(实际温度约为 33℃) 时，第一阶固有频率的相对误差随板初始挠度的增加先减小后增大，由负值变为正值，仿真解最终高于实测值。

在热载荷的作用下，由于固支边界对板面内热膨胀变形的约束，结构内产生压热应力。当有初始挠度存在时，热载荷还会引起板的横向热弯曲变形，达到与理想平板模型不同的应力状态。对于矩形板试件，温度变化在板内产生压热应力，而由热载荷引起的热弯曲变形又会释放部分热应力，减弱热载荷对结构的软化作用。同时，热挠度的增大也会对结构刚度产生一定的刚化作用。由图 4-14 中的数据可知，在同一温度状态下，受热固支板的各阶固有频率均随初始挠度的增大而增大，说明热应力对结构的软化作用逐渐减小，而热挠度对结构的刚化作用逐渐增大。

在室温下，矩形板试件的动态特性与平板相近，初始挠度的影响很小，可忽略不计。采用理想平板模型得到的数值解是可接受的。试件在加热状态下，由初始挠度和温度变化的共同作用产生横向弯曲变形。在实验过程中，试件温度逐步升高，待板在 33℃温度分布稳定并完成相关测试后，继续加热到 43℃至稳定状态，再进行相关测试。因此，在不同温度状态下，用于数值仿真的板模型也需做相应调整。

采用商业软件 VA ONE 的有限元–边界元联合求解器，对矩形板试件在声激励作用下的振动响应开展模拟分析。建立仿真模型时，如图 4-15 所示，对矩形板划分结构有限元网格，在声空间建立边界元流体，并将二者连接以实现数据交换。

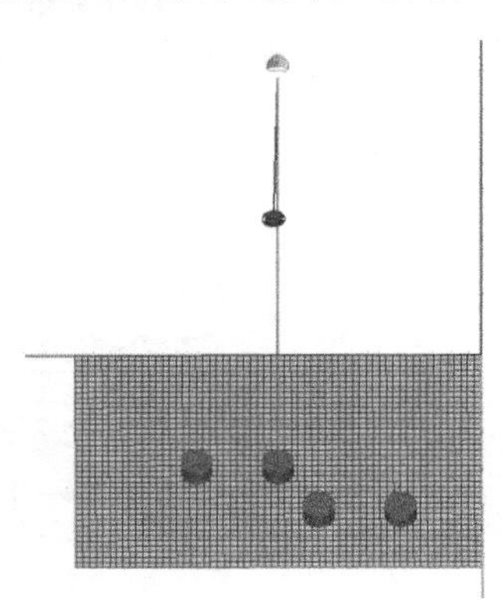

图 4-15　声激励实验验证计算的有限元–边界元混合模型

固支板模型直接采用 NASTRAN 模态计算中所使用的有限元模型，通过读取

bdf 文件将网格信息导入 VA ONE 中，并由 op2 文件提取相应的模态参数，作为声激励响应计算的模态基底。矩形板试件模型则根据本节模态计算的分析结果选取。室温下的声激励响应计算，选取平板模型为分析对象，升温 10°C及 20°C的响应计算，则分别选取中心点初始挠度为 0.4mm 及 1.2mm 的弯板模型。材料损失因子设置为 0.5%，并认为该值不受结构温度及载荷频率变化的影响。扬声器由设置在边界元流体内的单极子源 (monopole) 模拟，位于板模型中心上方 0.3m 处。激励源的载荷谱由实验中对扬声器产生的声压实测值获得。

由图 4-7 中所示的声激励测试结果可知，矩形板试件在所关注频段内的所有模态均被激发，表明扬声器在实际使用中与理想设置的单极子源存在一定差别。在实际测试中，通常无法保证扬声器的中心点与矩形板试件中心点位于同一条直线上，且扬声器产生的声源也无法保证为理想对称状态。因此，在仿真模型中为单极子声源的面内两个坐标值均设置 3mm 的偏移量，以模拟以上非理想因素的影响。

如图 4-16 所示，为观测点 8 处声激励响应的测试值与模拟结果对比。由图中曲线可知，在本章实验所考察的各温度状态下，仿真结果与实测值均吻合很好。对于矩形板试件内的其他各观测点，也得到了相同的对比结果，这里不再一一列举。

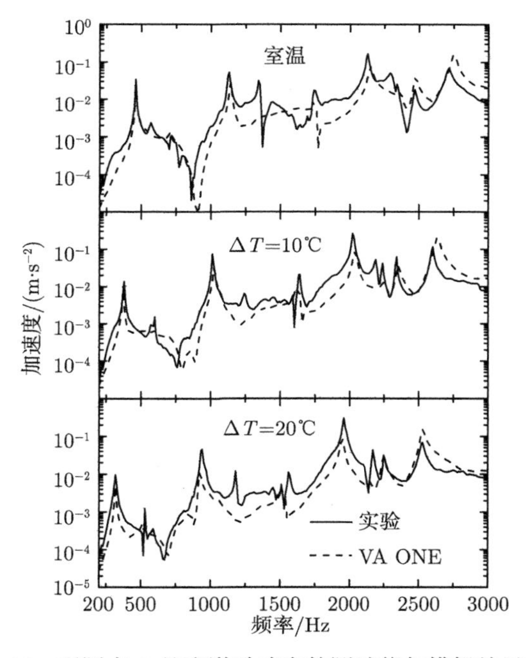

图 4-16　观测点 8 处声激励响应的测试值与模拟结果对比

4.6 本章小结

本章以铝制矩形薄板为研究对象，设计并搭建了固支条件下的热振动及声响应实验系统。在低于理论临界屈曲温度的加热范围内，对铝板开展了模态测试、声激励作用下的振动响应测试，以及机械激励作用下的振动和声辐射响应测试，并采用数值仿真对相关实验现象进行分析。

模态实验结果表明，在加热状态下，矩形板试件各阶固有频率均有不同程度的降低，与理论及数值结果的变化趋势相同。在结构温度升高的过程中，观测到固有频率中相近的两阶固有振动发生模态顺序交换，这一现象得到了实验、理论及数值结果的相互证实。由仿真分析可知，板的横向初始变形对其在加热状态下的固有频率影响明显，对热应力的软化效应起到了削弱的作用。通过对比发现，第一阶固有频率在热环境下对板初始构型的变化最敏感。

在热环境下，矩形板试件受外激励作用的振动响应及声辐射响应曲线均整体向低频方向移动。在一阶共振峰处，加速度响应幅值随测试温度的升高逐渐降低，辐射声压级响应幅值则表现出相反的变化趋势。

第 5 章 热环境下夹芯结构的声振特性

5.1 引　　言

夹心板具有高比强度、高比刚度、隔声、吸能等优异性能，对飞行器、舰船、汽车等装备结构的轻量化设计、制造起重要作用。由于包含不同材质部件，夹芯板的结构设计参数更为多样，其在热环境下的响应特性相较各向同性板也更为复杂。

针对这一问题，本章首先建立考虑热效应的夹芯板振动控制方程，研究热效应对其固有振动特性的影响规律，以及对机械激励、声激励作用下夹芯板振动响应特性的影响规律，通过数值仿真对理论结果进行验证，讨论热环境、平面波入射方式及夹芯板自身构造等因素对其动态特性的影响。随后，针对泡沫铝夹芯板开展热实验研究，获得夹芯板振动及声响应特性随热载荷的变化规律，考察实际夹芯结构在热环境下的声振特性。

5.2 受热夹芯板的声振特性理论分析

以如图 5-1 所示的夹芯板为研究对象，考虑热载荷引起的结构应力状态变化，建立夹芯板在热环境下的振动控制方程，并给出简支边界条件下的理论解，对其在不同温度下的固有振动、受迫振动及声响应特性开展研究。

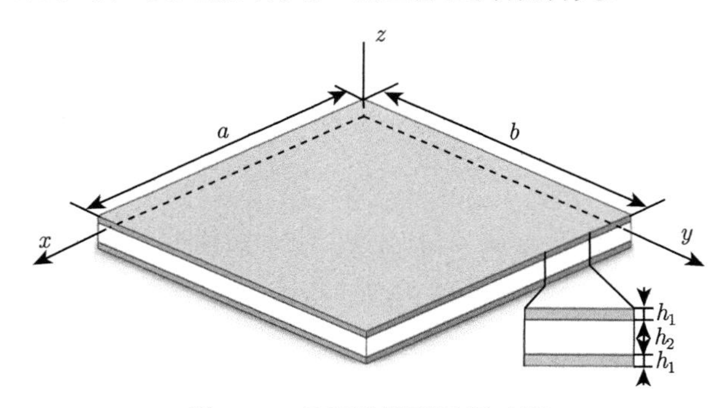

图 5-1　夹芯板模型及尺寸图

5.2.1 受热夹芯板的控制方程

考虑一个等厚度复合板，每层均有一个与中面 xoy 平行的弹性对称面，各层弹性常数 $e_{ij}(z)$ 和密度 $\rho(z)$ 均是沿厚度方向坐标 z 的函数。根据非经典理论的假

设[242]，板内任意一点的面内位移可表示为

$$u(x,y,z,t)=-\frac{\partial w}{\partial x}z+\psi_x(x,y,t)f(z) \tag{5-1}$$

$$v(x,y,z,t)=-\frac{\partial w}{\partial y}z+\psi_y(x,y,t)f(z) \tag{5-2}$$

式中，w 为横向位移，式 (5-1) 和式 (5-2) 右端第二项可体现剪切变形的影响；ψ_x 和 ψ_y 为广义剪切角；$f(z)$ 为剪切变形的位移分布函数。与本书 3.2 节中的薄板模型相比，本节考虑横向剪切变形对板面内位移的影响。根据应变与位移的关系，各应变分量可表示为

$$\varepsilon_x=-\frac{\partial^2 w}{\partial x^2}z+\frac{\partial \psi_x}{\partial x}f(z) \qquad \varepsilon_y=-\frac{\partial^2 w}{\partial y^2}z+\frac{\partial \psi_y}{\partial y}f(z) \tag{5-3}$$

$$\gamma_{xy}=-2\frac{\partial^2 w}{\partial x\partial y}z+\left(\frac{\partial \psi_x}{\partial y}+\frac{\partial \psi_y}{\partial x}\right)f(z) \qquad \gamma_{yz}=\psi_y f'(z)\gamma_{zx}=\psi_x f'(z) \tag{5-4}$$

根据广义胡克定律，得到以下应力应变关系：

$$\sigma_i=e_{ij}(z)\varepsilon_j \qquad (i,j=1,2,3,6) \tag{5-5}$$

$$\sigma_k=e_{kl}(z)\varepsilon_l \qquad (k,l=4,5) \tag{5-6}$$

式中

$$\begin{cases}\sigma_1=\sigma_x, & \sigma_2=\sigma_y, & \sigma_3=\sigma_z, & \sigma_4=\tau_{yz}, & \sigma_5=\tau_{zx}, & \sigma_6=\tau_{xy}\\ \varepsilon_1=\varepsilon_x, & \varepsilon_2=\varepsilon_y, & \varepsilon_3=\varepsilon_z, & \varepsilon_4=\gamma_{yz}, & \varepsilon_5=\gamma_{zx}, & \varepsilon_6=\gamma_{xy}\end{cases} \tag{5-7}$$

将 $i=3$ 代入式 (5-5) 可解得 ε_3，再将其代入式 (5-5)，考虑中厚板非经典理论假设，可得到以下结果：

$$\sigma_i=\left[e_{i\alpha}(z)-\frac{e_{i3}(z)}{e_{33}(z)}e_{3\alpha}(z)\right]\varepsilon_\alpha+\frac{e_{i3}(z)}{e_{33}(z)}q(x,y,t)B(z) \qquad (i,\alpha=1,2,6) \tag{5-8}$$

式中，q 为外载；$B(z)$ 为挤压变形分布函数。等式右侧第二项是由于挤压变形所产生的附加项。将式 (5-3)、式 (5-4)、式 (5-6) 及式 (5-8) 代入截面内力表达式，可得

$$Q_k=\int_{-h/2}^{h/2}\sigma_k\mathrm{d}z=\int_{-h/2}^{h/2}[e_{k4}(z)\psi_y f'(z)+e_{k5}(z)\psi_x f'(z)]\mathrm{d}z \tag{5-9}$$

$$M_i=\int_{-\frac{h}{2}}^{\frac{h}{2}}\sigma_i z\mathrm{d}z=D_{i\alpha}\frac{\partial \beta_\alpha}{\partial x_\alpha}+\frac{D_{ii}k_\sigma}{C_i h}q \qquad (i,\alpha=1,2,6) \tag{5-10}$$

式中，$h=2h_1+h_2$ 为夹芯板总厚度，h_1 为表层厚度，h_2 为芯层厚度；$D_{i\alpha}$ 为组合刚度系数：

$$D_{i\alpha}=\int_{-h/2}^{h/2}[e_{i\alpha}(z)-\frac{e_{i3}(z)}{e_{33}(z)}e_{3\alpha}(z)]z^2\mathrm{d}z \qquad (i,\alpha=1,2,6) \tag{5-11}$$

β_ξ 为原直法线的广义转角：

$$\beta_\xi=-\frac{\partial w}{\partial x_\xi}+\frac{\psi_\xi}{h}k_\tau \qquad (\xi=1,2) \tag{5-12}$$

$$\frac{\partial \beta_6}{\partial x_6}=\frac{\partial \beta_1}{\partial x_2}+\frac{\partial \beta_2}{\partial x_1} \tag{5-13}$$

C_i 为组合挤压模量：

$$C_i=\frac{D_{ii}k_\sigma}{h}\left[\int_{-\frac{h}{2}}^{\frac{h}{2}}\frac{e_{i3}(z)}{e_{33}(z)}B(z)z\mathrm{d}z\right]^{-1} \qquad (i=1,2,6) \tag{5-14}$$

k_τ 为剪切变形系数：

$$k_\tau=\frac{h\int_{-\frac{h}{2}}^{\frac{h}{2}}K(z)f(z)z\mathrm{d}z}{\int_{-\frac{h}{2}}^{\frac{h}{2}}K(z)z^2\mathrm{d}z} \tag{5-15}$$

式中，$K(z)$ 为材料分布函数。对于不同的 $K(z)$，k_τ 取值在 1.0～1.25，故式 (5-15) 可改写为

$$k_\tau=\frac{h\int_{-\frac{h}{2}}^{\frac{h}{2}}\bar{K}f(z)z\mathrm{d}z}{\int_{-\frac{h}{2}}^{\frac{h}{2}}\bar{K}z^2\mathrm{d}z}=\frac{12}{h^2}\int_{-\frac{h}{2}}^{\frac{h}{2}}f(z)z\mathrm{d}z \tag{5-16}$$

式中，$\bar{K}$ 为 $K(z)$ 的算术平均值。k_σ 为挤压变形系数：

$$k_\sigma=\frac{12}{h^2}\int_{-\frac{h}{2}}^{\frac{h}{2}}B(z)z\mathrm{d}z \tag{5-17}$$

考虑热致薄膜力作用的夹芯板微元体平衡方程为

$$\frac{\partial Q_x}{\partial x}+\frac{\partial Q_y}{\partial y}+N_x\frac{\partial^2 w}{\partial x^2}+N_y\frac{\partial^2 w}{\partial y^2}+2N_{xy}\frac{\partial^2 w}{\partial x\partial y}+q=\rho h\frac{\partial^2 w}{\partial t^2} \tag{5-18}$$

$$\frac{\partial M_x}{\partial x}+\frac{\partial M_{xy}}{\partial y}-Q_x=\rho J\frac{\partial^2 \beta_x}{\partial t^2} \tag{5-19}$$

$$\frac{\partial M_{xy}}{\partial x}+\frac{\partial M_y}{\partial y}-Q_y=\rho J\frac{\partial^2 \beta_y}{\partial t^2} \tag{5-20}$$

式中，

$$\rho h = \int_{-\frac{h}{2}}^{\frac{h}{2}} \rho(z)\mathrm{d}z \qquad \rho J = \int_{-\frac{h}{2}}^{\frac{h}{2}} \rho(z)z^2\mathrm{d}z \tag{5-21}$$

引入Власов假设[243]，即假定横向剪切变形分布函数为三次曲线，且忽略挤压变形的影响，则有

$$f(z) = \frac{3}{2}\left[\frac{z}{h} - \frac{4}{3}\left(\frac{z}{h}\right)^3\right] \qquad B(z) = 0 \tag{5-22}$$

并考虑本章的研究对象为矩形夹芯板，横向剪力 Q_y 可由式 (5-9) 算得

$$\begin{aligned} Q_y = Q_4 = &\left\{\left[1 - 3\left(\frac{h_2}{2h} - \frac{h_2^3}{6h^3}\right)\right] e_{44}^{(1)} + 3\left(\frac{h_2}{2h} - \frac{h_2^3}{6h^3}\right) e_{44}^{(2)}\right\}\psi_y \\ &+ \left\{\left[1 - 3\left(\frac{h_2}{2h} - \frac{h_2^3}{6h^3}\right)\right] e_{45}^{(1)} + 3\left(\frac{h_2}{2h} - \frac{h_2^3}{6h^3}\right) e_{45}^{(2)}\right\}\psi_x \end{aligned} \tag{5-23}$$

式中，上角标 (1) 和 (2) 分别表示夹芯板面板和芯层。由于 $e_{45}^{(i)} = 0$，$e_{44}^{(i)} = G_i = \dfrac{E_i}{2(1+\nu_i)}$，式 (5-23) 可化简为

$$Q_y = \left\{\left[1 - 3\left(\frac{h_2}{2h} - \frac{h_2^3}{6h^3}\right)\right] \frac{E_1}{2(1+\nu_1)} + 3\left(\frac{h_2}{2h} - \frac{h_2^3}{6h^3}\right) \frac{E_2}{2(1+\nu_2)}\right\}\psi_y \tag{5-24}$$

式中，E_1 和 E_2 分别为表层和芯层的弹性模量；ν_1 和 ν_2 分别为表层和芯层的泊松比。

若令

$$G_z = \left[1 - 3\left(\frac{h_2}{2h} - \frac{h_2^3}{6h^3}\right)\right] \frac{E_1}{2(1+\nu_1)} + 3\left(\frac{h_2}{2h} - \frac{h_2^3}{6h^3}\right) \frac{E_2}{2(1+\nu_2)} \tag{5-25}$$

则横向剪力 Q_y 可简写为

$$Q_y = G_z\psi_y \tag{5-26}$$

同样的，Q_x 可简写为

$$Q_x = G_z\psi_x \tag{5-27}$$

根据式 (5-10)，可将弯矩和扭矩表示为

$$\begin{aligned} M_x = &\left\{\frac{2E_1}{3(1-\nu_1^2)}\left[\left(\frac{h}{2}\right)^3 - \left(\frac{h_2}{2}\right)^3\right] + \frac{E_2}{3(1-\nu_2^2)}\left[\left(\frac{h_2}{2}\right)^3 - \left(-\frac{h_2}{2}\right)^3\right]\right\}\frac{\partial \beta_x}{\partial x} \\ &+ \left\{\frac{2E_1\nu_1}{3(1-\nu_1^2)}\left[\left(\frac{h}{2}\right)^3 - \left(\frac{h_2}{2}\right)^3\right] + \frac{E_2\nu_2}{3(1-\nu_2^2)}\left[\left(\frac{h_2}{2}\right)^3 - \left(-\frac{h_2}{2}\right)^3\right]\right\}\frac{\partial \beta_y}{\partial y} \end{aligned} \tag{5-28}$$

$$M_y = \left\{ \frac{2E_1\nu_1}{3(1-\nu_1^2)} \left[\left(\frac{h}{2}\right)^3 - \left(\frac{h_2}{2}\right)^3 \right] + \frac{E_2\nu_2}{3(1-\nu_2^2)} \left[\left(\frac{h_2}{2}\right)^3 - \left(-\frac{h_2}{2}\right)^3 \right] \right\} \frac{\partial \beta_x}{\partial x}$$
$$+ \left\{ \frac{2E_1}{3(1-\nu_1^2)} \left[\left(\frac{h}{2}\right)^3 - \left(\frac{h_2}{2}\right)^3 \right] + \frac{E_2}{3(1-\nu_2^2)} \left[\left(\frac{h_2}{2}\right)^3 - \left(-\frac{h_2}{2}\right)^3 \right] \right\} \frac{\partial \beta_y}{\partial y} \tag{5-29}$$

$$M_{xy} = \left\{ \frac{E_1}{3(1+\nu_1)} \left[\left(\frac{h}{2}\right)^3 - \left(\frac{h_2}{2}\right)^3 \right] + \frac{E_2}{6(1+\nu_2)} \left[\left(\frac{h_2}{2}\right)^3 - \left(\frac{-h_2}{2}\right)^3 \right] \right\} \left(\frac{\partial \beta_x}{\partial y} + \frac{\partial \beta_y}{\partial x} \right) \tag{5-30}$$

将式 (5-26)~式 (5-30) 代入式 (5-18)~式 (5-20)，可得动态平衡控制方程：

$$\frac{G_z h}{k_\tau} \left(\nabla^2 w + \frac{\partial \beta_x}{\partial x} + \frac{\partial \beta_y}{\partial y} \right) - \rho h \frac{\partial^2 w}{\partial t^2} + N_x \frac{\partial^2 w}{\partial x^2} + N_y \frac{\partial^2 w}{\partial y^2} + 2N_{xy} \frac{\partial^2 w}{\partial x \partial y} + q = 0 \tag{5-31}$$

$$D \left(\frac{\partial^2 \beta_x}{\partial x^2} + \frac{1-\nu}{2} \frac{\partial^2 \beta_x}{\partial y^2} + \frac{1+\nu}{2} \frac{\partial^2 \beta_y}{\partial x \partial y} \right) - \frac{G_z h}{k_\tau} \left(\beta_x + \frac{\partial w}{\partial x} \right) - \rho J \frac{\partial^2 \beta_x}{\partial t^2} = 0 \tag{5-32}$$

$$D \left(\frac{\partial^2 \beta_y}{\partial y^2} + \frac{1-\nu}{2} \frac{\partial^2 \beta_y}{\partial x^2} + \frac{1+\nu}{2} \frac{\partial^2 \beta_x}{\partial x \partial y} \right) - \frac{G_z h}{k_\tau} \left(\beta_y + \frac{\partial w}{\partial y} \right) - \rho J \frac{\partial^2 \beta_y}{\partial t^2} = 0 \tag{5-33}$$

式中，各等效参数表达式如下

$$D = \frac{2E_1}{3(1-\nu_1^2)} \left[\left(\frac{h}{2}\right)^3 - \left(\frac{h_2}{2}\right)^3 \right] + \frac{E_2}{3(1-\nu_2^2)} \left[\left(\frac{h_2}{2}\right)^3 - \left(-\frac{h_2}{2}\right)^3 \right] \tag{5-34}$$

$$\nu = \frac{1}{3D} \left\{ \frac{2E_1\nu_1}{1-\nu_1^2} \left[\left(\frac{h}{2}\right)^3 - \left(\frac{h_2}{2}\right)^3 \right] + \frac{E_2\nu_2}{1-\nu_2^2} \left[\left(\frac{h_2}{2}\right)^3 - \left(-\frac{h_2}{2}\right)^3 \right] \right\} \tag{5-35}$$

$$\rho h = 2\rho_1 h_1 + \rho_2 h_2 \quad \rho J = \frac{2}{3}\rho_1 \left[\left(\frac{h}{2}\right)^3 - \left(\frac{h_2}{2}\right)^3 \right] + \frac{1}{3}\rho_2 \left[\left(\frac{h_2}{2}\right)^3 - \left(-\frac{h_2}{2}\right)^3 \right] \tag{5-36}$$

本节理论分析所考虑的热环境为夹芯板内均匀分布的稳态温升。假定夹芯板在参考温度 T_0 时处于无应力状态，当板处于温度 T 时，由于温度变化产生热应力，导致板内的应力状态发生改变。热应力可表示为[244]

$$\sigma_x = \sigma_y = -\frac{E}{1-\nu}\alpha \Delta T \qquad \sigma_{xy} = 0 \tag{5-37}$$

式中，$\Delta T = T - T_0$，由热应力引起的板内薄膜力为

$$\left\{ N_x \quad N_y \quad N_{xy} \right\}^{\mathrm{T}} = \int_{-h/2}^{h/2} \left\{ \sigma_x \quad \sigma_y \quad \sigma_{xy} \right\}^{\mathrm{T}} \mathrm{d}z \tag{5-38}$$

将式 (5-37) 代入式 (5-38)，可得薄膜力的表达式为

$$N_x = \sum_{k=1}^{3} \frac{-E_k\alpha_k h_k \Delta T}{1-\nu_k} \qquad N_y = \sum_{k=1}^{3} \frac{-E_k\alpha_k h_k \Delta T}{1-\nu_k} \qquad N_{xy} = 0 \tag{5-39}$$

至此，可得受热夹芯板的振动控制方程组，通过求解可得其在不同温度下的振动响应特性。

5.2.2　受热夹芯板的固有振动特性

本节的理论分析中着重讨论受热简支夹芯板的动态特性，其振型为

$$W_{mn}^{(p)} = A_{mn}^{(p)} \sin\frac{m\pi}{a}x \sin\frac{n\pi}{b}y \tag{5-40}$$

$$\Psi_{x_{mn}}^{(p)} = B_{mn}^{(p)} \cos\frac{m\pi}{a}x \sin\frac{n\pi}{b}y \tag{5-41}$$

$$\Psi_{y_{mn}}^{(p)} = C_{mn}^{(p)} \sin\frac{m\pi}{a}x \cos\frac{n\pi}{b}y \tag{5-42}$$

式中，$A_{mn}^{(p)}$、$B_{mn}^{(p)}$ 和 $C_{mn}^{(p)}$ 为模态系数；m、n 和 p 为不同振型的指示标号，三个数字可唯一地确定一组振型。假设位移响应可表示为

$$w = W_{mn}^{(p)}\mathrm{e}^{\mathrm{i}\omega_{mn}^{(p)}t} \qquad \beta_x = \Psi_{x_{mn}}^{(p)}\mathrm{e}^{\mathrm{i}\omega_{mn}^{(p)}t} \qquad \beta_y = \Psi_{y_{mn}}^{(p)}\mathrm{e}^{\mathrm{i}\omega_{mn}^{(p)}t} \tag{5-43}$$

将式 (5-43) 代入式 (5-31)~式 (5-33)，令外载 $q=0$，可得

$$\begin{aligned} &\frac{G_z h}{k_\tau}\left(\nabla^2 \mathrm{W}_{mn}^{(p)} + \frac{\partial \Psi_{x_{mn}}^{(p)}}{\partial x} + \frac{\partial \Psi_{y_{mn}}^{(p)}}{\partial y}\right) + \rho h {\omega_{mn}^{(p)}}^2 \mathrm{W}_{mn}^{(p)} \\ &+ N_x\frac{\partial^2 W_{mn}^{(p)}}{\partial x^2} + N_y\frac{\partial^2 W_{mn}^{(p)}}{\partial y^2} + 2N_{xy}\frac{\partial^2 W_{mn}^{(p)}}{\partial x\partial y} = 0 \end{aligned} \tag{5-44}$$

$$\begin{aligned} &D\left(\frac{\partial^2 \Psi_{x_{mn}}^{(p)}}{\partial x^2} + \frac{1-\nu}{2}\frac{\partial^2 \Psi_{x_{mn}}^{(p)}}{\partial y^2} + \frac{1+\nu}{2}\frac{\partial^2 \Psi_{y_{mn}}^{(p)}}{\partial x\partial y}\right) \\ &-\frac{G_z h}{k_\tau}\left(\Psi_{x_{mn}}^{(p)} + \frac{\partial W_{mn}^{(p)}}{\partial x}\right) + \rho J {\omega_{mn}^{(p)}}^2 \Psi_{x_{mn}}^{(p)} = 0 \end{aligned} \tag{5-45}$$

$$\begin{aligned} &D\left(\frac{\partial^2 \Psi_{y_{mn}}^{(p)}}{\partial y^2} + \frac{1-\nu}{2}\frac{\partial^2 \Psi_{y_{mn}}^{(p)}}{\partial x^2} + \frac{1+\nu}{2}\frac{\partial^2 \Psi_{x_{mn}}^{(p)}}{\partial x\partial y}\right) \\ &-\frac{G_z h}{k_\tau}\left(\Psi_{y_{mn}}^{(p)} + \frac{\partial \mathrm{W}_{mn}^{(p)}}{\partial y}\right) + \rho J {\omega_{mn}^{(p)}}^2 \Psi_{y_{mn}}^{(p)} = 0 \end{aligned} \tag{5-46}$$

将式 (5-40)~式 (5-42) 代入 (5-44)~式 (5-46)，可得关于 $A_{mn}^{(p)}$、$B_{mn}^{(p)}$ 和 $C_{mn}^{(p)}$ 的齐次线性方程组。将 $A_{mn}^{(p)}$ 设为 1，并设 $b_{mn}^{(p)}=B_{mn}^{(p)}/A_{mn}^{(p)}$ 和 $c_{mn}^{(p)}=C_{mn}^{(p)}/A_{mn}^{(p)}$，则位移形式可改写为

$$W_{mn}^{(p)}=\sin\frac{m\pi}{a}x\sin\frac{n\pi}{b}y \tag{5-47}$$

$$\Psi_{x_{mn}}^{(p)}=b_{mn}^{(p)}\cos\frac{m\pi}{a}x\sin\frac{n\pi}{b}y \tag{5-48}$$

$$\Psi_{y_{mn}}^{(p)}=c_{mn}^{(p)}\sin\frac{m\pi}{a}x\cos\frac{n\pi}{b}y \tag{5-49}$$

齐次线性方程组存在非零解的充要条件是其系数矩阵行列式为零，则有

$$\begin{vmatrix} \frac{G_zh}{k_\tau}\left(-\frac{m^2\pi^2}{a^2}-\frac{n^2\pi^2}{b^2}\right)+\omega_{mn}^{(p)^2}\rho h-\frac{m^2\pi^2}{a^2}N_x-\frac{n^2\pi^2}{b^2}N_y & -\frac{G_zh}{k_\tau}\frac{m\pi}{a} & -\frac{G_zh}{k_\tau}\frac{n\pi}{b} \\ -\frac{G_zh}{k_\tau}\frac{m\pi}{a} & D\left(-\frac{m^2\pi^2}{a^2}-\frac{1-\nu}{2}\frac{n^2\pi^2}{b^2}\right)-\frac{G_zh}{k_\tau}+\rho J\omega_{mn}^{(p)^2} & -\frac{1+\nu}{2}D\frac{mn\pi^2}{ab} \\ -\frac{G_zh}{k_\tau}\frac{n\pi}{b} & -\frac{1+\nu}{2}D\frac{mn\pi^2}{ab} & D\left(-\frac{n^2\pi^2}{b^2}-\frac{1-\nu}{2}\frac{m^2\pi^2}{a^2}\right)-\frac{G_zh}{k_\tau}+\rho J\omega_{mn}^{(p)^2} \end{vmatrix}=0 \tag{5-50}$$

通过求解式 (5-50) 可得夹芯板的固有频率 $\omega_{mn}^{(p)}$。令 $\omega_{mn}^{(p)}=0$，通过式 (5-50)可得板的临界屈曲温度。给定某一温度，可解得对应于低频、中频和高频的三个正频率值。低频频率与薄板理论求得的固有频率对应。将求得的固有频率代入式 (5-44)~ 式 (5-46)，可得各振型系数为

$$b_{mn}^{(p)}=\frac{\frac{G_zh}{k_\tau}\left(-\frac{m^2\pi^2}{a^2}-\frac{n^2\pi^2}{b^2}\right)+\omega_{mn}^{(p)^2}\rho h-\frac{m^2\pi^2}{a^2}N_x-\frac{n^2\pi^2}{b^2}N_y}{\frac{G_zh}{k_\tau}\left(\frac{m\pi}{a}+\frac{n\pi}{b}\frac{D\left(-\frac{m\pi}{a}-\frac{1-\nu}{2}\frac{an^2\pi}{b^2m}\right)-\frac{G_zha}{k_\tau m\pi}+\frac{\rho J\omega_{mn}^{(p)^2}a}{m\pi}+\frac{1+\nu}{2}D\frac{m\pi}{a}}{D\left(-\frac{n\pi}{b}-\frac{1-\nu}{2}\frac{bm^2\pi}{a^2n}\right)-\frac{G_zhb}{k_\tau n\pi}+\frac{\rho J\omega_{mn}^{(p)^2}b}{n\pi}+\frac{1+\nu}{2}D\frac{n\pi}{b}}\right)} \tag{5-51}$$

$$
c_{mn}^{(p)}=\frac{\dfrac{G_zh}{k_\tau}\left(-\dfrac{m^2\pi^2}{a^2}-\dfrac{n^2\pi^2}{b^2}\right)+\omega_{mn}^{(p)^2}\rho h-\dfrac{m^2\pi^2}{a^2}N_x-\dfrac{n^2\pi^2}{b^2}N_y}{\dfrac{G_zh}{k_\tau}\left(\dfrac{m\pi}{a}\dfrac{D\left(-\dfrac{n\pi}{b}-\dfrac{1-\nu}{2}\dfrac{bm^2\pi}{a^2n}\right)-\dfrac{G_zhb}{k_\tau n\pi}+\dfrac{\rho J\omega_{mn}^{(p)^2}b}{n\pi}+\dfrac{1+\nu}{2}D\dfrac{n\pi}{b}}{D\left(-\dfrac{m\pi}{a}-\dfrac{1-\nu}{2}\dfrac{an^2\pi}{b^2m}\right)-\dfrac{G_zha}{k_\tau m\pi}+\dfrac{\rho J\omega_{mn}^{(p)^2}a}{m\pi}+\dfrac{1+\nu}{2}D\dfrac{m\pi}{a}}+\dfrac{n\pi}{b}\right)} \tag{5-52}
$$

将式 (5-51) 和式 (5-52) 代入式 (5-47)~式 (5-49)，可得受热夹芯板的模态振型。

5.2.3　受热夹芯板的声振响应

在求得夹芯板的固有频率及振型后，本节将基于振型叠加法对受热夹芯板在激励作用下的振动响应和声辐射响应进行求解。设夹芯板在受迫振动时的位移响应为

$$
w(x,y,t)=\sum_m\sum_n\sum_p W_{mn}^{(p)}(x,y)T_{mn}^{(p)}(t) \tag{5-53}
$$

$$
\beta_x(x,y,t)=\sum_m\sum_n\sum_p \Psi_{x_{mn}}^{(p)}(x,y)T_{mn}^{(p)}(t) \tag{5-54}
$$

$$
\beta_y(x,y,t)=\sum_m\sum_n\sum_p \Psi_{y_{mn}}^{(p)}(x,y)T_{mn}^{(p)}(t) \tag{5-55}
$$

由于在 5.2.2 小节中，已求得 $W_{mn}^{(p)}$、$\Psi_{x_{mn}}^{(p)}$ 和 $\Psi_{y_{mn}}^{(p)}$，故本节主要求解 $T_{mn}^{(p)}(t)$ 的表达式。假设 $T_{mn}^{(p)}(t)$ 对时间的依赖项为 $\mathrm{e}^{\mathrm{i}\omega t}$，可将其写为

$$
T_{mn}^{(p)}(t)=T_{mn}^{(p)}\mathrm{e}^{\mathrm{i}\omega t} \tag{5-56}
$$

1. 机械激励作用下受热夹芯板的振动响应及声辐射响应

将式 (5-53)~式 (5-56) 代入式 (5-31)~式 (5-33)，并考虑式 (5-44)~式 (5-46)，可得

$$
\sum_{m,n,p}[\ddot{T}_{mn}^{(p)}(t)+\omega_{mn}^{(p)^2}T_{mn}^{(p)}(t)]\rho hW_{mn}^{(p)}-q(x,y,t)=0 \tag{5-57}
$$

$$
\sum_{m,n,p}[\ddot{T}_{mn}^{(p)}(t)+\omega_{mn}^{(p)^2}T_{mn}^{(p)}(t)]\rho J\Psi_{x_{mn}}^{(p)}=0 \tag{5-58}
$$

$$
\sum_{m,n,p}[\ddot{T}_{mn}^{(p)}(t)+\omega_{mn}^{(p)^2}T_{mn}^{(p)}(t)]\rho J\Psi_{y_{mn}}^{(p)}=0 \tag{5-59}
$$

由夹芯板的模态振型正交性可得

$$
\iint[\rho hW_{mn}^{(p)}W_{kl}^{(q)}+\rho J(\Psi_{x_{mn}}^{(p)}\Psi_{x\,kl}^{(q)}+\Psi_{y_{mn}}^{(p)}\Psi_{y\,kl}^{(q)})]\mathrm{d}x\mathrm{d}y
\begin{cases}=0 & m\neq k \text{ 或 } n\neq l \text{ 或 } p\neq q\\ \neq 0 & m=k \text{ 和 } n=l \text{ 和 } p=q\end{cases} \tag{5-60}
$$

分别对式 (5-57)~式 (5-59) 两端乘以 $W_{kl}^{(q)}$、$\Psi_{xkl}^{(q)}$ 和 $\Psi_{ykl}^{(q)}$，将三式相加并沿板面积分，可得

$$\ddot{T}_{mn}^{(p)}(t)+\omega_{mn}^{(p)^2}T_{mn}^{(p)}(t)=\frac{P_{mn}^{(p)}(t)}{M_{mn}^{(p)}} \tag{5-61}$$

其中，广义力和广义质量分别定义为

$$P_{mn}^{(p)}(t)=\iint q(x,y,t)W_{mn}^{(p)}(x,y)\mathrm{d}x\mathrm{d}y \tag{5-62}$$

$$M_{mn}^{(p)}=\iint\left[\rho hW_{mn}^{(p)^2}+\rho J(\Psi_{x_{mn}}^{(p)^2}+\Psi_{y_{mn}}^{(p)^2})\right]\mathrm{d}x\mathrm{d}y \tag{5-63}$$

若外力为沿 z 方向作用的简谐点激励，可表示为

$$q(x,y,t)=q_0\delta(x-x_0,y-y_0)\mathrm{e}^{\mathrm{i}\omega t} \tag{5-64}$$

式中，ω 为激励频率；(x_0,y_0) 为激励施加点的坐标；q_0 为激励幅值。将式 (5-64) 代入式 (5-61)，可得

$$T_{mn}^{(p)}(t)=\frac{q_0\sin\dfrac{m\pi x_0}{a}\sin\dfrac{n\pi y_0}{b}\mathrm{e}^{\mathrm{i}\omega t}}{\left(\omega_{mn}^{(p)^2}-\omega^2\right)\left\{\dfrac{ab}{4}\left[\rho h+\rho J(b_{mn}^{(p)^2}+c_{mn}^{(p)^2})\right]\right\}} \tag{5-65}$$

进而可得位移响应的解析表达形式为

$$w(x,y,t)=\sum_m\sum_n\sum_p\sin\frac{m\pi x}{a}\sin\frac{n\pi y}{b}\frac{4q_0\sin\dfrac{m\pi x_0}{a}\sin\dfrac{n\pi y_0}{b}\mathrm{e}^{\mathrm{i}\omega t}}{\left(\omega_{mn}^{(p)^2}-\omega^2\right)ab[\rho h+\rho J(b_{mn}^{(p)^2}+c_{mn}^{(p)^2})]} \tag{5-66}$$

对时间 t 求导后可得到板的速度响应为

$$v(x,y,t)=\sum_m\sum_n\sum_p\sin\frac{m\pi x}{a}\sin\frac{n\pi y}{b}\frac{4\mathrm{i}\omega q_0\sin\dfrac{m\pi x_0}{a}\sin\dfrac{n\pi y_0}{b}\mathrm{e}^{\mathrm{i}\omega t}}{\left(\omega_{mn}^{(p)^2}-\omega^2\right)ab[\rho h+\rho J(b_{mn}^{(p)^2}+c_{mn}^{(p)^2})]} \tag{5-67}$$

由此，根据瑞利积分可得受热振动夹芯板的辐射声压级及声辐射功率等一系列声辐射特性。

2. 声激励作用下受热夹芯板的声振耦合响应

施加波向量如图 5-2 所示的入射声波，考察受热夹芯板在声激励作用下的响应特性。这里主要分析夹芯板的声振耦合特性，即将由板振动所产生的声场扰动同时作为声激励考虑到载荷项中。

入射声波的数学表达式为

$$p_{\mathrm{i}}\left(x,y,\mathrm{z}=\frac{2h_1+h_2}{2},t\right)=P_i\mathrm{e}^{\mathrm{i}\omega\mathrm{t}-\mathrm{i}k[\sin\phi(x\cos\theta+y\sin\theta)+\frac{2h_1+h_2}{2}\cos\phi]} \tag{5-68}$$

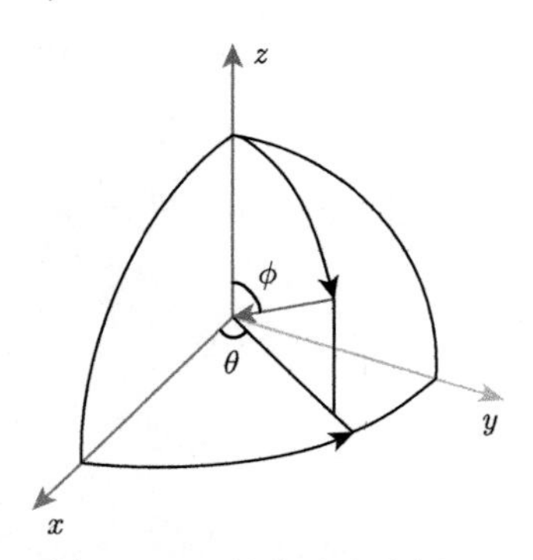

图 5-2　入射声波方向图示

相应地，板面上的反射声波为

$$p_{\mathrm{r}}\left(x,y,z=\frac{2h_1+h_2}{2},t\right)=P_i\mathrm{e}^{\mathrm{i}\omega\mathrm{t}-\mathrm{i}k[\sin\phi(x\cos\theta+y\sin\theta)-\frac{2h_1+h_2}{2}\cos\phi]} \tag{5-69}$$

在入射声空间，夹芯板产生的辐射声称为散射声，根据瑞利积分，其表达式为[245]

$$p_{\mathrm{s}}\left(x,y,z=\frac{2h_1+h_2}{2},t\right)=-\frac{\rho_0\omega^2}{2\pi}\int_{S_0}\frac{w(x_0,y_0)\mathrm{e}^{-\mathrm{i}k\sqrt{(x-x_0)^2+(y-y_0)^2}}}{\sqrt{(x-x_0)^2+(y-y_0)^2}}\mathrm{d}S_0\mathrm{e}^{\mathrm{i}\omega\mathrm{t}} \tag{5-70}$$

假设夹芯板两侧的声介质相同，则板在入射声波的另一侧所产生的辐射声波与散射声波大小相同，符号相反，称为透射声波，其表达式为

$$p_{\mathrm{t}}\left(x,y,z=-\frac{2h_1+h_2}{2},t\right)=\frac{\rho_0\omega^2}{2\pi}\int_{S_0}\frac{w(x_0,y_0)\mathrm{e}^{-\mathrm{i}k\sqrt{(x-x_0)^2+(y-y_0)^2}}}{\sqrt{(x-x_0)^2+(y-y_0)^2}}\mathrm{d}S_0\mathrm{e}^{\mathrm{i}\omega\mathrm{t}} \tag{5-71}$$

夹芯板受到的声激励为上述各项之和，即

$$q(x,y,t)=p_{\mathrm{i}}+p_{\mathrm{r}}+p_{\mathrm{s}}-p_{\mathrm{t}} \tag{5-72}$$

则有

$$\begin{aligned}q(x,y,t)=&2P_i\cos\left(\frac{2h_1+h_2}{2}k\cos\phi\right)\mathrm{e}^{\mathrm{i}\omega t-\mathrm{i}k\sin\phi(x\cos\theta+y\sin\theta)}\\&-\frac{\rho_0\omega^2}{\pi}\int_{S_0}\frac{\mathrm{e}^{-\mathrm{i}k\sqrt{(x-x_0)^2+(y-y_0)^2}}w(x_0,y_0)}{\sqrt{(x-x_0)^2+(y-y_0)^2}}\mathrm{d}S_0\mathrm{e}^{\mathrm{i}\omega t}\end{aligned} \tag{5-73}$$

将式 (5-53)~式 (5-56) 代入式 (5-31)~式 (5-33)，并考虑式 (5-44)~式 (5-46) 及式 (5-73)，可得

$$T_{mn}^{(p)}Z_{mn}^{(p)}+\sum_{k,l,q}Z_{mn}^{kl}T_{kl}^{(q)}=F_{mn} \tag{5-74}$$

其中

$$Z_{mn}^{(p)}=\left(\omega_{mn}^{(p)^2}-\omega^2\right)\left\{\frac{ab}{4}\left[\rho h+\rho J(b_{mn}^{(p)^2}+c_{mn}^{(p)^2})\right]\right\} \tag{5-75}$$

$$F_{mn}=\int_0^a\int_0^b\left[2P_i\cos\left(\frac{2h_1+h_2}{2}k\cos\phi\right)\mathrm{e}^{-\mathrm{i}k\sin\phi(x\cos\theta+y\sin\theta)}\right]\sin\frac{m\pi x}{a}\sin\frac{n\pi y}{b}\mathrm{d}x\mathrm{d}y \tag{5-76}$$

$$Z_{mn}^{kl}=\frac{\rho_0\omega^2}{\pi}\int_0^a\int_0^b\int_0^a\int_0^b\frac{\mathrm{e}^{-\mathrm{i}k\sqrt{(x-x_0)^2+(y-y_0)^2}}\sin\dfrac{k\pi x_0}{a}\sin\dfrac{l\pi y_0}{b}}{\sqrt{(x-x_0)^2+(y-y_0)^2}}\cdot\sin\frac{m\pi x}{a}\sin\frac{n\pi y}{b}\mathrm{d}x_0\mathrm{d}y_0\mathrm{d}x\mathrm{d}y \tag{5-77}$$

通过求解式 (5-74)，可得板内任一点处的位移响应，将位移响应对时间项求导可得其速度响应，进而得到受热夹芯板的投射声等响应特性。

5.2.4 理论模型验证

本节利用有限元–边界元方法对受热夹芯板的声振特性进行模拟，与理论解进行对比，从而验证理论推导的正确性。考虑一个四边简支的矩形夹芯板的几何尺寸为 400mm×300mm×10mm，其中面板厚度为 0.5mm，芯层厚度为 9mm，两面板材料相同，面板与芯层均为各向同性材料。夹芯板材料属性如表 5-1 所示。这里将夹芯板的结构阻尼比设为 0.1%。

表 5-1　夹芯板材料属性

材料	弹性模量/GPa	泊松比	密度/(kg·m^{-3})	线膨胀系数/K^{-1}
面板材料	70	0.3	2700	2.3×10^{-5}
芯层材料	7	0.3	1000	1.8×10^{-5}

使用商业有限元软件 NASTRAN 对受热夹芯板进行模态计算，得到其固有频率及模态振型，固有频率数值解和解析解的比较如表 5-2 所示。通过对比可知，在有无热载荷的情况下，数值解与解析解都吻合良好。

表 5-2　受热夹芯板的固有频率数值解和解析解的比较

振型	ΔT=0°C			ΔT=50°C		
	数值解/Hz	解析解/Hz	误差/%	数值解/Hz	解析解/Hz	误差/%
模态 (1,1)	364.5	371.3	1.85	245.6	255.4	4.02
模态 (2,1)	752.8	765.5	1.68	645.1	659.8	2.27
模态 (1,2)	1060.2	1067.5	0.69	955.4	963.4	0.85
模态 (3,1)	1394.9	1407.8	0.93	1290.6	1304.5	1.07
模态 (2,2)	1424.1	1450.0	1.82	1318.9	1346.7	2.11

借助 VA ONE 的有限元–边界元联合求解器，分别对机械激励及声激励作用下受热夹芯板的声振响应特性开展分析。求解板内坐标 (0.1m, 0.1m, 0m) 处的速度响应和板外声空间内坐标 (0.1m, 0.1m, 3m) 处的辐射声响应，将得到的数值解与解析解进行对比，以验证本章理论方法的正确性。

首先，考察机械激励作用下夹芯板的振动及声辐射特性。在夹芯板板面 (0.1m, 0.1m, 0m) 处施加大小为 1N 的简谐激励，频率为 10~2000Hz。如图 5-3 和图 5-4 所示，分别为 $\Delta T = 0$℃和 50℃时，夹芯板动态响应数值解与解析解的对比情况，可以看出，两者吻合情况良好，说明本章理论方法准确有效。

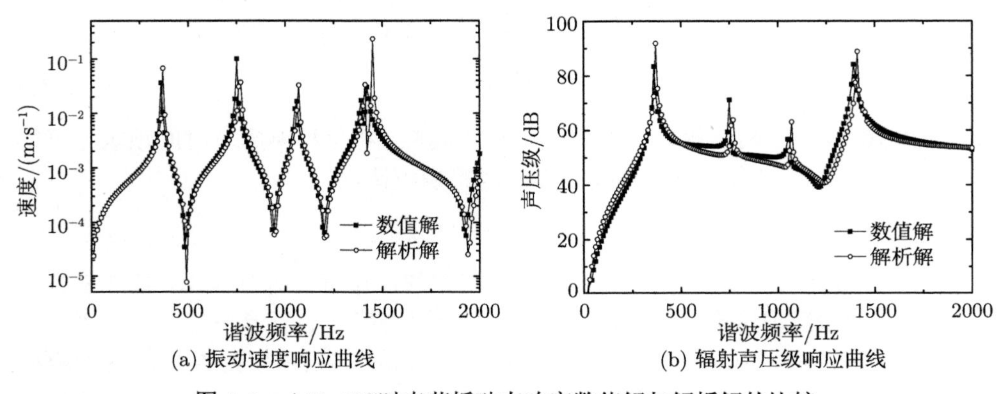

(a) 振动速度响应曲线　(b) 辐射声压级响应曲线

图 5-3　ΔT=0℃时夹芯板动态响应数值解与解析解的比较

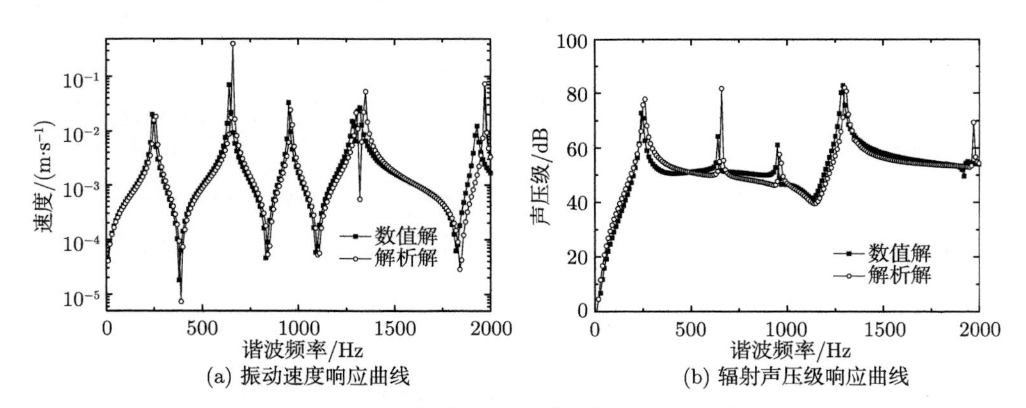

(a) 振动速度响应曲线　(b) 辐射声压级响应曲线

图 5-4　ΔT=50℃时夹芯板动态响应数值解与解析解的比较

在此基础上，对夹芯板在声激励作用下振动速度和声响应压级的理论解进行验证。假设夹芯板处于稳态均布温升 50℃的热环境中，在其上方施加平面入射声波，入射方向为 $\phi = 30°$、$\theta = 0°$。由图 5-5 可知，数值解与解析解之间存在一定的差异，但其量级与变化趋势基本一致，证明了该方法的有效性。

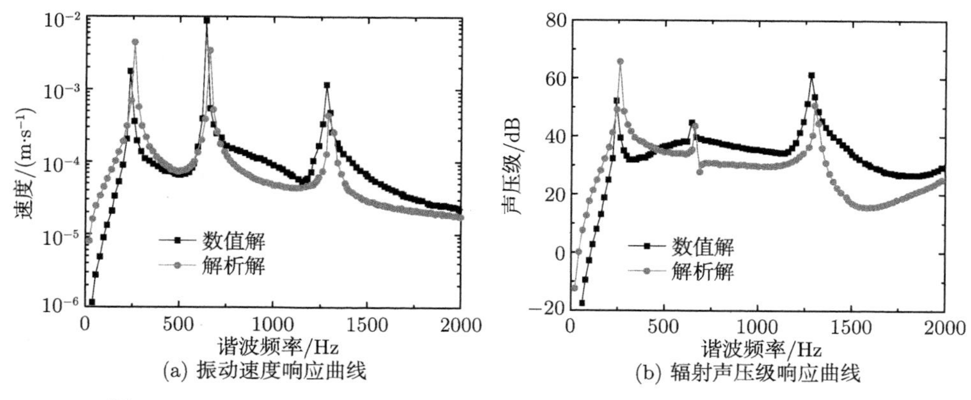

(a) 振动速度响应曲线　(b) 辐射声压级响应曲线

图 5-5　ΔT=50°C、$\phi = 30°$、$\theta = 0°$ 时动态响应数值解与解析解的比较

5.2.5　分析与讨论

采用本章建立的理论模型，以本书 5.2.4 小节中的夹芯板模型为对象，对其在热环境下的声振响应特性开展分析。

1. 经典理论与非经典理论

本章基于中厚板非经典理论开展理论公式的推导。首先，分别用经典理论 (薄板理论) 和非经典理论 (厚板理论)，对夹芯板的声振响应特性进行对比分析，讨论剪切变形和转动惯量效应对夹芯板结构动力学特性的影响。由图 5-6 和图 5-7 可见，采用薄板理论计算得到的固有频率值相对于厚板理论解偏大，而振动速度和辐射声压级响应量级偏小。说明忽略横向剪切变形及转动惯量的影响，薄板理论会高估夹芯板的结构刚度，对于几何尺寸满足薄板条件的夹芯板，仍需采用厚板理论进行分析。

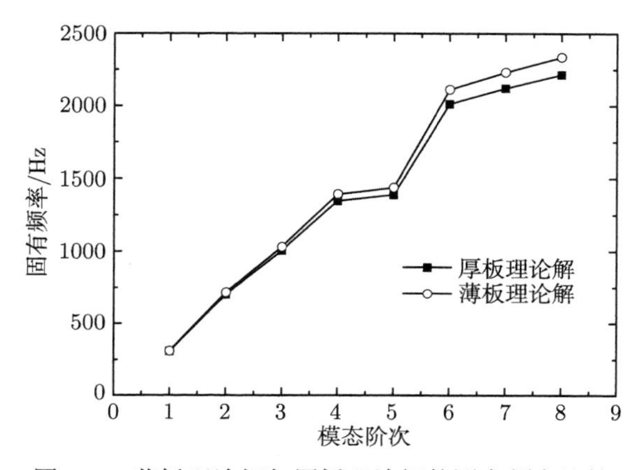

图 5-6　薄板理论解与厚板理论解的固有频率比较

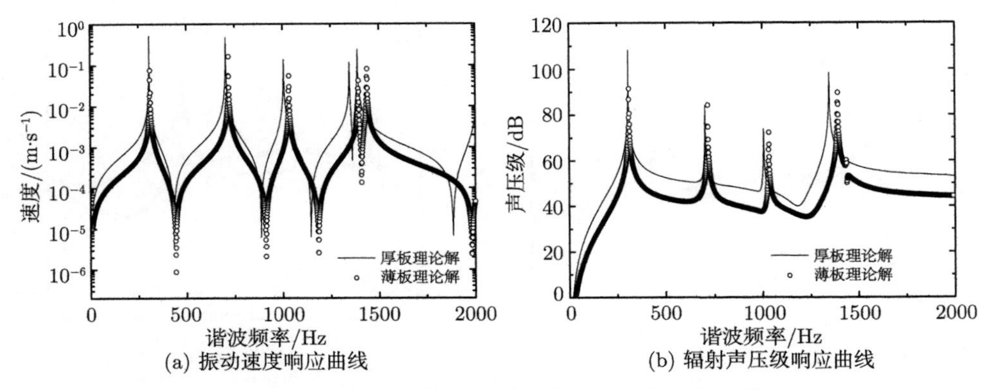

(a) 振动速度响应曲线 (b) 辐射声压级响应曲线

图 5-7 薄板理论解与厚板理论解的动态响应比较

2. 热环境对夹芯板声振特性的影响

本章理论推导是在夹芯板未发生热屈曲这一前提下开展的。由式 (5-50) 可求得，夹芯板模型的理论临界屈曲温度约为 94℃，分别选取 0℃、50℃及 90℃均匀温升作为计算工况的热载荷进行分析。

由表 5-3 可知，随温度升高，夹芯板各阶固有频率均降低，且模态振型保持不变。在理论推导中，温度的影响体现为热致面内力作用，对夹芯板刚度起到减弱的效果，这一软化效应降低了其固有频率。

表 5-3 不同温度下夹芯板的固有频率及振型

振型	固有频率/Hz		
	ΔT=0℃	ΔT=50℃	ΔT=90℃
模态 (1,1)	371.3	255.4	84.7
模态 (2,1)	765.5	659.8	561.0
模态 (1,2)	1067.5	963.4	871.3
模态 (3,1)	1407.8	1304.5	1215.5
模态 (2,2)	1450.0	1346.7	1257.9

通过图 5-8 中的数据对比可知，在热环境下夹芯板各阶固有频率的折减率随模态阶次的升高显著减低，热载荷对基频的影响最为明显。

图 5-9～图 5-11 分别为不同温度下，夹芯板在机械激励作用下加载点处的振动位移和振动速度响应、空间测点处的辐射声压级响应、夹芯板的辐射声功率及声辐射效率曲线。由图 5-9 可知，随温度升高，夹芯板的振动位移响应曲线和振动速度响应曲线均整体向低频方向移动，振动位移响应曲线的一阶共振峰幅值表现出逐渐增大的趋势，而振动速度响应曲线的一阶共振峰幅值则表现出震荡的变化过程。式 (5-67) 表明，振动速度可由振动位移与振动频率的乘积获得。当位移共振峰的幅值和共振频率随温度升高产生相反的变化趋势时，二者乘积则可能升高，也可能

降低。

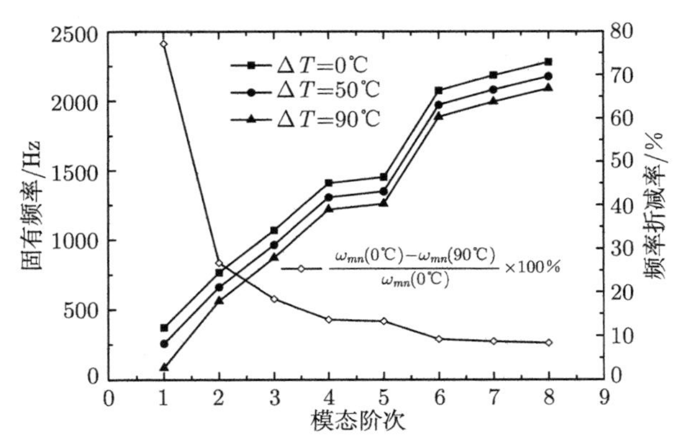

图 5-8　不同温度下夹芯板固有频率及其相对变化

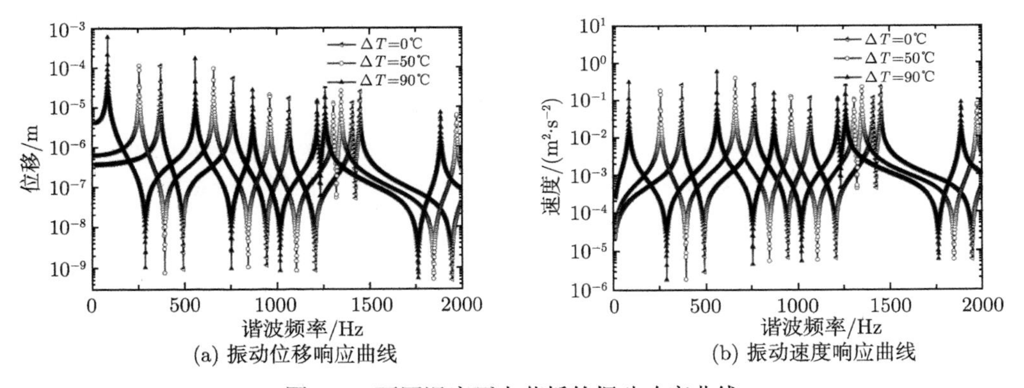

(a) 振动位移响应曲线　　(b) 振动速度响应曲线

图 5-9　不同温度下夹芯板的振动响应曲线

由图 5-10 可知，随温度升高，振动夹芯板辐射声压级响应和辐射声功率响应

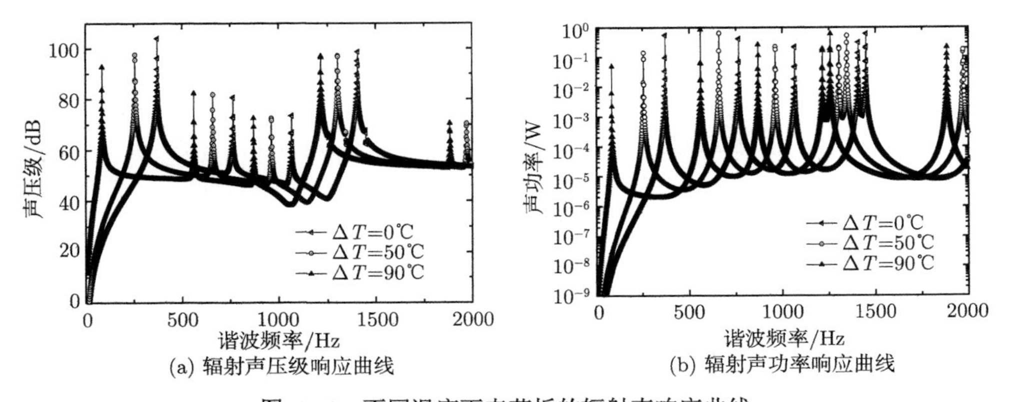

(a) 辐射声压级响应曲线　　(b) 辐射声功率响应曲线

图 5-10　不同温度下夹芯板的辐射声响应曲线

曲线的一阶共振峰幅值均减小，并向低频移动。夹芯板声辐射效率的第一个峰值明显减小，且出现在了更低的频率点处，如图 5-11 所示。在 300Hz 以内，不同温度下的声辐射效率曲线基本重合，在频率高于 3000Hz 后，声辐射效率曲线趋于平缓。

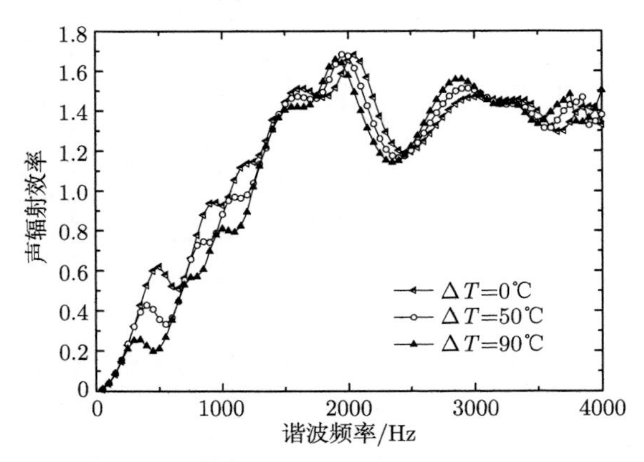

图 5-11 不同温度下夹芯板的声辐射效率曲线

图 5-12 为不同温度时，声激励垂直入射作用下夹芯板内 (0.1m, 0.1m, 0m) 处的振动速度响应曲线，以及板上方 (0.1m, 0.1m, 3m) 处的辐射声压级响应。可以看出，响应曲线均随温度载荷的升高而向低频漂移。

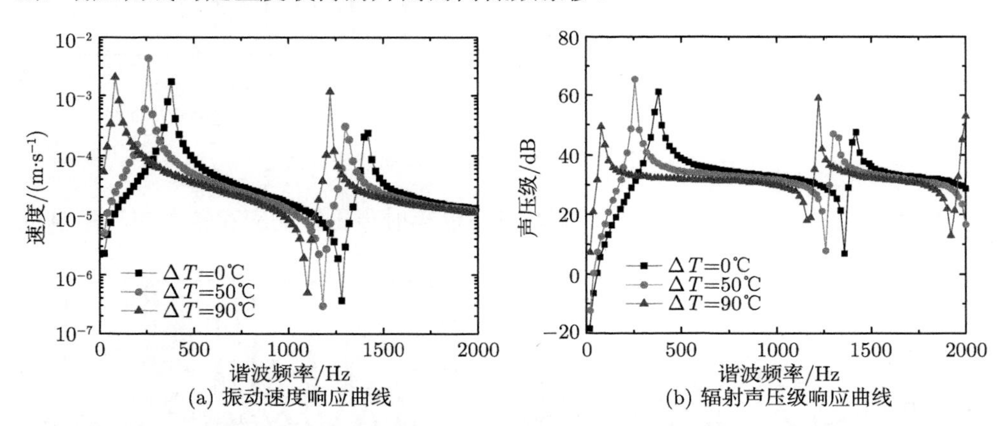

图 5-12 不同温度时声激励作用下的夹芯板振动速度响应与辐射声压级响应曲线

考虑声激励入射角变化时，50℃温升环境下夹芯板的响应特性。由图 5-13 可知，三种工况下的共振峰位置均相同。平面声波入射角度与响应曲线上的响应峰个数相关，在垂直于板面的平面声波作用下，夹芯板响应曲线上的响应峰个数最少，而当平面声波倾斜入射夹芯板时，响应峰数量最多。

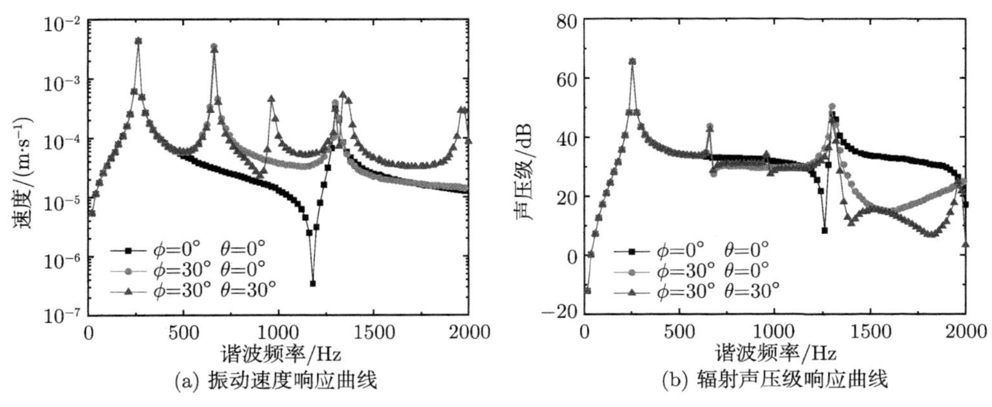

(a) 振动速度响应曲线　(b) 辐射声压级响应曲线

图 5-13　不同入射角平面声波作用下夹芯板的响应特性

由以上结果可知，不论夹芯板受到何种外激励作用，热载荷对夹芯板动态特性的影响相同，其根本原因在于热载荷对结构的软化作用降低了夹芯板的有效刚度，从而使其共振频率减小，响应曲线向低频漂移。

3. 夹芯板构造对其声振特性的影响

夹芯板由于其特殊的构造形式，具有较强的可设计性。在针对具体的应用场合进行夹芯板设计时，往往面临着夹芯板尺寸与材料的选择问题。例如，总厚度一定的情况下，如何分配夹芯板面层和芯层的厚度；夹芯板尺寸一定时，使用较软芯层和较硬芯层对其力学特性有何影响。本节将针对上述两个问题，设计两组对照算例，考察面层与芯层厚度比和芯层弹性模量变化对受热夹芯板声振特性的影响。考虑板受均布稳态 30℃温升载荷的情况，开展计算分析。

首先，考虑总厚度不变，面层与芯层厚度比不同的夹芯板声振特性的差异。算例模型中，总厚度为 10mm。表 5-4 给出了不同面/芯层厚度比下夹芯板前五阶固有频率及振型。由对比结果可知，随面/芯层厚度比的增大，夹芯板固有频率逐渐提升，这是由于夹芯板面层刚度较大，而芯层刚度较小，当面层所占比重增大时，夹芯板整体刚度增加，使得其固有频率升高。

表 5-4　不同面/芯层厚度比下夹芯板前五阶固有频率及振型

振型	固有频率/Hz		
	$h_1=0.5\,\mathrm{mm},\ h_2=9\,\mathrm{mm}$	$h_1=1\,\mathrm{mm},\ h_2=8\,\mathrm{mm}$	$h_1=1.5\,\mathrm{mm},\ h_2=7\,\mathrm{mm}$
模态 (1,1)	307.0	360.0	379.7
模态 (2,1)	704.0	822.2	874.2
模态 (1,2)	1006.4	1173.6	1250.3
模态 (3,1)	1346.8	1568.3	1673.2
模态 (2,2)	1389.0	1617.2	1725.5

如图 5-14 所示，为不同面/芯层厚度比的夹芯板固有频率及其相对变化。由图中结果可知，面/芯层厚度比不同的夹芯板前几阶固有频率的折减率基本相同，均在 23.5%～24.5%，即该因素对各阶频率的影响相近。

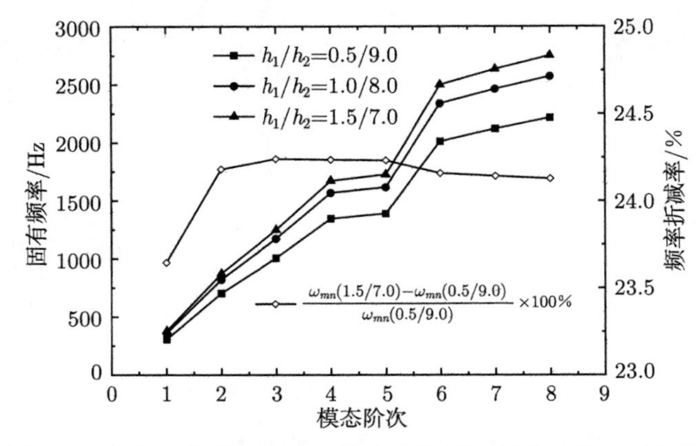

图 5-14　不同面/芯层厚度比的夹芯板固有频率及其相对变化

如图 5-15 所示，为不同面/芯层厚度比夹芯板的振动响应曲线。由计算结果可知，随着面/芯层厚度比增大，振动位移响应曲线峰值减小，且共振峰向高频移动，而相应的振动速度响应曲线峰值也有相同的变化趋势，但变化量相对较小。

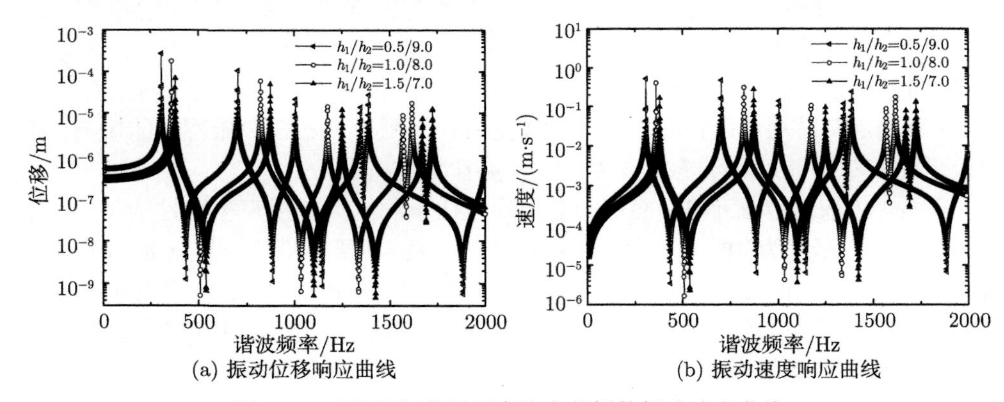

(a) 振动位移响应曲线　(b) 振动速度响应曲线

图 5-15　不同面/芯层厚度比夹芯板的振动响应曲线

如图 5-16 所示，为不同面/芯层厚度比夹芯板的辐射声响应曲线。由对比结果可见，随面/芯层厚度比增大，辐射声压级响应曲线峰值减小，共振峰向高频方向移动，声功率响应曲线具有相同的变化趋势。由图 5-17 可知，在低频区段，三条辐射效率曲线相重合，当面/芯层厚度比增大时，第一个峰值增大，并且其出现的位置向高频方向移动，曲线形式更为光滑。

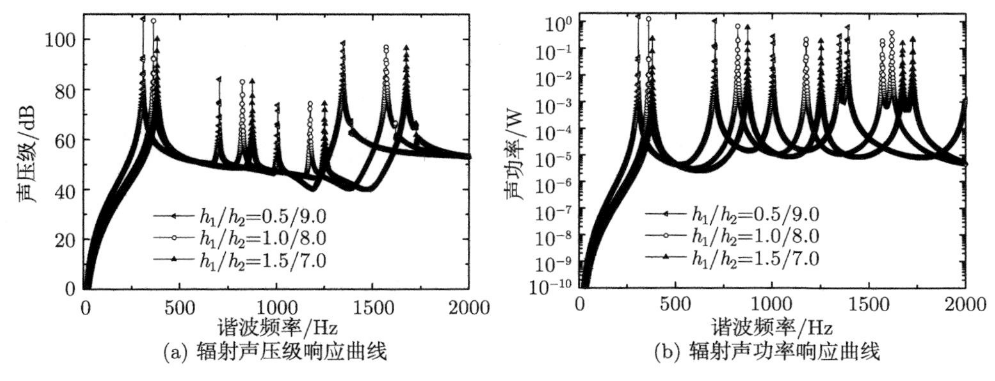

(a) 辐射声压级响应曲线　(b) 辐射声功率响应曲线

图 5-16　不同面/芯层厚度比夹芯板的辐射声响应曲线

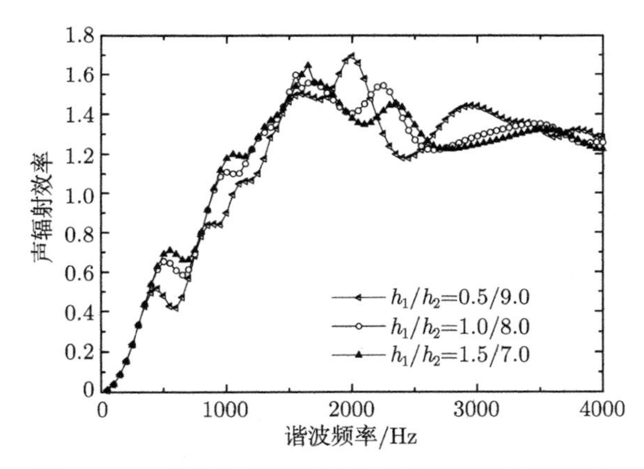

图 5-17　不同面/芯层厚度比夹芯板的声辐射效率

其次，讨论芯层材料弹性模量对夹芯板力学特性的影响，分别对三个面层材料相同，芯层材料弹性模量不同的夹芯板进行分析。表 5-5 给出了不同芯层弹性模量夹芯板前五阶固有频率及振型。由对比结果可知，夹芯板固有频率随着芯层弹性模量的减小而减小，但振型保持不变。由图 5-18 可见，各模型频率曲线之间的相对差异随模态阶数的增加而增大，意味着弹性模量对高阶固有频率的影响更为显著。

表 5-5　不同芯层弹性模量夹芯板前五阶固有频率及振型

振型	固有频率/Hz		
	$E_1=70$ GPa, $E_2=70$ GPa	$E_1=70$ GPa, $E_2=35$ GPa	$E_1=70$ GPa, $E_2=7$ GPa
模态 (1,1)	446.4	376.0	307.1
模态 (2,1)	1145.4	928.6	704.0
模态 (1,2)	1676.2	1349.8	1006.4
模态 (3,1)	2277.4	1826.6	1346.8
模态 (2,2)	2352.2	1885.9	1389.0

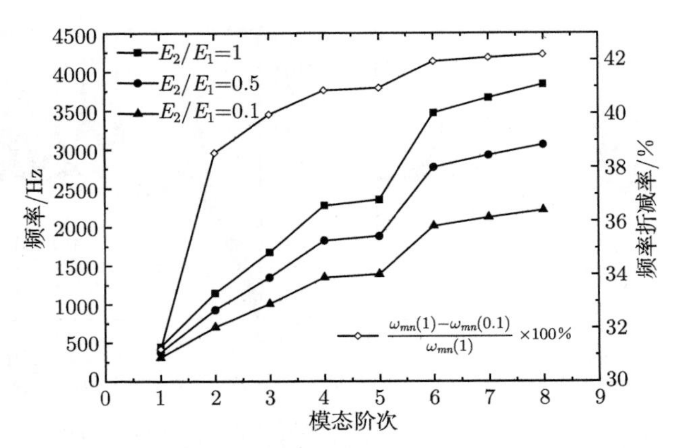

图 5-18 不同芯层弹性模量夹芯板固有频率及其相对变化曲线

图 5-19～图 5-21 为不同芯层弹性模量夹芯板，在集中机械激励作用下的动态

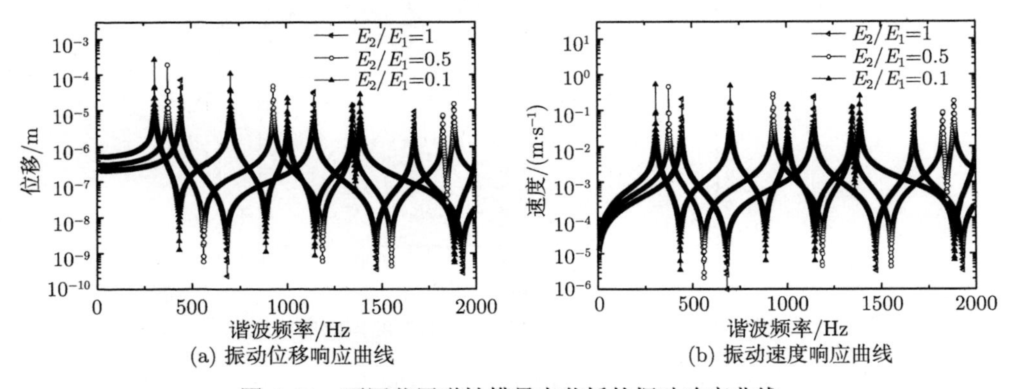

(a) 振动位移响应曲线 (b) 振动速度响应曲线

图 5-19 不同芯层弹性模量夹芯板的振动响应曲线

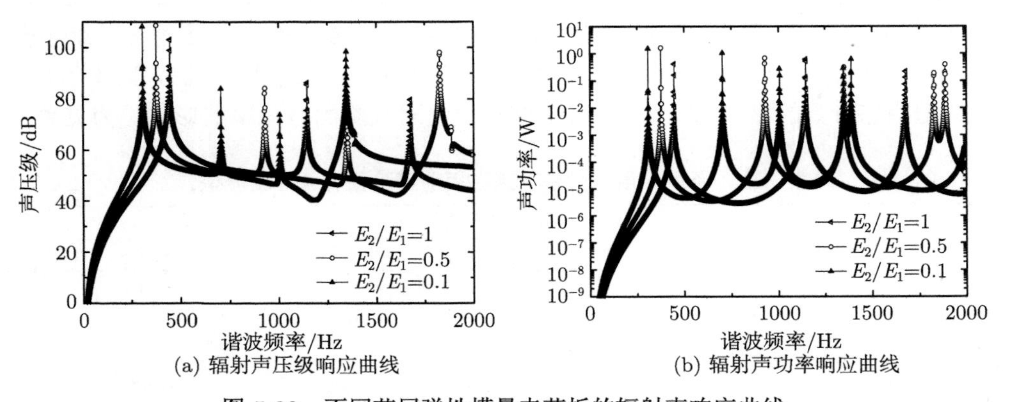

(a) 辐射声压级响应曲线 (b) 辐射声功率响应曲线

图 5-20 不同芯层弹性模量夹芯板的辐射声响应曲线

响应曲线。由计算结果可知，随着芯层弹性模量的减小，振动位移响应曲线峰值增加，且共振峰向低频方向移动，振动速度响应与振动位移响应曲线的变化趋势一致，辐射声压级和辐射声功率也表现出相同的变化趋势，声辐射效率曲线的波纹式增长则更为明显。

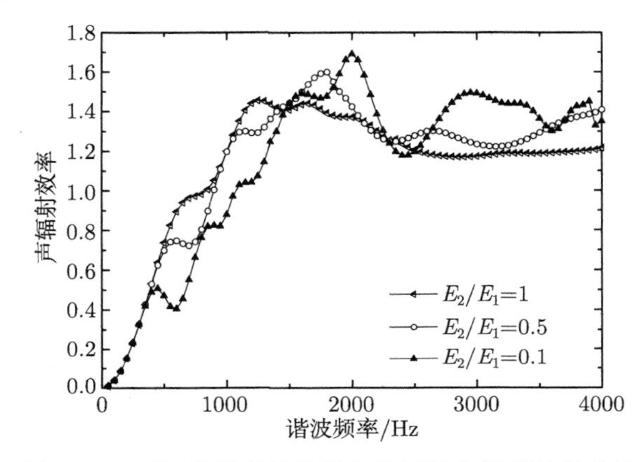

图 5-21　不同芯层弹性模量夹芯板的声辐射效率曲线

5.3　受热泡沫铝夹芯板的声振特性实验

本节对热环境中四边固支发泡铝夹芯板开展实验分析。讨论其固有振动特性，以及在机械激励和声激励作用下声振响应特性的变化规律，研究热环境对发泡铝夹芯板动态特性的影响。

5.3.1　实验对象及测试系统

夹芯板试件面层为铝板，芯层为发泡铝，各层黏结在一起 [图 5-22(a)]。与本书第 4 章中的铝制薄板试件相同，夹芯板试件面内尺寸为长 0.4m、宽 0.3m，四边有宽为 0.05m 的边界区域，该区域分布 24 个直径为 0.017m 的圆孔，用于对试件进行固定，试件测试区域为板中心 0.3m×0.2m 的矩形区域 [图 5-22(b)]。

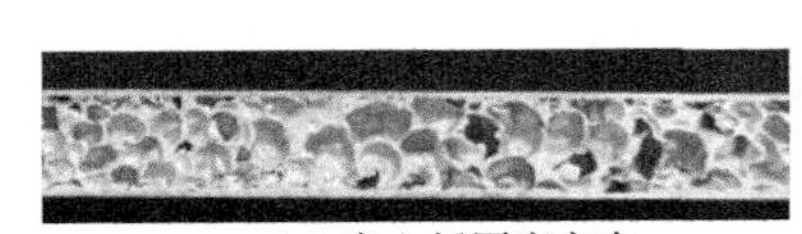

(a) 夹心板厚度方向

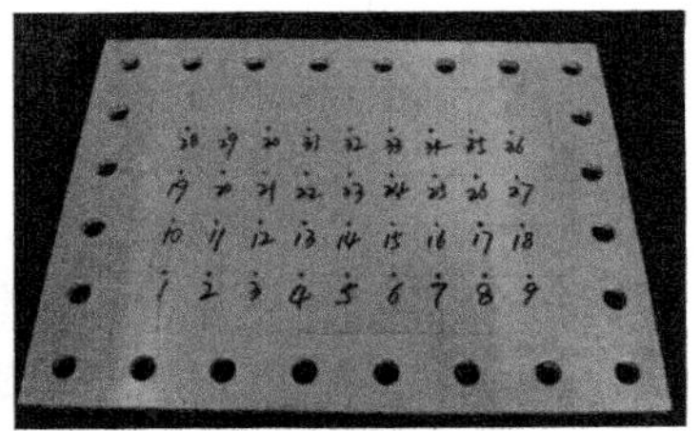

(b) 夹心板面内方向

图 5-22　夹芯板试件的实物照片

为保证各试件间具有可比性，设计了三组质量相近，但厚度不同的夹芯板，试件质量及尺寸如表 5-6 所示。夹芯板试件面层材料为铝，材料参数较为明确；芯层材料为发泡铝，因制作工艺限制，其材料参数范围较宽。在实际结构中，对于不同板件，其芯层材料并不完全相同，本章实验也存在这一现象。

表 5-6　夹芯板试件质量及尺寸

试件	质量/g	面层厚度/mm	芯层厚度/mm
1	827	1.0	5
2	836	0.8	7
3	787	0.5	11

针对夹芯板的热振动实验，采用与本书第 4 章中相同的实验系统及测试流程。由于泡沫铝可压缩性较强，不能通过加大螺栓预紧力的方法来提供固支约束。因此，在实验中需对试件边界进行处理 (图 5-23)，包括在与夹芯板接触的夹具表面粘贴砂纸以增大摩擦；将螺栓与夹芯板接触段粘贴胶布以增大螺栓直径，使其尽可能与板的孔壁贴合，提供面内约束；利用弹簧垫片和扭矩扳手使夹芯板四边受力尽量平衡。前期测试结果表明，改进后的边界对试件面内位移有较好的约束作用，且夹芯板边界区域内不会出现明显的挤压变形。

(a) 增大螺栓直径与增加弹簧垫片

(b) 夹具表面粘贴砂纸

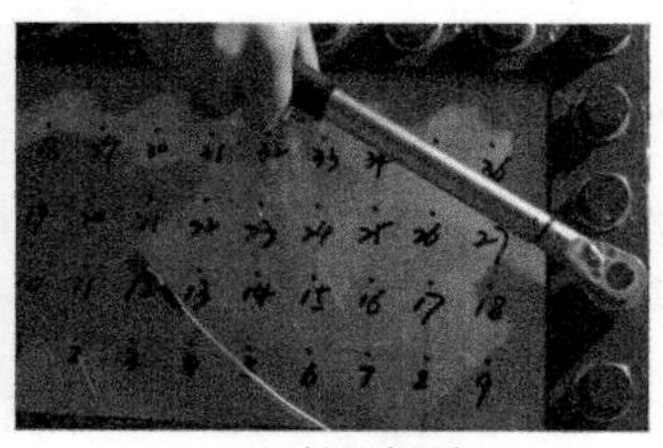
(c) 扭矩扳手

图 5-23　夹芯板测试系统的边界改进方法

5.3.2　热环境的控制及测量

由于本章实验涉及不同厚度夹芯板的对比，并考虑测试系统单侧加热的特点，在加热过程中，不同夹芯板在厚度方向上会存在不同的温差。因此，要使三块板内部具有相同的温度分布是很难做到的。为了使不同试件的测试结果具有可比性，需为三块板提供相同的温度环境，这就涉及热环境的控制。另外，虽然并不强制设定板内温度，但为了更全面地了解夹芯板热状态，在测试开始前，需要对板面上的温度进行测量。实验中，热环境的控制与测量可通过以下方法实现。

当板受到恒定热载且所处环境温度不变时，经过一定时间加热后，板内温度将达到稳定状态。在本实验中，通过调整石英灯的加热功率，并保持相对恒定的散热条件来控制夹芯板的外部热环境，在达到稳定状态后对试件温度进行测量。稳定状态的判断依据是在间隔一定时间 (约 20min) 的多次测量中，板的固有频率基本不变。

5.3.3　热模态测试

本节讨论热环境对夹芯板试件模态特性的影响。测试结果如表 5-7～表 5-9 所示，其中括号外为测得的固有频率值，括号内为相应的模态阻尼比。由实验结果可知，随着试件的加热水平升高，夹芯板各阶固有频率值均降低。这一变化规律与本章的理论分析结果相同，且与各向同性板的实验结果相同。模态阻尼比随试件温度的变化呈现出较为明显的震荡。

表 5-7　不同加热水平下较薄夹芯板固有频率及振型

振型	固有频率/Hz		
	0W	400W	900W
模态 (1,1)	935.0(1.73%)	895.4(1.65%)	848.5(2.06%)
模态 (2,1)	1473.3(1.31%)	1409.5(1.33%)	1346.0(0.91%)
模态 (1,2)	2038.6(0.91%)	1976.5(1.40%)	1863.9(1.84%)
模态 (3,1)	2293.9(1.56%)	2190.1(1.24%)	2064.2(1.71%)
模态 (2,2)	2534.8(1.52%)	2424.5(1.44%)	2270.5(2.08%)

表 5-8　不同加热水平下中厚度夹芯板固有频率及振型

振型	固有频率/Hz		
	0W	400W	900W
模态 (1,1)	1168.2(1.26%)	1153.2(1.29%)	1130.7(1.72%)
模态 (2,1)	1834.2(1.36%)	1806.4(1.10%)	1766.5(1.43%)
模态 (1,2)	2230.1(1.23%)	2213.9(1.43%)	2197.5(1.42%)
模态 (3,1)	3151.8(0.77%)	3132.3(0.87%)	3056.0(0.23%)
模态 (2,2)	3298.3(1.26%)	3240.2(1.01%)	3147.7(0.95%)

表 5-9　不同加热水平下较厚夹芯板固有频率及振型

振型	固有频率/Hz		
	0W	400W	900W
模态 (1,1)	1325.2(1.92%)	1309.4(2.09%)	1293.0(1.70%)
模态 (2,1)	2001.7(1.78%)	1988.4(2.04%)	1947.5(2.22%)
模态 (1,2)	3029.9(1.79%)	2985.5(1.41%)	2935.8(0.92%)
模态 (3,1)	3248.9(1.47%)	3238.5(1.17%)	3163.0(0.23%)
模态 (2,2)	3539.0(2.22%)	3488.1(1.39%)	3367.7(1.71%)

对比加热功率为 400W 时的测试结果可知，各试件的固有频率总体上呈现出

随总厚度增加而增大的变化趋势。由理论模型可知，板的弯曲刚度与其弹性参数和厚度相关。其中，厚度以三次方的形式影响弯曲刚度。由于每个试件的总质量大致相当，当厚度增大时，其等效密度和等效弹性模量则相应减小。从测试结果可以看出，试件厚度的影响更为显著，使其弯曲刚度增大，从而导致固有频率提升。

图 5-24 为夹芯板试件在室温下测得的前五阶模态振型。各板在各测试温度下的前五阶振型均相同，未发生模态振型交换现象。

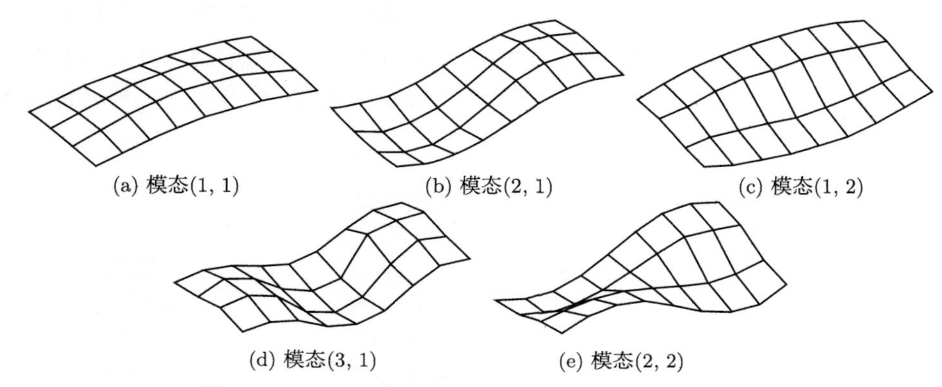

图 5-24　夹芯板试件在室温下测得的前五阶模态振型

5.3.4　机械激励下的动态响应测试

如图 5-25～图 5-27 所示，为夹芯板试件在机械激励作用下，振动加速度和辐射声压级响应测试结果。振动加速度响应观测点位于夹芯板内观测点 12 处，辐射声压级观测点位于振动观测点上方 0.4m 处。由测试结果可知，随着热载增大，各夹芯板的振动响应曲线均向低频漂移，这是由其固有频率随温度升高而降低造成的。

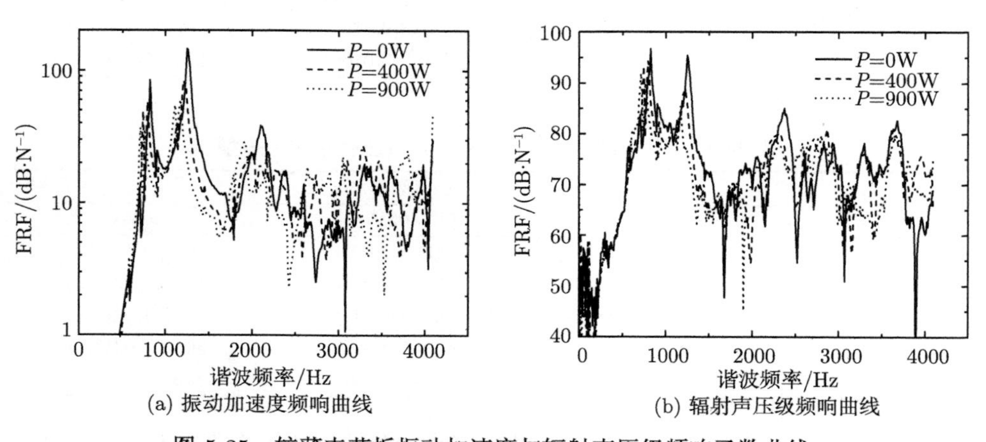

图 5-25　较薄夹芯板振动加速度与辐射声压级频响函数曲线

相应地，受热夹芯板辐射声压级响应的变化趋势与加速度响应相同。测试结果表明，热载会对夹芯板整体刚度产生软化的作用。

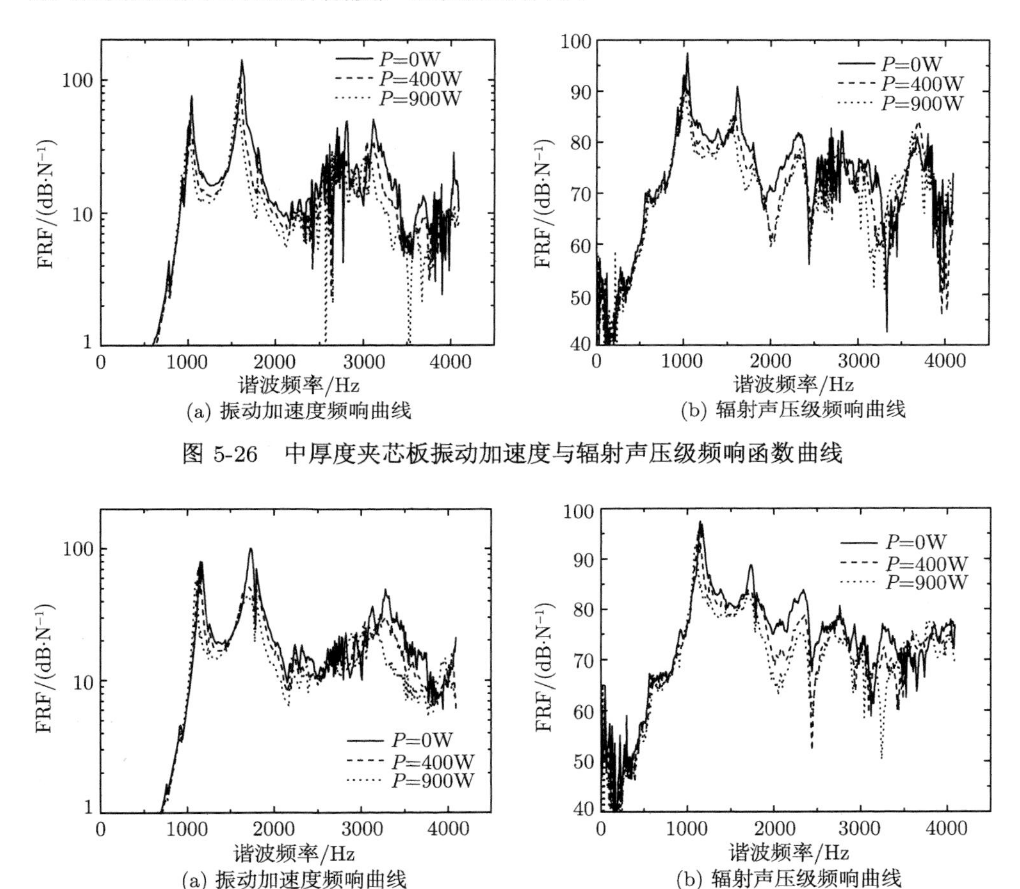

(a) 振动加速度频响曲线　(b) 辐射声压级频响曲线

图 5-26　中厚度夹芯板振动加速度与辐射声压级频响函数曲线

(a) 振动加速度频响曲线　(b) 辐射声压级频响曲线

图 5-27　较厚夹芯板振动加速度与辐射声压级频响函数曲线

5.3.5　声激励下的动态响应测试

如图 5-28 所示，为声激励作用下不同受热夹芯板的振动加速度响应曲线，观测点位置选取与机械激励测试相同。随着加热功率提升，各夹芯板的加速度响应曲线均向低频方向漂移，其中一阶共振峰的变化相对最为明显。在实际测试中，很难将扬声器置于时间中心的正上方，声激励源的加载也与理想单级子状态略有差别，因而在响应曲线上对应于第二阶固有频率的位置，出现了幅值较小的共振峰。

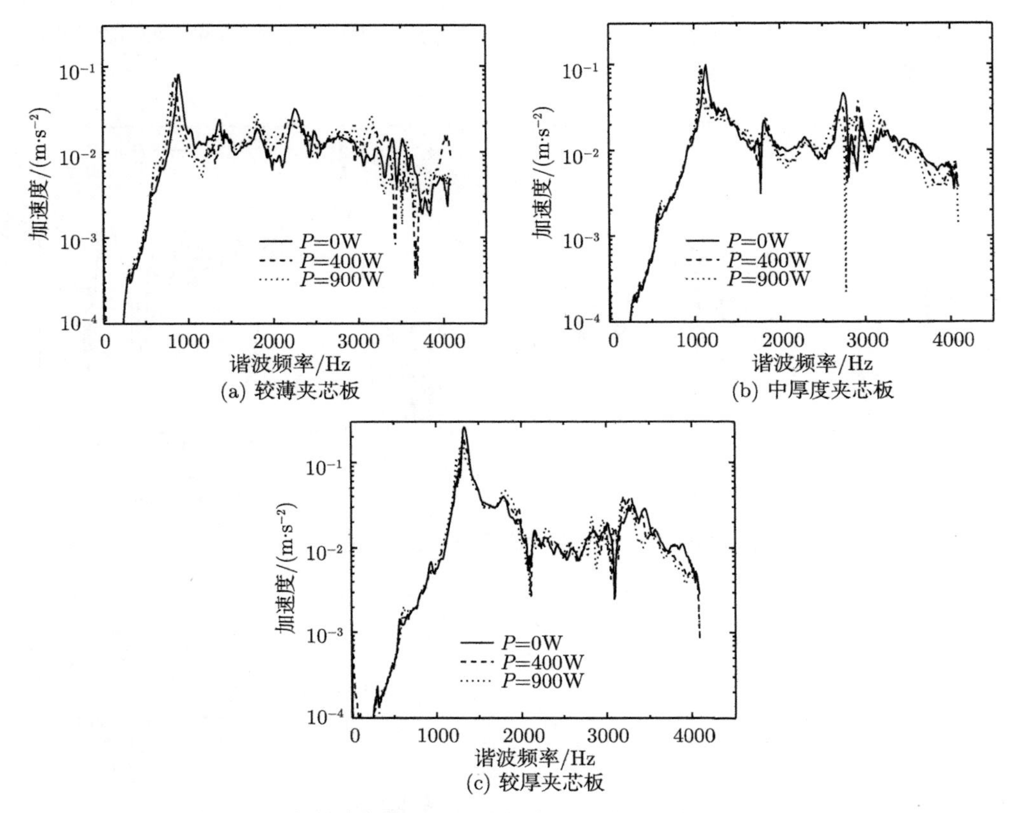

(a) 较薄夹芯板
(b) 中厚度夹芯板
(c) 较厚夹芯板

图 5-28 声激励作用下不同受热夹芯板的振动加速度响应曲线

5.4 本章小结

本章基于中厚板等效非经典理论，建立了考虑热应力作用的夹芯板振动控制方程，推导了在简支边界条件下的固有振动及受迫振动响应解析解，并采用数值仿真方法对其进行验证。分析结果表明，随着热载荷增大，夹芯板温度升高，其各阶固有频率持续降低，模态振型在热环境下保持不变。与各向同性板相同，热载荷对夹芯板也产生了软化作用。而由于比刚度相对更大，温度变化对夹芯板的影响相对较小。

受固有振动特性变化的影响，受热夹芯板的受迫振动响应和辐射声响应曲线，在热环境下均表现出整体向低频漂移的趋势。声激励的入射角变化会改变夹芯板响应曲线的共振峰数量，但并不改变响应曲线随温度的变化趋势。热环境下泡沫铝夹芯板测试结果与理论分析得到的变化规律基本保持一致。

第 6 章 热环境下层合结构的声振特性

6.1 引 言

层合结构是指由两层或两层以上的单层材料黏接成为整体的结构。通过调整各层材料属性、铺层厚度和铺设角度等参数，可以得到不同性能的层合结构。层合结构通常具有比强度高、比模量高、耐高温、耐疲劳、耐腐蚀等特点，被广泛用于航天航空、机械制造、土木建筑等领域。其作为承载部件，常服役于热、振动、噪声等载荷作用的复杂环境。这些因素会使层合结构刚度发生变化，进而影响其动态特性，甚至可能导致失效破坏。因此，研究层合结构在热环境下的声振响应特性，对结构的服役寿命预测、安全和可靠性评价等，都具有十分重要意义。

本章以层合板为对象，开展其在热环境下的振动及声振响应研究。通过建立考虑温度作用的层合板的振动控制方程，获得其在热应力作用下自由振动、受迫振动、声辐射特性的解析解，讨论热环境对层合板响应特性的影响。并对四边固支碳纤维层合板开展实验研究，获得其在不同加热条件下的固有频率、模态振型、振动及声响应等测试结果。

6.2 受热层合板的声振特性理论分析

6.2.1 受热层合板的控制方程

根据一阶剪切变形理论[246]，图 6-1 所示层合板的位移场可表示为

$$u(x,y,z,t)=u^0(x,y,t)+z\varphi_x(x,y,t) \tag{6-1}$$

$$v(x,y,z,t)=v^0(x,y,t)+z\varphi_y(x,y,t) \tag{6-2}$$

$$w(x,y,z,t)=w(x,y,t) \tag{6-3}$$

式中，x 和 y 为层合板面内两个相互垂直的方向坐标；z 为厚度方向坐标；u、v 和 w 分别为 x、y 和 z 方向上的位移；φ_x 和 φ_y 分别为绕 y 轴和 x 轴的转角；上标 0 为层合板中面上的位移。与本书 3.2 节所用的薄板模型相比，本节在理论推导中考虑了横向剪切变形对板的影响，而与本书 5.2 节所用的中厚板等效非经典假设不同，这里假定横向剪切变形沿板厚度方向呈线性分布。

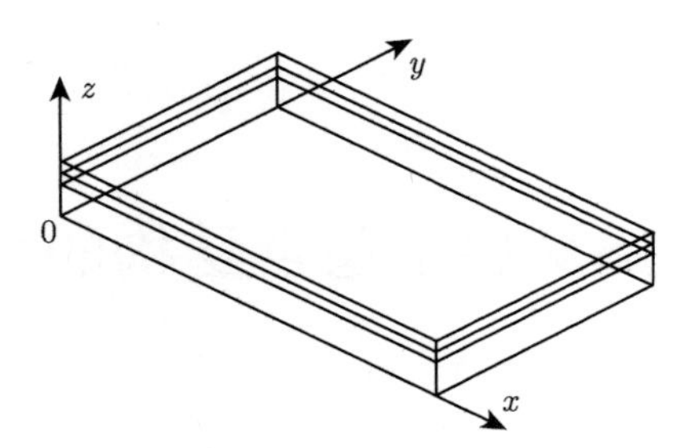

图 6-1　层合板结构模型

层合板内的位移–应变关系可表示为

$$\left\{\begin{array}{l}\varepsilon_x=\varepsilon_x^0+z\chi_x=\dfrac{\partial u^0}{\partial x}+z\dfrac{\partial \varphi_x}{\partial x}\\ \varepsilon_y=\varepsilon_y^0+z\chi_y=\dfrac{\partial v^0}{\partial y}+z\dfrac{\partial \varphi_y}{\partial y}\\ \varepsilon_z=0\\ \gamma_{xy}=\gamma_{xy}^0+z\chi_{xy}=\dfrac{\partial u^0}{\partial y}+\dfrac{\partial v^0}{\partial x}+z\left(\dfrac{\partial \varphi_x}{\partial y}+\dfrac{\partial \varphi_y}{\partial x}\right)\\ \gamma_{yz}=\gamma_{yz}^0=\dfrac{\partial w}{\partial y}+\varphi_y\\ \gamma_{xz}=\gamma_{xz}^0=\dfrac{\partial w}{\partial x}+\varphi_x\end{array}\right. \tag{6-4}$$

假设层合板承受均匀温升引起的热载荷，且各层均为正交各向异性材料，则板的内力及内力矩为

$$\left\{\begin{array}{l}\left\{\begin{array}{ccc}N_x & N_y & N_{xy}\end{array}\right\}^{\mathrm{T}}\\ \left\{\begin{array}{ccc}M_x & M_y & M_{xy}\end{array}\right\}^{\mathrm{T}}\end{array}\right\}=\left[\begin{array}{cc}\boldsymbol{A} & \boldsymbol{B}^{\mathrm{T}}\\ \boldsymbol{B} & \boldsymbol{D}\end{array}\right]\left\{\begin{array}{l}\left\{\begin{array}{ccc}\varepsilon_x^0 & \varepsilon_y^0 & \gamma_{xy}^0\end{array}\right\}^{\mathrm{T}}\\ \left\{\begin{array}{ccc}\chi_x & \chi_y & \chi_{xy}\end{array}\right\}^{\mathrm{T}}\end{array}\right\}-\left\{\begin{array}{c}\{\overline{N_T}\}\\ \{\overline{M_T}\}\end{array}\right\} \tag{6-5}$$

其中，由结构温度变化引起的内力及内力矩分量为

$$\left\{\begin{array}{cc}\bar{N}_{Tx} & \bar{M}_{Tx}\\ \bar{N}_{Ty} & \bar{M}_{Ty}\\ \bar{N}_{Txy} & \bar{M}_{Txy}\end{array}\right\}=\sum_{k=1}^{n}\int_{z_{k-1}}^{z_k}\left[\begin{array}{ccc}C_{11} & C_{12} & 0\\ C_{21} & C_{22} & 0\\ 0 & 0 & C_{66}\end{array}\right]\left\{\begin{array}{c}\alpha_x\\ \alpha_y\\ 0\end{array}\right\}_k\Delta T_k\left\{\begin{array}{cc}1 & z\end{array}\right\}\mathrm{d}z \tag{6-6}$$

式中，α_x 和 α_y 分别为沿 x 和 y 方向的热膨胀系数；$\boldsymbol{A}$、$\boldsymbol{B}$ 和 $\boldsymbol{D}$ 分别为拉伸刚度矩阵、拉伸–弯曲耦合刚度矩阵和弯曲刚度矩阵。$\boldsymbol{B}$ 是由层合板的几何及物理不对称产生的。$\boldsymbol{A}$、$\boldsymbol{B}$ 和 $\boldsymbol{D}$ 的计算方法为

$$\left\{\begin{array}{c}\boldsymbol{A}\\ \boldsymbol{B}\\ \boldsymbol{D}\end{array}\right\}=\int \boldsymbol{C}\left\{\begin{array}{c}1\\ z\\ z^2\end{array}\right\}\mathrm{d}z \tag{6-7}$$

式中，$\boldsymbol{C}$ 为弹性矩阵。在一阶剪切变形理论中，考虑了横向剪切力 Q_x 和 Q_y 的作用：

$$\left\{\begin{array}{c}Q_x\\ Q_y\end{array}\right\}=\kappa\left[\begin{array}{cc}A_{44} & 0\\ 0 & A_{55}\end{array}\right]\left\{\begin{array}{c}\gamma_{xz}^0\\ \gamma_{yz}^0\end{array}\right\} \tag{6-8}$$

式中，κ 为剪切修正系数。

根据哈密顿原理：

$$\int \delta(U+V-T)\mathrm{d}t=0 \tag{6-9}$$

式中，δU 为虚应变能；δV 为热应力和外力所做的虚功；δT 为虚动能。U、V 和 T 的表达式分别为

$$\begin{aligned}U&=\frac{1}{2}\iiint \sigma_{ij}\varepsilon_{ij}\mathrm{d}x\mathrm{d}y\mathrm{d}z\\ V&=\iiint qw\mathrm{d}x\mathrm{d}y\\ T&=\frac{1}{2}\iiint \rho\left(u_{,t}^2+v_{,t}^2+w_{,t}^2\right)\mathrm{d}x\mathrm{d}y\mathrm{d}z\end{aligned} \tag{6-10}$$

式中，σ_{ij} 和 ε_{ij} 分别为受热层合板内的应力及应变分量；q 为作用在板上的动态激励；ρ 为层合板的质量密度。考虑温度变化对层合板应力状态的影响，可得层合板在热环境下的运动方程组为

$$N_{x,x}+N_{xy,y}=R_0u_{,tt}^0+R_1\varphi_{x,tt} \tag{6-11}$$

$$N_{xy,x}+N_{y,y}=R_0v_{,tt}^0+R_1\varphi_{y,tt} \tag{6-12}$$

$$Q_{x,x}+Q_{y,y}+\overline{N_x}\frac{\partial^2 w}{\partial x^2}+\overline{N_y}\frac{\partial^2 w}{\partial y^2}+2\overline{N_{xy}}\frac{\partial^2 w}{\partial x\partial y}+q=R_0w_{,tt} \tag{6-13}$$

$$M_{x,x}+M_{xy,y}-Q_x=R_1u_{,tt}^0+R_2\varphi_{x,tt} \tag{6-14}$$

$$M_{xy,x}+M_{y,y}-Q_y=R_1v_{,tt}^0+R_2\varphi_{y,tt} \tag{6-15}$$

式中，$R_0=\int\rho\mathrm{d}z$；$R_1=\int\rho z\mathrm{d}z$；$R_2=\int\rho z^2\mathrm{d}z$。对于沿厚度方向不对称的层合板，其拉伸–弯曲耦合刚度矩阵 $\boldsymbol{B}$ 的分量不全为零。上述运动方程无法解耦，求解难度相对较大。

将位移–应变关系及层合板内力和内力矩表达式代入式 (6-11)~式 (6-15)，可得由位移分量表示的振动控制方程：

$$
\begin{aligned}
&A_{11}\frac{\partial^2 u^0}{\partial x^2}+A_{12}\frac{\partial^2 v^0}{\partial x\partial y}+B_{11}\frac{\partial^2 \varphi_x}{\partial x^2}+B_{12}\frac{\partial^2 \varphi_y}{\partial x\partial y}+A_{66}\frac{\partial^2 u^0}{\partial y^2}+A_{66}\frac{\partial^2 v^0}{\partial y\partial x}\\
&+B_{66}\frac{\partial^2 \varphi_x}{\partial y^2}+B_{66}\frac{\partial^2 \varphi_y}{\partial x\partial y}=R_0\frac{\partial^2 u^0}{\partial t^2}+R_1\frac{\partial^2 \varphi_x}{\partial t^2}
\end{aligned}
\tag{6-16}
$$

$$
\begin{aligned}
&A_{66}\frac{\partial^2 u^0}{\partial x\partial y}+A_{66}\frac{\partial^2 v^0}{\partial x^2}+B_{66}\frac{\partial^2 \varphi_x}{\partial x\partial y}+B_{66}\frac{\partial^2 \varphi_y}{\partial x^2}+A_{21}\frac{\partial^2 u^0}{\partial x\partial y}+A_{22}\frac{\partial^2 v^0}{\partial y^2}\\
&+B_{21}\frac{\partial^2 \varphi_x}{\partial x\partial y}+B_{22}\frac{\partial^2 \varphi_y}{\partial y^2}=R_0\frac{\partial^2 v^0}{\partial t^2}+R_1\frac{\partial^2 \varphi_y}{\partial t^2}
\end{aligned}
\tag{6-17}
$$

$$
\kappa\left(A_{55}\frac{\partial^2 w}{\partial x^2}+A_{55}\frac{\partial \varphi_x}{\partial x}+A_{44}\frac{\partial^2 w}{\partial y^2}+A_{44}\frac{\partial \varphi_y}{\partial y}\right)+\overline{N_x}\frac{\partial^2 w}{\partial x^2}+\overline{N_y}\frac{\partial^2 w}{\partial y^2}+q=R_0\frac{\partial^2 w}{\partial t^2}
\tag{6-18}
$$

$$
\begin{aligned}
&B_{11}\frac{\partial^2 u^0}{\partial x^2}+B_{12}\frac{\partial^2 v^0}{\partial x\partial y}+D_{11}\frac{\partial^2 \varphi_x}{\partial x^2}+D_{12}\frac{\partial^2 \varphi_y}{\partial x\partial y}+B_{66}\frac{\partial^2 u^0}{\partial y^2}+B_{66}\frac{\partial^2 v^0}{\partial y\partial x}\\
&+D_{66}\frac{\partial^2 \varphi_x}{\partial y^2}+D_{66}\frac{\partial^2 \varphi_y}{\partial x\partial y}-\kappa A_{55}\left(\frac{\partial w}{\partial x}+\varphi_x\right)=R_1\frac{\partial^2 u^0}{\partial t^2}+R_2\frac{\partial^2 \varphi_x}{\partial t^2}
\end{aligned}
\tag{6-19}
$$

$$
\begin{aligned}
&B_{66}\frac{\partial^2 u^0}{\partial x\partial y}+B_{66}\frac{\partial^2 v^0}{\partial x^2}+D_{66}\frac{\partial^2 \varphi_x}{\partial x\partial y}+D_{66}\frac{\partial^2 \varphi_y}{\partial x^2}+B_{21}\frac{\partial^2 u^0}{\partial x\partial y}+B_{22}\frac{\partial^2 v^0}{\partial y^2}\\
&+D_{21}\frac{\partial^2 \varphi_x}{\partial x\partial y}+D_{22}\frac{\partial^2 \varphi_y}{\partial y^2}-\kappa A_{44}\left(\frac{\partial w}{\partial y}+\varphi_y\right)=R_1\frac{\partial^2 v^0}{\partial t^2}+R_2\frac{\partial^2 \varphi_y}{\partial t^2}
\end{aligned}
\tag{6-20}
$$

对于自由振动 $(q=0)$，层合板的位移场可写成如下形式:

$$u^0(x,y,t)=U_{mn}(x,y)\sin(\omega_{mn}t+\phi_0)\tag{6-21}$$

$$v^0(x,y,t)=V_{mn}(x,y)\sin(\omega_{mn}t+\phi_0)\tag{6-22}$$

$$w(x,y,t)=W_{mn}(x,y)\sin(\omega_{mn}t+\phi_0)\tag{6-23}$$

$$\varphi_x(x,y,t)=\varphi_{mn}^x(x,y)\sin(\omega_{mn}t+\phi_0)\tag{6-24}$$

$$\varphi_y(x,y,t)=\varphi_{mn}^y(x,y)\sin(\omega_{mn}t+\phi_0)\tag{6-25}$$

式中，ω_{mn} 为模态 (m,n) 的固有频率。根据模态振型的正交性可得

$$
\begin{aligned}
\varphi_y(x,y,t)=\varphi_{mn}^y(x,y)\sin(\omega_{mn}t+\phi_0)\iint&[(U_{mn}U_{kl}+V_{mn}V_{kl}\\
&+W_{mn}W_{kl})R_0+(U_{mn}\varphi_{kl}^x+U_{kl}\varphi_{mn}^x+V_{mn}\varphi_{kl}^y+V_{kl}\varphi_{mn}^y)R_1\\
&+(\varphi_{mn}^x\varphi_{kl}^x+\varphi_{mn}^y\varphi_{kl}^y)R_2]\mathrm{d}x\mathrm{d}y\begin{cases}=0 & m\neq k,n\neq l\\ \neq 0 & m=k,n=l\end{cases}
\end{aligned}
\tag{6-26}
$$

定义广义质量 M 为

$$M=\iint[(U_{mn}^2+V_{mn}^2+W_{mn}^2)R_0+(U_{mn}\varphi_{mn}^x+U_{mn}\varphi_{mn}^x+V_{mn}\varphi_{mn}^y+V_{mn}\varphi_{mn}^y)R_1+(\varphi_{mn}^x\varphi_{mn}^x+\varphi_{mn}^y\varphi_{mn}^y)R_2]\mathrm{d}x\mathrm{d}y \tag{6-27}$$

6.2.2　简支边界条件的理论解

对于边界条件为简支的矩形层合板，其振型函数为如下形式：

$$U_{mn}=\overline{A}_{mn}\cos\frac{m\pi x}{a}\sin\frac{n\pi y}{b} \tag{6-28}$$

$$V_{mn}=\overline{B}_{mn}\sin\frac{m\pi x}{a}\cos\frac{n\pi y}{b} \tag{6-29}$$

$$W_{mn}=\overline{C}_{mn}\sin\frac{m\pi x}{a}\sin\frac{n\pi y}{b} \tag{6-30}$$

$$\varphi_{mn}^x=\overline{D}_{mn}\cos\frac{m\pi x}{a}\sin\frac{n\pi y}{b} \tag{6-31}$$

$$\varphi_{mn}^y=\overline{E}_{mn}\sin\frac{m\pi x}{a}\cos\frac{n\pi y}{b} \tag{6-32}$$

将位移和振型函数代入式 (6-16)~式 (6-20)，可得

$$\boldsymbol{H}\left\{\begin{matrix}\overline{A}_{mn} & \overline{B}_{mn} & \overline{C}_{mn} & \overline{D}_{mn} & \overline{E}_{mn}\end{matrix}\right\}^{\mathrm{T}}=0 \tag{6-33}$$

为保证以上齐次线性方程组有非零解，则需 $\det(\boldsymbol{H})=0$，求解该方程即可得受热层合板的固有频率 ω_{mn}。同样地，令 $\det(\boldsymbol{H})=0$ 且 $\omega_{11}=0$，可得层合板的临界屈曲温度。将 ω_{mn} 代入式 (6-33)，并根据广义质量进行归一化 $(M=1)$，即可得 $\overline{A}_{mn}$、$\overline{B}_{mn}$、$\overline{C}_{mn}$、$\overline{D}_{mn}$ 和 $\overline{E}_{mn}$。

对于简谐激励下的强迫振动，层合板振动位移可写成如下形式：

$$u^0(x,y,t)=\sum_m\sum_n U_{mn}(x,y)\,T_{mn}(t) \tag{6-34}$$

$$v^0(x,y,t)=\sum_m\sum_n V_{mn}(x,y)\,T_{mn}(t) \tag{6-35}$$

$$w(x,y,t)=\sum_m\sum_n W_{mn}(x,y)\,T_{mn}(t) \tag{6-36}$$

$$\varphi_x(x,y,t)=\sum_m\sum_n \varphi_{mn}^x(x,y)\,T_{mn}(t) \tag{6-37}$$

$$\varphi_y(x,y,t)=\sum_m\sum_n \varphi_{mn}^y(x,y)\,T_{mn}(t) \tag{6-38}$$

将式 (6-34)~式 (6-38) 代入式 (6-16)~式 (6-20)，可得关于时间 t 的微分方程：

$$\ddot{T}_{mn}(t)+\omega_{mn}^2 T_{mn}(t)=Q_{mn} \tag{6-39}$$

式中，$Q_{mn}=\iint qW_{mn}\mathrm{e}^{\mathrm{j}\omega t}\mathrm{d}x\mathrm{d}y$。求解式 (6-39) 并将结果代入式 (6-34)~式 (6-38)，可得受热层合板的横向振动位移：

$$w(x,y,t)=\sum_m\sum_n W_{mn}(x,y)\frac{Q_{mn}}{\omega_{mn}^2-\omega^2}\mathrm{e}^{\mathrm{j}\omega t} \tag{6-40}$$

将横向振动位移对时间求导，即可得振动速度。进而，通过瑞利积分可得受热振动层合板的声辐射特性。

6.2.3 理论解的数值验证

选取长和宽分别为 0.3m 和 0.4m 的层合板模型，其材料参数和各层厚度如表 6-1 所示，分别采用理论和数值方法对其固有振动特性进行预测并对比。

表 6-1　层合板材料参数和各层厚度

材料	密度/(kg·m^{-3})	杨氏模量/GPa	泊松比	热膨胀系数/K^{-1}	厚度/mm
钛	4500	110	0.33	1.0×10^{-5}	2
铝	2700	70	0.3	2.3×10^{-5}	5
钢	7850	200	0.27	0.8×10^{-5}	3

当 $m=1$ 且 $n=1$ 时，通过 det($\boldsymbol{H}$)=0 可得层合板第一阶固有频率关于温度的表达式。这时，令第一阶固有频率为零，即可得板的临界屈曲温度。对于本算例模型，其值约为 99℃。采用有限元软件 NASTRAN 的屈曲模块，计算得到层合板临界屈曲温度约为 102℃。两者相差 3%，吻合较好。

计算层合板在温差为 0℃和 60℃时的前五阶固有频率，如表 6-2 所示。通过对比可知，两种方法所得结果的最大误差约为 2%，吻合很好。

表 6-2　理论计算固有频率与数值仿真结果比较

阶次	振型	ΔT=0℃			ΔT=60℃		
		理论解/Hz	NASTRAN/ Hz	误差/ %	理论解/Hz	NASTRAN/ Hz	误差/ %
一	模态 (1,1)	449	450	−0.22	289	283	2.12
二	模态 (2,1)	932	919	1.41	772	784	−1.53
三	模态 (1,2)	1305	1290	1.16	1140	1161	−1.81
四	模态 (3,1)	1729	1700	1.71	1560	1587	−1.70
五	模态 (2,2)	1781	1750	1.77	1610	1639	−1.77

6.2.4 振动及声响应分析

采用本章所建立的理论模型，并基于 6.2.3 小节所使用的层合板模型，详细讨论热环境下层合板的振动及声响应特性。计算中考虑的热载荷均低于板的临界屈曲温度。

表 6-3 为不同热载荷下层合板的固有频率及振型，图 6-2 为前五阶固有频率随温度载荷的变化曲线。由计算结果可知，各阶固有频率随温度载荷的增加均明显降低，其中基频对结构温度的变化最敏感，而各阶固有振动的模态振型并未发生变化。温度升高所产生的热应力可对结构刚度起到软化作用，从而导致结构固有频率降低。

表 6-3 不同热载荷下层合板的固有频率及振型 (单位：Hz)

阶次	ΔT =0℃	ΔT = 30℃	ΔT = 60℃	ΔT = 90℃
一	449.4 (1,1)	375.6 (1,1)	283.2 (1,1)	139.2 (1,1)
二	931.6 (2,1)	861.1 (2,1)	784.3 (2,1)	699.1 (2,1)
三	1305.0 (1,2)	1235.2 (1,2)	1161.3 (1,2)	1082.3 (1,2)
四	1728.6 (3,1)	1659.2 (3,1)	1586.8 (3,1)	1510.9 (3,1)
五	1780.7 (2,2)	1711.3 (2,2)	1639.0 (2,2)	1563.3 (2,2)

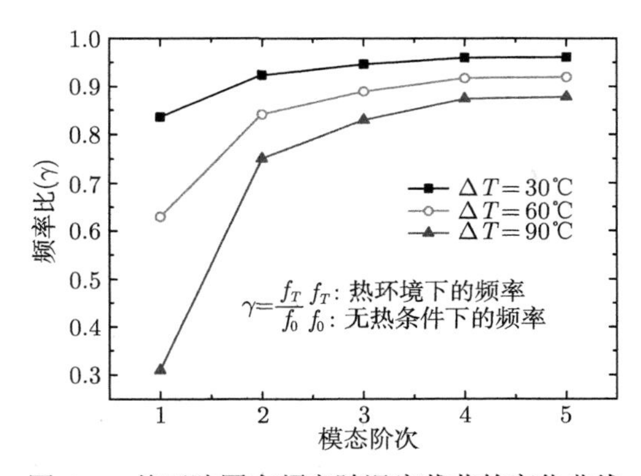

图 6-2 前五阶固有频率随温度载荷的变化曲线

图 6-3 为不同温度时层合板的均方速度响应曲线。各阶固有频率在热环境下均下降，导致层合板振动速度响应曲线的各共振峰随温度升高的同时向低频方向移动，且基频共振峰幅值呈现明显降低的变化趋势。

图 6-4 为不同温度时层合板的声响应曲线。由计算结果可知，层合板辐射声压级响应曲线随温度的变化趋势与其振动响应相同，响应曲线整体向低频方向移动。而在低于 2000Hz 的频段内，受热层合板的声辐射效率曲线呈现出降低的变化趋势(在个别点处随温度升高)；在 2000~5000Hz 的频段内，声辐射效率随温度略微升高，并趋于一条平滑的曲线。

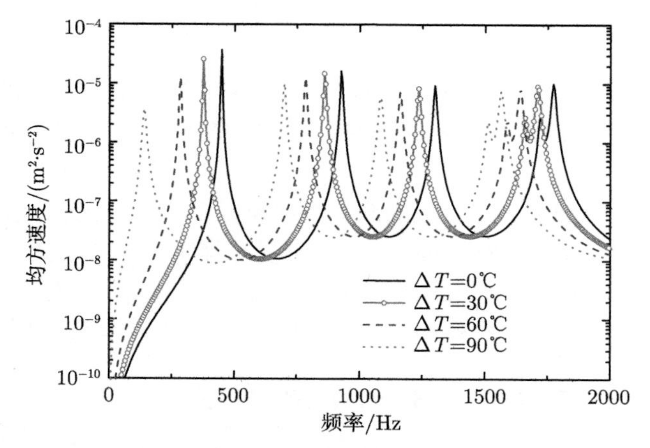

图 6-3　不同温度时层合板的均方速度响应曲线

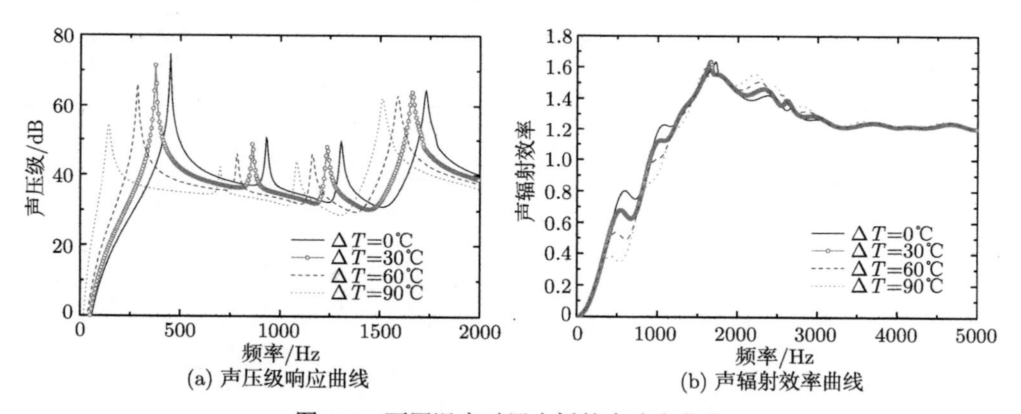

(a) 声压级响应曲线　　(b) 声辐射效率曲线

图 6-4　不同温度时层合板的声响应曲线

6.2.5　非对称与对称层合板的比较

以表 6-4 所列的三种层合板模型为对象，考察层合板几何非对称性对其动态特性的影响。其中，对称层合板、非对称层合板 A 和非对称层合板 B 的几何非对称性逐渐增强。表 6-5 给出了各层合板模型的拉伸刚度、拉伸–弯曲耦合刚度、弯曲刚度。通过对比可知，非对称层合板的拉伸–弯曲耦合刚度大于对称层合板的拉伸–弯曲耦合刚度，而其弯曲刚度则小于对称层合板的弯曲刚度。表 6-6 为各层合板模型的前五阶固有频率及模态振型。由于层合板弯曲刚度随其非对称性的增加而减小，所以非对称层合板横向振动的固有频率也均小于对称层合板。相应地，由图 6-5 可知，非对称层合板的振动速度响应曲线相对于对称层合板整体向低频方向压缩。

表 6-4　各层合板模型的材料参数及厚度

层合板模型	密度/(kg·m^{-3})	杨氏模量/GPa	泊松比	热膨胀系数/K^{-1}	厚度/m
对称层合板	2700	110	0.33	1.0×10^{-5}	0.003
	2700	70	0.3	2.3×10^{-5}	0.004
	2700	110	0.33	1.0×10^{-5}	0.003
非对称层合板 A	2700	110	0.33	1.0×10^{-5}	0.002
	2700	70	0.3	2.3×10^{-5}	0.004
	2700	110	0.33	1.0×10^{-5}	0.004
非对称层合板 B	2700	110	0.33	1.0×10^{-5}	0.001
	2700	70	0.3	2.3×10^{-5}	0.004
	2700	110	0.33	1.0×10^{-5}	0.005

表 6-5　各层合板模型的拉伸刚度 ($\boldsymbol{A}$)、拉伸–弯曲耦合刚度 ($\boldsymbol{B}$)、弯曲刚度 ($\boldsymbol{D}$)

层合板模型	A_{11}	A_{12}	A_{44}	B_{11}	B_{12}	B_{66}
对称层合板	1.07×10^{9}	3.75×10^{9}	3.49×10^{9}	0	0	0
非对称层合板 A	1.07×10^{9}	3.75×10^{9}	3.49×10^{9}	2.02×10^{5}	9.63×10^{4}	5.29×10^{9}
非对称层合板 B	1.07×10^{9}	3.75×10^{9}	3.49×10^{9}	4.04×10^{5}	1.93×10^{5}	1.06×10^{5}
层合板模型	D_{11}	D_{12}	D_{66}	R_0	R_1	R_2
对称层合板	1.04×10^{4}	3.80×10^{3}	3.28×10^{3}	27	0	2.25×10^{-4}
非对称层合板 A	1.01×10^{4}	3.70×10^{3}	3.22×10^{3}	27	0	2.25×10^{-4}
非对称层合板 B	9.54×10^{3}	3.42×10^{3}	3.06×10^{3}	27	0	2.25×10^{-4}

表 6-6　各层合板模型的前五阶固有频率及模态振型　　(单位：Hz)

阶次	振型	对称层合板	非对称层合板 A	非对称层合板 B
一	(1,1)	532.2	526.1	507.1
二	(2,1)	1103.2	1090.5	1051.3
三	(1,2)	1544.6	1526.8	1472.1
四	(3,1)	2046.2	2022.8	1950.6
五	(2,2)	2108.7	2084.5	2010.2

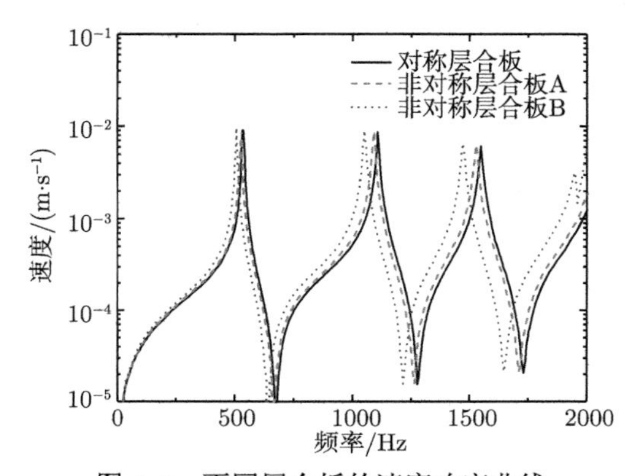

图 6-5　不同层合板的速度响应曲线

6.3 热环境下层合板的声振实验

本节以碳纤维层合板为实验对象，开展其在热环境下的动态特性实验研究。

6.3.1 测试对象

实验中所采用的试件为正交铺设单向增强碳纤维层合板，试件单层板的材料属性如表 6-7 所示。试件的长度和宽度分别为 0.4m 和 0.3m，中心面积 0.3m×0.2m 的矩形部分为测试区域，并等面积划分为 50 个矩形区域，如图 6-6 所示。试件共有两种，分别为由 25 层单层板铺设而成，总厚度为 3mm 的层合板，以及由 9 层单层板铺设而成，总厚度为 1mm 的层合板。

表 6-7　试件单层板的材料属性

E_1/GPa	E_2/GPa	ν_{12}	G_{12}/GPa	密度/(kg·m^{-3})
135	6.4	0.3	4.4	1760

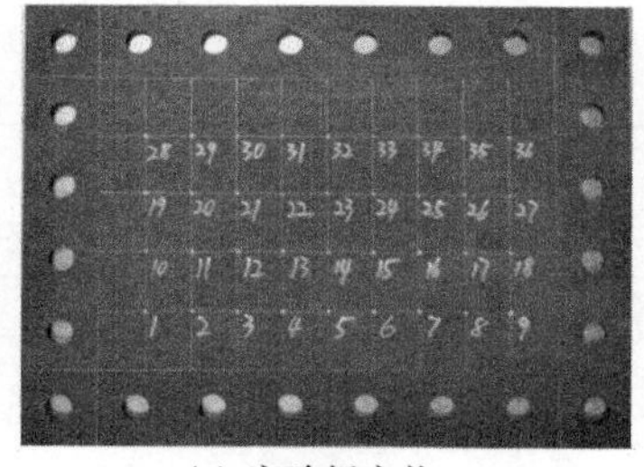
(a) 实验板实物

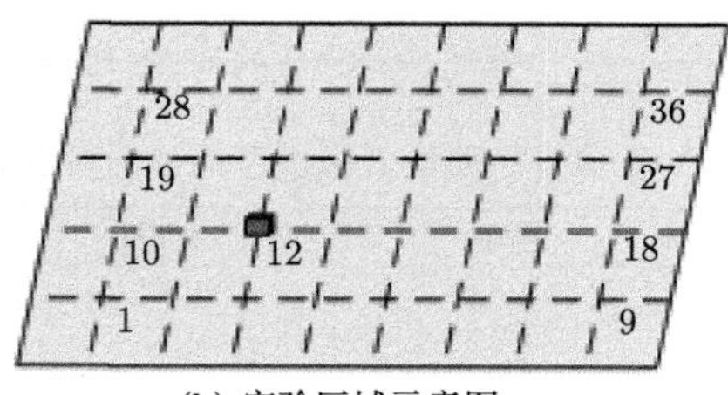

(b) 实验区域示意图

图 6-6　实验用正交各向异性板

与泡沫铝夹芯板类似，碳纤维层合板也具有一定的隔热能力。在现有的测试系统中，存在试件加热稳定时间长和试件内温度分布不均匀的现象。因此，在开展各项动态测试前，需对碳纤维层合板进行足够长时间的加热，待其温度分布达到稳定状态。并且在分析中，用试件中心点处的温度值代表当前的测试环境。

6.3.2 固有振动测试

首先对 3mm 厚的碳纤维板进行模态测试。为避免试件内环氧树脂过度受热而引起材料性质变化，实验最高温度控制在 100°C左右。表 6-8 给出了 3mm 厚实验板的前三阶固有频率随温度的变化。随着试件温度升高，各阶固有频率均持续降低。当试件温度升高约 80°C时，前三阶频率依次下降约 9.9%、9.4%和 6.2%。热载产生的面内压应力削弱了层合板的弯曲刚度，导致试件固有频率下降。

表 6-8　3mm 厚实验板的前三阶固有频率随温度的变化　　(单位：Hz)

中心温度/°C	23.2	35.8	49.2	63.3	75.4	87.2	101.4
模态 (1,1)	486.6	478.7	470.4	461.6	452.5	444.3	438.6
模态 (2,1)	722.0	711.9	697.0	683.4	674.1	662.8	654.0
模态 (1,2)	1234.9	1224.9	1214.3	1206.8	1193.5	1184.8	1173.5

表 6-9 给出了 1mm 厚实验板的前二阶固有频率随温度的变化，其直观示意图如图 6-7 所示。与 3mm 厚试件不同，该试件的第一阶固有频率在约 63°C时降低至最小值，并在更高的加热状态下开始回升。温度超过 100°C时，在实验中观察到了前两阶模态顺序发生交换的现象，即 (2,1) 振型所对应的频率继续降低，并低于 (1,1) 振型所对应的频率。

表 6-9　1mm 厚实验板的前二阶固有频率随温度的变化　　(单位：Hz)

中心温度/°C	23.2	35.8	49.2	63.3	75.4	87.2	101.4
模态 (1,1)	155.0	138.6	121.3	104.3	115.2	130.4	148.8
模态 (2,1)	268.4	248.1	220.1	195.6	176.6	160.5	138.0

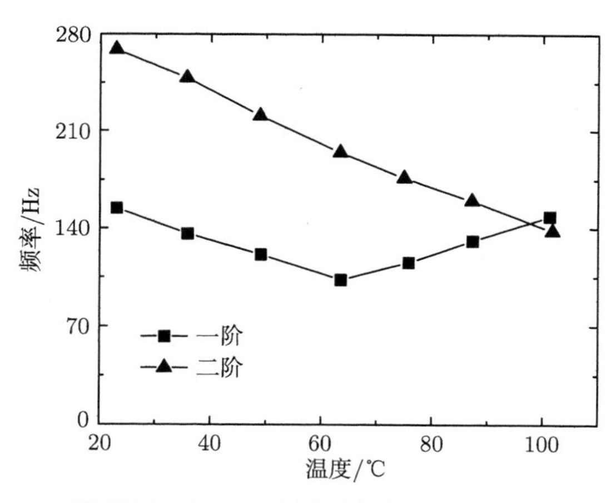

图 6-7　不同温度下 1mm 厚实验板的前二阶固有频率曲线

这里有几点需要说明：首先，1mm 厚碳纤维板的一阶固有频率在板温度达到其临界屈曲温度前便降低至最小值，且该频率值远大于零，说明试件在此温度下发生了与理论热屈曲不尽相同的状态变化；其次，试件的一阶固有频率在达到最低点后，表现出随温度升高而逐渐回升的变化过程，说明试件在发生这一状态变化后，热载荷产生了使其刚度增强的作用，这与本书前几章分析中得到的结论似乎存在矛盾；最后，在本章实验中观察到的模态交换现象发生在一阶频率回升的过程中，这与本书第 4 章铝板热实验中观察到的现象不尽相同。

以上问题说明，针对受热结构发生热屈曲前所建立的理论分析模型，已无法解释在碳纤维板实验中所观察到的某些现象。需要对理论模型进行必要的修正，以有效预测结构在更大温度范围内的声振特性变化。这些问题将在本书后续章节中专门论述。

6.3.3　激励响应测试

在获得受热碳纤维板固有振动特性的基础上，继续开展其在外激励作用下的响应测试。图 6-8 所示为不同温度下 3mm 厚实验板的声激励振动响应曲线。通过对比可知，随着板内温度升高，加速度频响曲线整体向低频漂移，且响应曲线的整体形状基本保持不变。将一阶共振峰局部放大，可以发现该处的响应幅值随温度升高逐渐降低。碳纤维板在升温过程中存在两个变化：一方面热应力削弱了板的刚度，使得试件固有频率降低；另一方面温度升高改变了板的阻尼特性，如表 6-10 所示，试件一阶固有振动的模态阻尼比随温度升高而增加，导致能量耗散作用加强。因此，测得试件观测点处的加速度响应幅值随温度升高而减小。

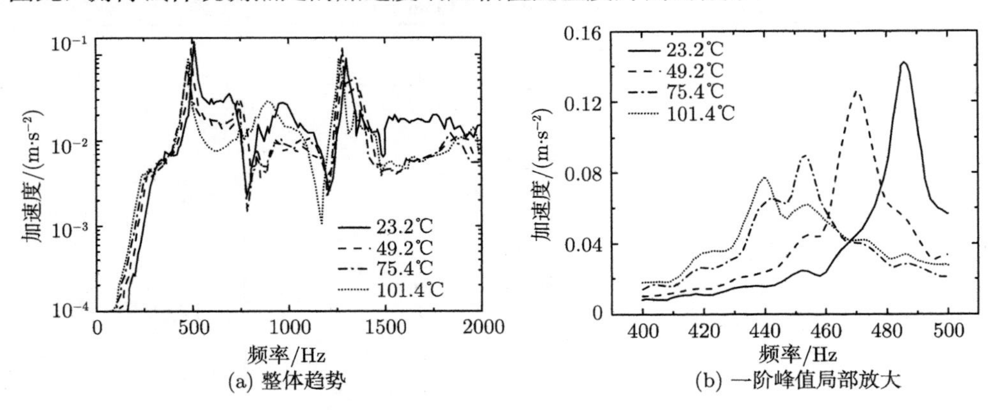

图 6-8　不同温度下 3mm 厚实验板的声激励振动响应曲线

表 6-10　实验性板前三阶模态阻尼比随温度的变化　　(单位：%)

中心温度/℃	23.2	49.2	75.4	101.4
模态 (1,1)	2.21	2.69	2.81	3.59
模态 (2,1)	3.81	3.85	3.36	3.69
模态 (1,2)	1.83	1.25	1.64	2.99

图 6-9 为不同温度下 3mm 厚实验板的机械激励振动响应曲线。与声激励测试结果相同，随着板内温度升高，加速度频响曲线整体向低频漂移，且响应曲线的整体形状基本保持不变。

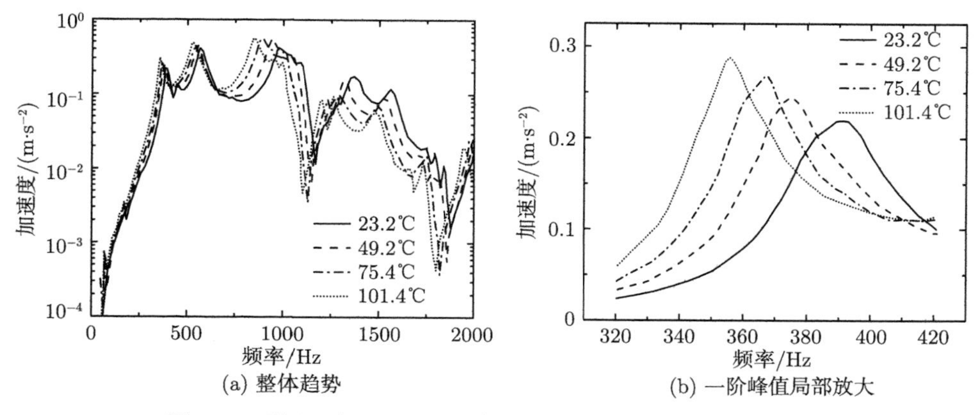

图 6-9　不同温度下 3mm 厚实验板的机械激励振动响应曲线

6.4　本 章 小 结

本章对层合板开展了热环境下声振响应特性的理论研究和实验分析。基于一阶剪切变形理论，建立了受热层合板的振动控制方程，获得了考虑温度影响的层合板振动和声辐射响应理论解。并采用数值仿真方法，验证了理论解的有效性。

结果表明，发生热屈曲前，层合板固有频率随温度升高逐渐减小，振动响应和声辐射响应共振峰位置前移，速度响应和声压级响应峰值随热载荷的增大而减小，非对称层合板的固有频率小于对称层合板。

碳纤维层合板的热实验结果验证了理论分析得到的变化规律，同时，也观察到了受热板基频回升，以及模态顺序发生交换等现象。这些问题将在本书后续章节中进行专门论述。

第7章　热屈曲结构的声振特性

7.1　引　　言

装备结构在工作时常承受剧烈的温度变化，当热应力随温度升高而超过某一临界值后，壁板结构失稳发生热屈曲。此时，结构静态构型产生突变，其在激励作用下将基于新的平衡位置进行振动。在这一过程中，热载荷引起的结构变形开始成为影响其动态特性的因素，与热应力共同决定受热板的声振行为。另外，结构中的温度变化常呈现非均匀形式的分布，导致壁板产生热挠曲变形。与热屈曲的效果类似，在研究非均匀热载对结构声振特性的影响时，热应力和热变形的影响需同时考虑。

以本书第 6 章对受热层合板声振特性的分析为基础，本章将热屈曲引入理论模型，建立考虑热应力及热屈曲变形的非线性动力学控制方程，分别针对简支边界和固支边界进行求解，获得受热层合板在热屈曲前后声振响应特性的变化规律，讨论不同铺层方式对层合板在较大温度范围内动态特性的影响。并在本书第 4 章的实验研究基础上，开展固支铝板在更高温度下的实验测试，获得薄壁结构在热屈曲前后声振响应特性的变化过程，讨论试件初始挠度和边界非理想约束等因素对声振响应特性的影响。

类比热屈曲的处理方法，将沿板厚度方向上非均匀分布热载的作用引入理论推导，建立考虑梯度热效应的层合板动力学控制方程，获得结构在不同热载作用下声振特性的变化规律，并采用施加伪热载的方式，分析具有初始挠度的微弯板在热环境下的声振响应特性。

7.2　热屈曲对层合板声振特性的影响

在热环境中，温度变化使结构产生膨胀的趋势，在边界处或其自身内部受到约束时，因无法自由变形而产生热应力。对于受热平板等薄壁结构，当其内部所承受的压热应力达到一定临界水平时，结构构型会发生突变，系统由原先的稳定平衡状态进入新的不稳定平衡状态，薄壁结构失稳，即热屈曲。

对于平板在发生热屈曲前的振动及声响应特性，本书前几章已从理论分析、实验测试及数值仿真等方面，开展了较为完整的论述。本章在此基础上，继续拓展热环境的温度范围，考察热载在超过理论临界屈曲温度后，平板声振响应特性的变化。

以图 7-1 所示的受热层合板为研究对象，其几何中面位于 $z=0$ 平面内，长度及宽度分别为 a 和 b，厚度为 h。该板由 n 层单层板叠加而成，各层编号沿 z 轴负方向依次增加。与该板临近的声介质充满 $z>0$ 的半无限大空间，板振动时，向空间内发出辐射声。

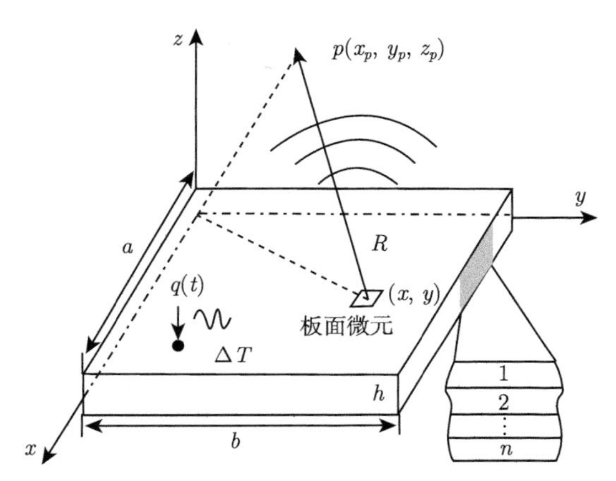

图 7-1　受热层合板的振动及声辐射示意图

7.2.1　热屈曲层合板的控制方程

在本节中，层合板位移场形式与式 (6-1)～式 (6-3) 相同。考虑热屈曲引起的大变形效应，受热层合板内位移–应变关系采用 von-Karman 非线性关系表示：

$$\begin{cases}\varepsilon_x=\varepsilon_x^0+z\chi_x=u_{,x}^0+\dfrac{1}{2}w_{,x}^2+z\varphi_{x,x}\\ \varepsilon_y=\varepsilon_y^0+z\chi_y=v_{,y}^0+\dfrac{1}{2}w_{,y}^2+z\varphi_{y,y}\\ \varepsilon_z=0\\ \gamma_{xy}=\gamma_{xy}^0+w_{,x}w_{,y}+z\chi_{xy}=u_{,y}^0+v_{,x}^0+w_{,x}w_{,y}+z\left(\varphi_{x,y}+\varphi_{y,x}\right)\\ \gamma_{yz}=\gamma_{yz}^0=w_{,y}+\varphi_y\\ \gamma_{xz}=\gamma_{xz}^0=w_{,x}+\varphi_x\end{cases}\tag{7-1}$$

与式 (6-4) 不同，式 (7-1) 中面内应变分量 ε_x、ε_y 及 γ_{xy} 中包含了与横向位移相关的非线性项。采用与 6.2.1 小节中相同的推导过程，可得层合板的运动方程组为

$$N_{x,x}^{\mathrm{TB}}+N_{xy,y}^{\mathrm{TB}}=R_0u_{,tt}^0+R_1\varphi_{x,tt}\tag{7-2}$$

$$N_{xy,x}^{\mathrm{TB}}+N_{y,y}^{\mathrm{TB}}=R_0v_{,tt}^0+R_1\varphi_{y,tt}\tag{7-3}$$

$$Q_{x,x}^{\mathrm{TB}}+Q_{y,y}^{\mathrm{TB}}+(N_x^{\mathrm{TB}}w_{,x}+N_{xy}^{\mathrm{TB}}w_{,y})_{,x}+(N_{xy}^{\mathrm{TB}}w_{,x}+N_y^{\mathrm{TB}}w_{,y})_{,y}+q=R_0w_{,tt}\tag{7-4}$$

$$M_{x,x}^{\mathrm{TB}} + M_{xy,y}^{\mathrm{TB}} - Q_x^{\mathrm{TB}} = R_1 u_{,tt}^0 + R_2 \varphi_{x,tt} \tag{7-5}$$

$$M_{xy,x}^{\mathrm{TB}} + M_{y,y}^{\mathrm{TB}} - Q_y^{\mathrm{TB}} = R_1 v_{,tt}^0 + R_2 \varphi_{y,tt} \tag{7-6}$$

式中，上标 TB 表示考虑热屈曲效应的项。

由于热屈曲引起层合板的几何非线性效应，需计入板中面的动态膜应变。引入应力函数 ψ 求解：

$$N_x^0 = \psi_{,yy} \quad N_y^0 = \psi_{,xx} \quad N_{xy}^0 = -\psi_{,xy} \tag{7-7}$$

该应力函数自动满足层合板运动方程组的前两个方程。

对于对称层合板，不存在由拉弯耦合引起的刚度，即 $B_{ij} = 0$。运动方程组简化为

$$Q_{x,x}^{\mathrm{TB}} + Q_{y,y}^{\mathrm{TB}} + N_x^{\mathrm{TB}} w_{,xx} + 2N_{xy}^{\mathrm{TB}} w_{,xy} + N_y^{\mathrm{TB}} w_{,yy} + q = R_0 w_{,tt} \tag{7-8}$$

$$M_{x,x}^{\mathrm{TB}} + M_{xy,y}^{\mathrm{TB}} - Q_x^{\mathrm{TB}} = R_2 \varphi_{x,tt} \tag{7-9}$$

$$M_{xy,x}^{\mathrm{TB}} + M_{y,y}^{\mathrm{TB}} - Q_y^{\mathrm{TB}} = R_2 \varphi_{y,tt} \tag{7-10}$$

引入协调方程：

$$\varepsilon_{x,yy}^0 + \varepsilon_{y,xx}^0 - \varepsilon_{xy,xy}^0 = w_{,xy}^2 - w_{,xx} w_{,yy} \tag{7-11}$$

可得受热对称层合板的振动控制方程为

$$\begin{aligned} &\left(A_{55} + \psi_{,yy} - N_x^T\right) w_{,xx} - 2\left(\psi_{,xy} + N_y^T\right) w_{,xy} + \left(A_{44} + \psi_{,xx} - N_y^T\right) w_{,yy} \\ &+ A_{55}\varphi_{x,x} + A_{44}\varphi_{y,y} + q = R_0 w_{,tt} \end{aligned} \tag{7-12}$$

$$D_{11}\varphi_{x,xx} + D_{12}\varphi_{y,xy} + D_{66}\varphi_{x,yy} + D_{66}\varphi_{y,xy} - A_{55}w_{,x} - A_{55}\varphi_x = R_2\varphi_{x,tt} \tag{7-13}$$

$$D_{66}\varphi_{x,xy} + D_{66}\varphi_{y,xx} + D_{21}\varphi_{x,xy} + D_{22}\varphi_{y,yy} - A_{44}w_{,y} - A_{44}\varphi_y = R_2\varphi_{y,tt} \tag{7-14}$$

$$A_{22}^*\psi_{,xxxx} + \left(2A_{12}^* + A_{66}^*\right)\psi_{,xxyy} + A_{11}^*\psi_{,yyyy} = w_{,xy}^2 - w_{,xx}w_{,yy} \tag{7-15}$$

式中，$\boldsymbol{A}_{ij}^* = \boldsymbol{A}_{ij}^{-1}$。

7.2.2 简支边界的理论解

对于不可移动简支约束，在层合板的边界处有

$$x = 0,\ a \qquad w = w_{,xx} = \psi_{,xy} = u^0 = 0 \tag{7-16}$$

$$y = 0,\ b \qquad w = w_{,yy} = \psi_{,xy} = v^0 = 0 \tag{7-17}$$

层合板的横向位移可表示为如下形式：

$$w(x, y, t) = W(t)\sin\frac{m\pi x}{a}\sin\frac{n\pi y}{b} \tag{7-18}$$

采用伽辽金法，层合板在简谐激励作用下的振动控制方程可转化为达芬方程:

$$G_1\ddot{W}+G_2W+G_3W^3=Q\cos(\omega t) \tag{7-19}$$

式中，G_1、G_2 和 G_3 为与刚度及密度相关的系数，具体形式参见本书附录 A；Q 为与外激励相关的系数。

当 $G_3=0$ 且 $Q=0$ 时，式 (7-19) 为线性自由振动方程。通过求解 $G_2=0$，可获得层合板的临界屈曲温度。当 $Q=0$ 且忽略惯性项时，通过将式 (7-19) 中的 $W(t)$ 置换为 $W_{\max}$，可获得受热层合板的后屈曲挠度。

当仅有 $Q=0$ 时，式 (7-19) 为非线性自由振动方程。板的线性频率可表示为

$$\omega_{\mathrm{L}}=(G_2/G_1)^{1/2} \tag{7-20}$$

其非线性频率则为

$$\omega_{\mathrm{NL}}=\omega_{\mathrm{L}}\left[1+(W_{\max}/h)^2\,3G_3/4G_2\right]^{1/2} \tag{7-21}$$

当 $Q\neq 0$ 时，式 (7-19) 为受迫振动达芬方程，板横向振幅与频率间的关系为

$$\omega=\omega_{\mathrm{L}}\left(1+P^2 3G_3/4G_2\right)^{1/2}-Q/P \tag{7-22}$$

式中，P 为层合板的最大振动挠度。可得四边简支受热层合板振动响应的近似解为

$$W(t)=P\cos(\omega t)+\frac{G_3\,P^3}{32G_1\,\omega^2}\cos(3\omega t) \tag{7-23}$$

7.2.3　固支边界的近似解

对于固支约束条件，在层合板的边界处有

$$x=0,\ a\qquad u=v=w=w_{,x}=\varphi_x=\varphi_y=0 \tag{7-24}$$

$$y=0,\ b\qquad u=v=w=w_{,y}=\varphi_x=\varphi_y=0 \tag{7-25}$$

层合板的振动位移可表示为

$$u^0=\sum_{m,n}u_{mn}(t)\,I_m(x)\,J_n(y) \tag{7-26}$$

$$v^0=\sum_{m,n}v_{mn}(t)\,I_m(x)\,J_n(y) \tag{7-27}$$

$$w=\sum_{m,n}w_{mn}(t)\,R_m(x)\,S_n(y) \tag{7-28}$$

$$\varphi_x = \sum_{m,n} x_{mn}(t) R_m(x) S_n(y) \tag{7-29}$$

$$\varphi_y = \sum_{m,n} y_{mn}(t) R_m(x) S_n(y) \tag{7-30}$$

式中，$u_{mn}(t)$、$v_{mn}(t)$、$w_{mn}(t)$、$x_{mn}(t)$ 和 $y_{mn}(t)$ 分别为待定的模态系数；$I_m(x)$、$J_n(y)$、$R_m(x)$ 和 $S_n(y)$ 分别为固支边界所对应的振型函数，具体形式为

$$I_m(x) = \sin(m\pi x) \tag{7-31}$$

$$J_n(y) = \sin(n\pi y) \tag{7-32}$$

$$R_m(x) = c_m[\cosh(\lambda_m x) - \cos(\lambda_m x)] - \sinh(\lambda_m x) + \sin(\lambda_m x) \tag{7-33}$$

$$S_n(y) = c_n[\cosh(\lambda_n y) - \cos(\lambda_n y)] - \sinh(\lambda_n y) + \sin(\lambda_n y) \tag{7-34}$$

式中，参数 c_m、c_n、λ_m 和 λ_n 满足如下关系：

$$c_m = \frac{\sin\lambda_m - \sinh\lambda_m}{\cos\lambda_m - \cosh\lambda_m}, \quad 1 - \cos\lambda_m \cosh\lambda_m = 0 \tag{7-35}$$

$$c_n = \frac{\sin\lambda_n - \sinh\lambda_n}{\cos\lambda_n - \cosh\lambda_n}, \quad 1 - \cos\lambda_n \cosh\lambda_n = 0 \tag{7-36}$$

由于完全固支边界所对应的振型函数相比于四边简支边界更为复杂，无法通过引入应力函数来求解振动控制方程。这里，直接求解式 (7-8)~式 (7-10)，可得

$$\begin{aligned}&A_{11}u^0_{,xx} + A_{66}u^0_{,yy} + (A_{12}+A_{66})v^0_{,xy} + w_{,x}(A_{11}w_{,xx} + A_{66}w_{,yy})\\&+ (A_{12}+A_{66})w_{,y}w_{,xy} - \left(N^T_{x,x} + N^T_{xy,y}\right) = R_0 u^0_{,tt}\end{aligned} \tag{7-37}$$

$$\begin{aligned}&(A_{12}+A_{66})u^0_{,xy} + A_{66}v^0_{,xx} + A_{22}v^0_{,yy} + (A_{12}+A_{66})w_{,x}w_{,xy}\\&+ w_{,y}(A_{66}w_{,xx} + A_{22}w_{,yy}) - \left(N^T_{y,y} + N^T_{xy,x}\right) = R_0 v^0_{,tt}\end{aligned} \tag{7-38}$$

$$\begin{aligned}&w_{,x}\begin{pmatrix} A_{11}u^0_{,xx} + A_{66}u^0_{,yy} + (A_{12}+A_{66})v^0_{,xy} + w_{,x}(A_{11}w_{,xx} + A_{66}w_{,yy}) \\ +(A_{12}+A_{66})w_{,y}w_{,xy} - \left(N^T_{x,x} + N^T_{xy,y}\right) \end{pmatrix}\\
&+ w_{,y}\begin{pmatrix} (A_{12}+A_{66})u^0_{,xy} + A_{66}v^0_{,xx} + A_{22}v^0_{,yy} + (A_{12}+A_{66})w_{,x}w_{,xy} \\ +w_{,y}(A_{66}w_{,xx} + A_{22}w_{,yy}) - \left(N^T_{y,y} + N^T_{xy,x}\right) \end{pmatrix}\\
&+ w_{,xx}\left(A_{11}\left(u^0_{,x} + \frac{1}{2}(w_{,x})^2\right) + A_{12}\left(v^0_{,y} + \frac{1}{2}(w_{,y})^2\right) - N^T_x\right)\\
&+ w_{,yy}\left(A_{12}\left(u^0_{,x} + \frac{1}{2}(w_{,x})^2\right) + A_{22}\left(v^0_{,y} + \frac{1}{2}(w_{,y})^2\right) - N^T_y\right)\\
&+ 2w_{,xy}\left(A_{66}\left(u^0_{,y} + v^0_{,x} + w_{,x}w_{,y}\right) - N^T_{xy}\right) + A_{55}(w_{,xx} + \varphi_{x,x})\\
&+ A_{44}(w_{,yy} + \varphi_{y,y}) + q = R_0 w_{,tt}\end{aligned} \tag{7-39}$$

$$D_{11}\varphi_{x,xx} + D_{12}\varphi_{y,xy} + D_{66}\varphi_{x,yy} + D_{66}\varphi_{y,xy} - A_{55}w_{,x} - A_{55}\varphi_x = R_2\varphi_{x,tt} \tag{7-40}$$

$$D_{66}\varphi_{x,xy} + D_{66}\varphi_{y,xx} + D_{21}\varphi_{x,xy} + D_{22}\varphi_{y,yy} - A_{44}w_{,y} - A_{44}\varphi_y = R_2\varphi_{y,tt} \tag{7-41}$$

将式 (7-26)~式 (7-30) 代入式 (7-37)~式 (7-41)，并应用伽辽金法，以上受热层合板的振动控制方程可转化为一组非线性常微分方程。采用时域变步长龙格–库塔法 (Runge-Kutta method)，在给定初始条件下，可求解得到层合板自由振动的各待定位移分量。在本章研究中，初始条件采用层合板的横向初始变形。在此基础上，通过快速傅里叶变换可获得结构在频域内的响应特性，从而进一步得到受热层合板的共振频率以及振动和声辐射频响特性。

7.2.4　热屈曲对声振特性的影响

以长为 0.4m、宽为 0.3m 的矩形固支层合板为对象，考察其在热屈曲前后的响应特性变化。该层合板由两个厚度为 1mm 的面层及一个厚度为 3mm 的芯层组成，材料属性如表 7-1 所示，且认为各参数不受温度变化的影响。层合板的剪切修正系数选为 1。计算中均以 0°C作为无热载荷的参考温度。

表 7-1　层合板材料属性

层合板铺层	弹性模量/GPa	泊松比	密度/(kg·m^{-3})	线膨胀系数/K^{-1}
面层	210	0.27	7850	1.0×10^{-5}
芯层	70	0.3	2700	2.3×10^{-5}

首先考察温度变化对结构振动及声辐射响应特性的影响。如图 7-2 所示，受热对称层合板基频在所考察的温度范围内呈现出“下降–回升”的两阶段变化趋势。在层合板受热载荷作用的过程中，其有效刚度主要由三部分构成：由材料及板构型决定的本初刚度 $\boldsymbol{K}_f$、由热屈曲产生的静态初始变形刚度 $\boldsymbol{K}_c$ 及由热应力产生的应力刚度 $\boldsymbol{K}_\sigma$。因此，该受热结构的振动控制方程可简单表示为如下形式[91]：

$$(\boldsymbol{K}_f + \boldsymbol{K}_c + \boldsymbol{K}_\sigma)\boldsymbol{U} + \boldsymbol{M}\ddot{\boldsymbol{U}} = \boldsymbol{F} \tag{7-42}$$

热屈曲前，层合板的共振频率随着温度的升高不断降低，直到温度达到板的理论临界屈曲温度 $T_{\rm cr}$ 时，约为 77.8°C，基频降低至极其接近于零的水平。在此过程中，受到热膨胀及边界约束的影响，层合板内热应力不断增大，由热应力产生的应力刚度 $\boldsymbol{K}_\sigma$ 的作用逐渐凸显，由此产生的对结构的软化作用不断增强；同时，由于层合板并未失稳，其构型始终保持理想平整状态，因此，静态初始变形刚度 $\boldsymbol{K}_c$ 并未出现。以上因素使得受热层合板的有效刚度在升温的过程中逐渐降低，从而引起共振频率的降低，热环境对结构产生明显的软化作用。在理论临界屈曲温度点处，层合板失稳发生热屈曲，应力刚度 $\boldsymbol{K}_\sigma$ 与结构的本初刚度 $\boldsymbol{K}_f$ 相抵消，层合板的有效刚度降低至零，基频也降低至零。在此温度范围内，热应力是影响受热层合板动力学特性的唯一因素。

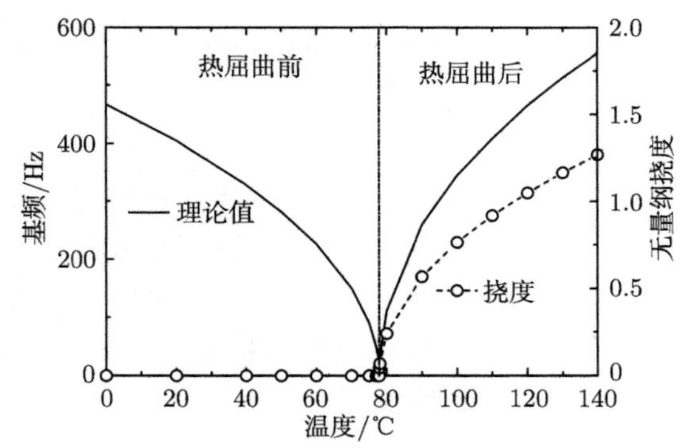

图 7-2　受热对称层合板基频及静态热挠度随温度的变化

在结构发生热失稳的瞬间，层合板内突然产生屈曲变形，引起板构型变化，静态初始变形刚度 $\boldsymbol{K}_c$ 开始影响结构的有效刚度。在后屈曲阶段，受热层合板的静态构型由理想平整状态变为非平整状态，且随温度的升高不断变化。如图 7-2 所示，当温度超过 77.8℃ 并继续升高时，层合板中心处的热屈曲挠度呈抛物线状增长。此时，由初始挠曲引起的静态初始变形刚度 $\boldsymbol{K}_c$ 开始强化板的有效刚度，且随着温度的升高，该作用的影响逐渐增大。在高于 77.8℃ 的温度段内，应力刚度 $\boldsymbol{K}_\sigma$ 及静态初始变形刚度 $\boldsymbol{K}_c$ 共同决定受热层合板的有效刚度，虽然前者产生的折减作用与后者产生的强化作用都在温度升高的过程中不断增大，但后者的影响逐渐占据主导地位，从而导致层合板的有效刚度随温度升高出现上升的趋势，引起结构基频升高的现象，热环境对结构产生明显的刚化作用。

如图 7-3 所示，为不同温度下层合板的受迫振动加速度响应曲线。发生热屈曲前，加速度频响随温度的升高呈现出向低频方向平移的趋势，各共振峰均向左移动，曲线的整体形状基本保持不变。2000Hz 以下的低频段内的响应幅值，在热环境下呈现出降低的趋势，其中一阶共振峰幅值的变化最为明显。在更高的频段内，加速度响应幅值则略有升高。热环境对该对称层合板的影响表现为软化作用。

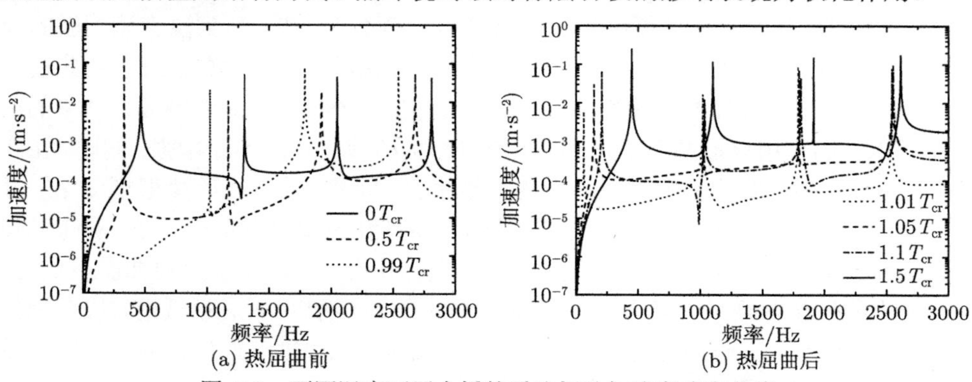

(a) 热屈曲前　　(b) 热屈曲后

图 7-3　不同温度下层合板的受迫振动加速度响应曲线

在后屈曲阶段，随着温度继续升高，层合板一阶共振峰开始向高频方向移动，其响应幅值也逐渐增大，如图 7-3(b) 所示，热环境产生的刚化效果取代了先前的软化作用，成为影响层合板动态特性的主导因素。对于板的其他各阶共振峰，虽然各共振频率也呈现出升高的趋势，但其均在高于临界屈曲温度的一个较小温度范围内保持不变，且该频段内的加速度幅值同样未发生明显变化。因此，在发生热屈曲后，层合板振动响应曲线表现出逐渐压缩的趋势，各共振峰间的距离缩小。在这一阶段中，热环境对层合板的高阶响应未产生明显影响。

如图 7-4 所示，为不同温度下层合板外声场观测点的辐射声压级响应曲线，观测点位于板中心点上方 3m 处。计算时选取空气作为声介质，其物理属性为密度为 $1.21\mathrm{kg{\cdot}m^{-3}}$，声速为 $343\mathrm{m{\cdot}s^{-1}}$，且不考虑结构温度变化对声场物理属性的影响。由瑞利积分可知，受热板的辐射声压直接由其振动响应决定。与图 7-3 中的预测结果相同，在整个考察的温度范围内，受热层合板外声压级响应曲线同样表现出两个阶段的变化过程。在热屈曲前，频响曲线整体向低频方向移动；发生热屈曲后，各共振峰逐渐相互靠拢，出现挤压的趋势。

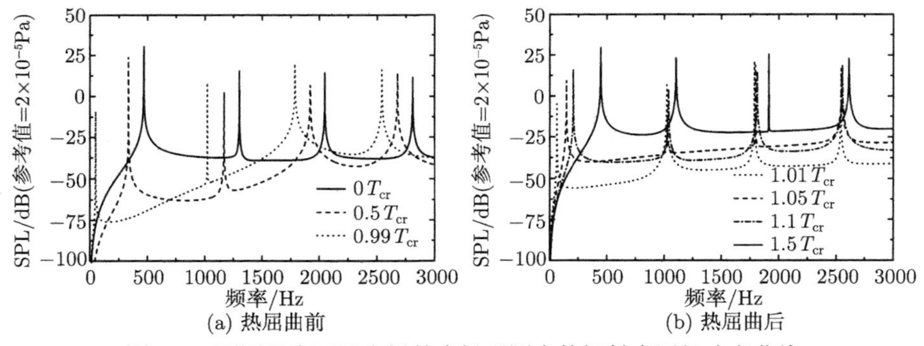

(a) 热屈曲前　(b) 热屈曲后

图 7-4　不同温度下层合板外声场观测点的辐射声压级响应曲线

如图 7-5 所示，为不同温度下层合板的声辐射效率曲线。与振动响应及辐射声

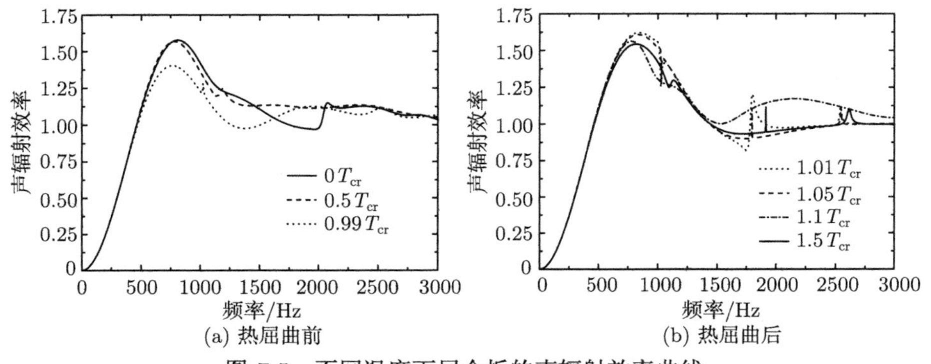

(a) 热屈曲前　(b) 热屈曲后

图 7-5　不同温度下层合板的声辐射效率曲线

压级响应不同，声辐射效率曲线在结构发生热屈曲前后，大体表现出随温度升高而略有降低的变化趋势。在临界屈曲温度前后的两个温度点处，即 $0.99T_{cr}$ 和 $1.01T_{cr}$，可以发现声辐射效率在 750Hz 附近发生了突变。层合板发生热屈曲时，静态屈曲变形的出现，导致其声辐射效率瞬间提升约 18%。在低于 500Hz 的频段内，温度变化对该层合板的声辐射效率基本没有影响。

7.2.5 铺层设计的影响

如图 7-6(a) 所示，为对称层合板在不同面层与芯层模量比下，基频随温度的变化。在分析过程中，保持面层材料的弹性模量为 210GPa 不变。E_1 和 E_2 分别表示层合板的面层和芯层的模量。通过对比发现，采用弹性模量更大的芯层材料，会提升层合板在无热作用下的共振频率。但是，当结构温度升高时，高模量芯层内会产生更大的热应力，导致层合板的有效刚度降低更快，表现为共振频率随温度升高的折减速率更高。由计算结果可知，采用高模量芯层层合板的理论临界屈曲温度更低，其在热环境中更容易发生失稳。这一现象表明，在不考虑温度作用时，对层合板做出的强化设计，在热环境下有可能会得到相反的效果。当然，更早发生热屈曲，也意味着该层合板更早进入刚化阶段。因此，在进行受热层合板的材料设计时，需综合考虑其在工作过程中的环境温度变化。

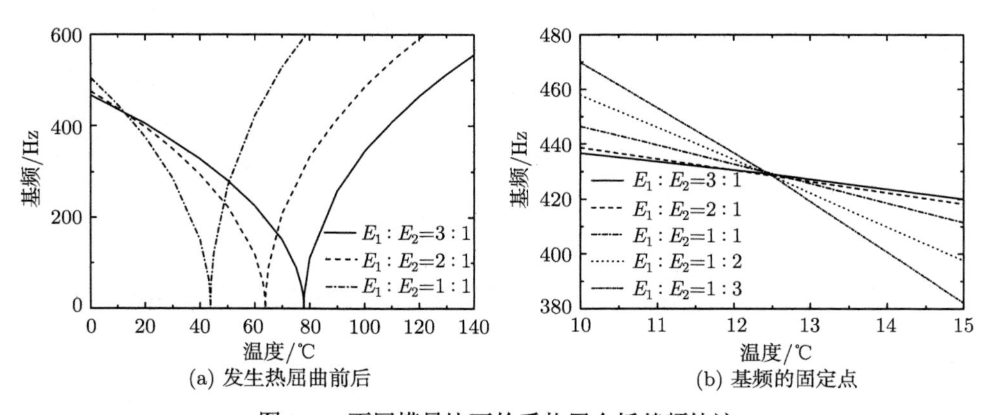

(a) 发生热屈曲前后　　(b) 基频的固定点

图 7-6 不同模量比下的受热层合板基频轨迹

观察各基频轨迹可以发现，在结构发生热失稳前，存在一个“温度–频率”的不动点，即由不同材料组合的层合板在该温度下基频相同。为进一步讨论，在 10～15℃内，对更多材料组合的层合板进行分析。由图 7-6(b) 所示结果可知，在约 12.5℃时，各板的基频均为约 430Hz。这一现象表明，对于几何尺寸固定的对称层合板而言，可能存在某一特殊温度点，使得不同材料设计在此温度处的共振频率不变。

如图 7-7 所示，为不同面层与芯层厚度比下的受热层合板基频轨迹。在分析过程中，保持板的总厚度为 5mm 不变。由计算结果可知，随着面层厚度的增加，层合板基频的温度轨迹呈现出向高温方向移动的趋势。但在 30°C以下的温度范围内，各层合板的基频差别不大，说明不同尺寸设计对层合板在温度较低时的响应特性影响并不明显。更厚的面层在提升层合板整体刚度的同时，也增加了结构的总质量。一方面导致层合板的临界屈曲温度更高；另一方面并没有改变共振频率对温度的敏感程度，从而造成以上现象。这一结果表明，单从材料用量的角度考虑，增加硬材料的使用比例并不一定能改善层合板在热环境下的响应特性。

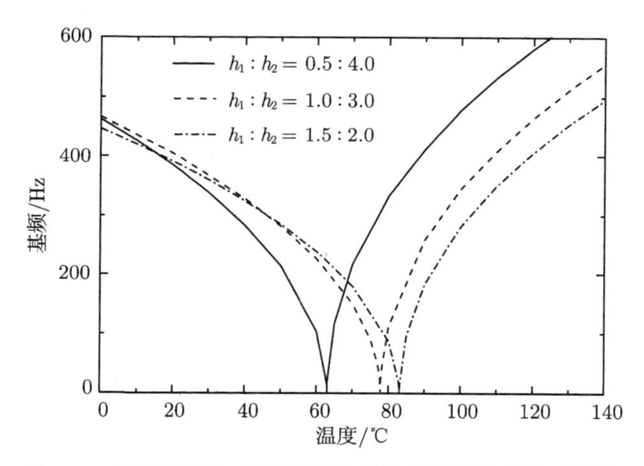

图 7-7　不同面层与芯层厚度比下的受热层合板基频轨迹

7.3　热屈曲后固支板的声振特性实验

本节开展固支板动态特性测试，考察热屈曲对结构声振特性的影响。这里仍采用与本书第 4 章实验研究中相同的铝制薄板为测试对象，主要基于以下原因：首先，铝板相对于泡沫铝夹芯板和碳纤维层合板而言构造更为简单，不存在压实、基体受损及界面脱黏等问题，可将实验中的影响因素降至最少，从而突出热屈曲的作用；其次，铝板的刚度相对更低，其理论临界屈曲温度也相应更低，实验中更容易将其温度提升至后屈曲段；最后，铝板的制作工艺相对更为成熟，材料属性更为单一，且离散性较小，有利于实验结果分析。

7.3.1　测试系统

在本书第 4 章实验研究的基础上，针对本节测试中更高加热水平的特点，对原实验系统做以下两点改进。

1) 增加隔热块

为保证各传感器 (加速度传感器和力传感器) 在高温环境下正常工作，在传感器与试件间设置隔热块，减小温度对传感器的影响。设置传感器时，首先在试件响应观测点及加载点处粘贴胶木块，使用耐高温胶水将其固定于板面，再将传感器固定于胶木块顶端，如图 7-8 所示。由实测结果可知，在满足顶端温度低于各传感器许用温度上限的同时，胶木块产生的附加质量也可控制在试件质量的 5%左右，对实验结果不会产生太大影响。

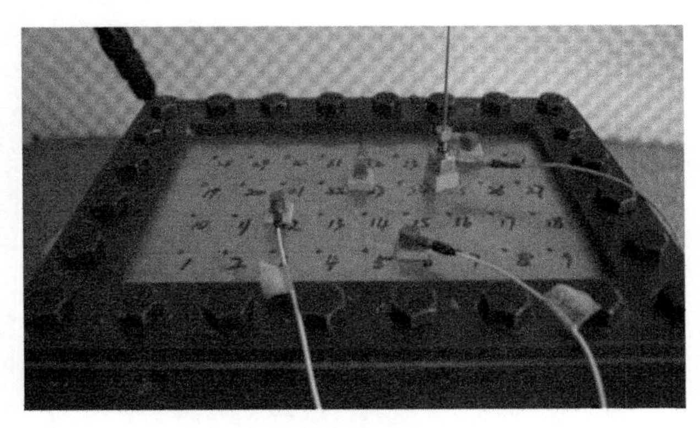

图 7-8　传感器黏接方法的改进

2) 机械激励加载方式调整

试件为获得更高温的加热状态，需提高石英灯组的发热功率，以获得更大的热辐射量。由前期准备工作的测量结果可知，在此加热条件下，试件下方空间内的温度会大幅度升高，该环境已无法保证激振器的正常工作。因此，在机械激励实验中，需对激励的加载方式做出相应调整。

在本节的机械激励测试中，激振器的设置方式改为悬挂于铝板上方 0.5m 处，通过激振杆将载荷传递并施加在试件内的观测点 25 处，预设点位置如图 4-2 所示。激励量级由与激振杆相连的力传感器 (LANCE LC2301) 采集，作为系统的参考输入信号。测试过程中，在观测点 6、观测点 12、观测点 23 及观测点 35 处，通过加速度传感器捕捉试件的振动响应。同时，在观测点 12 上方 0.4m 处的空间位置设置麦克风，采集试件在该点处的辐射声压。

由前期准备工作的测试结果可知，与铝板振动时产生的辐射声压相比，激振器工作时产生的噪声相对较小，二者相差约 3 个量级，可以忽略该噪声对测试结果的影响。因此，认为本实验系统的搭建方式是可接受的，能够保证测试结果的可信度。本节调整后的机械激励实验测试系统如图 7-9 所示。

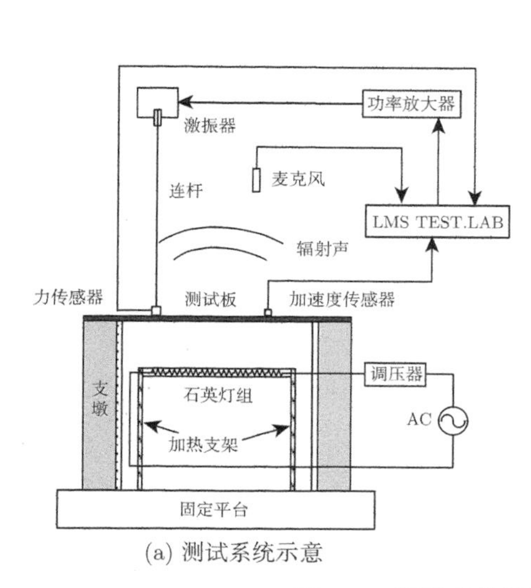

(a) 测试系统示意

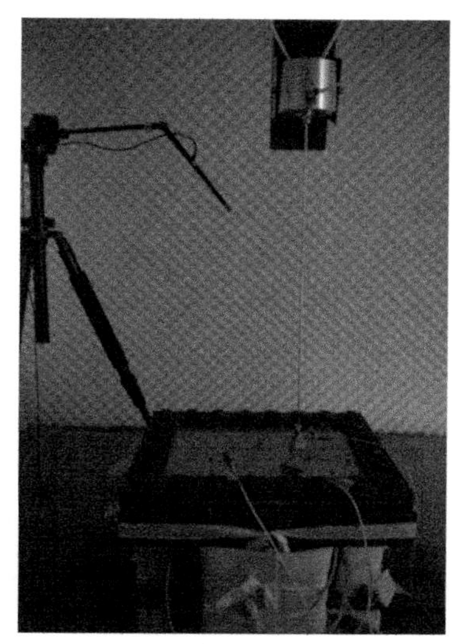
(b) 测试装置布局

图 7-9　调整后的机械激励实验测试系统

7.3.2　测试环境

各项测试的实验装置均在实验室室温 (约为 23°C) 条件下搭建，认为在此状态下试件内无初始热应力存在，试件的动态特性只由其材料物理属性及固支边界决定。以室温下的测试结果为参考，进而在不同加热状态下，对试件开展动态响应测试。

在加热测试过程中，阶段性提高石英灯组的发热量，逐渐提升铝板温度，待试件内温度分布稳定后进行测试。以 20°C为基本温度增量，分别在试件温度约 43°C、63°C、83°C、103°C、123°C、143°C及 163°C时开展各测试项目，并在个别温度段内做加密实验，以获得更为详细的测试结果。

在进行正式测试前，同样针对铝板的热状态开展前期测试，以确定其温度分布的均匀程度。在铝板的中心温度达到各预设温度，且板面升温稳定时，测量板内各观测点及边缘处的温度值。由测试结果可知，铝板四角与中心处温度的最大相对差不超过 20%，板内其他各点与板中心温差更小。根据本书 4.2 节中的结果，在铝板与夹具间设置隔热材料，虽然能在一定程度上改善板内温度分布不均匀的现象，但会破坏试件的约束状态。因此，本章实验设计同样未使用隔热材料。

7.3.3　固有振动实验

首先，在整个测试温度范围内考察试件固有振动特性。如图 7-10 所示，为铝板固有频率随测试温度的变化曲线。由测试结果可知，随着温度升高，铝板各阶固有频率大体呈现出先降后升的 “V” 字形变化过程。

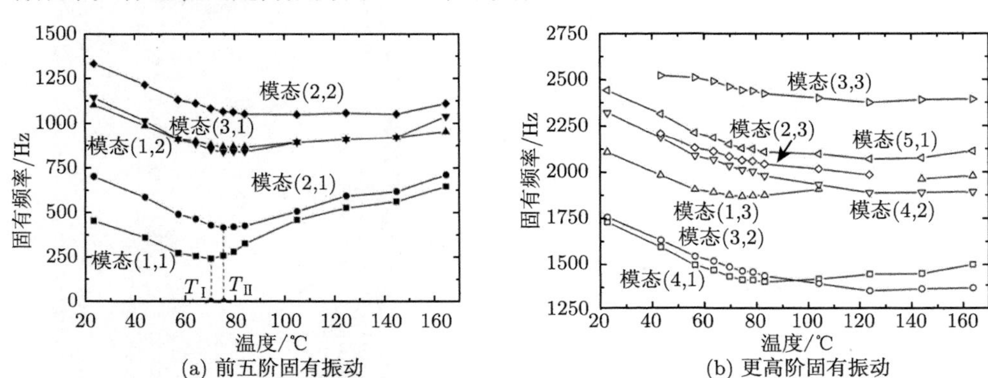

(a) 前五阶固有振动　　(b) 更高阶固有振动

图 7-10　铝板固有频率随测试温度的变化曲线

在铝板由室温升温至约 70℃[温差约为 47℃，图 7-10(a) 中 T_{I} 点] 的过程中，模态 (1,1) 所对应的固有频率从约 454.9Hz 逐渐降低至约 243.2Hz，并达到最低值。随着铝板温度继续升高，第一阶固有频率开始回升。当铝板温度超过 103℃(温差约为 80℃) 后，该固有频率值超过了其在室温状态下的初始值，并继续保持升高的趋势。同时，该频率与铝板第二阶固有频率间的差值明显减小。

模态 (2,1) 的固有频率在试件温度升高至约 75℃[温差约 52℃，图 7-10(a) 中 T_{II} 点] 时降至最低值。随着铝板温度继续升高，该频率值同样呈现出回升的趋势，并与第一阶固有频率更加接近，但二者差值保持相对稳定。

由于模态 (1, 2) 与模态 (3, 1) 所对应的两个固有频率十分接近，在铝板温度升高的过程中，这两阶模态依次呈现出 “靠近”“交叉分离”“再次靠近” 及 “再次交叉分离” 的变化过程。在由室温至约 60℃(温差约为 37℃) 的温度段内，模态 (1, 2) 及模态 (3, 1) 的固有频率值持续降低，且后者所对应的频率下降更快，其数值逐渐靠近并低于前者。两阶模态发生顺序交换，在本书第 4 章的模态实验中也观察到了这一现象。当铝板温度超过约 80℃(温差约为 57℃) 后，这两阶固有频率几乎同时开始回升，并再次相互靠近。当铝板温度在 103 ~ 143℃的范围内时，模态实验无法分别获得模态 (1, 2) 及模态 (3, 1) 各自清晰的振型测试结果。确切地说，在 910Hz 附近捕捉到的模态振型为以上两阶模态振型的组合形式，如图 7-11 所示。此时，这两阶固有频率十分接近且同步变化，二者在数值上的差别已小于模态测试的频率分辨率，从而无法清晰识别。随着铝板温度继续升高，模态 (1, 2) 及模态 (3, 1) 所对应的两个固有频率再次分离，且后者的回升速度相对更快，其数值再次高于前者。

由图 7-10(a) 所给出的频率曲线可知，铝板第五阶固有频率在结构升温的过程中，同样呈现出先降后升的变化过程。当铝板温度超过约 80℃后，该固有频率值的折减已逐渐趋于平缓，并在此后约 60℃的升温范围内几乎保持不变。当铝板温度达到约 163℃(温差约为 140℃) 时，该频率值小幅回升。

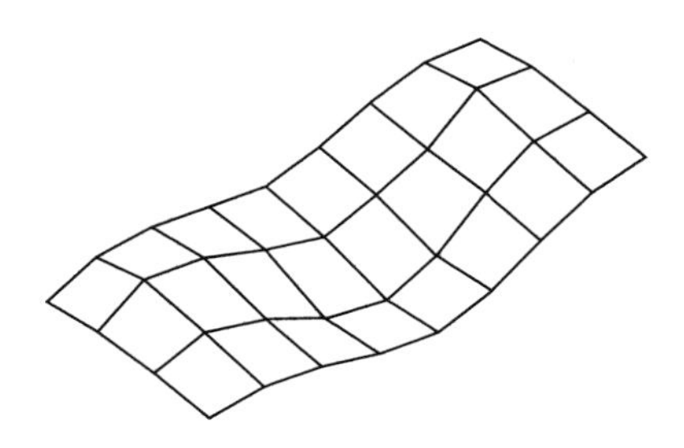

图 7-11　模态 (1, 2) 及模态 (3, 1) 振型的组合形式

图 7-10(b) 所示的模态测试结果表明，更高阶固有频率随温度的变化过程与前五阶大致相同。随着模态阶数升高，铝板的模态密度增大，各阶固有频率间更加接近，且各频率随温度的变化速率不同，导致热环境下的模态交换现象更加普遍。

为更深入讨论热环境变化对铝板固有振动特性的影响，这里采用本书第 3 章理论分析中用到的频率比概念，考察各阶固有频率在不同加温状态下的折减程度。由图 7-12(a) 可知，铝板第一阶固有频率受温度变化的影响最明显，随着结构温度升高，其频率比下降最快，折减速率最高。当铝板温度约为 70℃时，模态 (1, 1) 的频率比达到最小，其固有频率值折减至其初始值的近一半。随着加热水平继续提高，当温度超过约 70℃后，模态 (1, 1) 的频率比开始回升，其升高的速率明显高于该频率在降低段内的折减速率。当温度超过约 100℃后，模态 (1, 1) 的固有频率超过其在室温下的初始值。在本章实验所考察的最高温度点处，该频率值最终回升到其初始值的 1.4 倍以上。

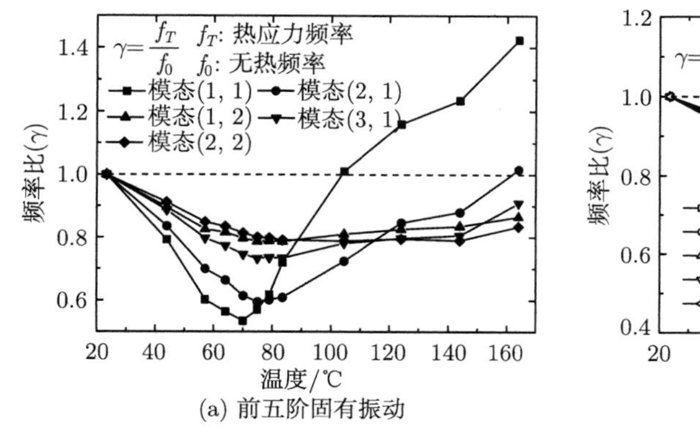

(a) 前五阶固有振动

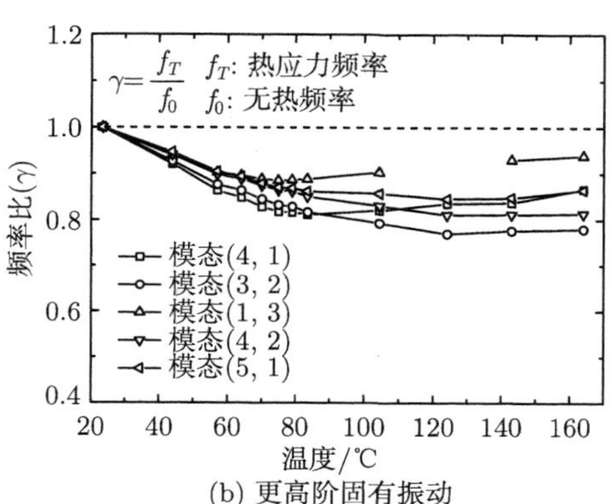

(b) 更高阶固有振动

图 7-12　铝板在不同测试温度状态下的频率比

铝板第二阶固有频率降至最小值时，其折减率约为 40%。此时，铝板温度约为 75℃，略高于第一阶固有频率达到最小值时的温度。在更高的加热状态下，该频

率比同样表现出回升的趋势，但其升高的速率远小于第一阶固有频率的回升速率，与其自身在折减段内的变化速率相当。当结构温度升至约 163℃时，模态 (2,1) 的频率比大于 1，固有频率超过其在室温状态下初始水平。

由于模态 (1,2) 和模态 (3,1) 所对应的两阶固有频率十分接近，且在热环境下几乎同步变化，其频率比的最小值均出现在试件温度约为 80℃时。在更高的温度范围内，这两阶模态的频率比缓慢回升，其增长速率远低于在折减段内的变化速率。模态 (3,1) 对应频率比的最小值约为 0.73，并且在低于 163℃的温度范围内，始终小于模态 (1,2) 所对应的频率比。

铝板第五阶固有振动的频率比达到最小值时，结构温度约为 103℃，此时该固有频率折减至其初始值的近 80%，与模态 (1,2) 的固有频率最大折减量相当。在随后的 40℃升温范围内，该频率比保持相对稳定。对于阶数更高的各模态，频率比的最小值均不低于 75%，如图 7-12(b) 所示。且随模态阶数的增大，这一最小值也相应增大。

文献 [74] 中给出的测试结果表明，在 163℃以下的温度范围内，材料物理属性的变化对铝板一阶固有频率的影响不到其原频率值的 5%，与本章实验中固有频率的变化量相比很小。因此在本章实验中，材料属性随温度变化对试件模态特性的影响为次要因素。对于试件而言，影响其固有振动特性的主要因素有两点：热应力及热变形。

在 70℃以下的温度范围内，由于边界约束对铝板热膨胀的限制，受热铝板内产生压热应力，其对铝板的有效刚度起折减作用，表现为软化效应。热应力随温度升高而逐渐增大，其对铝板刚度的折减效果也逐渐增大。与此同时在升温过程中，铝板也会产生横向热变形，且该热挠度随温度的升高也逐渐增大。由图 7-13 所示的测量结果可知，当温度低于约 43℃时，铝板的挠度变化并不明显。随着温度继续升高，铝板横向热变形突然增大，且增速更快。说明在该温度附近，铝板可能发生热屈曲。综上所述，在 70℃以下的加热范围内，铝板同时受到热应力对结构的软化作用，以及热变形对结构的刚化作用。第一阶固有频率持续降低的现象表明，热应力的软化作用在此温度段内是决定铝板有效刚度的主导因素。在接近 70℃时，第一阶固有频率的折减速度放缓，表明热变形产生的刚化作用对铝板刚度的影响逐渐增大。当热应力对结构的软化作用与热挠度对结构的刚化作用达到某一平衡时，铝板一阶固有频率降至非零最小值，此时温度略高于铝板的理论临界屈曲温度，这主要是由于铝板的热变形在加热过程中始终存在造成的。

当温度超过 70℃后，铝板升温使结构热应力继续增大，其受到的软化作用也持续增强。同时，由于矩形板发生热屈曲后挠度快速增大，热变形对板产生的附加刚度也持续快速增大。通过观察加热过程中铝板的构型变化可知，当结构温度升至约 163℃时，铝板中心点挠度可达到铝板厚度的 1.8 倍左右。此时，与室温下的初始状态相比，铝板中心的横向变形十分明显，如图 7-14 所示。在此加热段内，与热应力对铝板的软化作用相比，热屈曲变形对其有效刚度的刚化作用更加明显，成为影响结构有效刚度的主导因素，从而导致一阶固有频率快速回升。此时，热环境对铝板的影响整体表现为刚化作用。

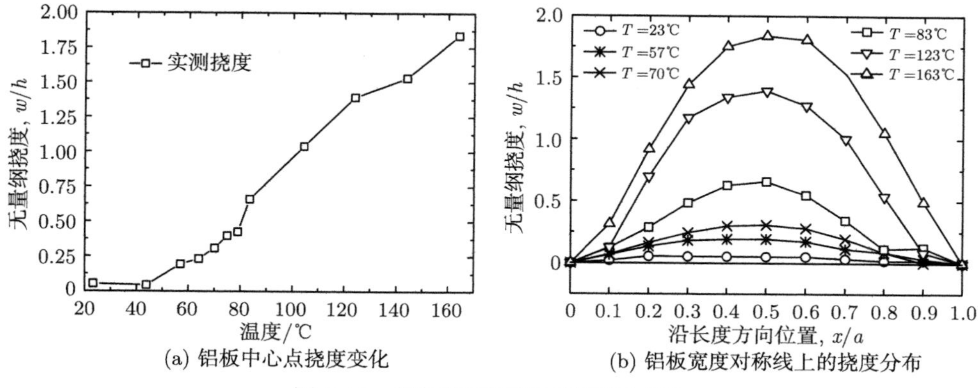

(a) 铝板中心点挠度变化　　(b) 铝板宽度对称线上的挠度分布

图 7-13　铝板挠度随测试温度的变化

(a) 室温状态

(b) 加热至163℃

图 7-14　铝板试件横向变形实测图

7.3.4　振动及声响应实验

如图 7-15~图 7-18 所示，为不同热环境下，铝板受声激励作用时观测点 6、12、23 及 35 处的加速度响应曲线。根据模态实验的测试结果，以第一阶固有频率达到最小值时的温度为界限，将实验中所考察的整个温度范围分为两个阶段。铝板由室温升至约 70℃的过程定义为加热段 1，此后继续升温至约 163℃ 的过程定义为加热段 2。

由各观测点处加速度响应的测试结果可知，在加热段 1 内，铝板振动响应随结构温度升高逐渐向低频方向移动，且加速度响应曲线的整体形状并未明显改变。这一变化趋势与本书第 4 章实验研究中观察到的结果相同。由 7.3.3 小节给出的固有振动测试结果可知，在此升温段内，铝板的各阶固有频率均持续降低，决定了结构各响应共振峰的移动趋势。同时，随着测试温度升高，各观测点处响应曲线的一阶共振峰幅值均逐渐降低。由本章模态测试获得的结构阻尼信息可知，在 23℃、43℃及 70℃加热状态下，铝板第一阶固有振动的模态阻尼比分别约为 0.63%、1.10%及 0.76%，呈现震荡的变化趋势。实验测得的基频共振峰幅值随温度

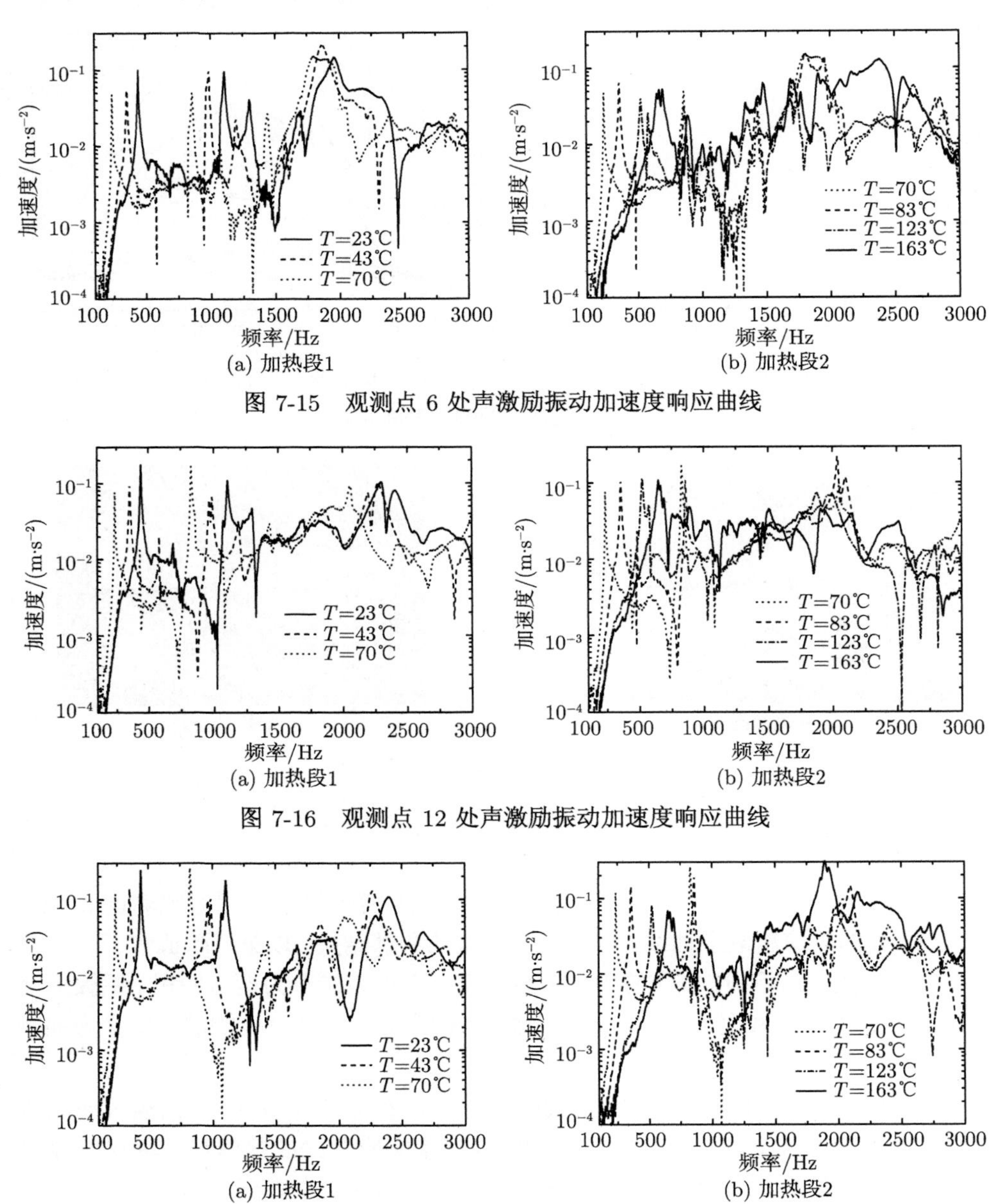

(a) 加热段1
(b) 加热段2

图 7-15 观测点 6 处声激励振动加速度响应曲线

(a) 加热段1
(b) 加热段2

图 7-16 观测点 12 处声激励振动加速度响应曲线

(a) 加热段1
(b) 加热段2

图 7-17 观测点 23 处声激励振动加速度响应曲线

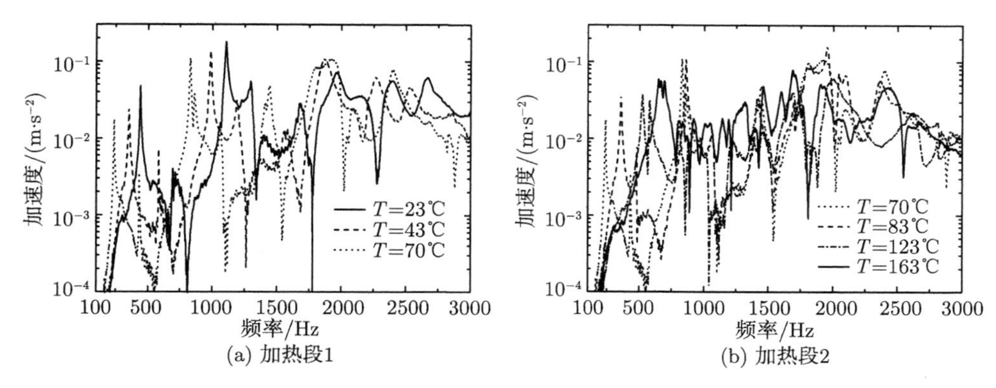

(a) 加热段1　(b) 加热段2

图 7-18 观测点 35 处声激励振动加速度响应曲线

的单调递减变化趋势表明，在此温度段内，铝板的加速度响应幅值由其共振频率及阻尼特性共同决定。在响应曲线的其他各共振峰处，也可观察到类似的变化规律。

在加热段 2 内，随着测试温度继续升高，铝板的振动加速度响应曲线逐渐呈现出逐渐向 1000Hz 附近频段挤压的变化过程。与加热段 1 内板的振动响应相比，加热段 2 内最明显的变化是响应曲线整体形状的改变。在此测试段内，铝板各阶固有频率的变化趋势不再同步，高阶频率继续降低，而低阶频率则开始依次回升。随着结构温度升高，铝板的加速度响应曲线不断向 500～1000Hz 的频段内压缩，各共振峰间的频率间隔逐渐减小，导致响应曲线的整体形状逐渐改变。由于铝板及声源 (扬声器) 各自均具有一定的对称性，模态 (2,1) 在室温下几乎未被声激励激发。而随着结构温度的升高，在略高于一阶共振峰的频率点处，出现了新的响应共振峰，并不断向基频共振峰靠近。铝板受热后产生不完全均匀的弯曲变形，使其几何对称性受到一定程度的破坏，同时扬声器的对称性也并非理想状态，这些因素共同导致模态 (2,1) 被激发而产生新的共振峰。对比各温度状态下的响应可知，当铝板温度升高至约 163℃时，各观测点处加速度响应曲线的整体形状已明显改变，与其他各加热状态下的响应曲线完全不同。这一变化也可通过多次重复测试得到确认。

如图 7-19～图 7-22 所示，分别为铝板在机械激励作用下，观测点 6、12、23 及 35 处加速度响应曲线。由图 7-8 可知，机械激励的加载点避开了铝板各低阶模态的节线，因此，该激励可激发起铝板在测试频段内的各阶固有振动。为便于观察，这里仅给出各观测点在 1500Hz 以内的响应曲线。

与声激励测试结果类似，随着温度升高，在机械激励作用下测得的响应曲线，先整体向低频方向移动，再逐渐向中间频段内挤压。在加热段 1 内，不同测试温度下，各测点处加速度频响曲线均保持了较好的整体相似性。在加热段 2 内，由于响应逐渐向 500～1000Hz 的频段内集中，在铝板温度升至约 123℃时，响应曲线的共振峰分布产生变化。在靠近基频共振频率处出现了新的响应峰，这是由结构前两阶固有频率相互靠近造成的。当温度达到约 163℃时，铝板振动加速度频响曲线的整体形状已明显改变。与声激励测试结果不同，在机械激励作用下，各观测点处的一阶共振峰幅值随温度升高始终保持降低的变化趋势。

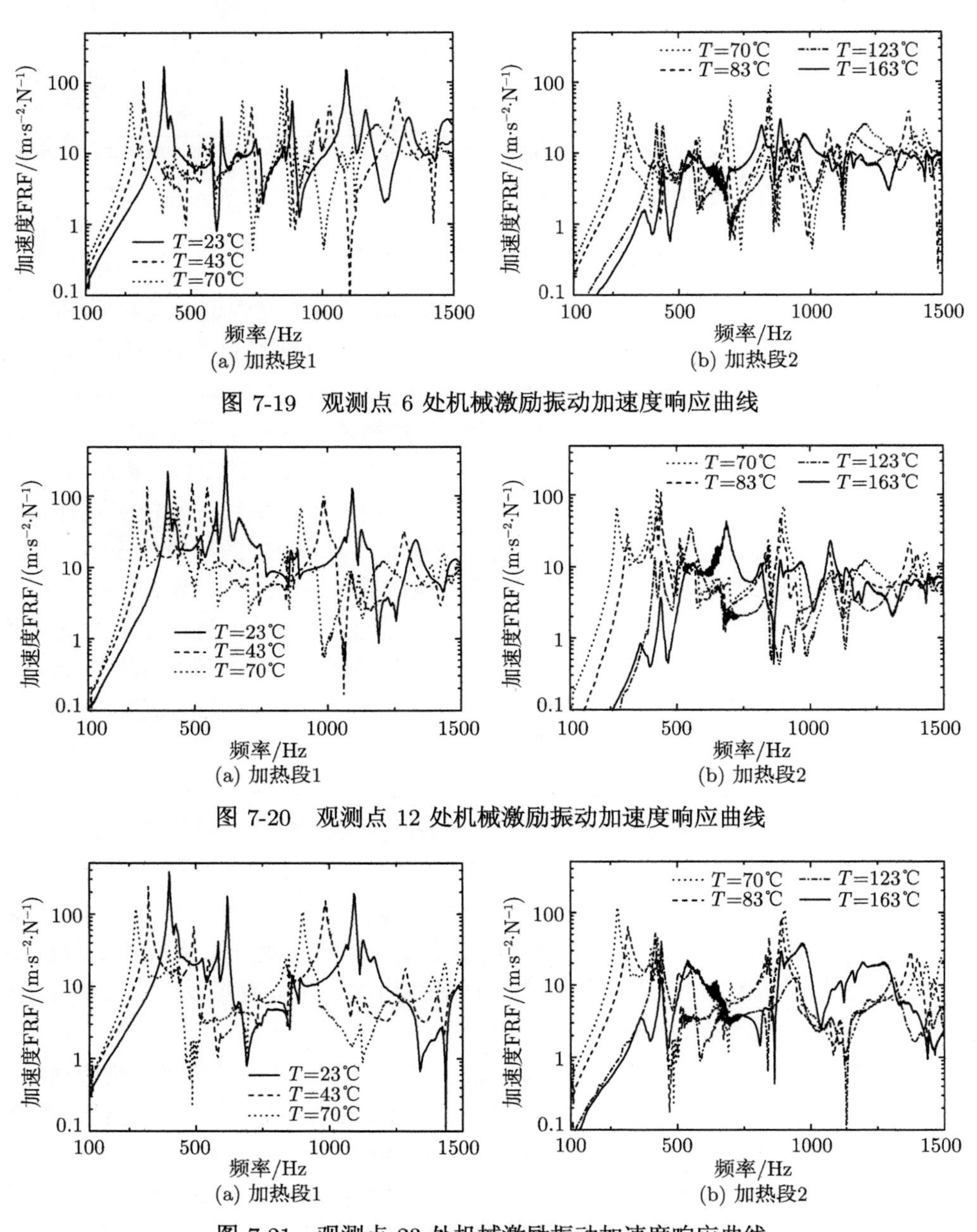

(a) 加热段1　(b) 加热段2

图 7-19　观测点 6 处机械激励振动加速度响应曲线

(a) 加热段1　(b) 加热段2

图 7-20　观测点 12 处机械激励振动加速度响应曲线

(a) 加热段1　(b) 加热段2

图 7-21　观测点 23 处机械激励振动加速度响应曲线

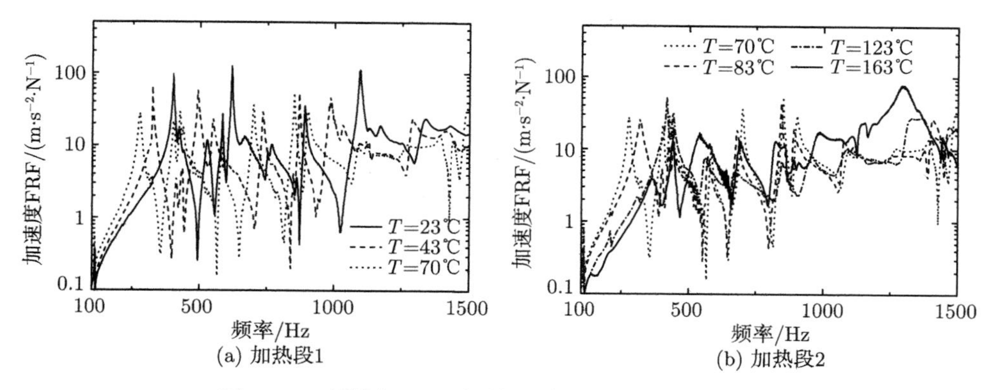

(a) 加热段1　　(b) 加热段2

图 7-22　观测点 35 处机械激励振动加速度响应曲线

如图 7-23 所示，为空间观测点处的辐射声压级响应曲线。受结构振动特性变化的直接影响，辐射声压级频响曲线的形状及共振峰分布随温度的变化，与铝板加速度频响的变化基本相同。

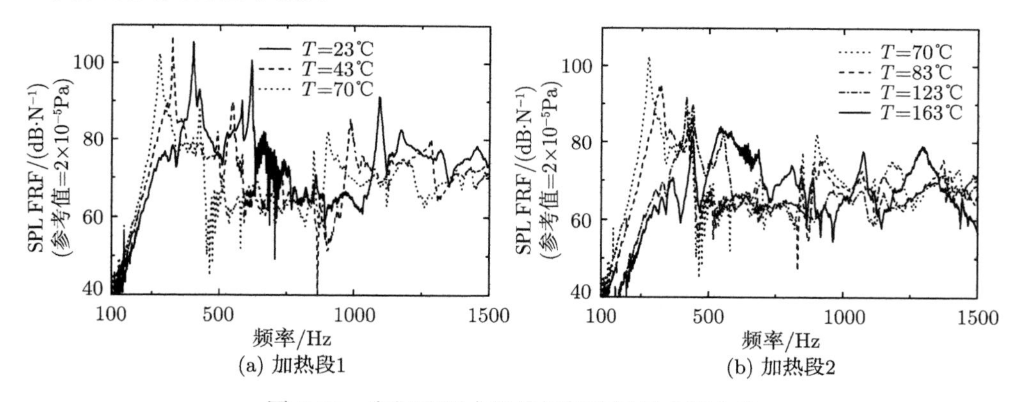

(a) 加热段1　　(b) 加热段2

图 7-23　空间观测点处的辐射声压级响应曲线

对比声压级响应的一阶共振峰可知，其响应幅值在铝板升温的过程中大体呈现出持续降低的变化趋势，与结构各观测点处的加速度响应变化相同。根据测得的加速度频响可估算其振动速度响应，再与铝板表面处的声阻抗相乘，即可近似得出板表面的辐射声压量。由测试结果可知，随着铝板温度升高，各观测点处振动速度响应的一阶共振峰幅值逐渐降低。同时，铝板温度升高会加热其周围空气，从而降低板表面声介质的特征阻抗。由铝板的振动测试结果估算可得，板表面处的声压随结构温度升高而降低。在声波从板表面向远处传播的过程中，声波由高温区 (较低声阻抗值) 传播至低温区 (较高声阻抗值)，声压会有一定幅度增大。然而，测试结果显示辐射声的一阶共振峰幅值在热环境下逐渐降低，表明在本章实验中，空间温度变化对该结果影响较小，铝板的振动响应仍是决定空间辐射声压级的主要因素。

7.3.5 测试结果的数值分析

利用商用有限元软件 NASTRAN，对固支板固有振动的测试结果开展仿真分析。采用 2400 个四节点四边形板单元 (CQUAD4) 建立板的有限元模型，在其长度及宽度方向上分别均匀划分 60 及 40 个单元。在板的四条边界处约束各节点的全部自由度，以实现固支条件。

首先，采用理想平板模型开展仿真计算。通过对结构进行屈曲分析 (采用屈曲求解器 sol 105) 可知，以 23℃为参考温度时，固支板模型的临界屈曲温度约为 49.1℃，温差约为 26.1℃。在平板模型发生热屈曲前，采用线性静力求解器 (sol 101) 及正则模态求解器 (sol 103) 相结合的方法，依次计算结构的热应力及固有振动，以实现结构热模态的预测。在高于平板模型临界屈曲温度的热范围内，采用非线性静态求解器 (sol 106)，获取板失稳后的热模态预测结果。

如图 7-24 所示，为平板模型第一阶固有频率的预测值与实测值对比。根据计算结果可知，在由室温升至板临界屈曲温度的过程中，其第一阶固有频率持续降低，且变化速率随温度升高不断增大。当达到 49.1℃时，板发生热屈曲，第一阶固有频率降至零。随着温度继续升高，该频率再次出现并快速回升。在有限元仿真中，当平板温度超过 83℃(温差为 60℃) 时，模态 (1,1) 消失，出现与模态 (3, 1) 相似的新振型，但其三个半波的振动相位相同。因此，认为当温度超过 83℃后，有限元平板的 (1, 1) 振型消失。

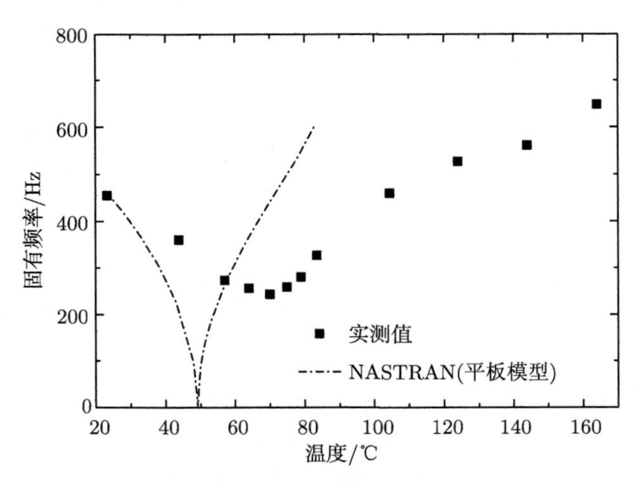

图 7-24 平板模型第一阶固有频率的预测值与实测值对比

对比预测与实测结果可知，在整个升温计算中，平板模型由稳定状态进入热屈曲后的失稳再平衡状态，其基频固有频率呈现出最小值为零的 “V” 字形变化轨迹。而在实验中，矩形板试件的基频固有频率虽然也表现出先降后升的 “V” 字形变化轨迹，但其并未出现零点，该频率最小值仅约为室温状态下初始值的一半。

上述模拟与测试结果间的差别，主要由仿真模型忽略了矩形板试件某些实际特征造成。有限元仿真中，分析对象为理想平板模型。在加热过程中，热载荷达到临界屈曲温度前，板模型始终保持理想平整状态。而当板的温度达到临界值时，结构会突然产生横向变形，且该变形会随温度的升高而持续增大，板的平衡构型发生变化。对于实际的薄壁结构，由于会受到加工及装配过程中各种因素的影响，结构在初始状态下总会存在不同程度的不平整现象，产生无法避免的几何缺陷[241]。由实验中观测到的结果可知，矩形板试件在加热过程中，结构内始终存在一定的横向热变形，且该热挠度随温度升高不断增大，如图 7-13 所示。

另外，在有限元仿真中，板模型的各边界均设置为理想固支约束，无法产生平移和扭转。而在实验中，试件受热升温时，与其相连的夹具及支撑结构也会不可避免地产生温度变化。实验框架的受热膨胀，会导致矩形板边界处的约束条件发生改变。这一现象在上述数值模拟中也未被考虑。

针对以上两点，将矩形板试件初始挠度 (initial curvature, IC) 及边界热膨胀 (thermal expansion, TE) 的影响计入有限元模拟，开展改进的仿真分析。

对于初始挠度的处理，利用试件构型的测量结果，对有限元平板模型进行修正。以铝板边缘与夹具接触的部位为基准，通过室温状态下铝板边缘与铝板内各测点位置的高度测量值之差，获得铝板初始挠度的大致分布。将该测量结果作为横向强制位移，施加于有限元平板模型的对应节点处，进行静力分析 (sol 101) 得到结构的变形场，通过提取变形后的网格建立具有初始挠度的无应力微弯板模型。

对于结构非理想约束的处理，通过估计矩形板试件边界的面内变形，修正不同温度状态下的仿真模型。由于钢制夹具的弹性模量高出试件一个数量级，因此，认为矩形板试件边缘的伸长量由夹具的热膨胀变形量决定。由测得的夹具温度变化、弹性常数和初始长度，估算不同温度下夹具的热膨胀变形量。根据估算的结果，为有限元板模型设置边界强制位移，并同时施加热载荷进行静力计算，以获得考虑非理想约束条件的板在热环境下的变形及应力状态。夹具的材料属性：弹性模量为 200GPa，泊松比为 0.3 及热膨胀系数为 $1.2\times10^{-5}\text{K}^{-1}$。

如图 7-25 所示，为修正后有限元模型前五阶频率的仿真结果与实验结果对比。微弯板模型 (考虑初始挠度的影响，IC) 的计算结果表明，当板具有初始挠度时，其各阶固有频率在热环境下均不存在零点，变化趋势与实验测得的频率轨迹形状相同。不论结构处于何种加热状态下，热屈曲前或热屈曲后，静态初始挠度的变化都会改变板的平衡构型，使其产生相对于平板构型的额外附加刚度。因此，实际矩形板试件的有效刚度可认为由三部分构成：平板构型产生的刚度、板弯曲产生的形变刚度及应力状态变化引起的应力刚度。

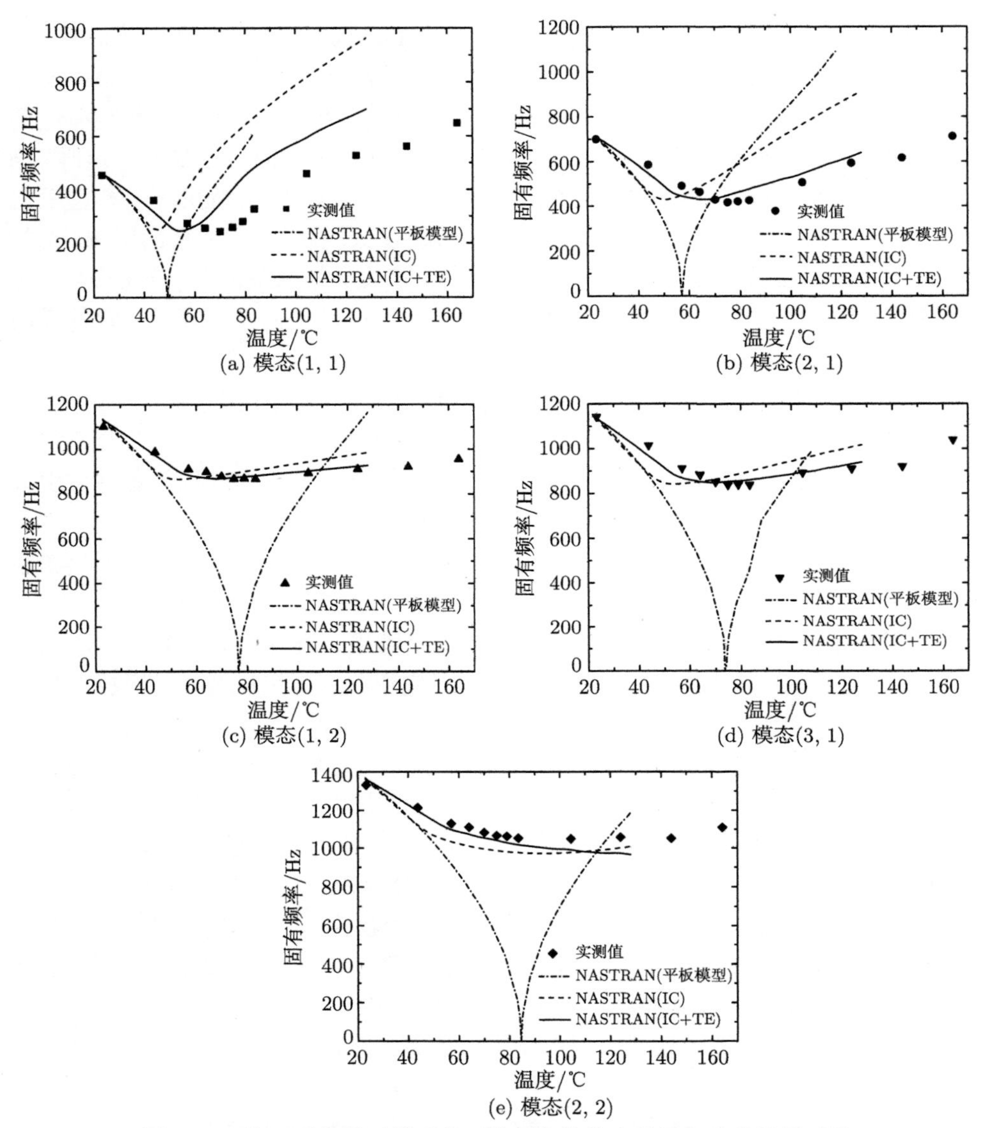

图 7-25 修正后有限元模型前五阶频率的仿真结果与实验结果对比

在有限元分析中，结构传统刚度 $\boldsymbol{K}$ 是由式 (7-42) 中的前两项刚度组合而成。对于理想平板模型的热模态计算，在热载荷达到临界屈曲温度前，板的平衡构型保持不变，此时结构有效刚度由 $\boldsymbol{K}_f$ 和 $\boldsymbol{K}_\sigma$ 构成，应力刚度对板的软化作用导致固有频率持续降低，并在热屈曲点处降低至零。当理想平板发生热屈曲后，$\boldsymbol{K}_c$ 才会出现。此时，结构突然产生横向变形，并随温度升高迅速增大，而板内热应力则保持相对较慢的增长。在 $\boldsymbol{K}_c$ 的作用下，结构有效刚度迅速升高，从而引起板固有频率的快速回升。

对于存在初始弯曲变形的实际结构，不论在何种热条件下，$\boldsymbol{K}_c$ 的影响始终存在。在温度较低的加热范围内，板的热挠度变化较为缓慢，$\boldsymbol{K}_c$ 的增长速度远低于 $\boldsymbol{K}_\sigma$，热应力对结构有效刚度的折减作用占主导，板的固有频率持续下降，热载荷对板表现为软化作用。随着结构温度继续升高，板内热挠度增速加快，如图 7-13 所示。当结构有效刚度受到的热变形增强作用与热应力折减作用达到某一平衡时，板的基频固有频率值降至非零最小值。在更高温下，结构变形对板有效刚度的增强作用逐渐成为主导，板的固有频率回升，热载荷对板表现为刚化作用。在整个温度范围内，板固有频率的变化率始终保持连续，不会出现如理想平板的热屈曲点，即频率轨迹的零点。

由图 7-25 可知，板边界处非理想约束的存在，并不改变固有频率随温度变化的轨迹形状，但会对热载荷改变结构刚度的效果产生影响。当考虑板边界的热膨胀变形时，各固有频率的计算值均更加接近试件的实测结果。边界的移动导致结构中部分热应力被释放，同时板的热挠度也会减小。在固有频率的折减段内，热应力的损失使结构受到热载荷的软化作用减弱，板各阶固有频率的预测值均高于理想固支板模型。在固有频率的回升段内，横向热变形的损失使板受到热载荷的刚化作用减弱，各阶固有频率低于理想固支板模型。

如图 7-26 所示，为声激励下观测点 12 处振动响应的测试与模拟结果对比。这里选取三个较为特殊的热状态进行讨论，分别为室温状态、升温至约 70℃以及升温至约 123℃。由结果对比可知，试件在未加热时，数值模拟与测试结果整体吻合较好。在 2000Hz 以上的频段内，计算得到的响应峰分布与实测结果略有偏差。对比本书第 4 章的实验结果 (图 4-16) 可知，两次实验的测试结果在此频段内也略有差异，这主要是由本章实验中所用胶木块造成的。加垫胶木块 (图 7-8) 可解决实验中传感器的隔热及黏接问题，但也会对矩形板试件产生一定附加质量的影响，从而在一定程度上改变了结构在较高频段内的响应特性。

对于约 70℃的加热状态，矩形板试件基频固有频率的测试值降低至其最小值，而仿真预测值则已进入频率回升阶段，这一差异造成了基频响应共振峰的错位。而在约 123℃时，实测及数值模拟得到的各固有频率变化趋势均相同，因此两个基频共振峰也表现出同步的变化过程，共振频率间的差距并未扩大。在更高的频段内，实测的响应曲线变得更加模糊，未清晰地呈现出各共振峰，这可能是由试件热屈曲造成的。总体而言，数值仿真结果较好地给出了试件声激励响应曲线的变化趋势。其他各观测点处响应的对比结果与观测点 12 处基本相同，这里不再逐一列举。

如图 7-27 所示，为观测点 12 处的振动加速度响应对比，以及辐射声压级响应对比。在各温度状态下，数值预测结果与实测响应曲线的整体形状基本相同，但响应量级及各共振峰位置存在较明显差异。在数值模拟中，激励源为无质量和刚度的理想点激励，不会对结构特性造成影响。而实验中所用的激振器在加载过程中，一定程度上改变了矩形板试件的质量、刚度及阻尼特性。这是预测与实测结果产生差异的主要原因。

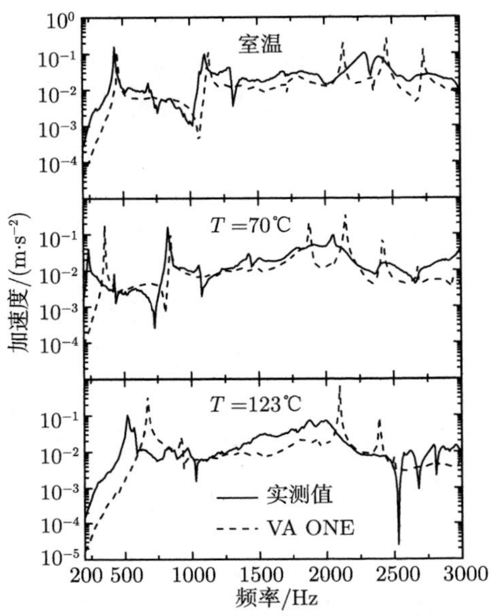

图 7-26　声激励下观测点 12 处振动响应的测试与模拟结果对比

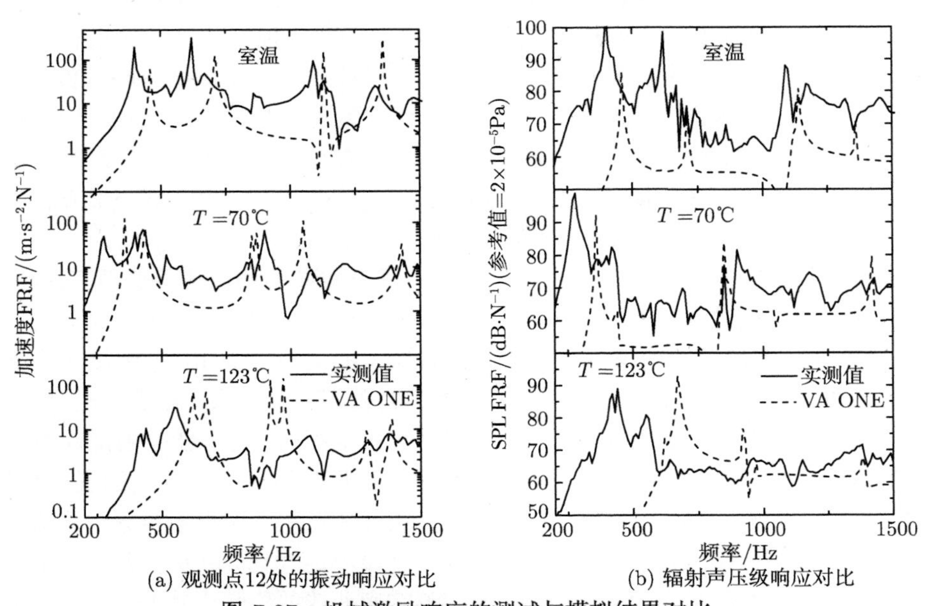

(a) 观测点12处的振动响应对比　　(b) 辐射声压级响应对比

图 7-27　机械激励响应的测试与模拟结果对比

7.4　梯度热载对层合板声振特性的影响

在实际工作环境中，结构所承受的热载往往是不均匀的，从而在其内部产生非均匀的温度分布。对于板件结构而言，其工作时上下两个表面间通常存在温差。因此，考察沿板厚度方向不均匀分布热载的影响，对于认识热结构特性也是十分必要的。

7.4.1　受梯度热载层合板的控制方程

考虑层合板内热变化沿厚度方向呈线性梯度分布，则温度可表示为

$$\Delta T = T_0 + \tau z \tag{7-43}$$

式中，T_0 为层合板中面温度变化量；τ 为层合板内沿厚度方向的温度梯度。

此时，板内变形由静态和动态两部分组成：

$$u^0(x,y,t) = u_s^0(x,y) + u_t^0(x,y,t) \tag{7-44}$$

$$v^0(x,y,t) = v_s^0(x,y) + v_t^0(x,y,t) \tag{7-45}$$

$$w^0(x,y,t) = w_s^0(x,y) + w_t^0(x,y,t) \tag{7-46}$$

$$\varphi_x(x,y,t) = \varphi_{xs}(x,y) + \varphi_{xt}(x,y,t) \tag{7-47}$$

$$\varphi_y(x,y,t) = \varphi_{ys}(x,y) + \varphi_{yt}(x,y,t) \tag{7-48}$$

将式 (7-44)~式 (7-48) 代入式 (7-1)，可得层合板的应变分布：

$$\begin{bmatrix} \sigma_{xx} \\ \sigma_{yy} \\ \sigma_{xy} \\ \sigma_{yz} \\ \sigma_{xz} \end{bmatrix} = \begin{bmatrix} C_{11} & C_{12} & 0 & 0 & 0 \\ C_{21} & C_{22} & 0 & 0 & 0 \\ 0 & 0 & C_{66} & 0 & 0 \\ 0 & 0 & 0 & C_{44} & 0 \\ 0 & 0 & 0 & 0 & C_{55} \end{bmatrix} \begin{bmatrix} \varepsilon_{xx} \\ \varepsilon_{yy} \\ \varepsilon_{xy} \\ \varepsilon_{yz} \\ \varepsilon_{xz} \end{bmatrix} - \begin{bmatrix} C_{11} & C_{12} & 0 & 0 & 0 \\ C_{21} & C_{22} & 0 & 0 & 0 \\ 0 & 0 & C_{66} & 0 & 0 \\ 0 & 0 & 0 & C_{44} & 0 \\ 0 & 0 & 0 & 0 & C_{55} \end{bmatrix} \begin{bmatrix} \alpha_{xx}\Delta T \\ \alpha_{yy}\Delta T \\ \alpha_{xy}\Delta T \\ 0 \\ 0 \end{bmatrix} \tag{7-49}$$

根据式 (7-49) 及哈密顿原理，可得对称层合板的振动控制方程为

$$\begin{aligned} & A_{11}u^0_{,xx} + A_{66}u^0_{,yy} + (A_{12}+A_{66})\,v^0_{,xy} + w^0_{,x}\left(A_{11}w^0_{,xx} + A_{66}w^0_{,yy}\right) \\ & + (A_{12}+A_{66})\,w^0_{,y}w^0_{,xy} - \left(N^T_{xx,x} + N^T_{xy,y}\right) = R_0 u^0_{,tt} \end{aligned} \tag{7-50}$$

$$
\begin{aligned}
&\left(A_{12}+A_{66}\right) u_{,xy}^{0}+A_{66} v_{,xx}^{0}+A_{22} v_{,yy}^{0}+\left(A_{12}+A_{66}\right) w_{,x}^{0} w_{,xy}^{0} \\
&+w_{,y}^{0}\left(A_{66} w_{,xx}^{0}+A_{22} w_{,yy}^{0}\right)-\left(N_{yy,y}^{T}+N_{xy,x}^{T}\right)=R_{0} v_{,tt}^{0}
\end{aligned} \tag{7-51}
$$

$$
\begin{aligned}
& w_{,x}^{0}\left[\begin{array}{l}
A_{11} u_{,xx}^{0}+A_{66} u_{,yy}^{0}+\left(A_{12}+A_{66}\right) v_{,xy}^{0}+w_{,x}^{0}\left(A_{11} w_{,xx}^{0}+A_{66} w_{,yy}^{0}\right) \\
+\left(A_{12}+A_{66}\right) w_{,y}^{0} w_{,xy}^{0}-\left(N_{xx,x}^{T}+N_{xy,y}^{T}\right)
\end{array}\right] \\
& +w_{,y}^{0}\left[\begin{array}{l}
\left(A_{12}+A_{66}\right) u_{,xy}^{0}+A_{66} v_{,xx}^{0}+A_{22} v_{,yy}^{0}+\left(A_{12}+A_{66}\right) w_{,x}^{0} w_{,xy}^{0} \\
+w_{,y}^{0}\left(A_{66} w_{,xx}^{0}+A_{22} w_{,yy}^{0}\right)-\left(N_{yy,y}^{T}+N_{xy,x}^{T}\right)
\end{array}\right] \\
& +w_{,xx}^{0}\left\{A_{11}\left[u_{,x}^{0}+\frac{1}{2}\left(w_{,x}^{0}\right)^{2}\right]+A_{12}\left[v_{,y}^{0}+\frac{1}{2}\left(w_{,y}^{0}\right)^{2}\right]-N_{xx}^{T}\right\} \\
& +w_{,yy}^{0}\left\{A_{12}\left[u_{,x}^{0}+\frac{1}{2}\left(w_{,x}^{0}\right)^{2}\right]+A_{22}\left[v_{,y}^{0}+\frac{1}{2}\left(w_{,y}^{0}\right)^{2}\right]-N_{yy}^{T}\right\} \\
& +2 w_{,xy}^{0}\left[A_{66}\left(u_{,y}^{0}+v_{,x}^{0}+w_{,x}^{0} w_{,y}^{0}\right)-N_{xy}^{T}\right]+A_{55}\left(w_{,xx}^{0}+\varphi_{x,x}\right) \\
& +A_{44}\left(w_{,yy}^{0}+\varphi_{y,y}\right)+q=R_{0} w_{,tt}^{0}
\end{aligned} \tag{7-52}
$$

$$
\begin{aligned}
& D_{11} \varphi_{x,xx}+D_{12} \varphi_{y,xy}+D_{66} \varphi_{x,yy}+D_{66} \varphi_{y,xy} \\
& -A_{55} w_{,x}^{0}-A_{55} \varphi_{x}-\left(M_{xx,x}^{T}+M_{xy,y}^{T}\right)=R_{2} \varphi_{x,tt}
\end{aligned} \tag{7-53}
$$

$$
\begin{aligned}
& D_{66} \varphi_{x,xy}+D_{66} \varphi_{y,xx}+D_{21} \varphi_{x,xy}+D_{22} \varphi_{y,yy} \\
& -A_{44} w_{,y}^{0}-A_{44} \varphi_{y}-\left(M_{yy,y}^{T}+M_{xy,x}^{T}\right)=R_{2} \varphi_{y,tt}
\end{aligned} \tag{7-54}
$$

7.4.2 热挠度及振动响应求解

对四边固支边界进行求解。根据位移的组成，首先求解由不均匀温度产生的热静态变形，其静力学方程为

$$
\begin{aligned}
& A_{11} u_{s,xx}^{0}+A_{66} u_{s,yy}^{0}+\left(A_{12}+A_{66}\right) v_{s,xy}^{0}+\left(A_{12}+A_{66}\right) w_{s,y}^{0} w_{s,xy}^{0} \\
& +w_{s,x}^{0}\left(A_{11} w_{s,xx}^{0}+A_{66} w_{s,yy}^{0}\right)-\left(N_{xx,x}^{T}+N_{xy,y}^{T}\right)=0
\end{aligned} \tag{7-55}
$$

$$
\begin{aligned}
& \left(A_{12}+A_{66}\right) u_{s,xy}^{0}+A_{66} v_{s,xx}^{0}+A_{22} v_{s,yy}^{0}+\left(A_{12}+A_{66}\right) w_{s,x}^{0} w_{s,xy}^{0} \\
& +w_{s,y}^{0}\left(A_{66} w_{s,xx}^{0}+A_{22} w_{s,yy}^{0}\right)-\left(N_{yy,y}^{T}+N_{xy,x}^{T}\right)=0
\end{aligned} \tag{7-56}
$$

$$
\begin{aligned}
& w_{s,x}^{0}\left(\begin{array}{l}
A_{11} u_{s,xx}^{0}+A_{66} u_{s,yy}^{0}+\left(A_{12}+A_{66}\right) v_{s,xy}^{0}+w_{s,x}^{0}\left(A_{11} w_{s,xx}^{0}+A_{66} w_{s,yy}^{0}\right) \\
+\left(A_{12}+A_{66}\right) w_{s,y}^{0} w_{s,xy}^{0}-\left(N_{xx,x}^{T}+N_{xy,y}^{T}\right)
\end{array}\right) \\
& +w_{s,y}^{0}\left(\begin{array}{l}
\left(A_{12}+A_{66}\right) u_{s,xy}^{0}+A_{66} v_{s,xx}^{0}+A_{22} v_{s,yy}^{0}+\left(A_{12}+A_{66}\right) w_{s,x}^{0} w_{s,xy}^{0} \\
+w_{s,y}^{0}\left(A_{66} w_{s,xx}^{0}+A_{22} w_{s,yy}^{0}\right)-\left(N_{yy,y}^{T}+N_{xy,x}^{T}\right)
\end{array}\right) \\
& +w_{s,xx}^{0}\left(A_{11}\left(u_{s,x}^{0}+\frac{1}{2}\left(w_{s,x}^{0}\right)^{2}\right)+A_{12}\left(v_{s,y}^{0}+\frac{1}{2}\left(w_{s,y}^{0}\right)^{2}\right)-N_{xx}^{T}\right)
\end{aligned}
$$

$$+ w_{s,yy}^{0}\left(A_{12}\left(u_{s,x}^{0}+\frac{1}{2}\left(w_{s,x}^{0}\right)^{2}\right)+A_{22}\left(v_{s,y}^{0}+\frac{1}{2}\left(w_{s,y}^{0}\right)^{2}\right)-N_{yy}^{T}\right)$$
$$+ 2w_{s,xy}^{0}\left(A_{66}\left(u_{s,y}^{0}+v_{s,x}^{0}+w_{s,x}^{0}w_{s,y}^{0}\right)-N_{xy}^{T}\right)+A_{55}\left(w_{s,xx}^{0}+\varphi_{sx,x}\right)$$
$$+ A_{44}\left(w_{s,yy}^{0}+\varphi_{sy,y}\right)=0 \tag{7-57}$$

$$\begin{aligned}&D_{11}\varphi_{sx,xx}+D_{12}\varphi_{sy,xy}+D_{66}\varphi_{sx,yy}+D_{66}\varphi_{sy,xy}\\&-A_{55}w_{s,x}^{0}-A_{55}\varphi_{sx}-\left(M_{xx,x}^{T}+M_{xy,y}^{T}\right)=0\end{aligned} \tag{7-58}$$

$$\begin{aligned}&D_{66}\varphi_{sx,xy}+D_{66}\varphi_{sy,xx}+D_{21}\varphi_{sx,xy}+D_{22}\varphi_{sy,yy}\\&-A_{44}w_{s,y}^{0}-A_{44}\varphi_{sy}-\left(M_{yy,y}^{T}+M_{xy,x}^{T}\right)=0\end{aligned} \tag{7-59}$$

为便于求解，定义如下无量纲量：

$$\begin{aligned}&\varsigma=x/a,\quad \eta=y/b\lambda=a/b,\quad \varphi_{\varsigma}=\varphi_{x},\quad \varphi_{\eta}=\varphi_{y}\\&U=12au^{0}/h^{2},\quad V=12av^{0}/h^{2}W=2\sqrt{3}w^{0}/h,\quad Q=24\sqrt{3}a^{4}q/A_{11}h^{3}\end{aligned} \tag{7-60}$$

式 (7-55)~式 (7-59) 可写为如下的无量纲形式：

$$U_{s,\varsigma\varsigma}+\delta_{1}U_{s,\eta\eta}+\delta_{2}V_{s,\varsigma\eta}+W_{s,\varsigma}\left(W_{s,\varsigma\varsigma}+\delta_{1}W_{s,\eta\eta}\right)+\delta_{3}W_{s,\eta}W_{s,\varsigma\eta}+\delta_{44}N_{xx,\varsigma}^{T}+\delta_{45}N_{xy,\eta}^{T}=0 \tag{7-61}$$

$$U_{s,\varsigma\eta}+\delta_{6}V_{s,\varsigma\varsigma}+\delta_{7}V_{s,\eta\eta}+W_{s,\varsigma}W_{s,\varsigma\eta}+W_{s,\eta}\left(\delta_{8}W_{s,\varsigma\varsigma}+\delta_{9}W_{s,\eta\eta}\right)+\delta_{46}N_{yy,\eta}^{T}+\delta_{47}N_{xy,\varsigma}^{T}=0 \tag{7-62}$$

$$\begin{aligned}&W_{s,\varsigma}\left(\begin{array}{l}U_{s,\varsigma\varsigma}+\delta_{1}U_{s,\eta\eta}+\delta_{2}V_{s,\varsigma\eta}+W_{s,\varsigma}\left(W_{s,\varsigma\varsigma}+\delta_{1}W_{s,\eta\eta}\right)\\+\delta_{3}W_{s,\eta}W_{s,\varsigma\eta}+\delta_{44}N_{xx,\varsigma}^{T}+\delta_{45}N_{xy,\eta}^{T}\end{array}\right)\\&+W_{s,\eta}\left(\begin{array}{l}\delta_{3}U_{s,\varsigma\eta}+\delta_{28}V_{s,\varsigma\varsigma}+\delta_{22}V_{s,\eta\eta}+\delta_{3}W_{s,\varsigma}W_{s,\varsigma\eta}\\+W_{s,\eta}\left(\delta_{1}W_{s,\varsigma\varsigma}+\delta_{29}W_{s,\eta\eta}\right)+\delta_{46}N_{yy,\eta}^{T}+\delta_{47}N_{xy,\varsigma}^{T}\end{array}\right)\\&+W_{s,\varsigma\varsigma}\left(U_{s,\varsigma}+\delta_{16}W_{s,\varsigma}^{2}+\delta_{17}V_{s,\eta}+\delta_{18}W_{s,\eta}^{2}+\delta_{19}N_{xx}^{T}\right)\\&+W_{s,\eta\eta}\left(\delta_{20}U_{s,\varsigma}+\delta_{21}W_{s,\varsigma}^{2}+\delta_{22}V_{s,\eta}+\delta_{23}W_{s,\eta}^{2}+\delta_{24}N_{yy}^{T}\right)\\&+W_{s,\varsigma\eta}\left(\delta_{25}U_{s,\eta}+\delta_{26}V_{s,\varsigma}+\delta_{25}W_{s,\varsigma}W_{s,\eta}+\delta_{27}N_{xy}^{T}\right)\\&+\delta_{12}\varphi_{\varsigma s,\varsigma}+\delta_{13}W_{s,\varsigma\varsigma}+\delta_{14}\varphi_{\eta s,\eta}+\delta_{15}W_{s,\eta\eta}=0\end{aligned} \tag{7-63}$$

$$\varphi_{\varsigma s,\varsigma\varsigma}+\delta_{32}\varphi_{\varsigma s,\eta\eta}+\delta_{33}\varphi_{\eta s,\varsigma\eta}+\delta_{34}\varphi_{\varsigma s}+\delta_{35}W_{s,\varsigma}+\delta_{48}M_{xx,\varsigma}^{T}+\delta_{49}M_{xy,\eta}^{T}=0 \tag{7-64}$$

$$\varphi_{\eta s,\eta\eta}+\delta_{38}\varphi_{\varsigma s,\varsigma\eta}+\delta_{39}\varphi_{\eta s,\varsigma\varsigma}+\delta_{41}\varphi_{\eta s}+\delta_{40}W_{s,\eta}+\delta_{51}M_{yy,\eta}^{T}+\delta_{50}M_{xy,\varsigma}^{T}=0 \tag{7-65}$$

将热载荷产生的热薄膜力及热弯矩做傅里叶级数展开可得

$$\left\{\begin{array}{ll}N_{xx}^{T} & M_{xx}^{T}\\ N_{yy}^{T} & M_{yy}^{T}\\ N_{xy}^{T} & M_{xy}^{T}\end{array}\right\}=\sum_{m,n=1}^{M,N}\left\{\begin{array}{ll}N_{xxmn}^{T} & M_{xxmn}^{T}\\ N_{yymn}^{T} & M_{yymn}^{T}\\ N_{xymn}^{T} & M_{xymn}^{T}\end{array}\right\}R_{m}\left(\varsigma\right)S_{n}\left(\eta\right) \tag{7-66}$$

将式 (7-31)~式 (7-34) 代入式 (7-61)~式 (7-65)，并分别乘以 I_kJ_l、I_kJ_l、R_kS_l、R'_kS_l 及 $R_kS'_l$，采用辛普森积分法进行数值积分可得一组非线性方程，求解该方程可得层合板在梯度热载荷作用下的静态位移解。

层合板的动态响应可通过对以下无量纲方程求解获得

$$U_{,\varsigma\varsigma}+\delta_1U_{,\eta\eta}+\delta_2V_{,\varsigma\eta}+W_{,\varsigma}\left(W_{,\varsigma\varsigma}+\delta_1W_{,\eta\eta}\right)+\delta_3W_{,\eta}W_{,\varsigma\eta}+\delta_{44}N^T_{x,\varsigma}+\delta_{45}N^T_{xy,\eta}=\delta_5U_{,tt} \tag{7-67}$$

$$U_{,\varsigma\eta}+\delta_6V_{,\varsigma\varsigma}+\delta_7V_{,\eta\eta}+W_{,\varsigma}W_{,\varsigma\eta}+W_{,\eta}\left(\delta_8W_{,\varsigma\varsigma}+\delta_9W_{,\eta\eta}\right)+\delta_{46}N^T_{y,\eta}+\delta_{47}N^T_{xy,\varsigma}=\delta_{11}V_{,tt} \tag{7-68}$$

$$\begin{aligned}
&W_{,\varsigma}\left(\begin{array}{l}U_{,\varsigma\varsigma}+\delta_1U_{,\eta\eta}+\delta_2V_{,\varsigma\eta}+W_{,\varsigma}\left(W_{,\varsigma\varsigma}+\delta_1W_{,\eta\eta}\right)\\+\delta_3W_{,\eta}W_{,\varsigma\eta}+\delta_{44}N^T_{x,\varsigma}+\delta_{45}N^T_{xy,\eta}\end{array}\right)\\
&+W_{,\eta}\left(\begin{array}{l}\delta_3U_{,\varsigma\eta}+\delta_{28}V_{,\varsigma\varsigma}+\delta_{22}V_{,\eta\eta}\\+\delta_3W_{,\varsigma}W_{,\varsigma\eta}+W_{,\eta}\left(\delta_1W_{,\varsigma\varsigma}+\delta_{29}W_{,\eta\eta}\right)+\delta_{46}N^T_{y,\eta}+\delta_{47}N^T_{xy,\varsigma}\end{array}\right)\\
&+W_{,\varsigma\varsigma}\left(U_{,\varsigma}+\delta_{16}W^2_{,\varsigma}+\delta_{17}V_{,\eta}+\delta_{18}W^2_{,\eta}+\delta_{19}N^T_x\right)\\
&+W_{,\eta\eta}\left(\delta_{20}U_{,\varsigma}+\delta_{21}W^2_{,\varsigma}+\delta_{22}V_{,\eta}+\delta_{23}W^2_{,\eta}+\delta_{24}N^T_y\right)\\
&+W_{,\varsigma\eta}\left(\delta_{25}U_{,\eta}+\delta_{26}V_{,\varsigma}+\delta_{25}W_{,\varsigma}W_{,\eta}+\delta_{27}N^T_{xy}\right)\\
&+\delta_{12}\varphi_{\varsigma,\varsigma}+\delta_{13}W_{,\varsigma\varsigma}+\delta_{14}\varphi_{\eta,\eta}+\delta_{15}W_{,\eta\eta}+Q=\delta_{31}W_{,tt}
\end{aligned} \tag{7-69}$$

$$\varphi_{\varsigma,\varsigma\varsigma}+\delta_{32}\varphi_{\varsigma,\eta\eta}+\delta_{33}\varphi_{\eta,\varsigma\eta}+\delta_{34}\varphi_\varsigma+\delta_{35}W_{,\varsigma}+\delta_{48}M^T_{x,\varsigma}+\delta_{49}M^T_{xy,\eta}=\delta_{37}\varphi_{\varsigma,tt} \tag{7-70}$$

$$\varphi_{\eta,\eta\eta}+\delta_{38}\varphi_{\varsigma,\varsigma\eta}+\delta_{39}\varphi_{\eta,\varsigma\varsigma}+\delta_{41}\varphi_\eta+\delta_{40}W_{,\eta}+\delta_{51}M^T_{y,\eta}+\delta_{50}M^T_{xy,\varsigma}=\delta_{43}\varphi_{\eta,tt} \tag{7-71}$$

式中各系数的具体形式参见附录 B。假设式 (7-67)~式 (7-71) 解的形式如下：

$$U=\sum_{m,n}\left[u_{mn}+u_{mn}(t)\right]I_m\left(\varsigma\right)J_n\left(\eta\right) \tag{7-72}$$

$$V=\sum_{m,n}\left[v_{mn}+v_{mn}(t)\right]I_m\left(\varsigma\right)J_n\left(\eta\right) \tag{7-73}$$

$$W=\sum_{m,n}\left[w_{mn}+w_{mn}(t)\right]R_m\left(\varsigma\right)S_n\left(\eta\right) \tag{7-74}$$

$$\varphi_x=\sum_{m,n}\left[x_{mn}+x_{mn}(t)\right]R'_m\left(\varsigma\right)S_n\left(\eta\right) \tag{7-75}$$

$$\varphi_y=\sum_{m,n}\left[y_{mn}+y_{mn}(t)\right]R_m\left(\varsigma\right)S'_n\left(\eta\right) \tag{7-76}$$

式中，$u_{mn}(t)$、$v_{mn}(t)$、$w_{mn}(t)$、$x_{mn}(t)$ 及 $y_{mn}(t)$ 为动态位移系数。受热层合板总位移的系数为静态系数与动态系数之和。应用伽辽金法可将式 (7-67)~式 (7-71) 转化为一组常微分方程。以静态位移 U_s、V_s、W_s、φ_{xs} 及 φ_{ys} 作为求解的初始条件：

$$
\begin{aligned}
&U|_{t=0}=U_s,\quad V|_{t=0}=V_s,\quad W|_{t=0}=W_s+W_{\max},\quad \varphi_x|_{t=0}=\varphi_{xs},\quad \varphi_y|_{t=0}=\varphi_{ys}\\
&\left.\frac{\mathrm{d}U}{\mathrm{d}t}\right|_{t=0}=0,\quad \left.\frac{\mathrm{d}V}{\mathrm{d}t}\right|_{t=0}=0,\quad \left.\frac{\mathrm{d}W}{\mathrm{d}t}\right|_{t=0}=0,\quad \left.\frac{\mathrm{d}\varphi_x}{\mathrm{d}t}\right|_{t=0}=0,\quad \left.\frac{\mathrm{d}\varphi_y}{\mathrm{d}t}\right|_{t=0}=0
\end{aligned}
\tag{7-77}
$$

式中，$W_{\max}$ 为横向位移的无量纲振幅。采用经典变步长龙格–库塔法，可求解获得受热层合板自由振动的位移时域解。

7.4.3 梯度热载的影响

以尺寸为 0.4m×0.3m×0.007m 的三层对称层合板为对象，讨论沿板厚度方向梯度分布热载对声振响应特性的影响。层合板的铺层厚度及材料属性如表 7-2 所示。

表 7-2　层合板的铺层厚度及材料属性

铺层编号	厚度/mm	弹性模量/GPa	泊松比	密度/(kg·m^{-3})	线膨胀系数/K^{-1}
1	2	110	0.33	4500	1.0×10^{-5}
2	3	70	0.3	2700	2.3×10^{-5}
3	2	110	0.33	4500	1.0×10^{-5}

由图 7-28(a) 可知，受不均匀热载作用时，层合板的中心静态热挠度逐渐增大，不存在构型突变的明确失稳点，即共振频率降为零的温度点。在中面温度较低的范围内，板的中心静态热挠度随温度的升高增长十分缓慢，此时热应力产生的应力刚度 $\boldsymbol{K}_\sigma$ 与热挠曲产生的静态变形刚度 $\boldsymbol{K}_c$ 同时作用于结构，但前者的作用占据主导地位，导致层合板基频共振频率逐渐降低，如图 7-28(b)；当中面温度增大到一定水平后，热挠度随结构温度的增长速度显著提高，板的静态变形刚度 $\boldsymbol{K}_c$ 成为影响结构有效刚度的主导因素，从而引起层合板共振频率的回升。

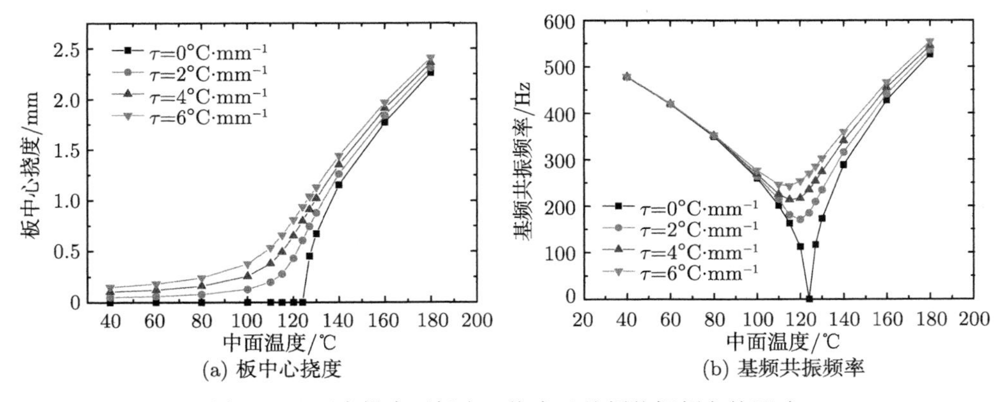

图 7-28　温度梯度对板中心挠度及基频共振频率的影响

另外，随着板内温度梯度增大，层合板的热静态挠度及基频共振频率均有不同程度提升，但在板的中面温度相对很低或很高的范围内，温度梯度的影响则相对很小。当中面温度很低时，对结构有效刚度起主导作用的是应力刚度 $\boldsymbol{K}_\sigma$，在中面温度不变时，温度梯度对 $\boldsymbol{K}_\sigma$ 的影响很小；当中面温度很高时，对结构有效刚度起主导作用的是静态变形刚度 $\boldsymbol{K}_c$，在中面温度不变时，温度梯度对 $\boldsymbol{K}_c$ 影响很小。因此，在以上两个温度段内，温度梯度的作用并不明显。在理论临界屈曲温度附近，$\boldsymbol{K}_\sigma$ 和 $\boldsymbol{K}_c$ 对板有效刚度的影响权重相当。此时，温度梯度直接影响受热层合板内热应力及热挠度的比例关系，从而导致板的基频共振频率对温度梯度的变化相对更为敏感。梯度热载对结构刚度起强化作用，并且这一影响在临界屈曲温度附近最为明显。

图 7-29 所示为温度梯度对层合板振动及辐射声响应的影响。计算中选取 110°C 为层合板的中面温度，该值十分靠近板的理论临界屈曲温度。由对比计算可知，随着板内温度梯度增大，层合板振动及辐射声响应的各共振峰均逐渐向高频方向移动，且高阶共振峰的移动更加明显。

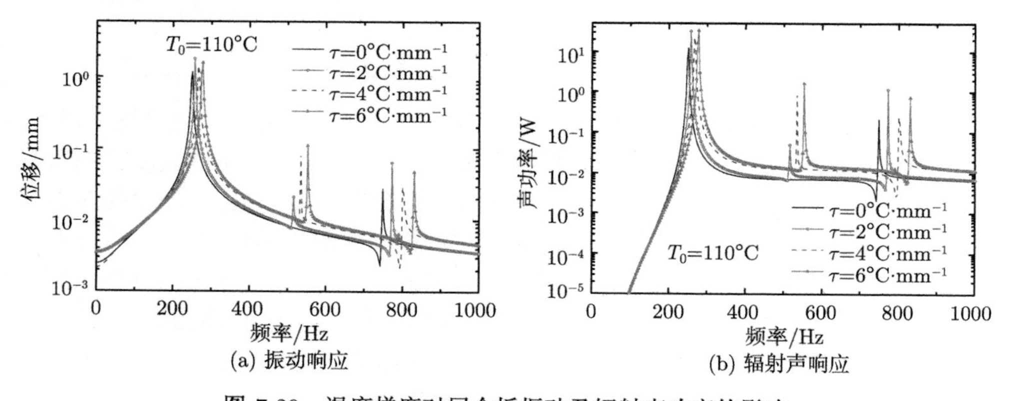

图 7-29 温度梯度对层合板振动及辐射声响应的影响

由于沿板厚度方向的温度梯度总会引起板的静态热弯曲变形，这一作用与板的初始构型缺陷十分相似。因此，借助梯度热载的分析原理，采用对板施加伪热载的方法，即中面无温差的梯度分布热载，构造具有初始微弯状态的平板模型，从而讨论层合板初始缺陷对其在热环境下动态响应特性的影响。

由图 7-30 所示结果可知，随着板中心处初始挠度增大，其共振频率在热环境下的最小值不断提升，且对应的温度点不断降低。说明初始变形的存在，会减弱热应力对结构有效刚度的影响，使结构在热环境中表现得更为刚硬。相应地，随着层合板内初始挠度的增大，其振动及辐射声响应的各共振峰均向高频方向移动，如图 7-31 所示。平板的初始缺陷，使其在热环境下表现出相对更高的有效刚度，这一预测结果与本书第 4 章及本章实验中观察到的现象相吻合。

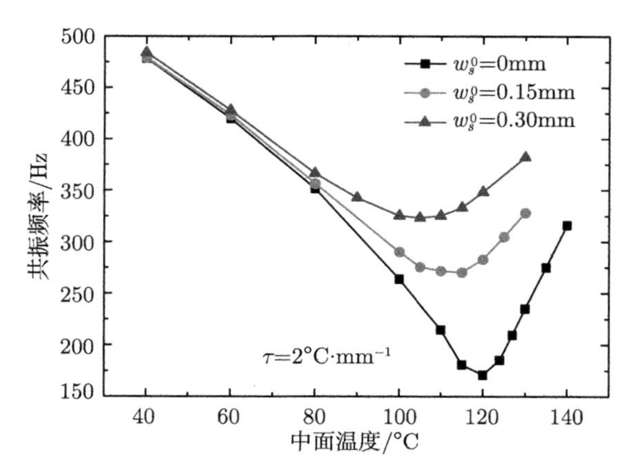

图 7-30　初始缺陷对受热层合板共振频率的影响

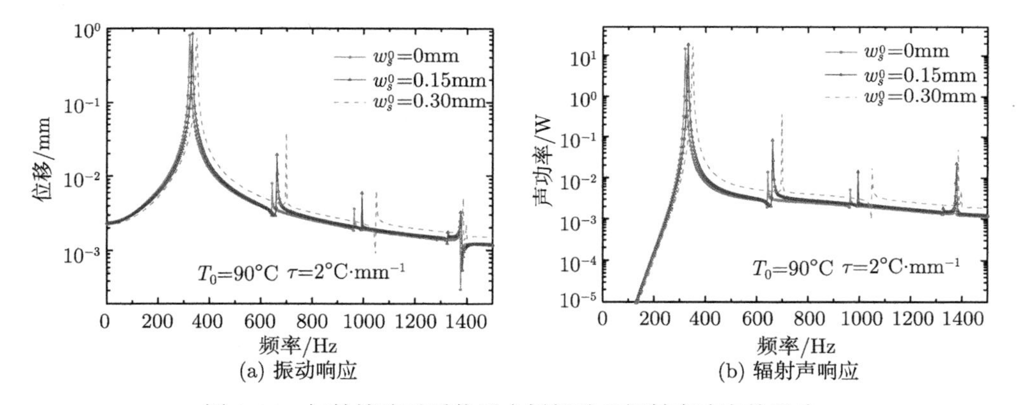

图 7-31　初始缺陷对受热层合板振动及辐射声响应的影响

7.5　本 章 小 结

本章采用一阶剪切变形理论及 von-Karman 非线性应变–位移关系，建立了考虑热屈曲效应的层合板动力学振动控制方程，获得了简支边界及固支边界条件下的理论解，考察了热应力及热屈曲变形对结构声振响应特性的影响。结果表明，在较大的温度范围内，层合板固有频率呈现出“下降–回升”的两阶段变化过程，相应地，板的振动响应及辐射声响应也呈现出“先平移后挤压”的变化过程。这些现象都可以作为实际结构是否发生热失稳的判断依据。

在固支铝板的热模态实验中，同样观察到了各阶频率先降后升的“V”字形轨迹，但是一阶固有频率的最小值并未降低至零，其他各频率则随模态阶次的升高依次在更高温时达到最小值。在升温过程中，模态 (1, 2) 和模态 (3, 1) 多次发生模态交换。在更高的频段内，模态交换现象更加普遍。

受固有振动特性变化的影响，铝板的声振响应曲线在升温时呈现出先整体向低频平移，再逐渐向中间频段内挤压的两阶段变化过程。在加热的第一阶段内，响应曲线整体形状基本保持不变；在第二阶段内，响应曲线的形状逐渐产生变化，响应共振峰的数量及排布出现明显差异。

数值结果表明，当受热板存在初始横向变形时，其固有频率不会降低至零，各阶频率也不会出现急剧降低或升高的情况，结构不存在频率和挠度突变的屈曲点。对于实际结构，不能通过固有频率的急剧变化或消失，来判断热屈曲的发生。

在对热屈曲板声振特性分析的基础上，建立了梯度热载作用下层合板的声振特性理论分析模型，以及相应的数值仿真方法，讨论了温度梯度和初始挠曲变形对受热板声振特性的影响。

第 8 章　典型壁板结构的热模态演变规律

8.1　引　　言

在装备结构中，常会使用大量的加筋壁板，可在空间及质量受限的条件下，获得更高的承载能力；在端面等部位，常使用连接结构将不同部件组成整体，实现载荷传递等功能。这些壁板结构均由不同部件组成，如面板与加强筋板构成加筋板，板件间通过栓接或铆接等构成连接板。部件间的组合方式直接决定了整体结构的声振响应特性，其复杂性和多样性也增加了系统建模及求解难度。热环境下，温度变化作为主因导致壁板结构声振特性变迁。而各部件间的相互作用作为内部约束条件，也在不同程度上影响了受热典型壁板的力学特性，导致其整体响应特性表现出特有的变化规律。前述章节的分析结果表明，模态特性是决定板在热环境下声振响应的重要因素。因此，准确预测受热壁板结构的固有频率及模态振型是获得其声振特性的基础。

本章以复合材料加筋板为对象，以“加强筋–面板离散模型”的思路，建立考虑热效应的半解析非线性动力学模型，采用一种适用于不同边界条件的正交函数系，作为试探基函数对控制方程进行求解，考察不同加筋形式下壁板结构的振动特性，获得复合材料加筋板热模态特性的演变规律。

最后，采用数值方法，对多种形式的加筋壁板结构，以及复合材料壁板连接结构在热载荷作用下的模态特性开展分析，讨论热屈曲前后复合材料壁板结构模态特性的变化规律，并对热环境下的模态交换现象进行分析，给出该现象的理论解释。

8.2　加筋板控制方程的建立及求解

如图 8-1 所示，复合材料层合加筋板长为 a，宽为 b，高为 h，由 l_p 层复合材料组成，坐标系的 xoy 平面与板中面重合，坐标原点设置在层合板一个交点上，沿 x 和 y 两个方向分别安装 n_x 和 n_y 个加筋梁，下面分别记做 x-加筋梁和 y-加筋梁。

$y_so_sz_s$ 和 $x_so_sz_s$ 分别为 x-加筋梁和 y-加筋梁的截面坐标系，其坐标原点设在加筋梁中轴线上，对于 x 方向的第 $i(i=0,1,2,\cdots,n_x)$ 个加筋梁，设其宽为 w_{xi}，高为 h_{xi}，形心距板中面的距离为 e_{xi}，由 l_{xi} 层复合材料组成；类似的，对于 y 方向的第 $i(i=0,1,2,\cdots,n_y)$ 个加筋梁，设其宽为 w_{yi}，高为 h_{yi}，形心距板中面的距离为 e_{yi}，由 l_{yi} 层复合材料组成。面板和加强筋均为复合材料层合结构，这样很自然会出现两种情况：加强筋叠层方向与面板叠层方向平行或者垂直，如图 8-1 所示。本章将这两类加筋方式分别记作 type a 和 type b。

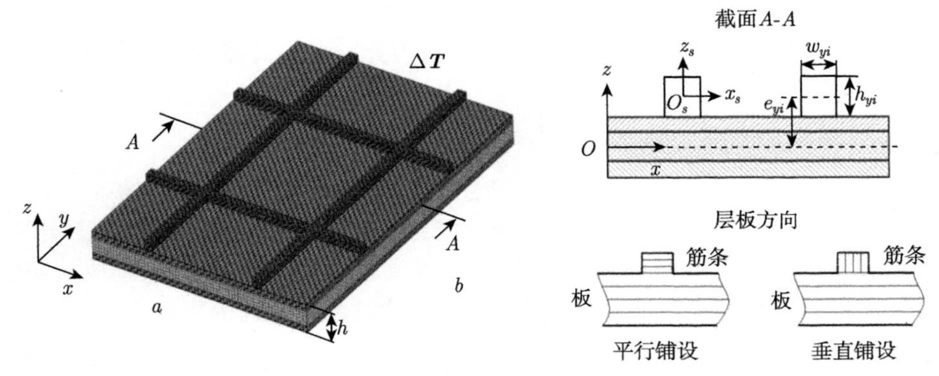

图 8-1　复合材料层合加筋板示意图

8.2.1　加筋板内的能量

设 u、v 及 w 分别代表层合加筋板几何中面在三个方向上的位移，ψ_x 和 ψ_y 分别为截面绕 $+y$ 轴和 $-x$ 轴的转角。根据一阶剪切变形理论[246]，面板内任意一点的位移场可表达为

$$\bar{u}(x,y,z,t) = u(x,y,t) + z\psi_x(x,y,t) \tag{8-1}$$

$$\bar{v}(x,y,z,t) = v(x,y,t) + z\psi_y(x,y,t) \tag{8-2}$$

$$\bar{w}(x,y,z,t) = w(x,y,t) \tag{8-3}$$

层合面板内各点处应变为

$$\boldsymbol{\varepsilon} = (\varepsilon_x, \varepsilon_y, \gamma_{xy})^{\mathrm{T}} = \boldsymbol{\varepsilon}^0 + z\boldsymbol{\kappa} - \boldsymbol{\varepsilon}^{\mathrm{T}} \tag{8-4}$$

$$\boldsymbol{\gamma} = (\gamma_{yz}, \gamma_{xz})^{\mathrm{T}} = \boldsymbol{\gamma}^0 \tag{8-5}$$

式中，$\boldsymbol{\varepsilon}^0$、$\boldsymbol{\kappa}$ 和 $\boldsymbol{\gamma}^0$ 分别为层合板中面的应变向量、曲率向量和横向切应变向量。考虑非线性 von-Karman 应变–位移关系则有

$$\boldsymbol{\varepsilon}^0 = \left(\varepsilon_x^0,\ \varepsilon_y^0,\ \gamma_{xy}^0\right)^{\mathrm{T}} = \left(u_{,x} + \frac{1}{2}w_{,x}^2,\ v_{,y} + \frac{1}{2}w_{,y}^2,\ u_{,y} + v_{,x} + w_{,x}w_{,y}\right)^{\mathrm{T}} \tag{8-6}$$

$$\boldsymbol{\kappa} = (\kappa_x,\ \kappa_y,\ \kappa_{xy})^{\mathrm{T}} = \left(\psi_{x,x},\ \psi_{y,y},\ \psi_{y,x} + \psi_{x,y}\right)^{\mathrm{T}} \tag{8-7}$$

$$\boldsymbol{\gamma}^0 = \left(\gamma_{yz}^0,\ \gamma_{xz}^0\right)^{\mathrm{T}} = \left(w_{,y} + \psi_y,\ w_{,x} + \psi_x\right)^{\mathrm{T}} \tag{8-8}$$

式 (8-4) 中，$\boldsymbol{\varepsilon}^{\mathrm{T}}$ 是由温度变化引起的热应变。对于第 k 层：

$$\boldsymbol{\varepsilon}^{\mathrm{T}(k)}=\boldsymbol{\alpha}^{(k)}\Delta T \tag{8-9}$$

式中，$\boldsymbol{\alpha}^{(k)}=(\alpha_x,\alpha_y,\alpha_{xy})^{\mathrm{T}}$，$\alpha_x$ 和 α_y 分别为 x 和 y 方向上的热膨胀系数，α_{xy} 为 xoy 平面内的热膨胀系数。类似的，全局坐标系下热膨胀系数可由两个主轴方向的热膨胀系数 α_1 和 α_2 左乘坐标旋转矩阵[247]得到：

$$\alpha_x=\alpha_1\cos^2\theta+\alpha_2\sin^2\theta \tag{8-10}$$

$$\alpha_y=\alpha_2\cos^2\theta+\alpha_1\sin^2\theta \tag{8-11}$$

$$\alpha_{xy}=2(\alpha_1-\alpha_2)\sin\theta\cos\theta \tag{8-12}$$

式中，θ 为由 x 轴到第 k 层纤维铺设方向之间的夹角，逆时针为正。

在层合板的第 k 层中，应力应变关系为

$$\begin{pmatrix}\sigma_x\\ \sigma_y\\ \tau_{xy}\end{pmatrix}^{(k)}=\begin{pmatrix}\bar{Q}_{11}&\bar{Q}_{12}&\bar{Q}_{16}\\ \bar{Q}_{12}&\bar{Q}_{22}&\bar{Q}_{26}\\ \bar{Q}_{16}&\bar{Q}_{26}&\bar{Q}_{66}\end{pmatrix}^{(k)}\begin{pmatrix}\varepsilon_x\\ \varepsilon_y\\ \gamma_{xy}\end{pmatrix}^{(k)} \tag{8-13}$$

$$\begin{pmatrix}\tau_{yz}\\ \tau_{xz}\end{pmatrix}^{(k)}=\begin{pmatrix}\bar{Q}_{44}&\bar{Q}_{45}\\ \bar{Q}_{45}&\bar{Q}_{55}\end{pmatrix}^{(k)}\begin{pmatrix}\gamma_{yz}\\ \gamma_{xz}\end{pmatrix}^{(k)} \tag{8-14}$$

式中，$\bar{Q}_{ij}^{(k)}$ 为第 k 层缩减刚度常数[247]，其各项表达如下：

$$\begin{cases}\bar{Q}_{11}^{(k)}=Q_{11}\cos^4\theta+2(Q_{12}+2Q_{66})\sin^2\theta\cos^2\theta+Q_{22}\sin^4\theta\\ \bar{Q}_{12}^{(k)}=(Q_{11}+Q_{22}-4Q_{66})\sin^2\theta\cos^2\theta+Q_{12}\left(\sin^4\theta+\cos^4\theta\right)\\ \bar{Q}_{22}^{(k)}=Q_{11}\sin^4\theta+2(Q_{12}+2Q_{66})\sin^2\theta\cos^2\theta+Q_{22}\cos^4\theta\\ \bar{Q}_{16}^{(k)}=(Q_{11}-Q_{12}-2Q_{66})\sin\theta\cos^3\theta+(Q_{12}-Q_{22}+2Q_{66})\sin^3\theta\cos\theta\\ \bar{Q}_{26}^{(k)}=(Q_{11}-Q_{12}-2Q_{66})\sin^3\theta\cos\theta+(Q_{12}-Q_{22}+2Q_{66})\sin\theta\cos^3\theta\\ \bar{Q}_{66}^{(k)}=(Q_{11}+Q_{22}-2Q_{12}-2Q_{66})\sin^2\theta\cos^2\theta+Q_{66}\left(\sin^4\theta+\cos^4\theta\right)\\ \bar{Q}_{44}^{(k)}=Q_{44}\cos^2\theta+Q_{55}\sin^2\theta\\ \bar{Q}_{45}^{(k)}=(Q_{55}-Q_{44})\sin\theta\cos\theta\\ \bar{Q}_{55}^{(k)}=Q_{44}\sin^2\theta+Q_{55}\cos^2\theta\end{cases} \tag{8-15}$$

且有

$$\begin{aligned}&Q_{11}=\frac{E_1}{1-\nu_{12}\nu_{21}},Q_{22}=\frac{E_2}{1-\nu_{12}\nu_{21}},\\ &Q_{12}=\frac{\nu_{12}E_2}{1-\nu_{12}\nu_{21}},Q_{44}=G_{23},Q_{55}=G_{13},Q_{66}=G_{12}\end{aligned} \tag{8-16}$$

式中，E_1 和 E_2 分别为主方向 1 和 2 的弹性模量；ν_{12} 和 ν_{21} 为泊松比。弹性模量和泊松比满足关系 $\nu_{12}/E_1=\nu_{21}/E_2$。$G_{12}$、$G_{13}$ 和 G_{23} 为剪切模量。

对各个应力分量沿板厚积分，得到层合板截面内力、内矩及截面剪力为

$$\begin{pmatrix} N_x \\ N_y \\ N_{xy} \end{pmatrix}=\begin{pmatrix} A_{11} & A_{12} & A_{16} \\ A_{12} & A_{22} & A_{26} \\ A_{16} & A_{26} & A_{66} \end{pmatrix}\begin{pmatrix} \varepsilon_x^0 \\ \varepsilon_y^0 \\ \gamma_{xy}^0 \end{pmatrix}+\begin{pmatrix} B_{11} & B_{12} & B_{16} \\ B_{12} & B_{22} & B_{26} \\ B_{16} & B_{26} & B_{66} \end{pmatrix}\begin{pmatrix} \kappa_x \\ \kappa_y \\ \kappa_{xy} \end{pmatrix}-\begin{pmatrix} N_x^T \\ N_y^T \\ N_{xy}^T \end{pmatrix} \tag{8-17}$$

$$\begin{pmatrix} M_x \\ M_y \\ M_{xy} \end{pmatrix}=\begin{pmatrix} B_{11} & B_{12} & B_{16} \\ B_{12} & B_{22} & B_{26} \\ B_{16} & B_{26} & B_{66} \end{pmatrix}\begin{pmatrix} \varepsilon_x^0 \\ \varepsilon_y^0 \\ \gamma_{xy}^0 \end{pmatrix}+\begin{pmatrix} D_{11} & D_{12} & D_{16} \\ D_{12} & D_{22} & D_{26} \\ D_{16} & D_{26} & D_{66} \end{pmatrix}\begin{pmatrix} \kappa_x \\ \kappa_y \\ \kappa_{xy} \end{pmatrix}-\begin{pmatrix} M_x^T \\ M_y^T \\ M_{xy}^T \end{pmatrix} \tag{8-18}$$

$$\begin{pmatrix} Q_{yz} \\ Q_{xz} \end{pmatrix}=\begin{pmatrix} A_{44} & A_{45} \\ A_{45} & A_{55} \end{pmatrix}\begin{pmatrix} \gamma_{yz}^0 \\ \gamma_{xz}^0 \end{pmatrix} \tag{8-19}$$

其中，

$$(A_{ij},B_{ij},D_{ij})=\sum_{k=1}^{l_p}\int_{z_{k-1}}^{z_k}\bar{Q}_{ij}^{(k)}\left(1,z,z^2\right)\mathrm{d}z\quad(i,j=1,2,6) \tag{8-20}$$

$$\begin{pmatrix} N_x^T \\ N_y^T \\ N_{xy}^T \end{pmatrix}=\sum_{k=1}^{l_p}\int_{z_{k-1}}^{z_k}\begin{pmatrix} \bar{Q}_{11} & \bar{Q}_{12} & \bar{Q}_{16} \\ \bar{Q}_{12} & \bar{Q}_{22} & \bar{Q}_{26} \\ \bar{Q}_{16} & \bar{Q}_{26} & \bar{Q}_{66} \end{pmatrix}^{(k)}\begin{pmatrix} \alpha_x \\ \alpha_y \\ \alpha_{xy} \end{pmatrix}^{(k)}\Delta T\mathrm{d}z \tag{8-21}$$

$$\begin{pmatrix} M_x^T \\ M_y^T \\ M_{xy}^T \end{pmatrix}=\sum_{k=1}^{l_p}\int_{z_{k-1}}^{z_k}\begin{pmatrix} \bar{Q}_{11} & \bar{Q}_{12} & \bar{Q}_{16} \\ \bar{Q}_{12} & \bar{Q}_{22} & \bar{Q}_{26} \\ \bar{Q}_{16} & \bar{Q}_{26} & \bar{Q}_{66} \end{pmatrix}^{(k)}\begin{pmatrix} \alpha_x \\ \alpha_y \\ \alpha_{xy} \end{pmatrix}^{(k)}z\Delta T\mathrm{d}z \tag{8-22}$$

注意到，在一阶剪切变形理论中，横向切应变沿厚度方向是均匀的，则由此计算得到的切应力式 (8-19) 也将是均匀的。而实际上，在复合材料层合结构 (包括层合梁、层合板) 中，横向切应力沿厚度方向变化是二次的 (呈抛物线形)，有学者通过

引入连续加权函数[247]来描述剪切应力沿层合板厚度方向的变化：

$$f(z)=\frac{5}{4}\left[1-\left(\frac{z}{h/2}\right)^2\right] \tag{8-23}$$

为方便起见，引入剪切修正系数 $\kappa_s=\pi^2/12$[248] 来弥补这一差异。则横向剪切刚度为

$$A_{ij}=\kappa_s\sum_{k=1}^{l_p}\bar{Q}_{ij}^{(k)}\left(z_k-z_{k-1}\right)\quad(i,j=4,5) \tag{8-24}$$

层合板应变能 U_{p} 包括薄膜应变能 U_{pm}、弯曲应变能 U_{pb} 及剪切应变能 U_{ps}：

$$U_{\mathrm{pm}}=\frac{1}{2}\int_A\left(N_x\varepsilon_x^0+N_y\varepsilon_y^0+N_{xy}\gamma_{xy}^0\right)\mathrm{d}A \tag{8-25}$$

$$U_{\mathrm{pb}}=\frac{1}{2}\int_A\left(M_x\kappa_x^0+M_y\kappa_y^0+M_{xy}\kappa_{xy}^0\right)\mathrm{d}A \tag{8-26}$$

$$U_{\mathrm{ps}}=\frac{1}{2}\int_A\left(Q_{yz}\gamma_{yz}^0+Q_{xz}\gamma_{xz}^0\right)\mathrm{d}A \tag{8-27}$$

将式 (8-17)~式 (8-19) 代入式 (8-25)~式 (8-27)，可得由位移表示的应变能，具体形式参见本书附录 C。

考察第 i 个 x-加筋梁，为保证面板和加筋梁在连接处变形连续，假设内部位移场为

$$\bar{u}_s\left(x,y_s,z_s,t\right)=\bar{u}\left(x,y_i,e_{xi},t\right)-y_s\bar{v}_{,x}+z_s\psi_x\left(x,y_i,t\right) \tag{8-28}$$

$$\bar{v}_s\left(x,y_s,z_s,t\right)=\bar{v}\left(x,y_i,e_{xi},t\right)+z_s\psi_y\left(x,y_i,t\right) \tag{8-29}$$

$$\bar{w}_s\left(x,y_s,z_s,t\right)=\bar{w}\left(x,y_i,e_{xi},t\right)-y_s\psi_y\left(x,y_i,t\right) \tag{8-30}$$

式中，$\bar{u}\left(x,y_i,e_{xi},t\right)$、$\bar{v}\left(x,y_i,e_{xi},t\right)$ 和 $\bar{w}\left(x,y_i,e_{xi},t\right)$ 为 x-加筋梁轴线处位移。将式 (8-1)~ 式 (8-3) 代入式 (8-28)~ 式 (8-30)，结合 von-Karman 位移–应变关系得到加筋梁内部应变场。需要说明的是，坐标系 $y_so_sz_s$ 是由全局坐标系经坐标变换 $y_s=y-y_i$ 和 $z_s=z-e_{xi}$ 平移得到，则有 $\partial/\partial y_s=\partial/\partial y$ 和 $\partial/\partial z_s=\partial/\partial z$，可得

$$\varepsilon_x^{sxi}=u_{,x}+e_{xi}\psi_{x,x}+z_s\psi_{x,x}-y_s\left(v_{,xx}+e_{xi}\psi_{y,xx}\right)+\frac{1}{2}w_{,x}^2-\alpha_x\Delta T \tag{8-31}$$

$$\gamma_{xy}^{sxi}=z_s\psi_{y,x}-\alpha_{xy}\Delta T \tag{8-32}$$

$$\gamma_{xz}^{sxi}=\psi_x+w_{,x}-y_s\psi_{y,x} \tag{8-33}$$

考虑到 x-加筋梁轴向 (x 轴) 尺寸远大于其他两个方向，故假设 $\sigma_y = 0$，则加筋梁的本构方程为

$$\begin{pmatrix} \sigma_x \\ \tau_{xy} \end{pmatrix}^{sxi,(k)} = \begin{pmatrix} \bar{Q}'_{11} & \bar{Q}'_{16} \\ \bar{Q}'_{16} & \bar{Q}'_{66} \end{pmatrix}^{sxi,(k)} \begin{pmatrix} \varepsilon_x \\ \gamma_{xy} \end{pmatrix}^{sxi,(k)} \tag{8-34}$$

$$\tau_{xz}^{sxi,(k)} = \bar{Q}_{55}^{\prime sxi,(k)} \gamma_{xz}^{sxi,(k)} \tag{8-35}$$

其中，加撇的分量表示层合缩减刚度系数[249,250]，可由层合板刚度系数求得

$$\bar{Q}_{11}^{\prime sxi} = \bar{Q}_{11}^{sxi} - \frac{\left(\bar{Q}_{12}^{sxi}\right)^2}{\bar{Q}_{22}^{sxi}} \tag{8-36}$$

$$\bar{Q}_{16}^{\prime sxi} = \bar{Q}_{16}^{sxi} - \frac{\bar{Q}_{12}^{sxi}\bar{Q}_{26}^{sxi}}{\bar{Q}_{22}^{sxi}} \tag{8-37}$$

$$\bar{Q}_{66}^{\prime sxi} = \bar{Q}_{66}^{sxi} - \frac{\left(\bar{Q}_{26}^{sxi}\right)^2}{\bar{Q}_{22}^{sxi}} \tag{8-38}$$

$$\bar{Q}_{55}^{\prime sxi} = \frac{\bar{Q}_{44}^{sxi}\bar{Q}_{55}^{sxi} - \left(\bar{Q}_{45}^{sxi}\right)^2}{\bar{Q}_{44}^{sxi}} \tag{8-39}$$

则第 i 个 x-加筋梁的应变能为

$$\begin{aligned} U_{sxi} = \frac{1}{2}\int_0^a & A_{11}^{sxi}\left(u_{,x} + e_{xi}\psi_{x,x} + \frac{1}{2}w_{,x}^2\right)^2 + A_{55}^{sxi}\left(\psi_x + w_{,x}\right)^2 \\ & + 2B_{11}^{sxi}\psi_{x,x}\left(u_{,x} + e_{xi}\psi_{x,x} + \frac{1}{2}w_{,x}^2\right) + 2B_{16}^{sxi}\psi_{y,x}\left(u_{,x} + e_{xi}\psi_{x,x} + \frac{1}{2}w_{,x}^2\right) \\ & + D_{11}\psi_{x,x}^2 + 2D_{16}^{sxi}\psi_{x,x}\psi_{y,x} + D_{66}^{sxi}\psi_{y,x}^2 - 2E_{55}^{sxi}\left(\psi_x + w_{,x}\right)\psi_{y,x} \\ & - 2E_{11}^{sxi}\left(u_{,x} + e_{xi}\psi_{x,x} + \frac{1}{2}w_{,x}^2\right)\left(v_{,xx} + e_{xi}\psi_{y,xx}\right) + F_{11}^{sxi}\left(v_{,xx} + e_{xi}\psi_{y,xx}\right)^2 \\ & + F_{55}^{sxi}\psi_{y,x}^2 - 2N_x^T\left(u_{,x} + e_{xi}\psi_{x,x} + \frac{1}{2}w_{,x}^2\right) - 2M_x^{T1}\psi_{x,x} - 2M_{xy}^{T1}\psi_{y,x} \\ & + 2M_x^{T2}\left(v_{,xx} + e_{xi}\psi_{y,xx}\right)\mathrm{d}x \end{aligned} \tag{8-40}$$

式中，各系数的具体形式参见本书附录 C。

类似地，对于第 i 个 y-加筋梁，为保证面板和加筋梁在连接处变形连续，假设内部位移场为

$$\bar{u}_s\left(x_s, y, z_s, t\right) = \bar{u}\left(x_i, y, e_{yi}, t\right) + z_s\psi_x\left(x_i, y, t\right) \tag{8-41}$$

$$\bar{v}_s\left(x_s, y, z_s, t\right) = \bar{v}\left(x_i, y, e_{yi}, t\right) - x_s\bar{u}_{,y} + z_s\psi_y\left(x_i, y, t\right) \tag{8-42}$$

$$\bar{w}_s\left(x_s, y, z_s, t\right) = \bar{w}\left(x_i, y, e_{yi}, t\right) - x_s\psi_x\left(x_i, y, t\right) \tag{8-43}$$

式中，$\bar{u}(x_i, y, e_{yi}, t)$、$\bar{v}(x_i, y, e_{yi}, t)$ 和 $\bar{w}(x_i, y, e_{yi}, t)$ 为 y-加筋梁轴线处的位移。将式 (8-1)~ 式 (8-3) 代入式 (8-41)~ 式 (8-43)，结合 von-Karman 位移–应变关系得到加筋梁内部应变场。需要说明的是，坐标系 $y_s o_s z_s$ 是由全局坐标系经坐标变换 $x_s = x - x_i$, 和 $z_s = z - e_{yi}$ 平移得到，则有 $\partial/\partial x_s = \partial/\partial x$ 和 $\partial/\partial z_s = \partial/\partial z$，可得

$$\varepsilon_y^{syi} = v_{,y} + e_{yi}\psi_{y,y} - x_s\left(u_{,yy} + e_{yi}\psi_{x,yy}\right) + z_s\psi_{y,y} + \frac{1}{2}w_{,y}^2 - \alpha_y\Delta T \tag{8-44}$$

$$\gamma_{xy}^{syi} = z_s\psi_{x,y} - \alpha_{xy}\Delta T \tag{8-45}$$

$$\gamma_{yz}^{syi} = \psi_y + w_{,y} - x_s\psi_{x,y} \tag{8-46}$$

考虑到 y-加筋梁轴向 (y 轴) 尺寸远大于其他两个方向，故假设 $\sigma_x = 0$，则加筋梁的本构方程为

$$\begin{pmatrix} \sigma_y \\ \tau_{xy} \end{pmatrix}^{syi,(k)} = \begin{pmatrix} \bar{Q}'_{22} & \bar{Q}'_{26} \\ \bar{Q}'_{26} & \bar{Q}'_{66} \end{pmatrix}^{syi,(k)} \begin{pmatrix} \varepsilon_x \\ \gamma_{xy} \end{pmatrix}^{syi,(k)} \tag{8-47}$$

$$\tau_{yz}^{syi,(k)} = \bar{Q}_{44}^{syi,(k)}\gamma_{yz}^{syi,(k)} \tag{8-48}$$

其中，加撇的分量表示层合缩减刚度系数，可由层合板刚度系数求得

$$\bar{Q}_{22}^{\prime syi} = \bar{Q}_{22}^{syi} - \frac{\left(\bar{Q}_{12}^{syi}\right)^2}{\bar{Q}_{11}^{syi}} \tag{8-49}$$

$$\bar{Q}_{26}^{\prime syi} = \bar{Q}_{26}^{syi} - \frac{\bar{Q}_{12}^{syi}\bar{Q}_{16}^{syi}}{\bar{Q}_{11}^{syi}} \tag{8-50}$$

$$\bar{Q}_{66}^{\prime syi} = \bar{Q}_{66}^{syi} - \frac{\left(\bar{Q}_{16}^{syi}\right)^2}{\bar{Q}_{11}^{syi}} \tag{8-51}$$

$$\bar{Q}_{44}^{\prime syi} = \frac{\bar{Q}_{44}^{syi}\bar{Q}_{55}^{syi} - \left(\bar{Q}_{45}^{syi}\right)^2}{\bar{Q}_{55}^{syi}} \tag{8-52}$$

则第 i 个 y-加筋梁的应变能为

$$\begin{aligned} U_{syi} = \frac{1}{2}\int_0^b & A_{22}^{syi}\left(v_{,y} + e_{yi}\psi_{y,y} + \frac{1}{2}w_{,y}^2\right)^2 + A_{44}^{syi}\left(\psi_y + w_{,y}\right)^2 \\ & + 2B_{22}^{syi}\psi_{y,y}\left(v_{,y} + e_{yi}\psi_{y,y} + \frac{1}{2}w_{,y}^2\right) + 2B_{26}^{syi}\psi_{x,y}\left(v_{,y} + e_{yi}\psi_{y,y} + \frac{1}{2}w_{,y}^2\right) \\ & + D_{22}^{syi}\psi_{y,y}^2 + 2D_{26}^{syi}\psi_{x,y}\psi_{y,y} + D_{66}^{syi}\psi_{x,y}^2 - 2E_{44}^{syi}\left(\psi_y + w_{,y}\right)\psi_{x,y} \\ & - 2E_{22}^{syi}\left(v_{,y} + e_{yi}\psi_{y,y} + \frac{1}{2}w_{,y}^2\right)\left(u_{,yy} + e_{yi}\psi_{x,yy}\right) + F_{22}^{syi}\left(u_{,yy} + e_{yi}\psi_{x,yy}\right)^2 \end{aligned}$$

$$+ F_{44}^{syi}\psi_{x,y}^2 - 2N_y^T\left(v_{,y} + e_{yi}\psi_{y,y} + \frac{1}{2}w_{,y}^2\right) - 2M_y^{T1}\psi_{y,y} - 2M_{xy}^{T1}\psi_{x,y}$$
$$+ 2M_y^{T2}\left(u_{,yy} + e_{yi}\psi_{x,yy}\right)\mathrm{d}y \tag{8-53}$$

式中，各系数的具体形式参见本书附录 C。由此，加筋板系统总势能为

$$U_{\text{total}} = U_{\text{pm}} + U_{\text{pb}} + U_{\text{ps}} + \sum_{i=1}^{n_x} U_{sxi} + \sum_{i=1}^{n_y} U_{syi} \tag{8-54}$$

复合材料层合面板的动能为

$$\begin{aligned} K_{\text{p}} &= \frac{1}{2}\int_{V_{\text{P}}} \rho\left(\dot{u}^2 + \dot{v}^2 + \dot{w}^2\right)\mathrm{d}V \\ &= \frac{1}{2}\int_0^b\int_0^a m_{p1}\left(\dot{u}^2 + \dot{v}^2 + \dot{w}^2\right) + m_{p2}\left(\dot{\psi}_x^2 + \dot{\psi}_y^2\right)\mathrm{d}x\mathrm{d}y \end{aligned} \tag{8-55}$$

其中，

$$(m_{p1}, m_{p2}) = \sum_{k=1}^{l}\int_{z_{k-1}}^{z_k} \rho\left(1, z^2\right)\mathrm{d}z \tag{8-56}$$

第 i 个 x-加筋梁的动能为

$$\begin{aligned} K_{sxi} &= \frac{1}{2}\int_{V_{sxi}} \rho_{xi}\left(\dot{u}_s^2 + \dot{v}_s^2 + \dot{w}_s^2\right)\mathrm{d}V \\ &= \frac{1}{2}\int_0^a m_{sxi1}\left(\dot{u}^2 + \dot{v}^2 + \dot{w}^2\right) + m_{sxi2}\dot{\psi}_x^2 + m_{sxi3}\dot{\psi}_y^2 + m_{sxi4}\left(\dot{u}\dot{\psi}_x + \dot{v}\dot{\psi}_y\right) \\ &\quad + m_{sxi5}\left(\dot{w}\dot{\psi}_y + \dot{u}\dot{v}_{,x}\right) + m_{sxi6}\left(\dot{u}\dot{\psi}_{y,x} + \dot{v}_{,x}\dot{\psi}_x\right) + m_{sxi7}\dot{v}_{,x}^2 + m_{sxi8}\dot{v}_{,x}\dot{\psi}_{y,x} \\ &\quad + m_{sxi9}\dot{\psi}_{y,x}\dot{\psi}_x + m_{sxi10}\dot{\psi}_{y,x}^2\mathrm{d}x \end{aligned} \tag{8-57}$$

其中，

$$\begin{pmatrix} m_{sxi1} & m_{sxi6} \\ m_{sxi2} & m_{sxi7} \\ m_{sxi3} & m_{sxi8} \\ m_{sxi4} & m_{sxi9} \\ m_{sxi5} & m_{sxi10} \end{pmatrix} = \int_{A_{sxi}} \rho_{xi} \begin{pmatrix} 1 & -2e_{xi}y_s \\ \left(e_{xi} + z_s\right)^2 & y_s^2 \\ \left(e_{xi} + z_s\right)^2 + y_s^2 & 2e_{xi}y_s^2 \\ 2\left(e_{xi} + z_s\right) & -2e_{xi}^2 y_s \\ -2y_s & e_{xi}^2 y_s^2 \end{pmatrix}\mathrm{d}A \tag{8-58}$$

第 i 个 y-加筋梁的动能为

$$\begin{aligned} K_{syi} &= \frac{1}{2}\int_{V_{syi}} \rho_{yi}\left(\dot{u}_s^2 + \dot{v}_s^2 + \dot{w}_s^2\right)\mathrm{d}V \\ &= \frac{1}{2}\int_0^b m_{syi1}\left(\dot{u}^2 + \dot{v}^2 + \dot{w}^2\right) + m_{syi2}\dot{\psi}_x^2 + m_{syi3}\dot{\psi}_y^2 + m_{syi4}\left(\dot{u}\dot{\psi}_x + \dot{v}\dot{\psi}_y\right) \\ &\quad + m_{syi5}\left(\dot{w}\dot{\psi}_x + \dot{v}\dot{u}_{,y}\right) + m_{syi6}\left(\dot{u}_{,y}\dot{\psi}_y + \dot{v}\dot{\psi}_{x,y}\right) + m_{syi7}\dot{u}_{,y}^2 + m_{syi8}\dot{u}_{,y}\dot{\psi}_{x,y} \\ &\quad + m_{syi9}\dot{\psi}_{x,y}\dot{\psi}_y + m_{syi10}\dot{\psi}_{x,y}^2\,\mathrm{d}y \end{aligned} \tag{8-59}$$

其中，

$$\begin{pmatrix} m_{syi1} & m_{syi6} \\ m_{syi2} & m_{syi7} \\ m_{syi3} & m_{syi8} \\ m_{syi4} & m_{syi9} \\ m_{syi5} & m_{syi10} \end{pmatrix} = \int_{A_{syi}} \rho_{yi} \begin{pmatrix} 1 & -2e_{yi}x_s \\ (e_{yi}+z_s)^2 + x_s^2 & x_s^2 \\ (e_{yi}+z_s)^2 & 2e_{yi}x_s^2 \\ 2(e_{yi}+z_s) & -2e_{yi}^2 x_s \\ -2x_s & e_{yi}^2 x_s^2 \end{pmatrix} \mathrm{d}A \tag{8-60}$$

则加筋板的总动能为

$$K_{\text{total}} = K_{\text{p}} + \sum_{i=1}^{n_x} K_{sxi} + \sum_{i=1}^{n_y} K_{syi} \tag{8-61}$$

加筋板受到垂直于板面方向的横向载荷 P，则外力功为

$$W_{\text{ext}} = \int_0^b \int_0^a P(x,y)\, w \mathrm{d}x \mathrm{d}y \tag{8-62}$$

8.2.2　位移场离散

为方便起见，引入两个无量纲坐标：

$$\xi = x/a, \quad \eta = y/b \tag{8-63}$$

采用假设模态法 (assumed mode method，AMM) 将位移函数分离成空间函数与时间函数乘积的形式，即

$$u(\xi,\eta,t) = \sum_{i=1}^{M_1}\sum_{j=1}^{N_1} q_{ij}^{(u)} X_i^{(u)}(\xi) Y_j^{(u)}(\eta) \tag{8-64}$$

$$v(\xi,\eta,t) = \sum_{i=1}^{M_2}\sum_{j=1}^{N_2} q_{ij}^{(v)} X_i^{(v)}(\xi) Y_j^{(v)}(\eta) \tag{8-65}$$

$$w(\xi,\eta,t) = \sum_{i=1}^{M_3}\sum_{j=1}^{N_3} q_{ij}^{(w)} X_i^{(w)}(\xi) Y_j^{(w)}(\eta) \tag{8-66}$$

$$\psi_x(\xi,\eta,t) = \sum_{i=1}^{M_1}\sum_{j=1}^{N_1} q_{ij}^{(\psi_x)} X_i^{(\psi_x)}(\xi) Y_j^{(\psi_x)}(\eta) \tag{8-67}$$

$$\psi_y(\xi,\eta,t) = \sum_{i=1}^{M_2}\sum_{j=1}^{N_2} q_{ij}^{(\psi_y)} X_i^{(\psi_y)}(\xi) Y_j^{(\psi_y)}(\eta) \tag{8-68}$$

其中，$q_{ij}^{(\cdot)}$ $((\cdot) = u, v, w, \psi_x, \psi_y)$ 为广义位移；$X_i^{(\cdot)}$ 和 $Y_i^{(\cdot)}$ $((\cdot) = u, v, w, \psi_x, \psi_y)$ 分别为关于 ξ 和 η 的正交函数系，并分别满足加筋板在 x 和 y 方向上的几何边界条件

的试探函数。表 8-1 给出了由固支 (clamped，简记为 C)、简支 (simply-supported，简记为 S) 及自由 (free，简记为 F) 三种边界条件不同组合方式下，试函数集 $X_i^{(\cdot)}$ 中的起始试探函数 $X_1^{(\cdot)}$[251−253]。需要说明的是，本节采用的简支边界条件为 I 型简支边界条件，文献中常记做 SS-I[254]。

表 8-1　不同边界条件下起始试探函数

边界条件	本征条件	起始试探函数 $X_1^{(\cdot)}$
CC	$\xi=0,1: u=v=w=\psi_x=\psi_y=w_{,x}=0$	$\alpha=(w): X_1^\alpha(\xi)=\xi^2(\xi-1)^2$ $\alpha=(u,v,\psi_x,\psi_y): X_1^\alpha(\xi)=\xi(\xi-1)$
SS	$\xi=0,1: v=w=\psi_y=0; u,\psi_x$ free	$\alpha=(v,w,\psi_y): X_1^\alpha(\xi)=\xi(\xi-1)$ $\alpha=(u,\psi_x): X_1^\alpha(\xi)=1$
FF	$\xi=0,1: u,v,w,\psi_x,\psi_y$ free	$\alpha=(u,v,w,\psi_x,\psi_y): X_1^\alpha(\xi)=1$
CS	$\xi=0: u=v=w=\psi_x=\psi_y=w_{,x}=0$ $\xi=1: v=w=\psi_y=0; u,\psi_x$ free	$\alpha=(u,\psi_x): X_1^\alpha(\xi)=\xi$ $\alpha=(v,\psi_y): X_1^\alpha(\xi)=\xi(\xi-1)$ $\alpha=(w): X_1^\alpha(\xi)=\xi^2(\xi-1)$
CF	$\xi=0: u=v=w=\psi_x=\psi_y=w_{,x}=0$ $\xi=1: u,v,w,\psi_x,\psi_y$ free	$\alpha=(u,v,\psi_x,\psi_y): X_1^\alpha(\xi)=\xi$ $\alpha=(w): X_1^\alpha(\xi)=\xi^2$
SF	$\xi=0: v=w=\psi_y=0; u,\psi_x$ free $\xi=1: u,v,w,\psi_x,\psi_y$ free	$\alpha=(u,\psi_x): X_1^\alpha(\xi)=1$ $\alpha=(v,w,\psi_y): X_1^\alpha(\xi)=\xi$

由起始试探函数 $X_1^{(\cdot)}$ 开始，高阶试探函数可由 Gram-Schmidt 正交化法则[255]产生：

$$X_2(\xi)=(\xi-B_1)X_1(\xi) \tag{8-69}$$

$$X_k(\xi)=(\xi-B_k)X_{k-1}(\xi)-C_kX_{k-2}(\xi) \tag{8-70}$$

式中，参数 B_k 和 C_k 按照如下格式求解：

$$B_k=\int_0^1 \xi w(\xi)X_{k-1}^2(\xi)\,\mathrm{d}\xi\Big/\int_0^1 w(\xi)X_{k-1}^2(\xi)\,\mathrm{d}\xi \tag{8-71}$$

$$C_k=\int_0^1 \xi w(\xi)X_{k-1}(\xi)X_{k-2}(\xi)\,\mathrm{d}\xi\Big/\int_0^1 w(\xi)X_{k-2}^2(\xi)\,\mathrm{d}\xi \tag{8-72}$$

式中，$w(\xi)$ 为权函数，本节中的权函数取 1。不难验证试探函数系 $X_k(\xi)$ 满足正交性条件：

$$\int_0^1 X_k(\xi)X_l(\xi)\,\mathrm{d}\xi=\begin{cases}0, & k\neq l\\ 1, & k=l\end{cases} \tag{8-73}$$

总之，由表 8-1 及式 (8-69)~式 (8-72) 可生成给定边界条件下的正交试探函数系 $X_k(\xi)$。y 方向的试探函数取法与此类似。

8.2.3　动力学方程

将位移场离散形式式 (8-64) 代入系统应变能式 (8-54)、外力功式 (8-62) 及动能式 (8-61) 中，利用 Lagrange 原理：

$$\frac{\partial}{\partial t}\frac{\partial K_{\text{total}}}{\partial \dot{q}_{\bar{m}\bar{n}}}+\frac{\partial U_{\text{total}}}{\partial q_{\bar{m}\bar{n}}}=\frac{\partial W_{\text{ext}}}{\partial q_{\bar{m}\bar{n}}} \tag{8-74}$$

可得动力学方程：

$$\boldsymbol{M}\ddot{\boldsymbol{q}}+\left(\boldsymbol{K}-\boldsymbol{K}^{T}+\boldsymbol{K}^{N1}+\boldsymbol{K}^{N2}\right)\boldsymbol{q}=\boldsymbol{Q}^{F}+\boldsymbol{Q}^{T} \tag{8-75}$$

式中，$\boldsymbol{M}$ 为质量阵；$\boldsymbol{K}$ 为线性刚度阵；$\boldsymbol{K}^{T}$ 为温度载荷引起的结构刚度阵变化；$\boldsymbol{K}^{N1}$ 和 $\boldsymbol{K}^{N2}$ 分别为由大变形引起的一阶和二阶非线性刚度阵；$\boldsymbol{Q}^{F}$ 与 $\boldsymbol{Q}^{T}$ 分别为由机械载荷和温度载荷产生的载荷列阵。各矩阵具体形式参见本书附录 D。至此，基于 Lagrange 原理并结合假设模态法，建立了受热复合材料加筋板非线性动力学方程。

8.2.4　半解析求解

首先，确定结构热屈曲失稳的临界条件。基于小挠度变形假设，确定结构热屈曲临界载荷即为求解欧拉失稳的特征值问题。忽略动力学方程式 (8-75) 中的非线性刚度阵 $\boldsymbol{K}^{N1}$ 和 $\boldsymbol{K}^{N2}$，加筋板广义力的变分表达式[256] 为

$$\boldsymbol{\delta\Psi}\left(\boldsymbol{q}^{(w)}\right)=\left(\boldsymbol{K}-\boldsymbol{K}^{T}\right)\boldsymbol{\delta q}^{(w)} \tag{8-76}$$

假设 $\boldsymbol{K}^{T0}$ 为单位温升引起的结构刚度阵变化，由于 $\boldsymbol{K}^{T}$ 随温度线性变化，则对于任意温升 λ，式 (8-76) 可改写为

$$\boldsymbol{\delta\Psi}\left(\boldsymbol{q}^{(w)}\right)=\left(\boldsymbol{K}-\lambda\boldsymbol{K}^{T0}\right)\boldsymbol{\delta q}^{(w)} \tag{8-77}$$

结构静力平衡要求 $\boldsymbol{\delta\Psi}(\boldsymbol{q}^{(w)})=0$，则系统失稳 (有非零解) 的充要条件为系数矩阵行列式为 0，即

$$\left|\boldsymbol{K}-\lambda\boldsymbol{K}^{T0}\right|=0 \tag{8-78}$$

求解该特征值问题，可得到结构各阶临界屈曲温度。

当加筋板出现热屈曲，横向挠度不能当作小量处理时，加筋板结构的振动将呈现非线性特性。为了研究加筋板在热屈曲构型附近的振动特性，假设动力学方程 (8-75) 的解为一个动态解和一个静态解的组合形式：

$$\boldsymbol{q}=\boldsymbol{q}_{\mathrm{t}}+\boldsymbol{q}_{\mathrm{s}} \tag{8-79}$$

式中，动态解 $\boldsymbol{q}_{\mathrm{t}}$ 幅值较小，属于线性范围，而静态解 $\boldsymbol{q}_{\mathrm{s}}$ 幅值较大，即研究大变形初始挠度附近的小幅振动。注意到动力学方程式 (8-75) 中的载荷向量 $\boldsymbol{Q}^F$ 和 $\boldsymbol{Q}^T$ 是与时间无关的量，将式 (8-79) 代入式 (8-75) 并略去小量，对比方程两侧关于时间的项，则获得如下两个耦合方程：

$$\left(\boldsymbol{K}-\boldsymbol{K}^T+\boldsymbol{K}^{N1}+\boldsymbol{K}^{N2}\right)\boldsymbol{q}_{\mathrm{s}}=\boldsymbol{Q}^F+\boldsymbol{Q}^T \tag{8-80}$$

$$\boldsymbol{M}\ddot{\boldsymbol{q}}_{\mathrm{t}}+\left(\boldsymbol{K}-\boldsymbol{K}^T+2\boldsymbol{K}^{N1}+3\boldsymbol{K}^{N2}\right)\boldsymbol{q}_{\mathrm{t}}=0 \tag{8-81}$$

需要说明的是，式 (8-80) 与式 (8-81) 中的 $\boldsymbol{K}^{N1}$ 和 $\boldsymbol{K}^{N2}$ 均是静力解 $\boldsymbol{q}_{\mathrm{s}}$ 的函数。

采用 Newton-Raphson 迭代求解式 (8-80)，得到加筋板的后屈曲构型，及非线性刚度阵 $\boldsymbol{K}^{N1}$ 和 $\boldsymbol{K}^{N2}$，将其代入式 (8-81)，求解对应的特征值问题，可得考虑非线性大变形效应时，复合材料加筋板的动力学特性。

8.2.5 理论模型的验证及分析

本节通过收敛性分析以及与文献结果、商业有限元计算结果的对比，验证本章建立的复合材料加筋板动力学模型的计算精度和效率。在此基础上，使用该模型研究复合材料加筋板在较宽温度范围内的动力学特性演变情况。

首先，以一个典型四边简支各向同性加筋板为对象，对本章建立的模型进行收敛性研究。加筋板的加筋分布形式及各主要尺寸见图 8-2，加强筋位于面板中央，并沿宽度方向铺设。材料属性为杨氏模量为 211GPa，泊松比为 0.3，密度为 $7830\mathrm{kg\cdot m^{-3}}$。

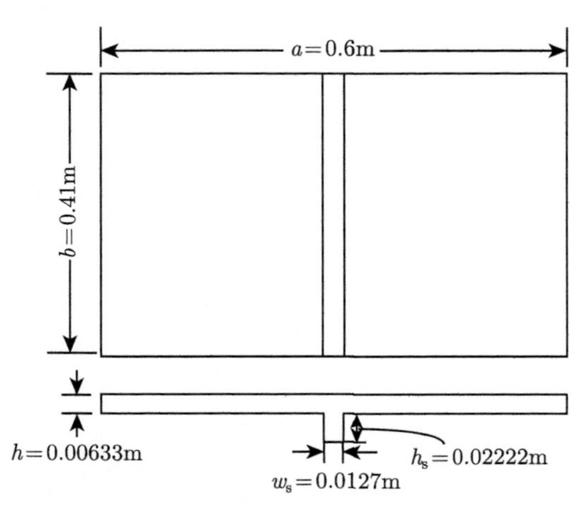

图 8-2 加筋板模型示意图

表 8-2 给出了加筋板前三阶固有频率的半解析解与数值解对比。不难发现，本章理论模型的计算结果与文献中不同数值方法吻合较好。此外，当 x 和 y 两个方

向上的试探函数均选取 12 项时，前三阶固有频率均有较好的收敛性 (与选取 15 项试探函数得到的结果分别相差：0.12%、0.13%和 0.03%)。值得说明的是，本章建立的半解析模型，实质上是将加筋板的位移场投影到一组正交基函数空间内，得到一组“降维”的动力学方程。相对其他数值方法而言，该模型使用较少的自由度便可达到更高的计算精度，从而提高计算效率。

表 8-2　加筋板前三阶固有频率的半解析解与数值解对比

分析方法		固有频率/Hz		
		一阶	二阶	三阶
Harik 和 Guo[257] (FEM)		253.6	282.0	513.5
Aksu[258] (FDM)		254.9	269.5	511.6
Bhimaraddi 等[259] (FEM)		250.3	274.5	517.8
Mukherjee 和 Mukhopadhyay[260] (FEM)		257.1	272.1	524.7
Zeng 和 Bert[261] (DQM)		252.2	275.4	523.0
本章理论模型	6×6	256.2	277.9	519.8
	8×8	251.2	277.8	516.7
	10×10	249.3	277.1	515.9
	12×12	248.4	276.6	515.3
	15×15	248.1	276.2	515.1

其次，验证本章非线性动力学方程求解方法在结构后屈曲分析时的可行性，研究复合材料层合平板的后屈曲路径，并且与相关文献结果做对比。该板由 graphite/epoxy 制成，材料属性为 $E_1=155\text{GPa}$，$E_2=8.07\text{GPa}$，$G_{12}=G_{12}=4.55\text{GPa}$，$G_{23}=3.25\text{GPa}$，$\nu_{12}=0.22$，$\alpha_1=-0.07\times10^{-6}\text{K}^{-1}$，$\alpha_2=30.1\times10^{-6}\text{K}^{-1}$。面板铺设方式为 $[\pm45/0/90]_\text{s}$，各层厚度均为 0.125mm，板长和宽均为 0.15m。

本章理论模型预测该板的一阶欧拉屈曲温度为 38.5℃，文献中报道的屈曲温度为 38.6℃[262]。本章数值算例中，均假定参考温度为 0℃。图 8-3 给出了复合材料平板后屈曲路径。当环境温度 T 高于屈曲温度 T_cr 时，复合材料平板发生分叉失稳，板的弯曲变形随温度上升而增加。理论模型计算结果与文献吻合较好，证明本章提出的非线性动力学模型求解方法具有较高的可靠性。

最后，验证本章建立的半解析模型在研究复合材料层合加筋板时的计算精度。复合材料层合加筋板模型同样由 graphite/epoxy 制成，面板长和宽均为 0.1m，厚度为长度的 1/150，面板铺层方式为 $[0/\pm45/90]_\text{s}$，每层厚度相等。沿长度方向，在面板中央布置一个加强筋，加强筋宽 1mm，高 3mm。首先假设加强筋由单层材料构成，且材料主向方向 1 与加筋轴向方向平行。针对上述结构，分别采用本章的半解析模型和商业有限元软件 ANSYS 分析不同边界条件下的固有振动特性。在有限元模型中，面板采用 40×40 个 SHELL181 壳单元模拟，加强筋采用 BEAM188 梁单元模拟，且梁单元的偏心距为梁高与板厚之和的一半。这里定义无量纲频率为

$\Omega=\omega ab\sqrt{\rho/E_1h^2}$。

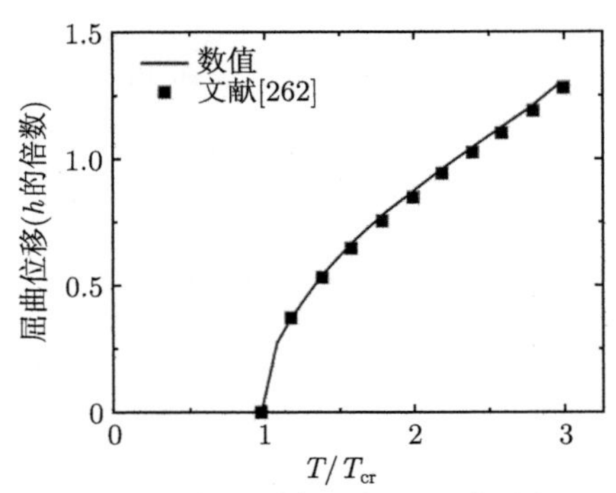

图 8-3　复合材料平板后屈曲路径

表 8-3 列出了采用两种方法得到的复合材料层合加筋板前九阶无量纲固有频率，最大误差为 1.53%。图 8-4 和图 8-5 分别为不同边界条件下加筋板前九阶振型。不难发现，当加筋板边界条件由四边简支变为四边固支后，结构前两阶模态顺序发生变化，此外第三阶和第五阶振型也发生了明显变化，即边界条件对加筋板的模态有显著影响。两种不同边界条件下，半解析模型与有限元模型得到的计算结果均吻合较好。证明本章建立复合材料层合加筋板动力学模型具有良好的计算精度。

表 8-3　复合材料层合加筋板前九阶无量纲固有频率

模态阶数	SSSS			CCCC		
	理论解	ANSYS	误差/%	理论解	ANSYS	误差/%
一阶	1.1014	1.0942	0.66	1.6877	1.6919	0.25
二阶	1.1309	1.1193	1.04	1.8699	1.8652	0.25
三阶	2.1975	2.1817	0.72	3.0984	3.1106	0.39
四阶	2.3691	2.3673	0.08	3.2429	3.2729	0.92
五阶	2.3803	2.3738	0.27	3.6061	3.5624	1.23
六阶	3.3472	3.3550	0.23	4.1552	4.2196	1.53
七阶	4.0977	4.0977	0.00	5.1889	5.2371	0.92
八阶	4.1036	4.0978	0.14	5.2611	5.3112	0.94
九阶	4.5328	4.5262	0.15	5.6073	5.6665	1.05

提高模型的复杂度，假设加强筋由两层相同厚度的复合材料组成，纤维铺设角度分别为 0° 和 90°，考虑不同叠层方向和叠层顺序，可组合出如图 8-6 所示的三种加强筋复合形式。需要说明的是，对于顺序为 [90/0] 垂直叠层的情形，由于模型对称性，与图 8-6 中的模型 III 类似，在此不做讨论。表 8-4 给出了不同加强筋尺寸及层合形式下复合材料层合加筋板无量纲固有频率。不难发现，对于给定加强筋尺寸，结构的前五阶固有频率大小顺序均为 II > III > I。实际上，加强筋主要承受轴向拉伸和横向弯曲变形，将轴向杨氏模量较大的 0° 层布置在具有较大偏心距的外侧，能够提高结构的抗弯刚度，进而提高固有频率。

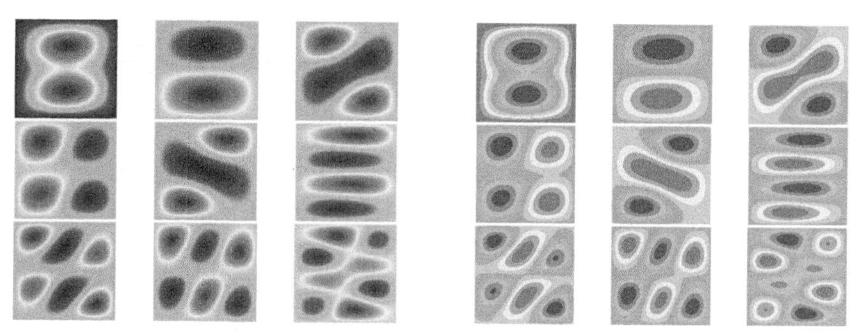

(a) 理论计算结果　　(b) ANSYS 计算结果

图 8-4　四边简支条件下加筋板前九阶振型
(阶数按照从左至右从上至下的顺序排列，下同)

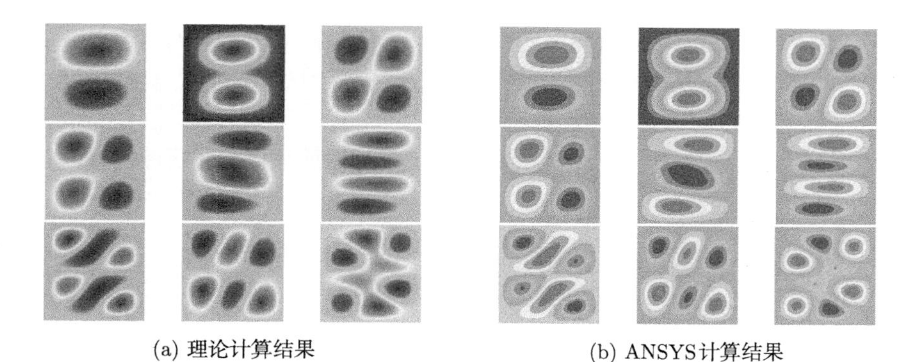

(a) 理论计算结果　　(b) ANSYS 计算结果

图 8-5　四边固支条件下加筋板前九阶振型

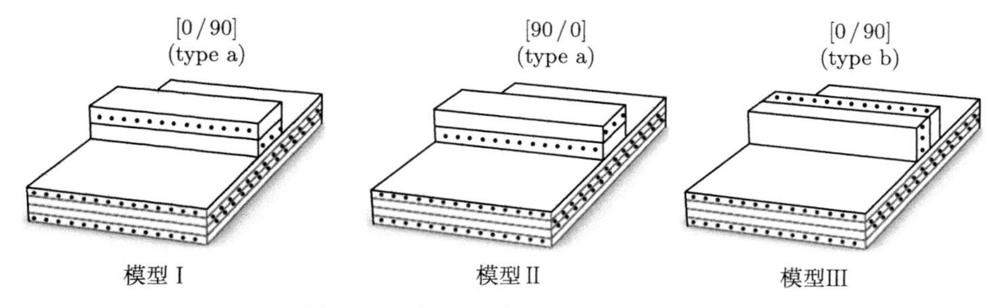

图 8-6　不同加强筋复合形式示意图

表 8-4　不同加强筋尺寸及层合形式下复合材料层合加筋板无量纲固有频率

加强筋尺寸 $w_s \times h_s/(\mathrm{mm} \times \mathrm{mm})$	模型	无量纲固有频率				
		一阶	二阶	三阶	四阶	五阶
0.5×1.5	I-1	0.5873	1.1068	1.8298	1.9718	2.2696
	II-1	0.6554	1.1095	1.9913	2.0396	2.2752
	III-1	0.6231	1.1085	1.9543	1.9817	2.2728
1.0×3.0	I-2	0.7736	1.1294	1.9925	2.2235	2.2995
	II-2	1.0779	1.1306	2.1808	2.3612	2.3651
	III-2	0.9706	1.1303	2.1018	2.3187	2.3376
1.5×4.5	I-3	1.0518	1.1937	2.1157	2.3675	2.3790
	II-3	1.1940	1.3189	2.3434	2.4121	2.8711
	III-3	1.1931	1.2624	2.3288	2.4050	2.6053

由于加强筋布置在面板中央，因而对单鼓包模态有明显抑制作用，对比图 8-7(a)~(c) 可见，当增大加强筋尺寸时，加强筋对振动的抑制作用加强，基频模态由单鼓包逐渐演变为马鞍状，并最终与模态 (1,2) 的顺序对调，类似的其他几阶模态也经历了较为复杂的演变历程。对比图 8-7(c)~(e) 不难发现，在相同材料用量下，通过设计加强筋的叠层方式，可调整复合材料加筋板的模态形状和顺序。

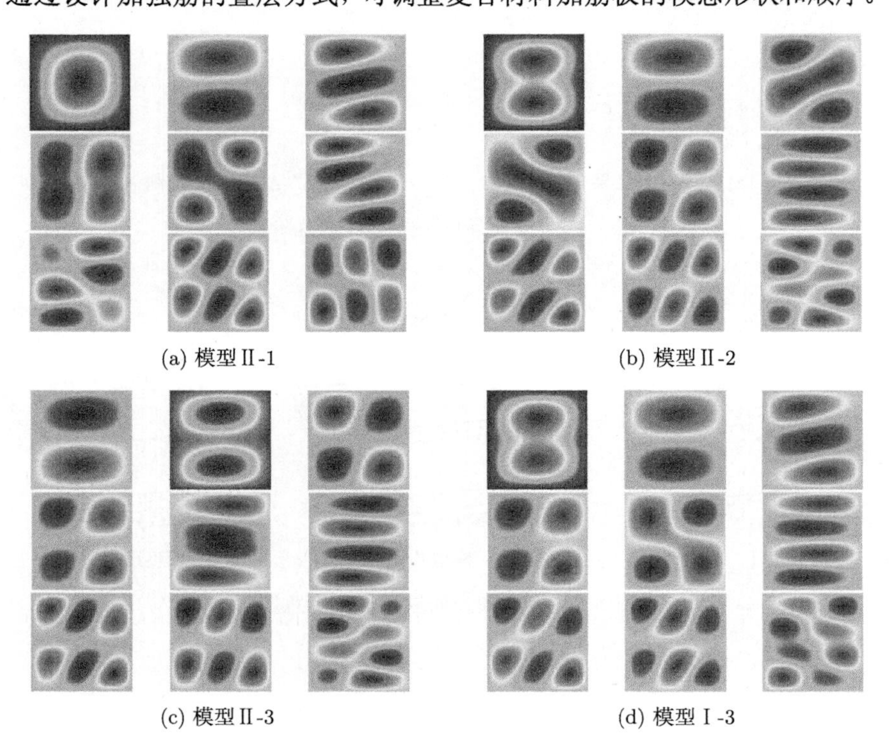

(a) 模型Ⅱ-1　(b) 模型Ⅱ-2

(c) 模型Ⅱ-3　(d) 模型Ⅰ-3

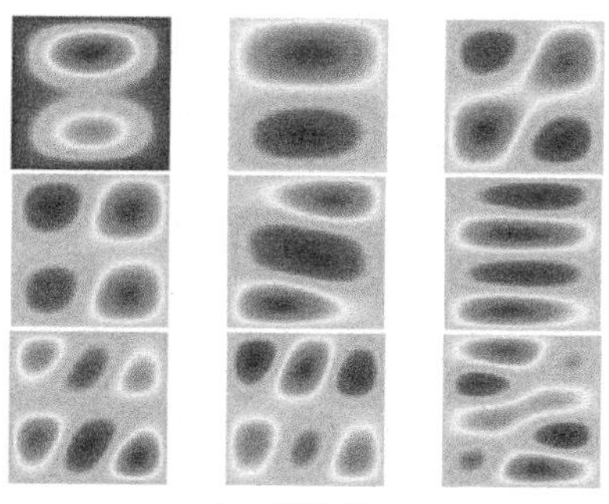

(e) 模型 III-3

图 8-7　各典型模型的前九阶振型

以表 8-4 中的四边简支的模型 II-2 为例，讨论复合材料层合加筋板在较宽温度范围内的动力学特性演变情况。对该板进行屈曲分析，得到其前五阶欧拉屈曲温度分别为 50.0℃、68.0℃、118.9℃、123.1℃和 145.9℃。使用本章的半解析模型，分析当环境温度在 0~165℃内变化时，板的动力学特性。

由图 8-8 可见，在低于屈曲温度时，各阶固有频率均随结构温度升高而下降。对于该复合材料加筋板而言，面板内各层纤维对称铺设，而加强筋由两层复合材料正交铺设而成，具有一定偏心距。均匀温升后，板内存在一定的热弯矩，导致加筋板产生挠曲，因而当环境温度达到屈曲温度时，结构第一阶固有频率未降至零。在整个温度变化范围内 (包括热屈曲前和热屈曲后)，温度对系统各阶固有频率具有不同的影响规律，使得频率曲线出现了多个拐点和交叉点，如图 8-8 中圈出的区域 A~D。下面分别考察环境温度在这些特殊区域附近变化时，结构振型的演变情况。

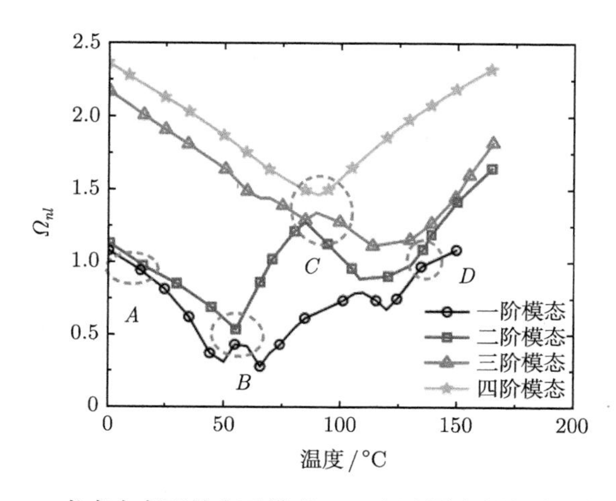

图 8-8　考虑大变形效应下模型 II-2 各阶固有频率随温度变化

当环境温度在 5~15℃ (A 区域) 变化时，如图 8-9 所示，结构的第一阶马鞍状模态由两个大小相当、振动相位相同的鼓包组成，随着温度升高，其中一个鼓包逐渐收缩范围，振动相位改变，最终演变为类似于模态 (1, 2)；而类似的第二阶模态最终演变为马鞍状模态，完成前两阶模态顺序交换。与 A 区域附近模态演变历程相似，当环境温度在 $50 \sim 60$℃(B 区域) 变化时，前两阶模态再次交换 (图 8-10)。

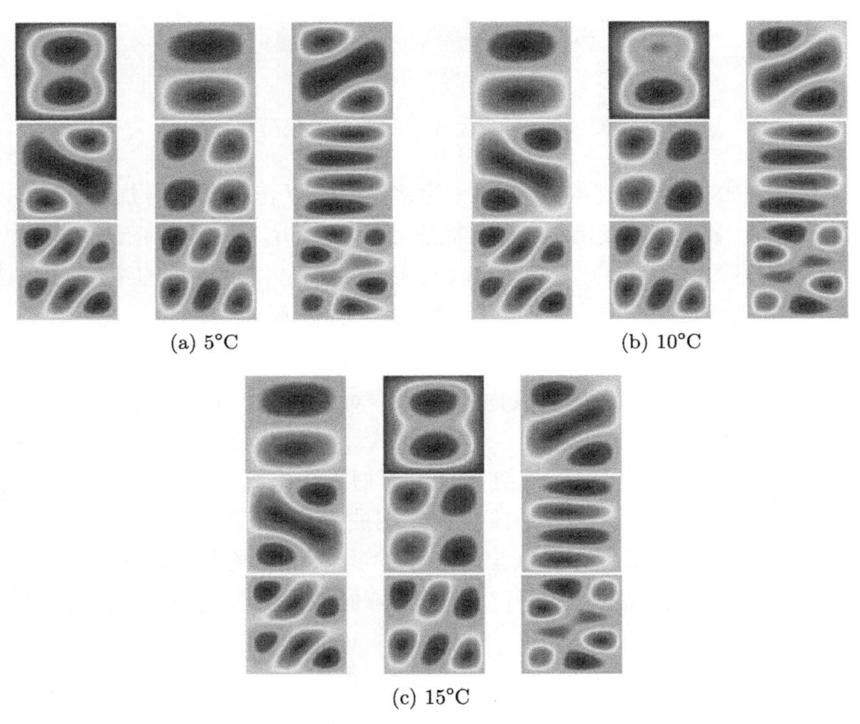

(a) 5°C　　(b) 10°C

(c) 15°C

图 8-9　A 区域附近结构各阶模态演变情况

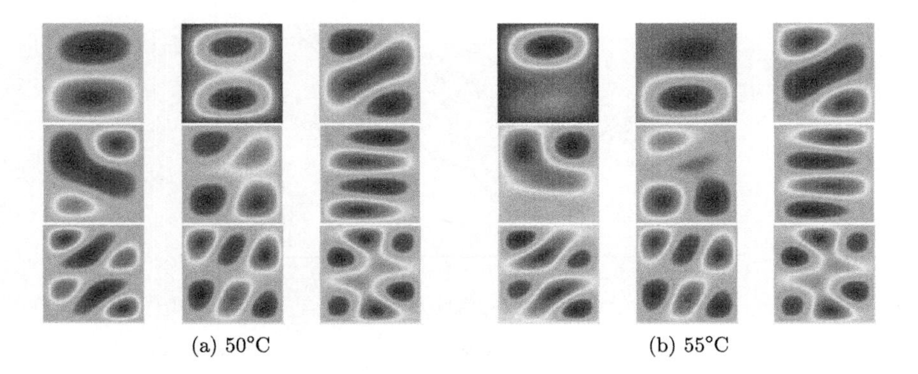

(a) 50°C　　(b) 55°C

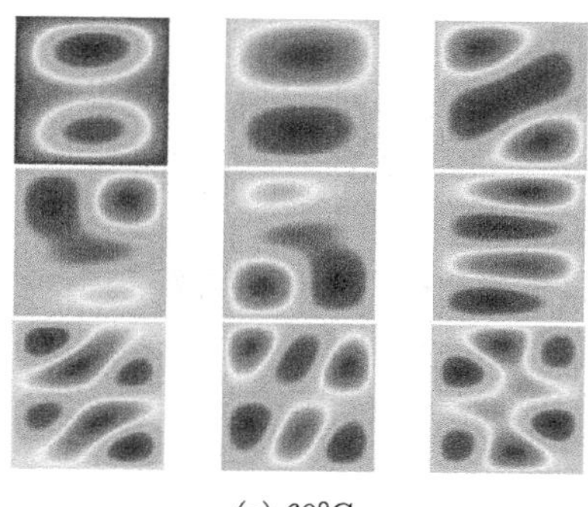

(c) 60°C

图 8-10　B 区域附近结构各阶模态演变情况

当环境温度在 80~90℃ (C 区域) 变化时，结构的第二阶模态，即模态 (1,2) 中的两个鼓包朝 45° 对称线移动，并与第三阶模态交换顺序，之后在加筋板 −45° 对称线上出现了两个振动相位相错的小鼓包，新出现的小鼓包逐渐扩展范围，最终演变为图 8-11(c) 中的第三阶模态。与此同时，图 8-11(a) 中第四阶模态 45° 对称线上的两个小鼓包逐渐收缩直至消失，最终演变为朝 −45° 对称线偏斜的模态 (1,2)。

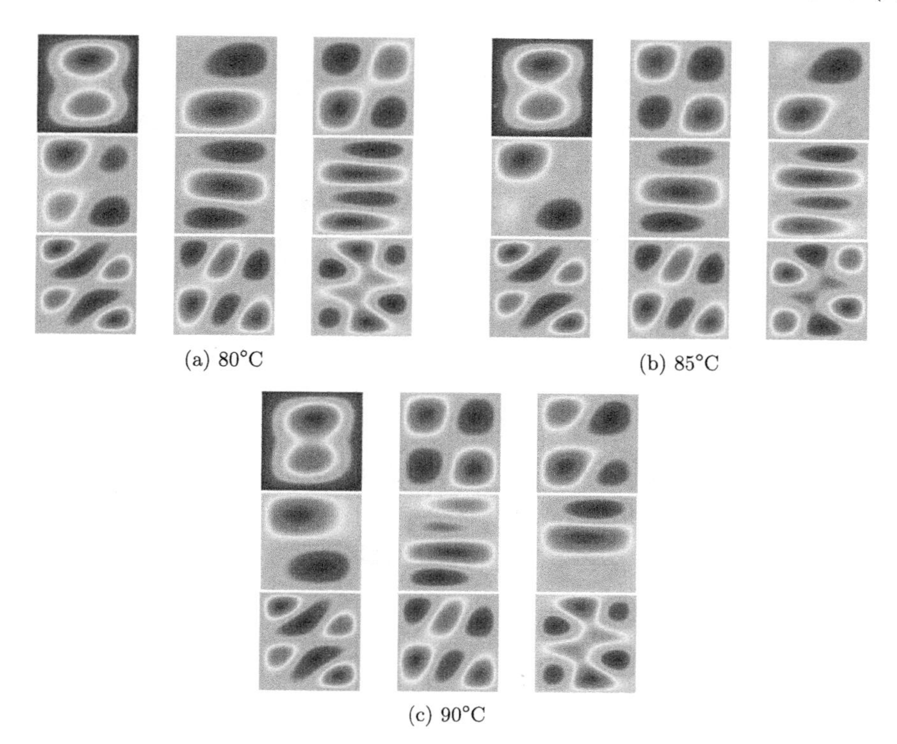

(a) 80°C　(b) 85°C

(c) 90°C

图 8-11　C 区域附近结构各阶模态演变情况

当环境温度在 100~110℃ (D 区域) 变化时，结构的第一阶马鞍状模态朝 45° 对称线偏斜，且马鞍范围收缩，在加筋板 −45° 对称线上出现了一对与马鞍状振动相位相错的小鼓包并逐渐扩大，最终演变为图 8-12(c) 中的第一阶模态，即模态 (2,2)。与此同时，图 8-12(a) 中的第二阶模态，即模态 (2,2)，经历了类似的演变历程，在加筋板 45° 对称线上的两个鼓包范围逐渐缩小直至消失，最终演变为朝 −45° 对称线偏斜的马鞍状模态，如图 8-12(c) 所示，宏观上表现为前两阶固有频率顺序对调。此外，由图 8-8 可见，当环境温度在 150℃附近变化时，结构模态也会发生十分复杂的演变，在此不再展开讨论。

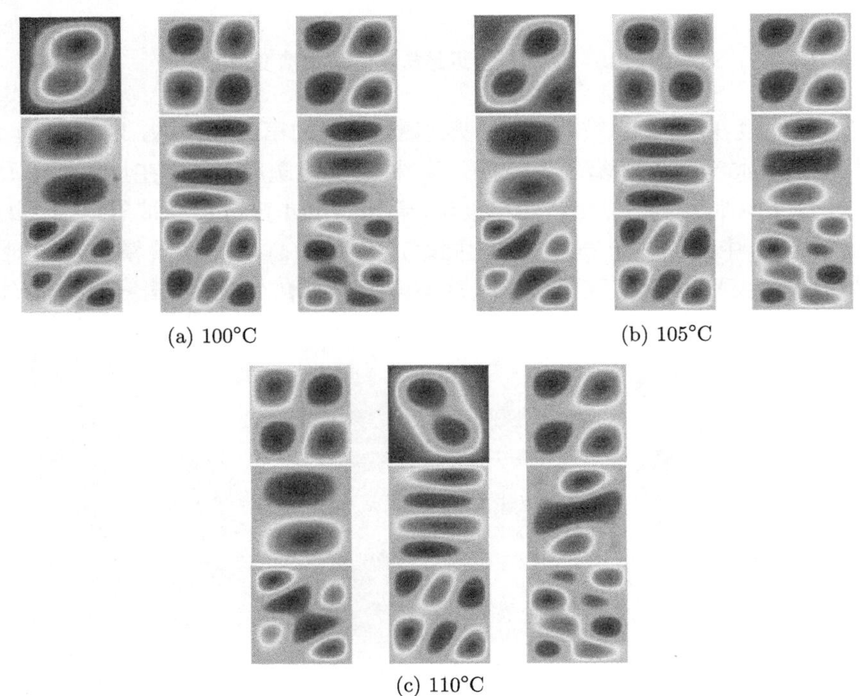

(a) 100°C　(b) 105°C　(c) 110°C

图 8-12　D 区域附近结构各阶模态演变情况

总之，环境温度变化导致结构内部应力及后屈曲构型改变，进而对结构动力学特征产生影响；而结构各阶固有频率对这一影响的敏感程度不同，导致结构频率轨迹上会出现一些拐点及交叉点。当环境温度跨越这些特殊点时，会观测到结构模态之间的相互演变现象，最终改变模态顺序。

为探讨结构模态演变机理，以四边固支的 C/SiC 各向异性矩形板为对象，考察其模态演变规律。其板长为 350mm，宽为 230mm，厚为 1.5mm，材料属性为 $E_2 = 120\text{GPa}$，$\nu_{12} = 0.25$，$G_{12} = 44.4\text{GPa}$，$G_{13} = G_{23} = 24\text{GPa}$，$\rho = 2100\text{kg}\cdot\text{m}^{-3}$，$\alpha_1 = \alpha_2 = 4 \times 10^{-7}\text{K}^{-1}$。

首先固定 E_2 调节 E_1/E_2，观察平板各阶模态演变情况。由图 8-13 可见，在 E_1/E_2 由 1.04 变为 1.06 的过程中，平板的第三、四阶模态发生顺序交换。

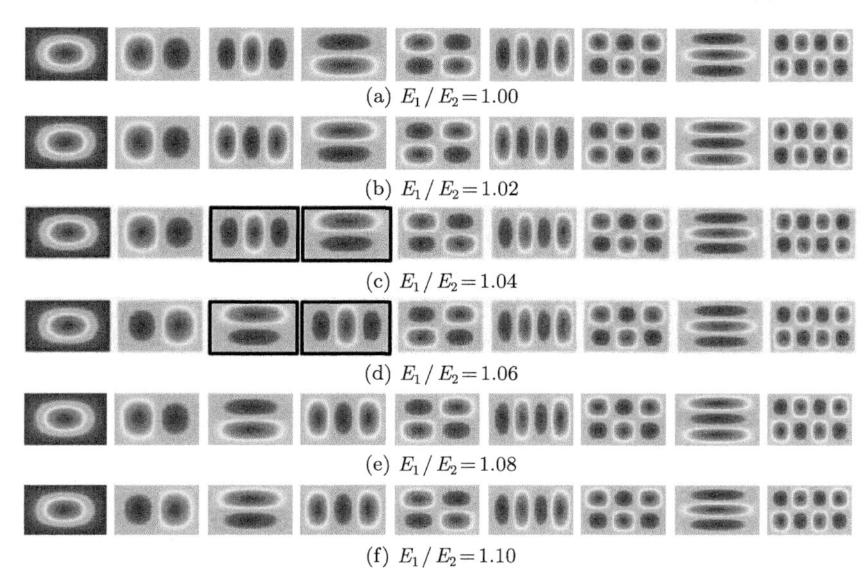

图 8-13　调节 E_1/E_2 过程中各阶模态演变情况

类似的，对于 $E_1/E_2=1.00$ 的情形，调节环境温度，观察各向异性平板各阶模态演变情况。该板前三阶欧拉屈曲温度分别为 284.3℃、365.6℃和 557.7℃。由图 8-14 可见，在温度由 322.4℃升高至 322.5℃的过程中，复合材料平板的前两阶模态发生顺序交换。

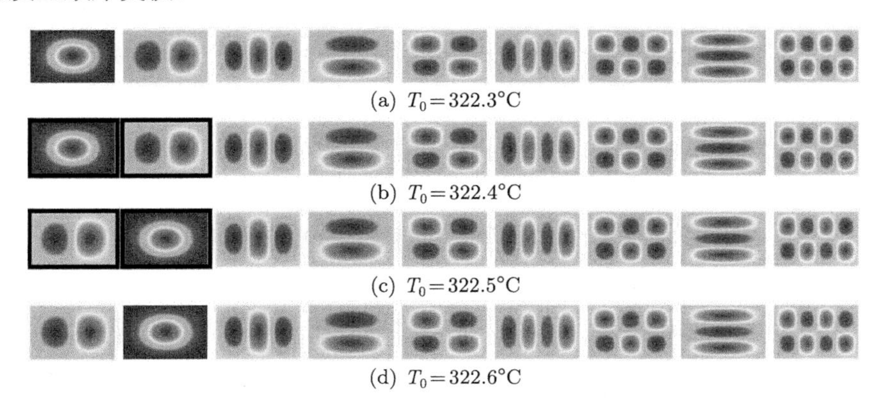

图 8-14　调节温度过程中各阶模态振型演变情况

实际上，改变 E_1/E_2 或环境温度的本质，是结构刚度阵的对角线元素和非对角线元素发生了不同变化 (扰动)，而各阶特征值对刚度扰动的敏感程度是不同的，进而导致结构模态顺序发生交换。

8.3 加筋板热模态特性的仿真预测

本节以复合材料加筋板为对象，建立跨越热屈曲温度的有限元建模及模态分析方法。从材料物性变化和热应力等角度，分析不同热效应对结构模态的影响，之后对结构参数 (初始挠度、加筋尺寸和加筋方式等) 开展分析，获得复合材料加筋板的热模态演变规律。这里采用商业有限元软件 ABAQUS 对复合材料壁板结构模态开展研究，热模态仿真分析流程如图 8-15 所示。

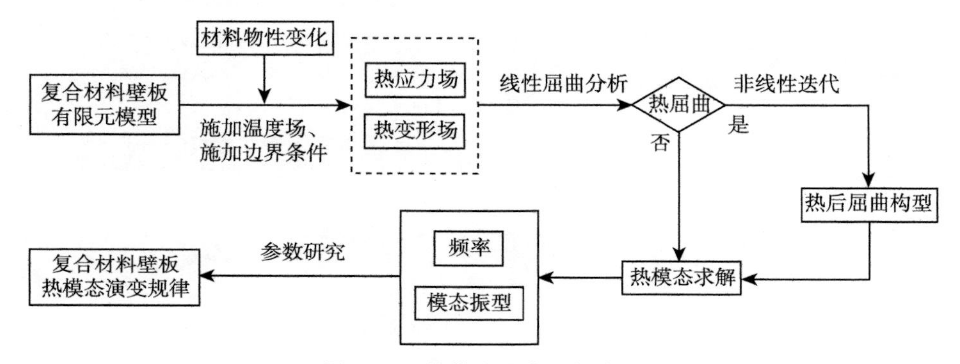

图 8-15　热模态仿真分析流程

8.3.1 加筋板有限元模型

首先考虑单条加筋形式的复合材料板。平板与加强筋均使用壳单元 (S4) 模拟，其中平板尺寸为 0.5m × 0.4m × 0.004m，加强筋截面为矩形，尺寸为 4mm × 10mm (宽 × 高)，且加强筋沿着面板长边方向布置于板中心线处。加筋板处于均匀温度场中，且四边固定。复合材料加筋板有限元模型如图 8-16 所示。

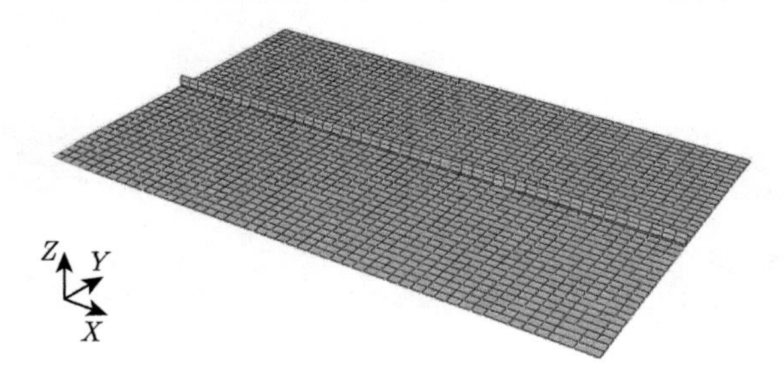

图 8-16　复合材料加筋板有限元模型

复合材料加筋板的材料属性如表 8-5 所示。由表中数据可以看出，当温度从 30℃上升到 600℃时，弹性模量和剪切模量减小约 32%，而热膨胀系数增加近 7 倍。

除表中所列数据，其他温度点的材料参数可通过插值计算得到。

表 8-5　复合材料加筋板的材料属性

温度/°C	弹性模量/GPa		剪切模量/ GPa		热膨胀系数/K^{-1}		泊松比		密度/$(kg\cdot m^{-3})$
	$E_1=E_2$	E_3	G_{12}	$G_{13}=G_{23}$	$\alpha_1=\alpha_2$	α_3	ν_{12}	$\nu_{13}=\nu_{23}$	
30	101.4	54.5	37.3	24.5	0.51×10^{-6}	0.72×10^{-6}			
150	94.7	49.7	31.1	21.3	1.96×10^{-6}	2.99×10^{-6}	0.25	0.3	2000
600	80.2	42.3	22.6	16.1	3.72×10^{-6}	4.84×10^{-6}			

8.3.2　温度对加筋板模态的影响

首先，仅考虑热应力对结构动态特征的影响，取 30°C时的材料参数进行计算。通过屈曲分析，求得此时加筋板的一阶屈曲温度为 850°C，图 8-17 给出了 30 ~ 600°C范围内复合材料加筋板前六阶固有频率随温度的变化。可见，热应力使各阶固有频率不断减小，其中第一阶固有频率的减小速率最快。第五、六阶固有频率曲线在 600°C时发生交叉，对应的模态振型顺序发生交换 (图 8-18)。因此，热应力不仅影响了加筋板的各阶固有频率，还改变了结构的模态顺序。

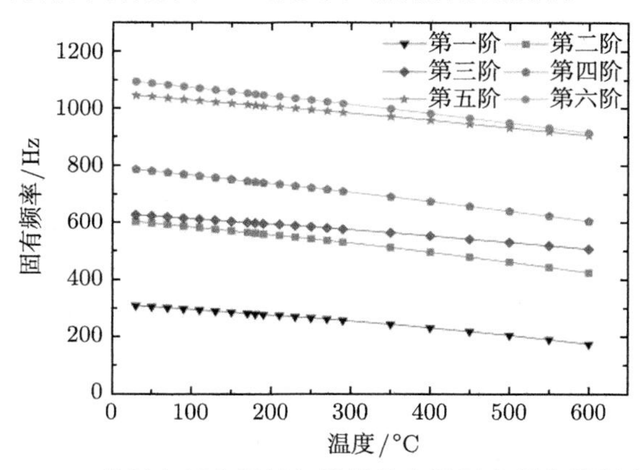

图 8-17　600°C范围内复合材料加筋板前六阶固有频率随温度的变化

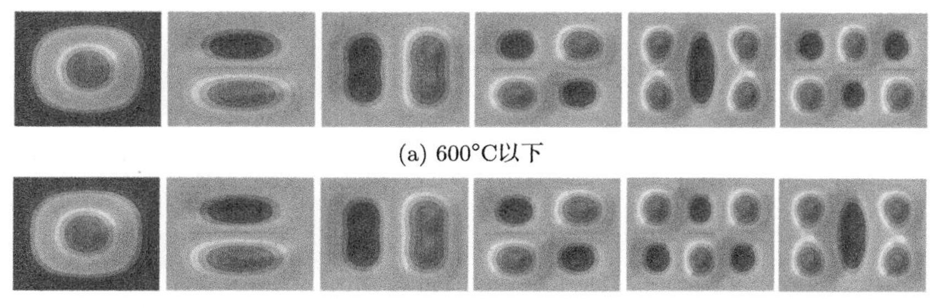

图 8-18　600°C前后复合材料加筋板的前六阶模态振型演变情况

其次，考虑材料属性对结构动态特征的影响，即温度升高降低材料弹性模量及剪切模量的影响。由图 8-19 所示结果可以发现，加筋板前六阶固有频率随温度呈逐渐下降趋势，400℃以后固有频率变化不再明显。与仅考虑热应力的情况不同，此时加筋板各阶固有频率的变化率趋于一致，固有频率曲线未出现交叉。由于忽略了热应力的作用，结构特性取决于弹性矩阵 $\boldsymbol{D}$ 的变化，结构内部的应力状态不发生变化，更不会产生热屈曲效应。加筋板前六阶模态振型并未发生明显变化，与图 8-18(a) 所示结果相同。

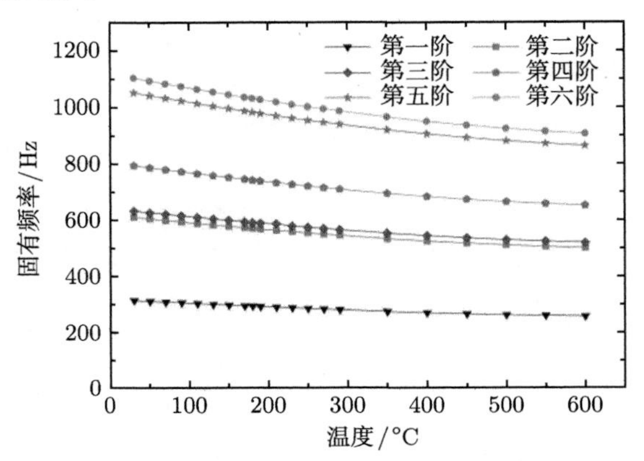

图 8-19 仅考虑材料物性变化时复合材料加筋板的前六阶固有频率

最后，当同时考虑材料物性变化和热应力及热变形的影响时，发现加筋板中心挠度在 180℃左右突然增大，如图 8-20 所示，结构出现失稳，即发生热屈曲。此时以静力计算结果为初值条件，再进行模态分析便可得固有频率随温度的变化。

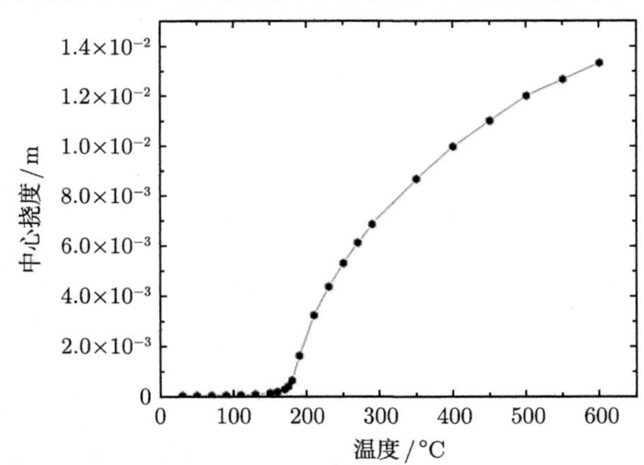

图 8-20 复合材料加筋板中心挠度随温度的变化

图 8-21 所示结果表明，随温度升高，加筋板各阶固有频率整体呈现先减小后增大的趋势，且频率曲线存在若干拐点和交叉点。与平板计算结果[91] 不同，加筋

板第一阶固有频率在屈曲温度点处并未降至零，这是由于加筋板沿厚度方向几何不对称，均匀温升后结构内存在一定热弯矩，在发生屈曲前就已有热变形产生。

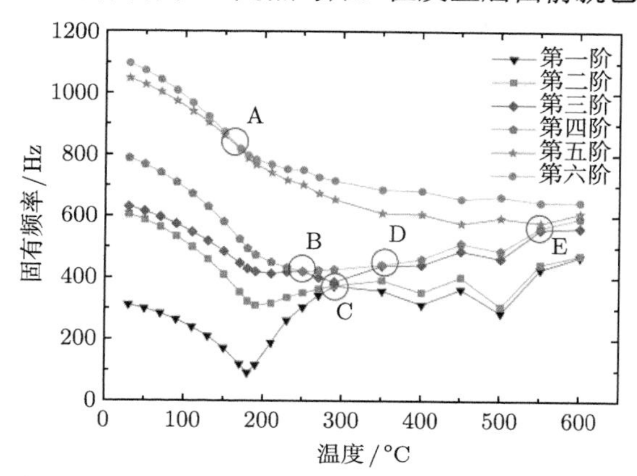

图 8-21　考虑材料属性变化和热应力影响时加筋板的前六阶固有频率

在图 8-21 所示的 A 区域内，第五阶与第五阶模态互换位置；C 区域内，第一阶、二阶和三阶固有频率十分接近，同时参与演变过程：原第一阶模态振动出现在第三阶的位置，原第二阶出现在第一阶的位置，发生模态交换现象，如图 8-22 和图 8-23 所示。在 600°C时，结构各阶固有频率变得十分接近，模态密度显著增大，温度场的微小变化都会导致模态顺序发生交换。针对模态交换现象，可通过矩阵摄动分析[263] 给出理论解释，将在 8.4.3 小节中进行详细论述。

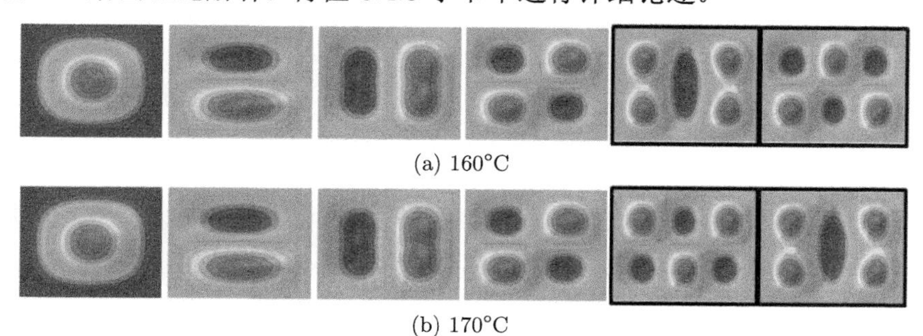

图 8-22　A 区域内的模态振型排列

加工缺陷会导致复合材料壁板产生初始挠度，沿板厚梯度热载也会使其产生弯曲变形。如图 8-24 所示，为不同初始挠度下受热加筋板响应特性。初始挠度的存在使得加筋板在 200°C以下的中心挠度变化更为平缓，导致热载荷对结构的刚化作用更加明显，进而引起基频轨迹被明显抬升，这一规律与本书第 7 章中的计算结果相吻合。在 300°C以上的温度范围内，初始挠度的存在对加筋板中心挠度几乎没有影响。

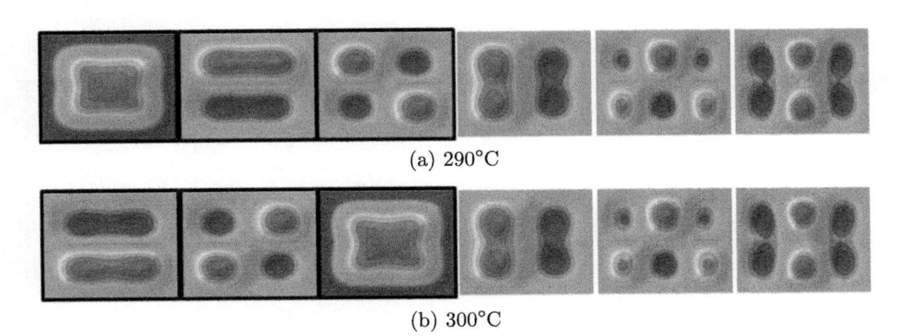

图 8-23　C 区域内的模态振型排列

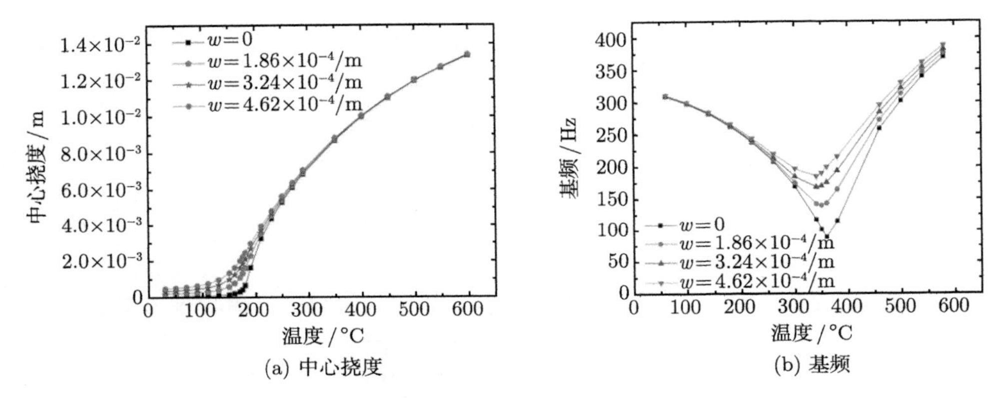

图 8-24　不同初始挠度下受热加筋板响应特性

8.3.3　加强筋尺寸对热模态的影响

保持加强筋高度不变，将其宽度增加至 8mm，得到如图 8-25 所示的固有频率随温度的变化曲线。可见加强筋变宽后，板的热屈曲温度升高至 210℃，结构相对更不易失稳。前屈曲阶段，第五阶与第六阶模态、第三阶与第四阶模态发生交换。后屈曲阶段，由于模态密度显著增大，且每阶模态对热载荷的敏感程度不同，模态交换现象变得更为频繁且复杂。对比图 8-21 所示的结果可知，当加强筋的宽度增加后，前六阶频率的整体变化趋势不变，低阶的固有频率值有所增加。

在加强筋宽度不变的情况下，将加强筋高度增加至 20mm，得到如图 8-26 所示的固有频率随温度的变化曲线。与图 8-21 结果不同，此时加筋板的第一阶、二阶固有频率曲线在热屈曲前即出现交叉，在 240℃时又发生第二次交叉，之后第一阶频率不再发生明显变化。出现该现象的原因是加强筋高度的增加改变了结构的稳定性，热变形在 190℃时发生突变，由原先的单个鼓包变为类似模态 (1,2) 振型的两个反对称鼓包 (图 8-27)。在热后屈曲阶段，这种相似性使得热变形的刚化效

应对模态 (1,2) 贡献更大，其对应频率值的变化也远大于其他各阶。本模型中，模态 (1, 2) 振型在常温下对应第二阶固有频率，计算时通过追踪模态发现，当温度高于 500℃ 后，该模态已跃迁至第六阶的位置。

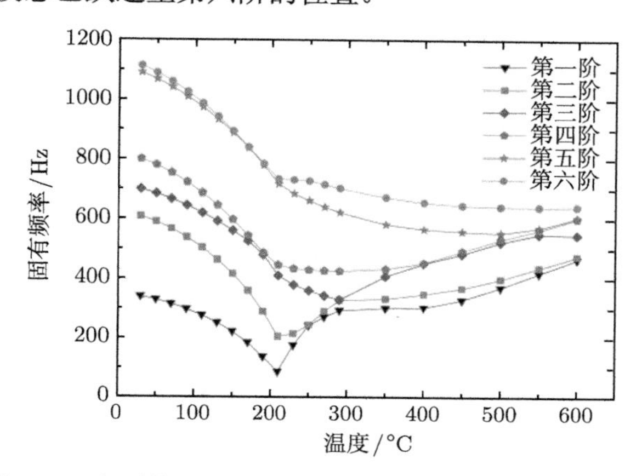

图 8-25　加强筋加宽后前六阶固有频率随温度的变化曲线

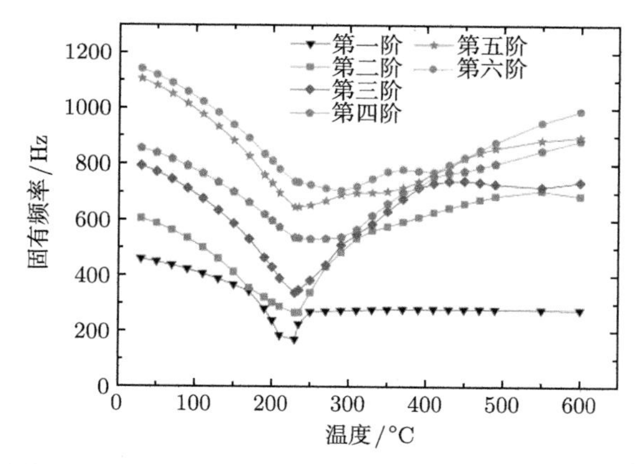

图 8-26　加强筋加高后前六阶频率随温度的变化曲线

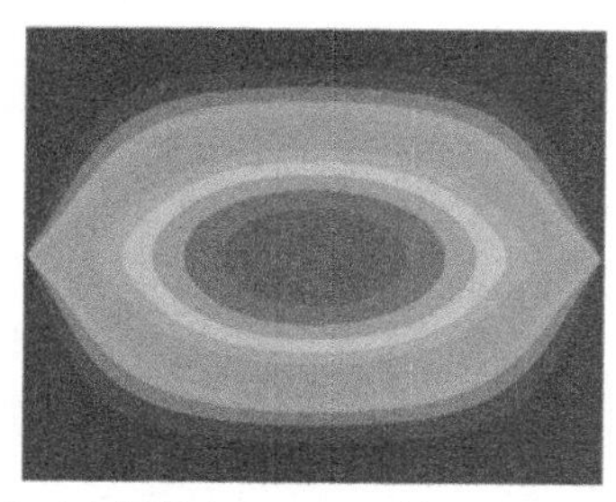

(a) 温度小于190°C时的热变形

(b) 温度大于190°C时的热变形

图 8-27　加筋板两种热变形形式

8.3.4　加筋方式对热模态的影响

复合材料加筋板的加筋方式会影响结构的稳定性，即结构发生热屈曲的条件出现变化。这里以“十”字和“井”字两种典型的加筋方式为研究对象，对其进行热模态分析。图 8-28 给出了它们的示意图及布筋位置 (均为完全对称布置)，图 8-29 为两种加筋板的有限元模型。

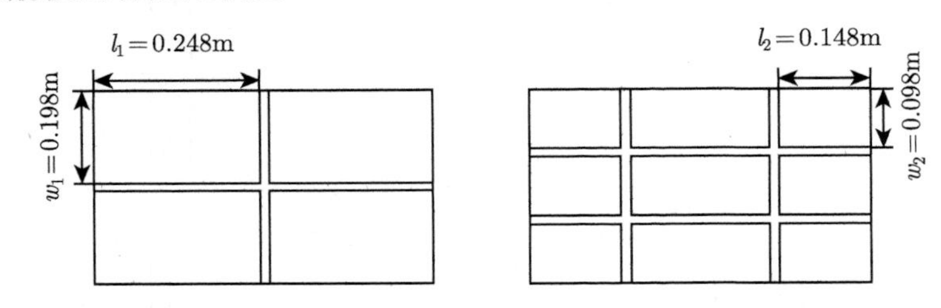

图 8-28　“十”字加筋板与“井”字加筋板的示意图及布筋位置

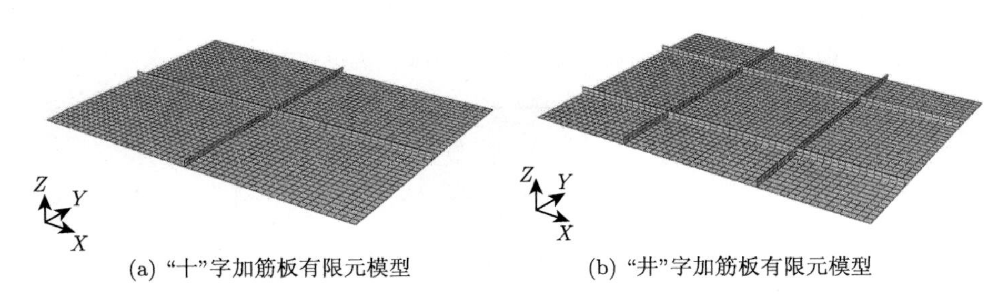

(a) “十”字加筋板有限元模型　　(b) “井”字加筋板有限元模型

图 8-29　两种加筋板的有限元模型

1) “十” 字加筋板

从图 8-30 的计算结果可以看出，与单条加筋方式相比，各阶固有频率先减小后增大的趋势不变，但“十”字加筋板第一阶欧拉屈曲温度更高，为 250°C。通过追踪模态发现，模态 $(2,2)$ 所对应的频率变化率最大。在 110°C附近，第三阶和第四阶模态发生互换，模态 $(2,2)$ 对应的频率随后又依次与第二阶和第一阶模态发生交叉，其对应的频率相对最低，并在 300°C左右降至最小值。图 8-31 分别给出“十”字加筋板在 30°C、200°C和 300°C的前六阶模态振型。

2) “井” 字加筋板

“井”字加筋板前六阶固有频率随温度变化情况如图 8-32 所示。此时加强筋将平板分成 9 块，模态呈现出更为明显的局部化特征。在发生热屈曲前，各阶频率曲线并未发生交叉，且“井”字加筋板在 $0\sim600$°C内，模态交换次数明显少于其他加筋方式。在热屈曲后阶段，第一阶和第二阶模态振型在 350°C附近发生交换，第三阶和第四阶模态振型则在 500°C附近发生交换。

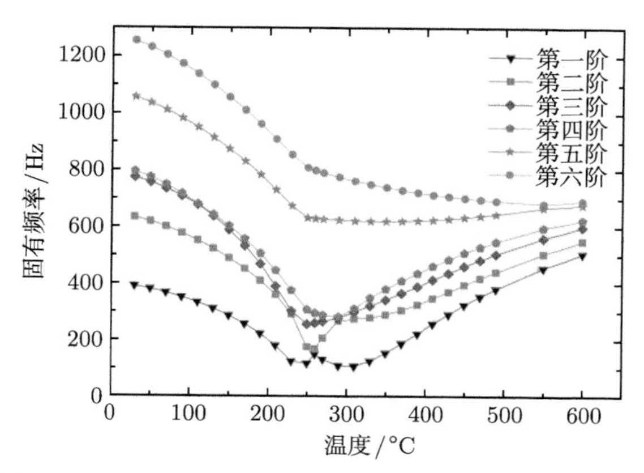

图 8-30　“十”字加筋板前六阶固有频率随温度的变化

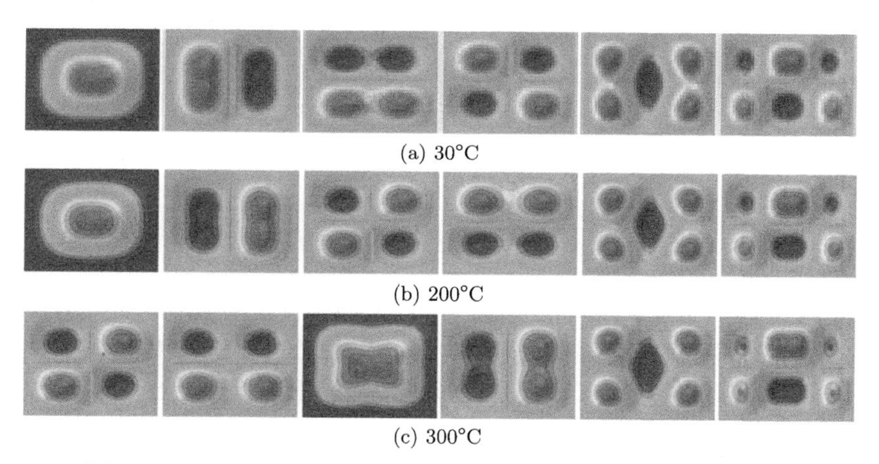

图 8-31　“十”字加筋板在 30°C、200°C和 300°C的前六阶模态振型

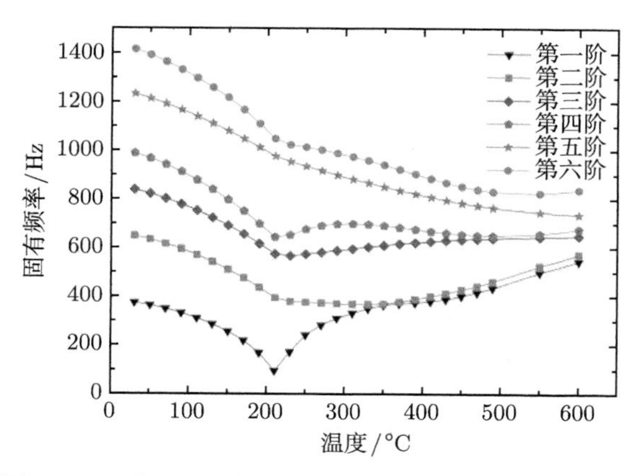

图 8-32　“井”字加筋板前六阶固有频率随温度的变化

图 8-33 分别给出“井”字加筋板在 30℃、400℃和 500℃的前六阶模态振型。随着温度升高，加强筋的存在使得模态 $(1,1)$ 的单鼓包逐渐分成两个靠近短边的鼓包，振动区域减小。

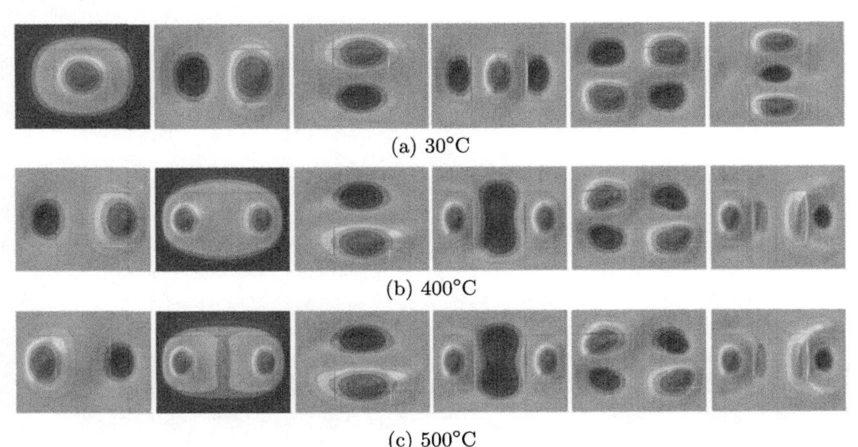

(a) 30°C

(b) 400°C

(c) 500°C

图 8-33 “井”字加筋板在 30℃、400℃和 500℃的前六阶模态振型

8.4 连接板热模态特性的仿真分析

采用与 8.3 节相同的计算方法，对复合材料连接板的热模态开展数值研究，分别考察铆接和黏接对连接板热模态特性的影响。并针对加筋板和连接板热模态计算中观察到的模态交换现象，采用矩阵摄动法和盖尔圆盘定理给出数学解释，说明产生模态交换现象的原因。

8.4.1 连接板有限元模型

图 8-34 为连接板及其连接区域示意图，具体尺寸为 $a = 300\text{mm}$，$b = 200\text{mm}$，$h = 4\text{mm}$，$c = 12\text{mm}$，$d_1 = 2\text{mm}$，$d_2 = 1\text{mm}$，$r = 2\text{mm}$。选取碳钢作为铆钉材料，参数为弹性模量为 200GPa，泊松比为 0.25，密度为 $7900\text{kg}\cdot\text{m}^{-3}$，热膨胀系数为 $1.2 \times 10^{-5}\text{K}^{-1}$。

有限元分析中，铆钉的处理可分为以下三种方式。

(1) 实体铆钉。建立真实的铆钉模型，并在模型中定义部件间的接触关系，设置相应的动摩擦系数和静摩擦系数。采用实体铆钉进行模拟，虽更接近实际情况，但建模难度相对更大，且接触计算易出现收敛问题。

(2) 梁铆钉。使用多点约束 (multi-point constraint，MPC)，在连接处建立一维梁部件，将梁上下两端分别与连接板孔边节点建立刚性多点约束，即可实现铆钉的模拟。与实体铆钉建模相比，该方法考虑了铆钉质量，但忽略了铆钉与壁板的接触。

(3) 运动耦合连接。在连接板孔边节点间建立独立参考点，将孔边节点与之连接形成运动耦合约束。该方法忽略了铆钉质量，仅通过孔边节点间的位移传递实现铆接模拟。

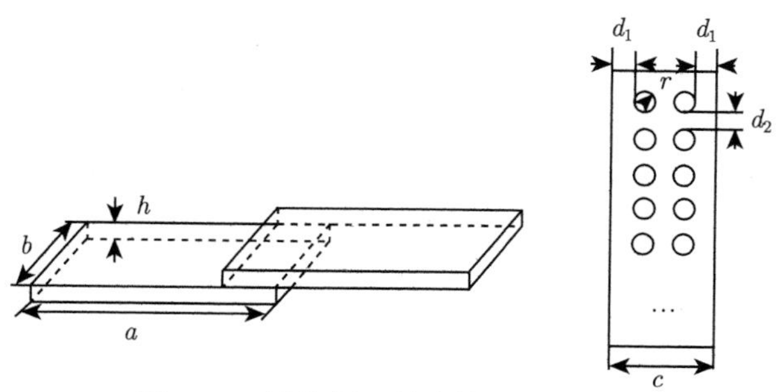

图 8-34　连接板及其连接区域示意图

在连接结构的分析中，多采用梁铆钉或运动耦合连接的简化方法处理连接问题，具体形式如图 8-35 所示。图 8-36 给出了两种约束方式下连接板固有频率对比。结果表明，忽略铆钉质量的影响会导致固有频率的计算结果增大约 10%。结合壁板结构的实际连接情况，以下分析均采用梁铆钉模拟连接。

(a) 梁铆钉法

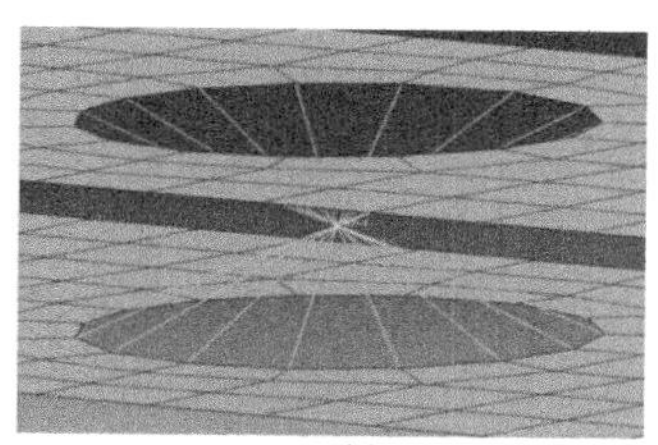

(b) 运动耦合法

图 8-35　有限元中铆钉或螺栓的简化方式

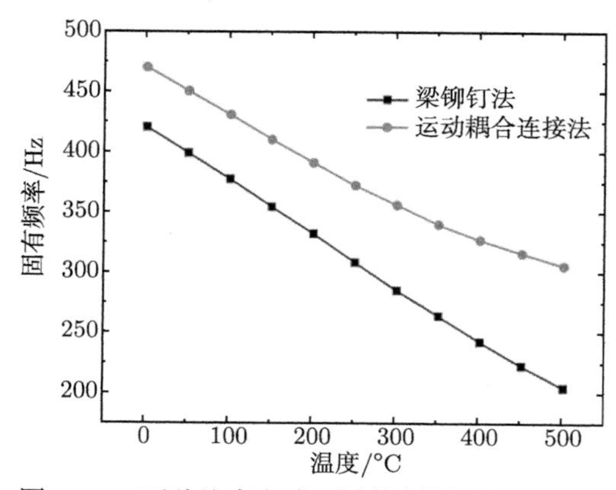

图 8-36　两种约束方式下连接板固有频率对比

8.4.2 连接方式对热模态的影响

通过铆钉将两块平板连接在一起，由于两块平板的中面不在同一平面内，因而热应力会在连接处产生热弯矩，引起结构发生如图 8-37(a) 所示的热变形，与连接板的模态 (2,1) 振型近似。

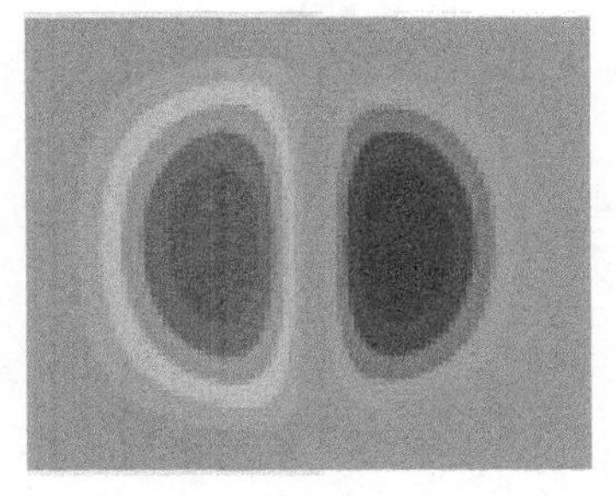

(a) 连接板热变形

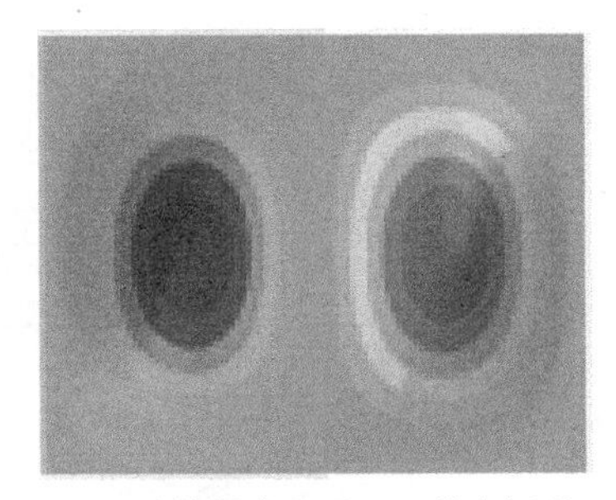

(b) 连接板常温下 (2,1) 模态振型

图 8-37 热变形与模态振型的比较

将以上热应力与热变形作为初始条件，进行模态分析，可得如图 8-38 所示的铆接方式连接板响应特性曲线。结果显示，在整个温度范围内，第一阶固有频率持续缓慢减小，且不与其他阶频率交叉。第二阶固有频率曲线在 190°C附近率先发生转折并开始回升，这是由结构热变形对该阶模态的刚化作用引起的。在第二阶 ~ 第六阶频率曲线相继出现转折后，模态交换现象频繁出现，如图 8-39 所示。与加筋板不同，在热应力作用下，连接板的最大挠度没有发生突增，因此连接板受热后不会产生明显的热屈曲现象。

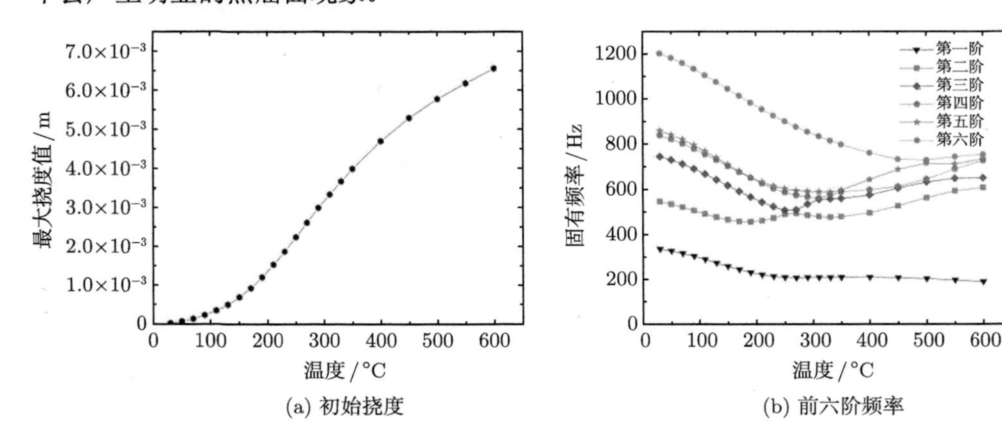

(a) 初始挠度　　(b) 前六阶频率

图 8-38 铆接方式连接板响应特性曲线

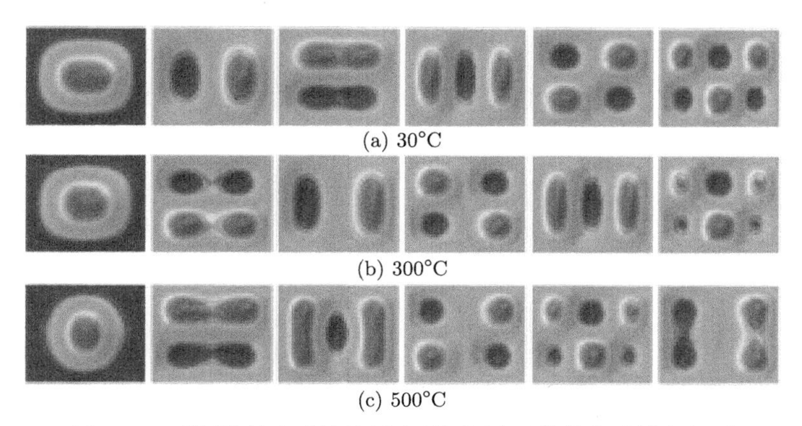

图 8-39　采用铆接方式连接板在不同温度下的前六阶模态振型

考虑黏接对连接板在热环境下响应特性的影响。如图 8-40 所示，黏接方式连接板的固有频率曲线在热环境下的变化趋势，与铆接方式连接板基本相同。对比30℃、300℃和 500℃时前六阶模态频率可以发现，采用黏接方式得到的结构固有频率值更大 (计算结果见表 8-6)，这主要是由于铆接的不完全约束释放了部分热应力的挤压作用。

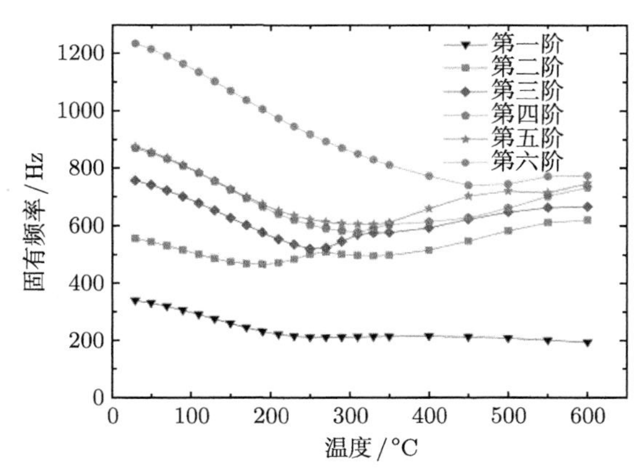

图 8-40　黏接方式连接板前六阶频率随温度的变化

表 8-6　不同温度下铆接与黏接方式连接板的前六阶频率

温度/°C	连接方式	固有频率/Hz					
		第一阶	第二阶	第三阶	第四阶	第五阶	第六阶
30	铆接	335.6	545.5	743.8	837.5	858.0	1201.6
	黏接	339.9	556.1	755.7	869.3	874.8	1233.9
300	铆接	207.7	481.0	541.7	561.3	587.9	842.6
	黏接	212.7	499.4	557.2	579.4	606.1	858.6
500	铆接	203.1	562.2	631.5	644.4	713.1	727.0
	黏接	208.5	583.5	646.9	660.4	718.7	742.9

8.4.3 结构模态在热环境下的交换现象

考虑如图 8-41 所示的质量–弹簧系统。假设质点 m_1 沿 x 方向的自由度为 x_1，质点 m_2 沿 x 和 y 方向的自由度分别为 x_2 和 x_3，系统的振动方程可写为

$$m_1\ddot{x}_1 + (k_1 + k_2)x_1 - k_2x_2 = 0 \tag{8-82}$$

$$m_2\ddot{x}_2 + k_2x_2 - k_2x_1 = 0 \tag{8-83}$$

$$m_2\ddot{x}_3 + k_3x_3 = 0 \tag{8-84}$$

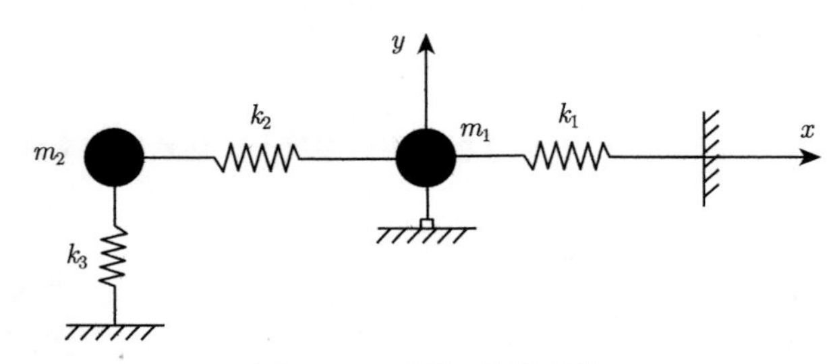

图 8-41　质量–弹簧系统

令 $m_1 = m_2 = m$，$k_1 = k_2 = k$，$\omega^2 = k/m$。于是系统特征值为

$$\lambda_1 = \frac{3-\sqrt{5}}{2}\omega^2 \approx 0.38197\omega^2, \quad \lambda_2 = \frac{3+\sqrt{5}}{2}\omega^2 \approx 2.61803\omega^2, \quad \lambda_3 = \frac{k_3}{k}\omega^2 \tag{8-85}$$

式中，λ_3 中包含未知数 k_3。假设 $k_3 = n \cdot k$，当 n 给出不同取值时，三个特征值的大小顺序会发生变化。此时，λ_1、λ_2 和 λ_3 的排序存在以下三种情况。

(1) 当 $0 < k_3 < 0.38k$ 时，三阶固有频率从小到大依次为 λ_3、λ_1、λ_2；

(2) 当 $0.38k \leqslant k_3 \leqslant 2.62k$ 时，三阶固有频率从小到大依次为 λ_1、λ_3、λ_2；

(3) 当 $k_3 > 2.62k$ 时，三阶固有频率从小到大依次为 λ_1、λ_2、λ_3。

由以上情况可知，k_3 的取值直接决定了各固有频率的阶次顺序。

将质量–弹簧系统推广至更复杂系统，若结构在振动过程中发生刚度变化，则有可能引起固有频率顺序的交替变换，这就是所谓的模态交换现象。

1. 矩阵摄动法

实际工程中经常遇到结构的小参数变化问题，如结构尺寸变化、生产过程中的制造误差、结构灵敏度分析等。为获得结构在参数变化时的响应预测结果，往往需进行多次重复性分析，花费大量人力和时间。针对这一问题，矩阵摄动法 (matrix perturbation method, MPM) 因能实现快速重分析而得到了广泛应用[263]。

结构振动的特征值问题可写为

$$\boldsymbol{K}\boldsymbol{u}_{i0} = \lambda_{i0}\boldsymbol{M}\boldsymbol{u}_{i0} \tag{8-86}$$

物理参数变化导致结构质量阵和刚度阵的改变，可表示为

$$\boldsymbol{M}=\boldsymbol{M}_0+\varepsilon\boldsymbol{M}_1 \tag{8-87}$$

$$\boldsymbol{K}=\boldsymbol{K}_0+\varepsilon\boldsymbol{K}_1 \tag{8-88}$$

式中，$\boldsymbol{M}_0$ 和 $\boldsymbol{K}_0$ 分别为结构初始质量阵和刚度阵；$\boldsymbol{M}_1$ 和 $\boldsymbol{K}_1$ 分别为物理参数变化引起的质量阵和刚度阵的变化量；ε 为比例系数 (这里取值为 1)。将式 (8-87) 和式 (8-88) 代入式 (8-86) 可得

$$(\boldsymbol{K}_0+\boldsymbol{K}_1)\boldsymbol{u}_i=\lambda_i(\boldsymbol{M}_0+\boldsymbol{M}_1)\boldsymbol{u}_i \tag{8-89}$$

式中，λ_i 和 $\boldsymbol{u}_i$ 为系统特征值和特征向量。将 λ_i 和 $\boldsymbol{u}_i$ 按 ε 进行幂级数展开，可得

$$\lambda_i=\lambda_{i0}+\varepsilon\lambda_{i1}+\varepsilon^2\lambda_{i2}+\cdots \tag{8-90}$$

$$\boldsymbol{u}_i=\boldsymbol{u}_{i0}+\varepsilon\boldsymbol{u}_{i1}+\varepsilon^2\boldsymbol{u}_{i2}+\cdots \tag{8-91}$$

取 ε^2 精度，再把式 (8-90) 和式 (8-91) 代入式 (8-89)，可得

$$\begin{aligned}&(\boldsymbol{K}_0+\varepsilon\boldsymbol{K}_1)(\boldsymbol{u}_{i0}+\varepsilon\boldsymbol{u}_{i1}+\varepsilon^2\boldsymbol{u}_{i2})\\&=(\lambda_{i0}+\varepsilon\lambda_{i1}+\varepsilon^2\lambda_{i2})(\boldsymbol{M}_0+\varepsilon\boldsymbol{M}_1)(\boldsymbol{u}_{i0}+\varepsilon\boldsymbol{u}_{i1}+\varepsilon^2\boldsymbol{u}_{i2})\end{aligned} \tag{8-92}$$

展开式 (8-92) 并略去高阶小量 $O(\varepsilon^3)$，比较等式两边 ε 的同次幂系数，则有

$$\varepsilon^0:\boldsymbol{K}_0\boldsymbol{u}_{i0}=\lambda_{i0}\boldsymbol{M}_0\boldsymbol{u}_{i0} \tag{8-93}$$

$$\varepsilon^1:\boldsymbol{K}_0\boldsymbol{u}_{i1}+\boldsymbol{K}_1\boldsymbol{u}_{i0}=\lambda_{i0}\boldsymbol{M}_0\boldsymbol{u}_{i1}+\lambda_{i0}\boldsymbol{M}_1\boldsymbol{u}_{i0}+\lambda_{i1}\boldsymbol{M}_0\boldsymbol{u}_{i0} \tag{8-94}$$

$$\varepsilon^2:\boldsymbol{K}_0\boldsymbol{u}_{i2}+\boldsymbol{K}_1\boldsymbol{u}_{i1}=\lambda_{i0}\boldsymbol{M}_0\boldsymbol{u}_{i2}+\lambda_{i0}\boldsymbol{M}_1\boldsymbol{u}_{i1}+\lambda_{i1}\boldsymbol{M}_0\boldsymbol{u}_{i1}+\lambda_{i1}\boldsymbol{M}_1\boldsymbol{u}_{i0}+\lambda_{i2}\boldsymbol{M}_0\boldsymbol{u}_{i0} \tag{8-95}$$

式中，λ_{i1} 和 λ_{i2} 分别为第 i 阶特征值的一阶摄动值和二阶摄动值；$\boldsymbol{u}_{i1}$ 和 $\boldsymbol{u}_{i2}$ 分别为第 i 阶特征值所对应特征向量的一阶摄动值和二阶摄动值。利用模态正交性，可求解出摄动特征值和摄动特征向量的表达式。

参数摄动前后，结构仍应满足正交性条件，摄动后新系统的正交性方程为

$$\boldsymbol{u}_i^{\mathrm{T}}\left(\boldsymbol{M}_0+\varepsilon\boldsymbol{M}_1\right)\boldsymbol{u}_j=\delta_{ij} \tag{8-96}$$

将式 (8-91) 代入式 (8-96)，可得

$$\left(\boldsymbol{u}_{i0}+\varepsilon\boldsymbol{u}_{i1}+\varepsilon^2\boldsymbol{u}_{i2}\right)^{\mathrm{T}}\left(\boldsymbol{M}_0+\varepsilon\boldsymbol{M}_1\right)\left(\boldsymbol{u}_{j0}+\varepsilon\boldsymbol{u}_{j1}+\varepsilon^2\boldsymbol{u}_{j2}\right)=\delta_{ij} \tag{8-97}$$

将式 (8-97) 展开，令 $i=j$，并再次比较 ε 的同次幂系数，可得

$$\varepsilon^0: \boldsymbol{u}_{i0}^{\mathrm{T}}\boldsymbol{M}_0\boldsymbol{u}_{i0}=1 \tag{8-98}$$

$$\varepsilon^1: \boldsymbol{u}_{i0}^{\mathrm{T}}\boldsymbol{M}_0\boldsymbol{u}_{i1}+\boldsymbol{u}_{i1}^{\mathrm{T}}\boldsymbol{M}_0\boldsymbol{u}_{i0}+\boldsymbol{u}_{i0}^{\mathrm{T}}\boldsymbol{M}_1\boldsymbol{u}_{i0}=0 \tag{8-99}$$

$$\varepsilon^2: \boldsymbol{u}_{i0}^{\mathrm{T}}\boldsymbol{M}_0\boldsymbol{u}_{i2}+\boldsymbol{u}_{i0}^{\mathrm{T}}\boldsymbol{M}_1\boldsymbol{u}_{i1}+\boldsymbol{u}_{i1}^{\mathrm{T}}\boldsymbol{M}_1\boldsymbol{u}_{i0}+\boldsymbol{u}_{i1}^{\mathrm{T}}\boldsymbol{M}_0\boldsymbol{u}_{i1}+\boldsymbol{u}_{i2}^{\mathrm{T}}\boldsymbol{M}_0\boldsymbol{u}_{i0}=0 \tag{8-100}$$

至此，已具备求解 λ_{i1}、λ_{i2}、$\boldsymbol{u}_{i1}$ 和 $\boldsymbol{u}_{i2}$ 的四个方程。其中，式 (8-93) 和式 (8-98) 为原系统的特征方程和正交性条件。通过式 (8-94) 和式 (8-99) 可以求得 λ_{i1} 和 $\boldsymbol{u}_{i1}$，然后根据式 (8-95) 和式 (8-100) 求得 λ_{i2} 和 $\boldsymbol{u}_{i2}$ 的具体形式。下面对一阶与二阶摄动解进行求解。

1) 一阶摄动公式

一阶摄动向量 $\boldsymbol{u}_{i1}$ 可表示为原系统向量 $\boldsymbol{u}_{10}$、$\boldsymbol{u}_{20}$、$\boldsymbol{u}_{30}$、$\cdots$、$\boldsymbol{u}_{n0}$ 的线性组合：

$$\boldsymbol{u}_{i1}=\sum_{k=1}^{n}\alpha_{k1}\boldsymbol{u}_{k0} \tag{8-101}$$

式中，α_{k1} 是待定系数。将式 (8-101) 代入式 (8-94)，并左乘 $\boldsymbol{u}_{k0}^{\mathrm{T}}$ 得

$$\begin{aligned}&\boldsymbol{u}_{k0}^{\mathrm{T}}\boldsymbol{K}_0\sum_{k=1}^{n}\alpha_{k1}\boldsymbol{u}_{k0}+\boldsymbol{u}_{k0}^{\mathrm{T}}\boldsymbol{K}_0\boldsymbol{u}_{i0}\\&=\lambda_{i0}\boldsymbol{u}_{k0}^{\mathrm{T}}\boldsymbol{M}_0\sum_{k=1}^{n}\alpha_{k1}\boldsymbol{u}_{k0}+\lambda_{i0}\boldsymbol{u}_{k0}^{\mathrm{T}}\boldsymbol{M}_1\boldsymbol{u}_{i0}+\lambda_{i1}\boldsymbol{u}_{k0}^{\mathrm{T}}\boldsymbol{M}_0\boldsymbol{u}_{i0}\end{aligned} \tag{8-102}$$

利用式 (8-98) 的正交关系，式 (8-102) 可化简为

$$\alpha_{k1}\lambda_{k0}+\boldsymbol{u}_{k0}^{\mathrm{T}}\boldsymbol{K}_1\boldsymbol{u}_{i0}=\alpha_{k1}\lambda_{i0}+\lambda_{i0}\boldsymbol{u}_{k0}^{\mathrm{T}}\boldsymbol{M}_1\boldsymbol{u}_{i0}+\lambda_{i1}\boldsymbol{u}_{k0}^{\mathrm{T}}\boldsymbol{M}_0\boldsymbol{u}_{i0} \tag{8-103}$$

当 $i=k$ 时，$\lambda_{k0}=\lambda_{i0}$，此时可得特征值的一阶摄动公式为

$$\lambda_{i1}=\boldsymbol{u}_{i0}^{\mathrm{T}}\left(\boldsymbol{K}_1-\lambda_{i0}\boldsymbol{M}_1\right)\boldsymbol{u}_{i0} \tag{8-104}$$

当 $i\neq k$ 时，$\boldsymbol{u}_{k0}^{\mathrm{T}}\boldsymbol{M}_0\boldsymbol{u}_{i0}=0$，此时式 (8-103) 变为

$$\alpha_{k1}=\frac{\boldsymbol{u}_{k0}^{\mathrm{T}}\left(\boldsymbol{K}_1-\lambda_{i0}\boldsymbol{M}_1\right)\boldsymbol{u}_{i0}}{\lambda_{i0}-\lambda_{k0}} \tag{8-105}$$

由式 (8-105) 无法求出 α_{i1} 的值。式 (8-101) 两端左乘 $\boldsymbol{u}_{i0}^{\mathrm{T}}\boldsymbol{M}_0$，有

$$\boldsymbol{u}_{i0}^{\mathrm{T}}\boldsymbol{M}_0\boldsymbol{u}_{i1}=\sum_{k=1}^{n}\alpha_{k1}\boldsymbol{u}_{i0}^{\mathrm{T}}\boldsymbol{M}_0\boldsymbol{u}_{k0} \tag{8-106}$$

考虑 $\boldsymbol{M}_0$ 的对称性，则可得 α_{i1} 的表达式为

$$\alpha_{i1} = \boldsymbol{u}_{i0}^{\mathrm{T}} \boldsymbol{M}_0 \boldsymbol{u}_{i1} = \boldsymbol{u}_{i1}^{\mathrm{T}} \boldsymbol{M}_0 \boldsymbol{u}_{i0} \tag{8-107}$$

将式 (8-107) 代入式 (8-99) 可得

$$\alpha_{i1} = -\frac{1}{2} \boldsymbol{u}_{i0}^{\mathrm{T}} \boldsymbol{M}_0 \boldsymbol{u}_{i0} \tag{8-108}$$

至此，得到特征向量的一阶摄动公式如下：

$$\boldsymbol{u}_{i1} = \sum_{k=1,k\neq i}^{n} \frac{\boldsymbol{u}_{k0}^{\mathrm{T}} (\boldsymbol{K}_1 - \lambda_{i0} \boldsymbol{M}_1) \boldsymbol{u}_{i0}}{\lambda_{i0} - \lambda_{k0}} - \frac{1}{2} \boldsymbol{u}_{i0}^{\mathrm{T}} \boldsymbol{M}_0 \boldsymbol{u}_{i0} \tag{8-109}$$

2) 二阶摄动公式

基于与一阶摄动公式相同的展开定理，同理可求得二阶摄动公式如下：

$$\lambda_{i2} = \boldsymbol{u}_{i0}^{\mathrm{T}} (\boldsymbol{K}_1 \boldsymbol{u}_{i1} - \lambda_{i0} \boldsymbol{M}_1 \boldsymbol{u}_{i1} - \lambda_{i1} \boldsymbol{M}_0 \boldsymbol{u}_{i1} - \lambda_{i1} \boldsymbol{M}_1 \boldsymbol{u}_{i0}) \tag{8-110}$$

$$\begin{aligned} \boldsymbol{u}_{i2} = & \sum_{k=1,k\neq i}^{n} \frac{\boldsymbol{u}_{k0}^{\mathrm{T}} (\boldsymbol{K}_1 \boldsymbol{u}_{i1} - \lambda_{i0} \boldsymbol{M}_1 \boldsymbol{u}_{i1} - \lambda_{i1} \boldsymbol{M}_0 \boldsymbol{u}_{i1} - \lambda_{i1} \boldsymbol{M}_1 \boldsymbol{u}_{i0}) \boldsymbol{u}_{k0}}{\lambda_{i0} - \lambda_{k0}} \\ & - \frac{1}{2} \left(\boldsymbol{u}_{i0}^{\mathrm{T}} \boldsymbol{M}_1 \boldsymbol{u}_{i1} + \boldsymbol{u}_{i1}^{\mathrm{T}} \boldsymbol{M}_0 \boldsymbol{u}_{i1} + \boldsymbol{u}_{i1}^{\mathrm{T}} \boldsymbol{M}_1 \boldsymbol{u}_{i0} \right) \boldsymbol{u}_{i0} \end{aligned} \tag{8-111}$$

对于热环境下的复合材料壁板结构，刚度阵分为结构初始刚度阵 $\boldsymbol{K}_0$，热应力刚度阵 $\boldsymbol{K}_\sigma$ 和非线性刚度阵 $\boldsymbol{K}_{\mathrm{NL}}$。运用矩阵摄动理论，忽略质量的变化 (即 $\boldsymbol{M}_1 = 0$)，将 $\boldsymbol{K}_\sigma$ 与 $\boldsymbol{K}_{\mathrm{NL}}$ 之和视为 $\boldsymbol{K}_1$，可得热效应影响下结构特征值与特征向量的变化量。

以 0.3m×0.2m×0.003m 的平板为对象，材料参数为 $E=69\mathrm{GPa}$，$\rho=2800\mathrm{kg\cdot m^{-3}}$，$\nu=0.3$，$\alpha=2.38\times10^{-5}\mathrm{K}^{-1}$，通过有限元程序可获取结构的初始质量阵和初始刚度阵，将单元热应力刚度阵视为 $\boldsymbol{K}_1$，利用矩阵摄动理论进行特征问题的计算，并将求得的前六阶固有频率进行对比，结果如表 8-7 所示。由计算结果可见，当温度升高 10℃时，通过热应力刚度摄动求得的第三阶频率为 1063.8Hz，第四阶频率为 1039.7Hz。此时摄动求解出现频率次序的交换，即模态交换，且交换是由热应力刚度阵对不同阶模态软化效果不一引起的。

对于复杂或是网格量较大的结构，可借助商业有限元软件输出结构的质量矩阵和刚度矩阵，利用矩阵摄动理论分析热应力或变形对特征值的影响，以及产生热模态交换现象的具体原因。

表 8-7　矩阵摄动理论求解结果的验证

温差/°C	方法	热环境下固有频率/Hz					
		第一阶	第二阶	第三阶	第四阶	第五阶	第六阶
0	FEM	483.1	744.2	1182.6	1186.6	1419.7	1798.8
5	FEM	430.8	679.1	1115.5	1124.6	1356.1	1724.6
	MPM	431.2	679.4	1115.6	1124.8	1356.2	1724.9
10	FEM	370.1	606.5	1039.1	1063.3	1289.1	1646.7
	MPM	371.9	607.0	1063.8	1039.7	1289.5	1647.6
15	FEM	296.8	523.0	956.4	997.9	1218.3	1564.7
	MPM	301.5	526.4	999.1	957.9	1219.2	1566.6

2. 盖尔圆盘定理

本节以弹簧–质量系统为例，定性分析矩阵元素变化对特征值的影响。首先，引入盖尔圆盘定理[264]的定义。假设矩阵 $\boldsymbol{A}$ 满足：

$$\boldsymbol{A} = (a_{ij}) \in C^{n\times n} \tag{8-112}$$

其中，a_{ij} 为矩阵 $\boldsymbol{A}$ 中的元素。记

$$S_i = \{z\,||z - a_{ii}| \leqslant R_i, z \in C\} \tag{8-113}$$

其中，

$$R_i = R_i(A) = \sum_{j=1,j\neq i}^{n} |a_{ij}|(i = 1, 2, \cdots, n) \tag{8-114}$$

S_i 为矩阵 $\boldsymbol{A}$ 在复平面上的第 i 个盖尔圆，R_i 为其半径。

盖尔圆满足如下 2 个条件。

(1) 满足式 (8-112) 中矩阵 $\boldsymbol{A}$ 的所有特征值，都在它的 n 个盖尔圆并集之内，即 $\boldsymbol{A}$ 的任一特征值均满足：

$$\lambda \in S = \bigcup_{i=1}^{n} S_i = \bigcup_{i=1}^{n} \{z\,||z - a_{ii}| \leqslant R_i, z \in C\} \tag{8-115}$$

(2) 若矩阵 $\boldsymbol{A}$ 中有 n 个盖尔圆相连通，那么这 n 个盖尔圆中恰有 n 个特征值。

假设 $\boldsymbol{A}$ 为三阶方阵，有 3 个特征值，对应 3 个盖尔圆，其圆心横坐标分别为 a_{11}、a_{22} 和 a_{33}，而它们的半径分别为 $|a_{12}| + |a_{13}|$、$|a_{21}| + |a_{23}|$ 和 $|a_{31}| + |a_{32}|$。因此，矩阵主对角线元素决定了盖尔圆在复平面的位置，非对角线元素绝对值之和则决定了盖尔圆半径。

考虑如图 8-41 所示的质量–弹簧系统，根据式 (8-82) 的振动方程，可得系统质量矩阵和刚度矩阵为

$$\boldsymbol{M}=\begin{bmatrix} m & 0 & 0 \\ 0 & m & 0 \\ 0 & 0 & m \end{bmatrix},\boldsymbol{K}=\begin{bmatrix} 2k & -k & 0 \\ -k & k & 0 \\ 0 & 0 & k_3 \end{bmatrix} \tag{8-116}$$

这时求解系统振动的固有频率，即求解

$$|\boldsymbol{K}-\lambda\boldsymbol{M}|=0 \tag{8-117}$$

问题转化为求解刚度矩阵 $\boldsymbol{K}$ 的特征值，将 $\boldsymbol{K}$ 转化成盖尔圆形式。因第三行非对角线元素为 0，则 k_3 为系统的一个特征值，其他两个特征值分别落在圆心为 k 和 $2k$ 的盖尔圆中。k_3 为变量，因此 k_3 与其他两个盖尔圆存在多种位置关系，如图 8-42 所示。

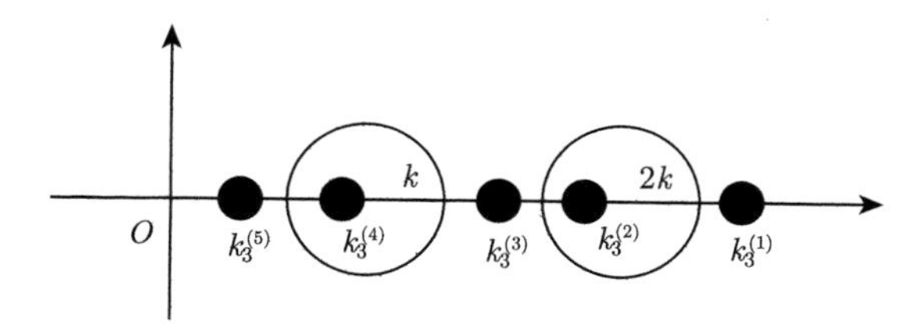

图 8-42　k_3 与其他盖尔圆的位置关系

假设所有特征值均为正，则按从小到大排序，对应坐标轴上盖尔圆从左到右排序。当 k_3 与盖尔圆不相交时，大小关系可以确定；当相交时，则需进行定量求解比较。

对于壁板结构在热环境下的模态交换现象，可用盖尔圆进行定性解释。当结构受到热载作用后，由于受热应力对刚度的"削弱"作用，总体刚度阵对角线元素逐渐减小，所有盖尔圆均朝坐标轴左侧移动，且半径也逐渐减小。当结构发生热屈曲后，产生非线性大变形，非线性刚度阵又使总体刚度阵对角线元素迅速增大，即各阶频率迅速增大。而热应力的软化效果和热变形的刚化效果对每个盖尔圆的作用不同，盖尔圆的排列顺序也会发生变化，反映到结构动态特性上，就是各阶模态的固有频率阶次发生变化，即出现模态交换。

8.5　本 章 小 结

模态特性是决定受热壁板结构声振行为的重要因素，对其进行有效预测，是开展热环境下结构声振响应特性研究的基础。本章以复合材料加筋板和连接板为对

象，开展热环境下模态特性演变规律研究。基于一阶剪切变形理论、von-Karman 非线性应变–位移关系及 Lagrange 原理，建立了复合材料加筋板的非线性动力学模型，采用正交函数系作为试探基函数，获得了不同边界条件下理论模型的半解析解，并建立了跨越屈曲温度的热模态有限元模拟方法，考察了加筋板模态特性在较大温度范围内的演变规律。

结果表明，与普通矩形板相同，随结构温度不断提升，加筋板各阶固有频率也表现出先下降后回升的变化过程，加强筋会提高板的抗弯能力，提升结构在热环境下的稳定性，改变模态振型，从而影响各阶固有频率随温度的演变过程。由于各阶模态对温度变化的敏感程度不同，各条固有频率轨迹会在不同温度下出现拐点和交叉点，从而引起模态交换现象。在较高温度段内，加筋板模态密度显著增大，模态交换现象也更为频繁。

采用有限元分析，以铆接和黏接方式的连接板为对象，研究了其在热环境下的模态演变过程。与加筋板不同，由于连接处存在热弯矩效应，连接板热挠度随温升逐渐出现，不存在突增的现象，反对称模态受温度变化的影响最大。

最后，以弹簧–质量模型为例，根据矩阵摄动理论和盖尔圆盘定理，对热环境下壁板结构的特征值交换现象进行了理论阐释。

第 9 章　热环境下结构动力学响应的高效计算

9.1　引　言

在工作过程中，薄壁结构常受到宽频高强度噪声等其他激励作用，其响应呈现明显的几何非线性和高频等特征，为仿真预示带来难度。作为一种相对成熟的数值手段，有限元法因具有良好的适应性，在结构动力学分析中得到了广泛应用，但受自身特点限制，其在处理某些问题时也存在劣势。对于几何非线性问题，有限元法求解时需在每一步进行大量迭代计算，同时不断更新结构和载荷等信息，导致计算时间迅速增长，且极易出现不收敛的问题，分析效率大打折扣；对于高频问题，为保证求解精度，有限元网格尺寸需随分析频率的升高而减小，模型自由度数相应增大，且计算结果对结构局部特征 (几何构型、材料属性等) 的敏感度高，使得响应分析耗时显著增加。受热环境影响，结构动力学特性的复杂程度提升，在一定程度上也增大了响应预示的难度。因此，针对以上非线性和高频响应问题，需建立考虑热效应的仿真分析方法，以提高求解效率和可靠度。

本章首先基于结构动力学有限元法，建立考虑几何非线性和结构热载荷作用的非线性降阶模型，对受热板的非线性振动响应开展预测分析；然后，借鉴有限元法的离散思想，建立考虑热效应的壁板结构能量有限元方程；最后，分别对简单板和耦合板在热载荷作用下的高频振动响应开展仿真分析。

9.2　基于降阶方法的非线性声振响应预示

降阶方法是一种提高几何非线性振动分析效率的有效手段。其将结构模型由物理空间转换至模态空间，以减少系统自由度，从而有效降低控制方程阶数，在保证求解精度不发生明显损失的基础上，可显著缩短计算时长。本节主要介绍当前主流的结构非线性间接降阶方法，并分析对比施加载荷法和假设位移法这两种刚度系数求解方法的准确性与可靠性。

9.2.1　非线性系统的降阶处理

1. 结构非线性动力学有限元方程

对于某一结构，其几何非线性振动有限元方程可表示为

$$\boldsymbol{M}\ddot{\boldsymbol{w}}(\boldsymbol{x},t)+\boldsymbol{C}\dot{\boldsymbol{w}}(\boldsymbol{x},t)+\left[\boldsymbol{K}_{\mathrm{L}}+\boldsymbol{K}_{\mathrm{NL}}(\boldsymbol{w})\right]\boldsymbol{w}(\boldsymbol{x},t)=\boldsymbol{F}(\boldsymbol{x},t) \tag{9-1}$$

式中，$\boldsymbol{M}$ 为质量矩阵；$\boldsymbol{C}$ 为阻尼矩阵；$\boldsymbol{K}_{\mathrm{L}}$ 为线性刚度矩阵；$\boldsymbol{K}_{\mathrm{NL}}$ 为与位移 $\boldsymbol{w}$ 相关的非线性刚度矩阵，其包含热效应的影响；$\boldsymbol{F}$ 为外载荷；$\boldsymbol{x}$ 为坐标向量。参考线性系统中的模态叠加原理，对结构进行模态分析，并关于质量阵做归一化处理，选取其中 n 阶模态作为基底，假设结构位移形式为

$$\boldsymbol{w}(\boldsymbol{x},t)=\sum_{r=1}^{n}\phi_r(\boldsymbol{x})\,q_r(t)=\boldsymbol{\Phi}\boldsymbol{q} \tag{9-2}$$

式中，q_r 为第 r 阶基底位移。将位移表达式代入式 (9-1) 中，有限元方程从物理空间转换至基底空间：

$$\tilde{\boldsymbol{M}}\ddot{\boldsymbol{q}}(t)+\tilde{\boldsymbol{C}}\dot{\boldsymbol{q}}(t)+\tilde{\boldsymbol{K}}_{\mathrm{L}}\boldsymbol{q}(t)+\boldsymbol{\gamma}(q_1,q_2,\cdots,q_n)=\tilde{\boldsymbol{F}}(t) \tag{9-3}$$

式 (9-1) 中的线性矩阵均解耦为对角阵：

$$\tilde{\boldsymbol{M}}=\boldsymbol{\Phi}^{\mathrm{T}}\boldsymbol{M}\boldsymbol{\Phi}=\boldsymbol{I},\quad \tilde{\boldsymbol{C}}=\boldsymbol{\Phi}^{\mathrm{T}}\boldsymbol{C}\boldsymbol{\Phi}=\mathrm{diag}(2\zeta_r\omega_r),\quad \tilde{\boldsymbol{K}}_{\mathrm{L}}=\mathrm{diag}\left(\omega_r^2\right),\quad r=1,2,\cdots,n \tag{9-4}$$

非线性项 $\boldsymbol{K}_{\mathrm{NL}}(\boldsymbol{w})$ 则转换为 $\boldsymbol{\gamma}$，其中第 r 行可写为

$$\gamma_r(q_1,q_2,\cdots,q_n)=\sum_{i=1}^{n}A_r^i q_i+\sum_{i=1}^{n}\sum_{j=i}^{n}B_r^{ij}q_iq_j+\sum_{i=1}^{n}\sum_{j=i}^{n}\sum_{k=j}^{n}C_r^{ijk}q_iq_jq_k \tag{9-5}$$

式中，A_r^i、B_r^{ij} 和 C_r^{ijk} 分别为线性、二次和三次刚度系数[119]，热效应通过热致薄膜力的形式体现在线性刚度系数中[265]。在降阶模型中，刚度系数的个数为

$$\mathrm{NNC}=n+\frac{n(n+1)}{2}+\left[\frac{n(n+1)}{2}+\frac{(n-1)n}{2}+\cdots+1\right] \tag{9-6}$$

此时，在基底空间中的方程阶数比原有限元方程大大降低，但是 A_r^i、B_r^{ij}、C_r^{ijk} 仍未知。因此，求解各刚度系数是降阶方法的关键。

忽略式 (9-3) 中的惯性项和阻尼项，得到基底空间的非线性静力方程：

$$\boldsymbol{\gamma}(q_1,q_2,\cdots,q_n)=\tilde{\boldsymbol{F}}-\tilde{\boldsymbol{K}}_{\mathrm{L}}\boldsymbol{q} \tag{9-7}$$

这里，只要获得 NNC 组载荷和相对应的广义位移，式 (9-7) 即可转化为关于 NNC 个未知刚度系数的线性方程组并进行求解。

据此，利用商业有限元软件对结构进行非线性静力分析，提取载荷与位移向量，并将其转换至基底空间，进而可求得各刚度系数。根据非线性静力分析的不同形式，即施加载荷求位移响应和施加强制位移求结构支反力，降阶方法可分为施加载荷法和假设位移法。

2. 施加载荷法

以板壳结构为对象，在本方法中，选取 n 阶结构弯曲模态作为基底，如式 (9-8)，利用其加权叠加形式构造 NNC 组静力载荷，进行非线性静力分析，得到相应的非线性静力响应：

$$\boldsymbol{F}_i=\sum_{r=1}^{n}a_r^i\phi_r \quad (i=1,2,\cdots,\mathrm{NNC}) \tag{9-8}$$

式中，a_r^i 为权系数。将以上构造的静力载荷和非线性静力响应转换至基底空间，根据式 (9-7) 得到关于各刚度系数的线性方程组，求解得到各未知刚度系数，进而计算结构的非线性振动响应。

综上，施加载荷法的计算流程可归纳如下：

(1) 对结构进行线性模态分析，选取 n 阶模态作为基底；

(2) 根据式 (9-8) 构建 NNC 组静态载荷，求得 NNC 组物理空间下的位移响应；

(3) 将载荷和位移转换至基底空间；

(4) 根据式 (9-7) 计算得到刚度系数；

(5) 计算非线性时域动态位移响应，进而获得应力应变响应。

3. 假设位移法

与施加载荷法不同，假设位移法的核心思想是对结构施加强制位移，通过计算其非线性静态支反力，解出各刚度系数。并且，刚度系数是按单基底、双基底和三基底刚度系数的顺序依次解出。

第一步，选取 n 阶结构弯曲模态作为基底。首先，构造仅由其中一阶基底构成的强制位移 $\boldsymbol{w}_i=\phi_i q_i(i=1,2,\cdots,n)$，则式 (9-7) 可转化为

$$f_r-\omega_r^2 q_r=A_r^i q_i+B_r^{ii}q_i^2+C_r^{iii}q_i^3 \quad (r=1,2,\cdots,n) \tag{9-9}$$

式中，r 表示基底阶数，未知量为 A_r^i、B_r^{ii} 和 C_r^{iii}。对结构分别施加三组不同基底位移 q_i，得到三组相应的支反力，将其转换至基底空间，即可得式 (9-9) 中的三个未知单基底刚度系数。

第二步，构造由两阶基底组合成的强制位移 $\boldsymbol{w}_{ij}=\phi_i q_i+\phi_j q_j(i=1,2,\cdots,n,\ j=1,2,\cdots,n$ 且 $i\neq j)$，则式 (9-7) 可转化为

$$\begin{aligned}f_r-\omega_r^2 q_r=&A_r^i q_i+A_r^j q_j+B_r^{ii}q_i^2+B_r^{ij}q_iq_j+B_r^{jj}q_j^2\\&+C_r^{iii}q_i^3+C_r^{iij}q_i^2q_j+C_r^{ijj}q_iq_j^2+C_r^{jjj}q_j^3 \quad (r=1,2,\cdots,n)\end{aligned} \tag{9-10}$$

式中，未知量为 B_r^{ij}、C_r^{iij} 和 C_r^{ijj}。对结构分别施加三组由 q_i 和 q_j 组成的强制位移组合，得到三组相应的支反力，由此可得式 (9-10) 中的未知刚度系数。

第三步，构造由三阶基底组合成的强制位移 $\boldsymbol{w}_{ijk} = \phi_i q_i + \phi_j q_j + \phi_k q_k (i = 1,2,\cdots,n, j = 1,2,\cdots,n, k = 1,2,\cdots,n$ 且 $i \neq j \neq k)$，则式 (9-7) 可转化为

$$\begin{aligned} f_r - \omega_r^2 q_r =& A_r^i q_i + A_r^j q_j + A_r^k q_k + B_r^{ii} q_i^2 + B_r^{jj} q_j^2 + B_r^{kk} q_k^2 \\ &+ B_r^{ij} q_i q_j + B_r^{ik} q_i q_k + B_r^{jk} q_j q_k + C_r^{iii} q_i^3 + C_r^{jjj} q_j^3 + C_r^{kkk} q_k^3 \\ &+ C_r^{iij} q_i^2 q_j + C_r^{ijj} q_i q_j^2 + C_r^{iik} q_i^2 q_k + C_r^{ikk} q_i q_k^2 \\ &+ C_r^{jjk} q_j^2 q_k + C_r^{jkk} q_j q_k^2 + C_r^{ijk} q_i q_j q_k \quad (r = 1,2,\cdots,n) \end{aligned} \tag{9-11}$$

式中，未知量为 C_r^{ijk}。对结构施加一组由 q_i、q_j 和 q_k 组合而成的基底位移，得到相应的支反力，即可得式 (9-11) 中的未知刚度系数。至此，全部刚度系数均已求得，进而可利用数值积分对结构进行非线性时域响应计算。

综上，基于假设位移法的计算流程可归纳如下：

(1) 对结构进行线性模态分析，选取 n 阶模态作为基底；

(2) 施加单阶基底构成的强制位移，根据式 (9-9) 得到单阶基底的刚度系数；

(3) 施加两阶基底组合构成的强制位移，根据式 (9-10) 得到两阶基底的刚度系数；

(4) 施加三阶基底组合构成的强制位移，根据式 (9-11) 得到三阶基底的刚度系数；

(5) 计算非线性时域动态位移响应，进而获得应力应变响应。

9.2.2 两种刚度系数求解方法的可靠性分析

上述两种方法均可实现结构刚度系数的求解，但是这两种方法的可靠性和准确性如何，两种方法的差异在哪里，目前未见研究和讨论。由以上描述可知，基于降阶方法非线性振动响应预测精度取决于各刚度系数的计算精度。本节针对此问题，以一个典型壁板为对象，通过理论方法对刚度系数的准确性进行比较。

选取四边固支矩形平板模型，长为 0.3m，宽为 0.2m，厚为 1mm。材料为铝，其物理参数：弹性模量为 67GPa，泊松比为 0.27，密度为 2700kg·m^{-3}。在计算中，基于 NASTRAN 有限元求解器的模态分析和非线性静力分析模块，实现整个降阶流程。板的有限元模型划分为 60×40 个 CQUAD4 单元。

在理论分析中，采用本书第 8 章中的半解析方法，根据四边固支边界条件，选取试探函数并给出板的位移解形式，求得模态信息后，利用 von-Karman 非线性位移–应变关系和 Hamilton 变分原理，可得板的刚度系数。

对比固有频率理论解与有限元解，如表 9-1 和图 9-1 所示，可知二者吻合良好。

表 9-1　固有频率理论解与有限元解对比　　(单位：Hz)

模态	(1, 1)	(2, 1)	(1, 2)	(3, 1)	(2, 2)	(4, 1)	(3, 2)
理论解	160.5	247.9	393.0	395.4	474.4	599.2	613.1
有限元解	160.3	247.3	392.4	394.3	472.6	597.4	609.4

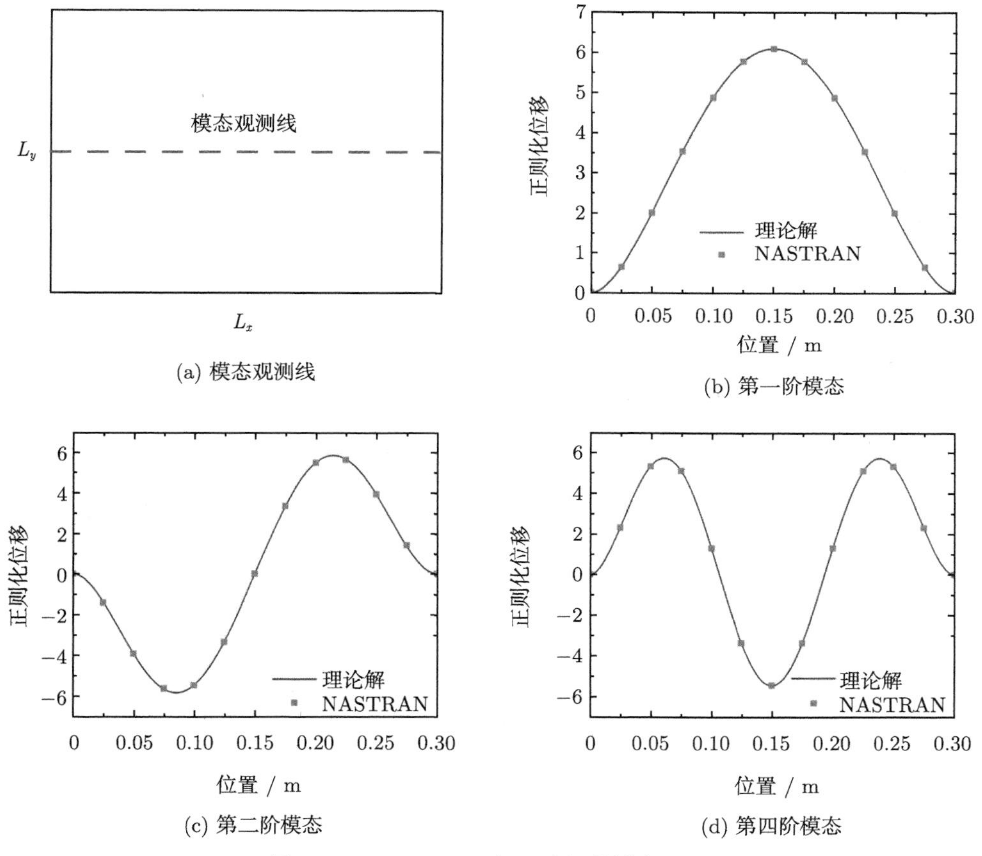

(a) 模态观测线

(b) 第一阶模态

(c) 第二阶模态

(d) 第四阶模态

图 9-1　NASTRAN 与理论解的模态对比

首先，取前两阶模态作为基底，因为计算对象为常温环境下的平板，所以线性和二次刚度系数均为零，只需对四组三次刚度系数进行对比，即在求解中一共需进行四组非线性静力分析。

表 9-2 和表 9-3 分别为基底取前两阶模态时，刚度系数理论结果与假设位移法结果和施加载荷法结果对比。此时，在假设位移法中，单基底假设位移取式 (9-12)

的形式，两阶基底加权的位移取式 (9-13) 的形式：

$$\begin{cases} X_1 = q\phi_1 \\ X_2 = q\phi_2 \end{cases} \tag{9-12}$$

$$\begin{cases} X_3 = q\left(\phi_1 + \ \phi_2\right) \\ X_4 = q\left(\phi_1 - \ \phi_2\right) \end{cases} \tag{9-13}$$

权系数 q 取不同值，使得第一阶基底单独引起的最大位移 w_m 分别达到板厚的 0.2、0.6、1、3、6、10 和 20 倍。

施加载荷法中两阶模态加权的载荷取如下形式：

$$F = \phi_1 a_1 + \phi_2 a_2 \tag{9-14}$$

在此选取四组 a_1 和 a_2 的线性组合，得到四组静态载荷：

$$[F_1 \quad F_2 \quad F_3 \quad F_4] = a[\phi_1 \quad \phi_2]\begin{bmatrix} 1 & 0.5 & 0 & 1 \\ 0 & 1 & 1 & 0.5 \end{bmatrix} \tag{9-15}$$

式中，a 是权系数。对权系数 a 取不同值，使得第一阶基底载荷 $F = \phi_1 a$ 引起的最大位移分别达到板厚的 0.2、0.6、1、3 和 6 倍。此外，取两组 a_1 和 a_2 的随机组合 rand1 和 rand2 作对比。由表 9-2 和表 9-3 所示结果可知，假设位移法计算得到的刚度系数与理论值吻合很好，且在较宽的假设位移幅值范围内保持稳定，由于舍入误差，量级较小的系数误差相对较大，但对响应结果的影响很小；而施加载荷法得到的刚度系数与理论值间的误差相对更大，且当随机选取载荷权系数时误差更大，尤其是 C_1^{112} 等理论值非常小的刚度系数，对结果的稳定性会造成影响。

表 9-4 和表 9-5 分别为基底取前两阶对称模态 (即第一阶和第四阶) 时，刚度系数理论结果与假设位移法结果和施加载荷法结果对比。假设位移法与施加载荷法的求解过程与式 (9-12)~ 式 (9-15) 相同。通过对比发现，假设位移法结果与理论值吻合更好，施加载荷法结果误差相对更大，尤其是载荷权系数取随机值时。

通过以上对比可知，假设位移法得到的刚度系数更加接近理论值，且在较宽的假设位移幅值范围内，其计算得到的刚度系数基本保持稳定；施加载荷法的结果与理论值的误差则相对更大，且当载荷权系数取值不同时，刚度系数变化相对较大。因此，本章后续分析均基于假设位移法开展。

表 9-2　基底取前两阶模态时，刚度系数理论结果与假设位移法结果对比

刚度系数	理论值/×10^{13}	假设位移法 (第一阶基底假设位移的最大值)/×10^{13}						
		0.2h	0.6h	1h	3h	6h	10h	20h
C_1^{111}	2.72	2.70	2.70	2.70	2.70	2.69	2.67	2.59
C_1^{112}	-4.13×10^{-11}	1.47×10^{-8}	3.82×10^{-9}	-2.61×10^{-9}	5.46×10^{-10}	1.93×10^{-10}	1.16×10^{-10}	7.28×10^{-11}
C_1^{122}	7.40	7.25	7.25	7.25	7.22	7.13	6.93	6.09
C_1^{222}	-8.50×10^{-11}	2.23×10^{-8}	-3.49×10^{-9}	-2.59×10^{-9}	-4.97×10^{-10}	-1.76×10^{-10}	-1.05×10^{-10}	-6.66×10^{-11}
C_2^{111}	-1.38×10^{-11}	5.76×10^{-10}	4.09×10^{-10}	1.75×10^{-11}	-1.99×10^{-10}	5.51×10^{-13}	1.16×10^{-13}	-0.15×10^{-13}
C_2^{112}	7.40	7.25	7.25	7.25	7.22	7.10	6.85	5.85
C_2^{122}	-2.55×10^{-10}	6.50×10^{-8}	-3.74×10^{-10}	-5.32×10^{-9}	1.82×10^{-10}	-7.17×10^{-13}	-2.82×10^{-13}	-2.70×10^{-13}
C_2^{222}	8.97	8.87	8.87	8.87	8.86	8.80	8.68	8.14

表 9-3　基底取前两阶模态时，刚度系数理论结果与施加载荷法结果对比

刚度系数	理论值/×10^{13}	施加载荷法 (第一阶基底静态载荷引起的最大位移)/×10^{13}						
		0.2h	0.6h	1h	3h	6h	rand1	rand2
C_1^{111}	2.72	2.10	1.82	2.38	1.44	1.25	2.19	0.793
C_1^{112}	-4.13×10^{-11}	−1.54	−0.607	−3.56	−0.338	−0.112	−3.22	2.76
C_1^{122}	7.40	6.00	4.98	6.86	3.75	3.17	8.10	0.552
C_1^{222}	-8.50×10^{-11}	1.01×10^{-11}	3.41×10^{-13}	-6.91×10^{-8}	2.30×10^{-6}	1.24×10^{-6}	−1.78	1.02
C_2^{111}	-1.38×10^{-11}	-12.63×10^{-13}	-1.79×10^{-13}	-0.84×10^{-13}	-1.78×10^{-8}	-0.25×10^{-13}	7.41×10^{-2}	−0.503
C_2^{112}	7.40	5.01	4.57	4.68	3.94	3.54	3.46	6.05
C_2^{122}	-2.55×10^{-10}	−2.45	−0.721	−4.05	−0.804	−0.631	−0.155	−3.26
C_2^{222}	8.97	8.05	6.06	9.01	4.97	4.42	4.90	6.03

表 9-4　基底取前两阶对称模态时，刚度系数理论结果与假设位移法结果对比

刚度系数	理论值/$\times 10^{13}$	假设位移法 (第一阶基底假设位移的最大值)/$\times 10^{13}$						
		$0.2h$	$0.6h$	$1h$	$3h$	$6h$	$10h$	$20h$
C_1^{111}	2.72	2.70	2.70	2.70	2.70	2.69	2.67	2.59
C_1^{112}	−3.58	−3.58	−3.58	−3.57	−3.54	−3.44	−3.22	−2.49
C_1^{122}	12.2	12.0	12.0	11.9	11.9	11.6	11.1	9.16
C_1^{222}	−3.67	−3.66	−3.66	−3.66	−3.64	−3.57	−3.42	−2.87
C_2^{111}	−1.19	−1.19	−1.19	−1.19	−1.19	−1.19	−1.18	−1.13
C_2^{112}	12.2	12.0	12.0	11.9	11.8	11.5	10.7	8.06
C_2^{122}	−11.0	−11.0	−11.0	−11.0	−10.9	−10.4	−9.59	−6.78
C_2^{222}	31.9	31.3	31.3	31.3	31.2	30.7	29.8	26.2

表 9-5　基底取前两阶对称模态时，刚度系数理论结果与施加载荷法结果对比

刚度系数	理论值/$\times 10^{13}$	施加载荷法 (第一阶基底静态载荷引起的最大位移)/$\times 10^{13}$						
		$0.2h$	$0.6h$	$1h$	$3h$	$6h$	rand1	rand2
C_1^{111}	2.72	2.10	1.84	2.40	1.55	1.41	1.53	1.57
C_1^{112}	3.58	−1.66	1.35	−12.7	1.73	1.80	1.31	2.41
C_1^{122}	12.2	19.3	9.31	35.7	5.80	4.92	21.5	4.30
C_1^{222}	−3.67	−11.0	0.215	3.29	1.40	1.35	−37.4	2.50
C_2^{111}	−1.19	0.0631	0.733	−0.0265	0.690	0.641	0.639	0.708
C_2^{112}	12.2	19.8	7.81	27.7	5.23	4.71	4.45	4.47
C_2^{122}	−11.0	−40.3	−0.189	−52.5	3.66	3.83	24.8	7.80
C_2^{222}	31.9	64.5	24.7	51.0	17.9	16.1	−33.9	14.5

9.3　实例分析与讨论

以本书 9.2.2 小节中的四边固支矩形平板为对象，分别采用基于假设位移法的降阶方法、理论方法和有限元法进行非线性动态分析。在降阶方法中，基于 NASTRAN 有限元软件的模态分析模块和非线性静力分析模块，并与 MATLAB 编程相结合实现整个降阶流程，有限元模型划分为 60×40 个 CQUAD4 单元。在有限元法中，采用基于考虑大变形效应 (Nlgeom ON) 的 ABAQUS 隐式动态分析求解非线性振动响应，有限元模型划分为 60×40 个 S4R 单元。

9.3.1　固有频率对比

降阶模型是以有限元模态分析结果为基础而建立的，故首先对 NASTRAN、本书第 8 章半解析方法和 ABAQUS 得到的结构前十阶固有频率进行对比。如表 9-6 所示，三组结果吻合很好。

表 9-6　固有频率对比　(单位：Hz)

求解方法	模态 (1, 1)	模态 (2, 1)	模态 (1, 2)	模态 (3, 1)	模态 (2, 2)	模态 (4, 1)	模态 (3, 2)	模态 (1, 3)	模态 (4, 2)	模态 (2, 3)
NASTRAN	160.3	247.3	392.4	394.3	472.6	597.4	609.4	743.4	803.1	820.5
理论解	160.5	247.9	393.0	395.4	474.4	599.2	613.1	744.7	809.0	824.1
ABAQUS	160.7	248.1	394.6	396.4	475.6	602.2	614.4	751.0	811.6	829.6

9.3.2　非线性振动响应结果验证

本节验证矩形板在外载荷作用下的非线性响应结果。如图 9-2 所示，计算所施加的载荷为均匀分布高斯白噪声。因载荷为对称分布，且主要频率范围为 50~500Hz，故选取板的前三阶对称模态作为基底，即第一阶、第四阶和第八阶模态。降阶模型和理论模型均采用 Newmark-β 联合牛顿迭代方法求解。

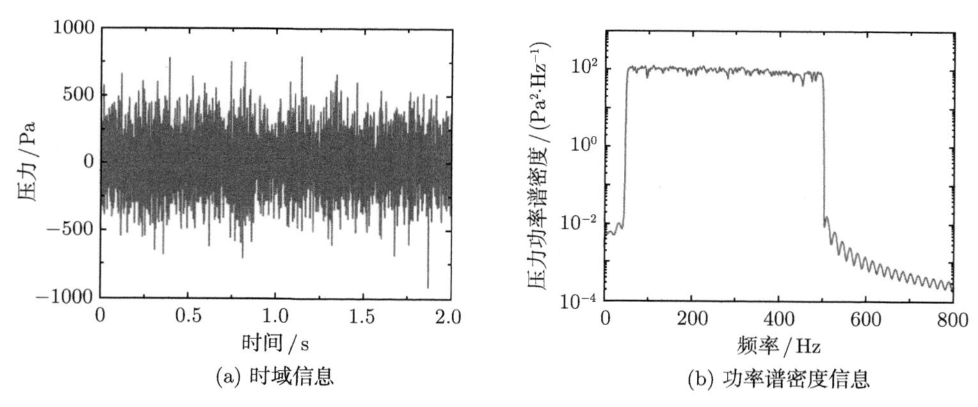

(a) 时域信息　(b) 功率谱密度信息

图 9-2　高斯白噪声载荷信息

图 9-3 所示为位移响应的功率谱密度信息。可以发现，三种方法计算得到的

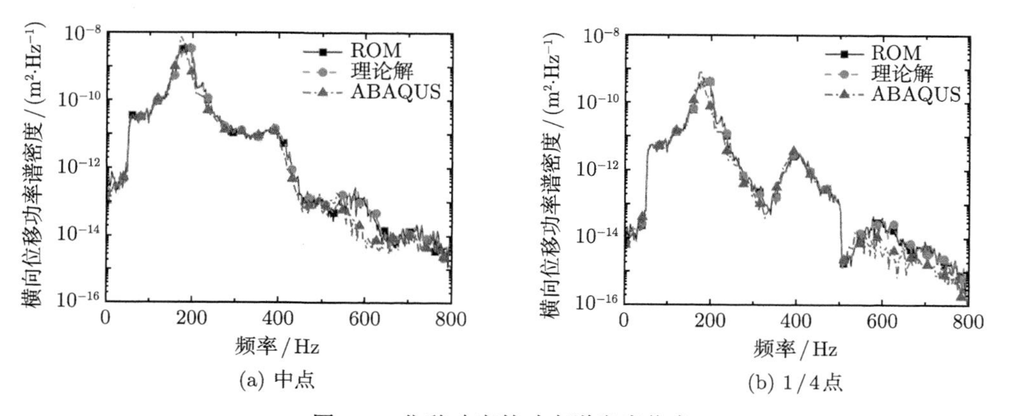

(a) 中点　(b) 1/4点

图 9-3　位移响应的功率谱密度信息

板中点和 1/4 点处位移响应的频域结果都吻合良好，在一阶固有频率附近均有明显的峰值。三种方法获得的板中点处的位移响应均方根 (root mean square, RMS) 值分别为 0.340mm、0.396mm 和 0.392mm，板 1/4 点处位移响应 RMS 值分别为 0.138mm、0.136mm 和 0.132mm，吻合良好。

图 9-4 为板上 σ_{xx} 响应功率谱密度对比，图 9-5 为板上 σ_{yy} 响应功率谱密度对比。可以发现，三种方法得到的应力结果也吻合良好。

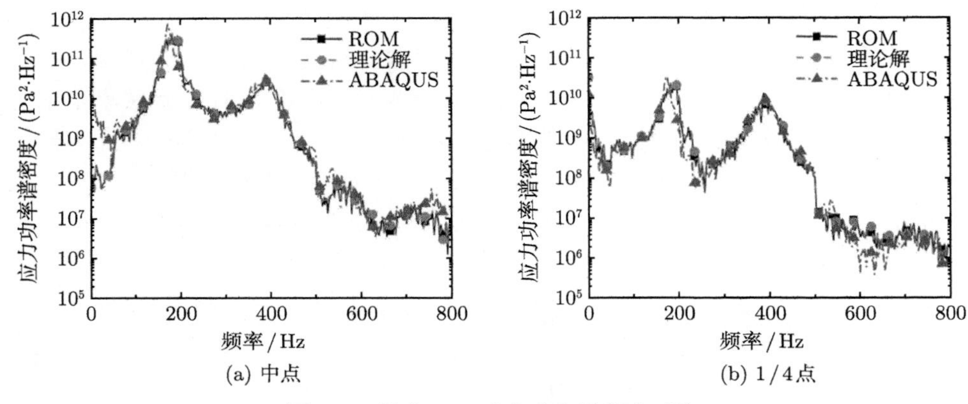

图 9-4　板上 σ_{xx} 响应功率谱密度对比

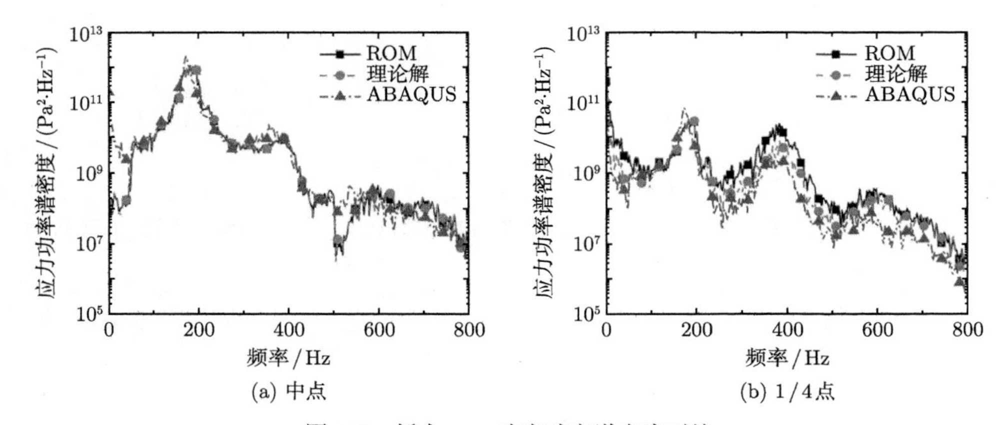

图 9-5　板上 σ_{yy} 响应功率谱密度对比

比较上述三种方法得到的结果可知，在仅用三阶模态信息进行壁板结构的非线性响应计算时，降阶方法便可达到较高的精度，计算效率也显著提高。

9.3.3　考虑声压相位差的非线性振动响应特性

通常，结构在服役环境下受到的载荷并非均匀分布，在不同区域内会有一定的相位差，故如图 9-6 所示，在本节中设置了四种相位分区工况，采用降阶方法对不同工况开展分析。不同相位分区的载荷功率谱密度相同，均如图 9-2(b) 所示，而时域相位信息不同。降阶分析中采用板的前八阶模态作为基底。

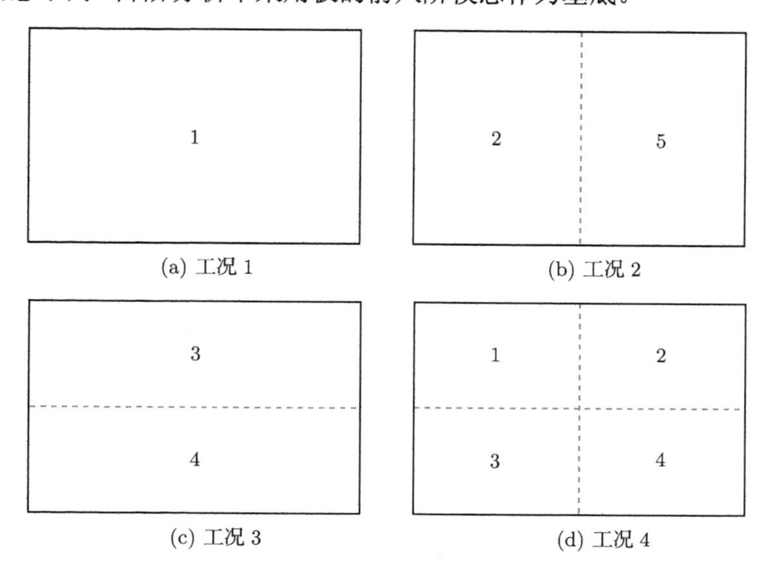

(a) 工况 1　(b) 工况 2　(c) 工况 3　(d) 工况 4

图 9-6　四种相位分区工况示意图

如图 9-7 所示，为不同工况下板中点和 1/4 点横向位移响应功率谱密度。可以发现，随着相位分区的增加，板中点处响应曲线整体降低，不同工况下均在第一阶和第四阶固有频率处出现响应峰值，板 1/4 点处响应在不同阶固有频率处也出现峰值。表 9-7 为不同工况下板内观测点位移响应 RMS 值，随着分区增多，响应幅值总体趋于减小。在 1/4 点处，工况 2 的位移响应最大，此时第二阶模态明显受到激发。

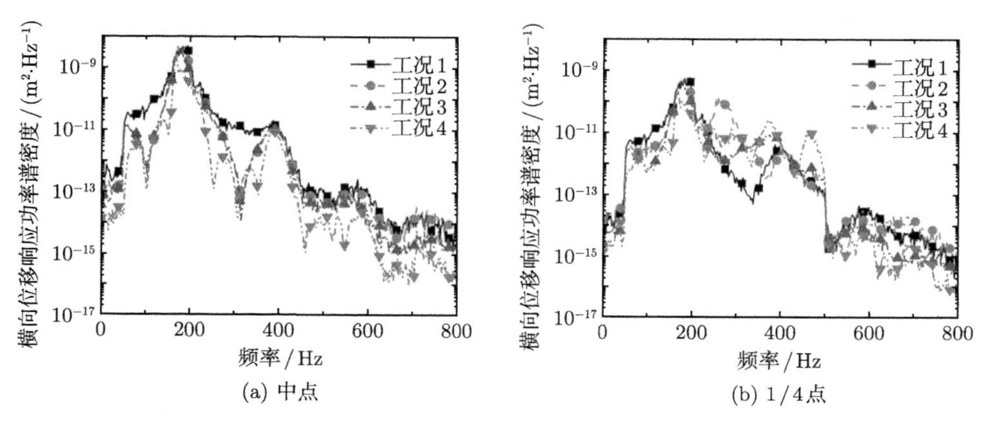

(a) 中点　(b) 1/4点

图 9-7　不同工况下板中点和 1/4 点横向位移响应功率谱密度

表 9-7　不同工况下板内观测点位移响应 RMS 值　(单位：mm)

观测点	工况 1	工况 2	工况 3	工况 4
中点	0.340	0.353	0.334	0.190
1/4 点	0.138	0.138	0.115	0.074

图 9-8 给出不同工况下板中点应力响应功率谱密度，表 9-8 给出了不同工况下板内观测点应力响应 RMS 值。不同工况下的中点处，在频域内的应力响应规律较为接近，而随着分区的增加，应力响应总体逐渐减小。

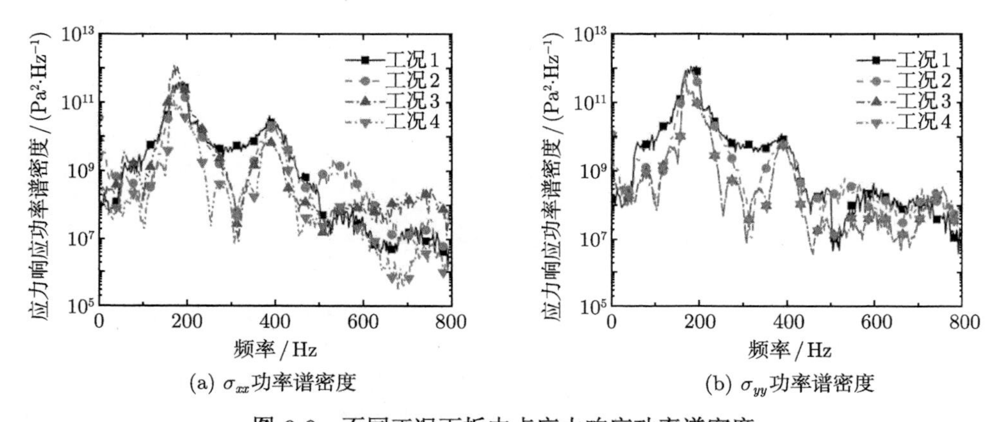

(a) σ_{xx}功率谱密度　(b) σ_{yy}功率谱密度

图 9-8　不同工况下板中点应力响应功率谱密度

表 9-8　不同工况下板内观测点应力响应 RMS 值　(单位：MPa)

观测点	应力分量	工况 1	工况 2	工况 3	工况 4
中点	σ_{xx}	3.82	3.48	3.28	2.07
	σ_{yy}	6.29	5.60	5.35	3.13
1/4 点	σ_{xx}	1.21	1.83	1.04	1.17
	σ_{yy}	2.13	2.22	1.95	1.73

图 9-9 给出不同工况下板 1/4 点应力响应功率谱密度，相应的 RMS 值如表 9-8 示。随着分区增多，响应峰数量逐渐增大，更多模态受到激发。与位移响应一样，在 1/4 点处，工况 2 下的应力响应最大。

由以上结果对比可以看出，不同相位分区会使板在频域内的响应特性发生变化，这与分区形状和模态形状的相关性有直接关系，与分区形状相关性高的模态更容易被激发。

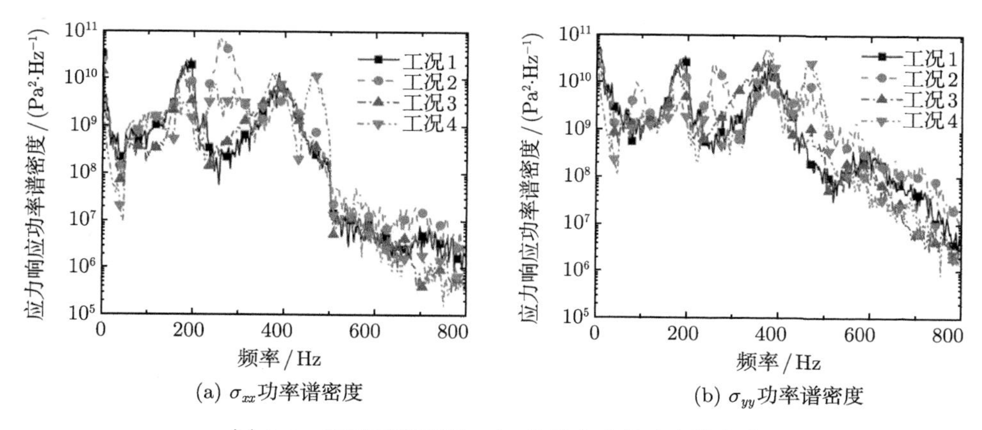

(a) σ_{xx}功率谱密度　　(b) σ_{yy}功率谱密度

图 9-9　不同工况下板 1/4 点应力响应功率谱密度

9.3.4　热环境下板的非线性振动响应特性

采用降阶模型对均匀热环境下板的非线性振动响应进行研究。利用 NASTRAN Sol 105 屈曲分析求解器计算得到板的一阶屈曲温度为 2.9℃ (参考温度为 0℃，分别选取热屈曲前、后的不同温度点，分析板的非线性振动响应特性随热载荷的变化。降阶计算中选取板的前八阶模态作为基底，载荷与图 9-2 所示一致。

1. 屈曲前

选取 1℃、2℃和 2.8℃三个结构温度进行分析，表 9-9 为不同温度下板前十阶固有频率值。可以发现，随着结构温度升高，板内压应力不断增大，使其刚度不断下降，各阶固有频率持续降低。

表 9-9　不同温度下板前十阶固有频率值　(单位：Hz)

温度	模态 (1, 1)	模态 (1, 2)	模态 (1, 3)	模态 (2, 1)	模态 (2, 2)	模态 (1, 4)	模态 (2, 3)	模态 (3, 1)	模态 (2, 4)	模态 (3, 2)
1℃	130.5	212.9	358.0	359.0	437.5	560.3	573.0	708.3	765.8	784.7
2℃	90.6	171.2	317.5	321.9	399.1	520.5	533.9	671.4	729.5	747.0
2.8℃	30.8	127.8	280.8	288.6	365.4	486.3	500.3	640.3	715.4	744.2

图 9-10 所示为不同温度下板内横向位移响应功率谱密度对比。可以发现，随着温度升高，位移响应共振峰逐渐向低频漂移，而共振峰频率则略高于板的固有频率。大振幅使得板产生刚化现象，从而导致其共振频率有所升高。由表 9-10 给出的不同温度下板内观测点位移响应 RMS 值可知，随着温度升高，板的刚度逐渐被弱化，相应的位移响应 RMS 值也逐渐增大。

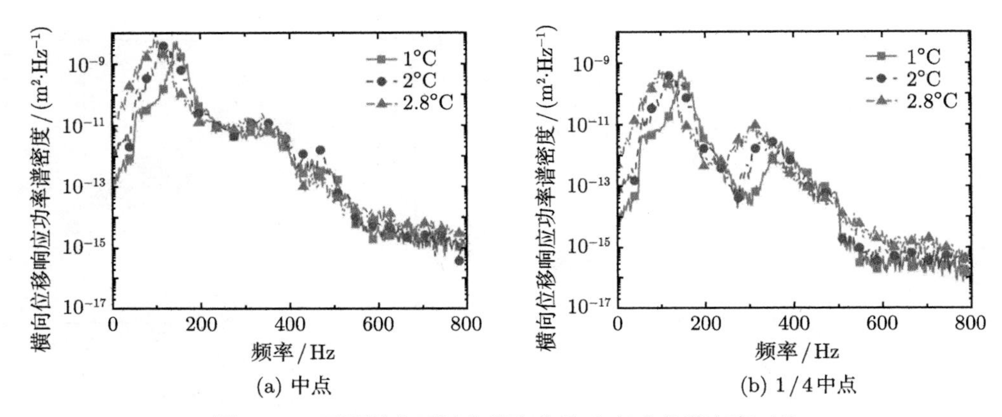

(a) 中点　　(b) 1/4中点

图 9-10　不同温度下板内横向位移响应功率谱密度对比

表 9-10　不同温度下板内观测点位移响应 RMS 值　　(单位：mm)

观测点	1℃	2℃	2.8℃
中点	0.32	0.39	0.45
1/4 点	0.10	0.12	0.14

图 9-11 给出不同温度下板中点应力响应功率谱密度对比，板内观测点应力响应 RMS 值如表 9-11 所示。可以发现，随着温度升高，板内应力水平整体提高，各响应峰逐渐向低频方向漂移。图 9-12 和表 9-11 为不同温度下板 1/4 点应力响应功率谱密度对比以及 RMS 值，其响应的变化规律与中点处一致。

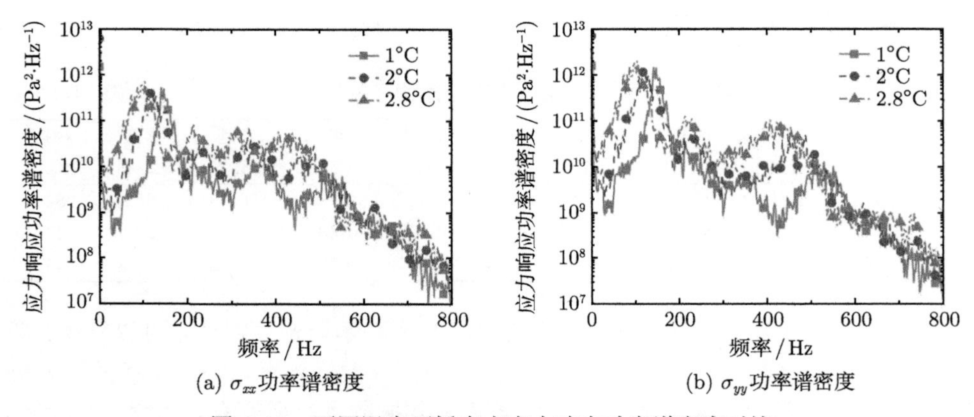

(a) σ_{xx}功率谱密度　　(b) σ_{yy}功率谱密度

图 9-11　不同温度下板中点应力响应功率谱密度对比

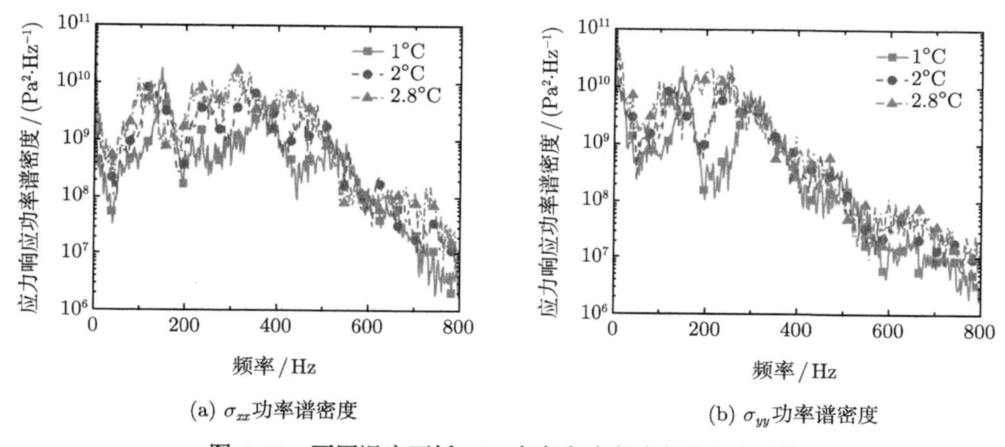

(a) σ_{xx}功率谱密度　(b) σ_{yy}功率谱密度

图 9-12　不同温度下板 1/4 点应力响应功率谱密度对比

表 9-11　不同温度下板内观测点应力响应 RMS 值　(单位：MPa)

观测点	应力分量	1℃	2℃	2.8℃
中点	σ_{xx}	3.98	6.23	8.45
	σ_{yy}	5.85	8.57	11.31
1/4 点	σ_{xx}	2.09	4.04	5.55
	σ_{yy}	1.76	3.37	4.60

2. *屈曲后*

选取 4℃、5℃和 6.5℃三个结构温度进行分析。屈曲后，板的静态构型变为不稳定平衡位置，新出现的两个对称稳定平衡位置位于板原构型两侧。由图 9-13(a) 可知，4℃时板在两个平衡位置处振动，并且频繁发生突弹跳变；随着温度增加到 5℃[图 9-14(a)]，板的后屈曲变形增大，其振动响应在两个平衡位置间的突弹跳变频率明显减小，说明平衡位置变化引起板刚化效应增强，使得板从一个平衡位置到另一个平衡位置所需要的外载荷量增大；而当温度达到 6.5℃时 [图 9-15(a)]，板的后屈曲变形继续增强，平衡位置变化引起的板刚化效应也进一步增强，原有外载荷已不足以使板从一个平衡位置转换到另一个平衡位置，故板稳定在某一平衡位置附近振动。而由图 9-13(b)～图 9-15(b) 中所示频谱可以发现，随着温度升高，板后屈曲变形增大所引起的板刚度加强作用明显大于热应力对刚度的削弱作用，即板的总体刚度不断增大，使得响应峰值逐渐向高频漂移，响应幅值则略有降低。

板 1/4 点处位移响应随温度的变化规律与中点相同，这里不再赘述。

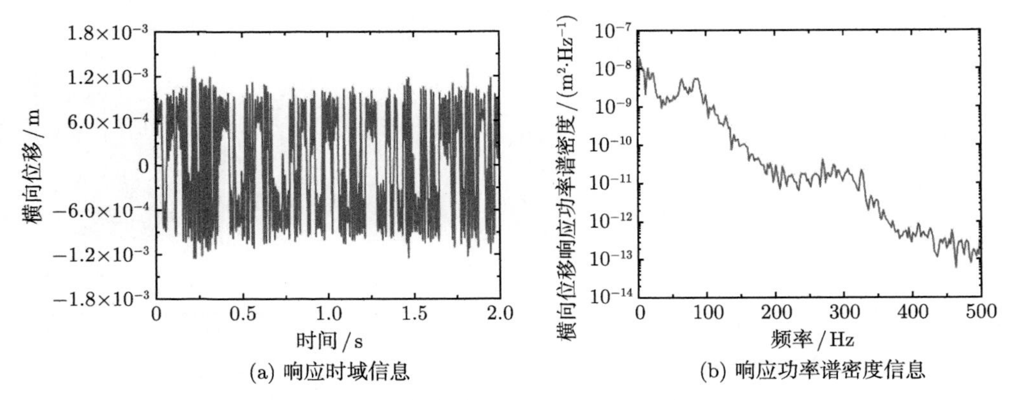

(a) 响应时域信息 (b) 响应功率谱密度信息

图 9-13 结构温度为 4°C时板中点横向位移响应

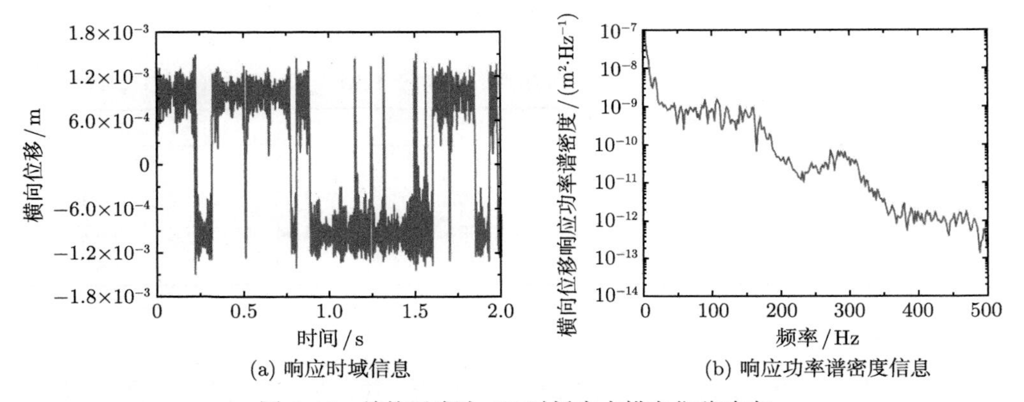

(a) 响应时域信息 (b) 响应功率谱密度信息

图 9-14 结构温度为 5°C时板中点横向位移响应

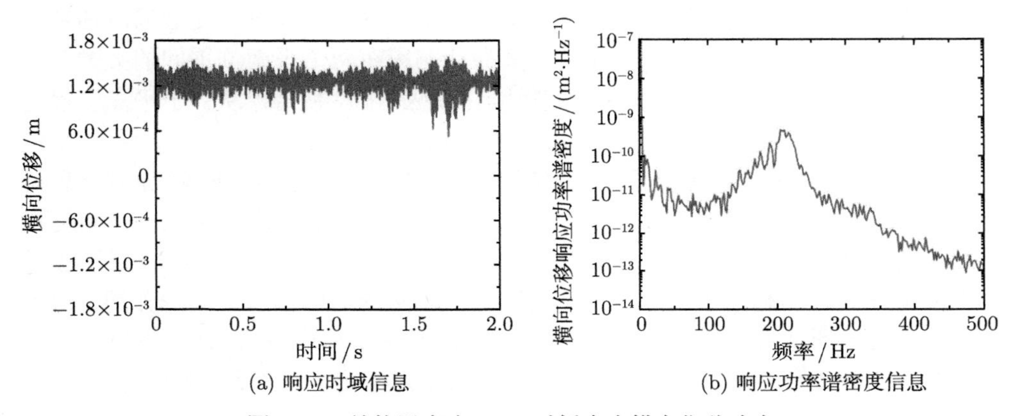

(a) 响应时域信息 (b) 响应功率谱密度信息

图 9-15 结构温度为 6.5°C时板中点横向位移响应

9.4　高频响应的能量有限元分析

有限元法以空间节点位移为自由度对系统进行离散。在动力学计算中，通常需在一个波长内划分至少 6~8 个单元，以满足对结构振动形式的完整表征。结构波长随频率升高而减小，有限元网格尺寸也应随之减小，从而导致高频仿真模型单元数和自由度增大，计算耗时显著增加。同时，高频段内结构模态密集度高，模态重叠现象频繁，使得分析结果对系统参数变化的敏感度增大，从而影响计算的可靠性。

为适应结构高频振动的特点，以时间和空间平均的节点能量为未知量的能量有限元方法被提出。该方法视能量以波动形式在结构内传播，借鉴有限元法的离散思想，建立基于能量密度的动力学控制方程并进行求解。本节针对壁板结构在热环境下的高频振动问题，介绍考虑热效应的能量有限元方法，并与有限元方法进行对比验证。最后基于此方法，开展热环境下典型壁板结构和耦合壁板结构的高频振动响应特性分析。

9.4.1　考虑热效应的壁板能量控制方程

1. *考虑热效应的波数和群速度*

对于一个受面内热载作用的平板，其振动控制方程可表示为

$$D\nabla^4 w + \rho h \frac{\partial^2 w}{\partial t^2} = N_x \frac{\partial^2 w}{\partial x^2} + N_y \frac{\partial^2 w}{\partial y^2} + 2N_{xy}\frac{\partial^2 w}{\partial x \partial y} + q \tag{9-16}$$

式中，$D = Eh^3(1+\mathrm{i}\eta)/12(1-\nu^2) = D_0(1+\mathrm{i}\eta)$ 为板的弯曲刚度，η 为损失因子，i 为虚数单位，h 为板厚；q 为作用于板上的横向载荷；N_x、N_y 和 N_{xy} 为由热载荷引起的面内力。

利用分离变量法，可将板的位移表示为

$$w = A\mathrm{e}^{\mathrm{i}k_x x}\mathrm{e}^{\mathrm{i}k_y y}\mathrm{e}^{\mathrm{i}\omega t} \tag{9-17}$$

式中，k_x 和 k_y 分别为 x 和 y 方向上的波数；ω 为圆频率。当阻尼较小时，x 和 y 方向上的复波数可以近似表示为

$$k_x = k_{x1}\left(1 - \mathrm{i}\frac{\eta}{4}\right) \qquad k_y = k_{y1}\left(1 - \mathrm{i}\frac{\eta}{4}\right) \tag{9-18}$$

将式 (9-17) 代入式 (9-16) 中，可得到其频散关系如下：

$$\left(k_{x1}^2 + k_{y1}^2\right)^2 + \left(\frac{N_x}{D_0}k_{x1}^2 + \frac{N_y}{D_0}k_{y1}^2 + 2\frac{N_{xy}}{D_0}k_{x1}k_{y1}\right) - \frac{\rho h \omega^2}{D_0} = 0 \tag{9-19}$$

假设波传播方向与 x 轴夹角为 ϕ，则弯曲波波数 k_{B} 与沿 x 轴、y 轴波数间的关系可表示如下：

$$k_{x1} = k_{\mathrm{B}}\cos\phi \qquad k_{y1} = k_{\mathrm{B}}\sin\phi \tag{9-20}$$

将式 (9-20) 代入式 (9-19)，可得

$$k_{\mathrm{B}}^4 + k_{\mathrm{B}}^2\left(\frac{N_x}{D_0}\cos^2\phi + \frac{N_y}{D_0}\sin^2\phi + 2\frac{N_{xy}}{D_0}\sin\phi\cos\phi\right) - \frac{\rho h\omega^2}{D_0} = 0 \tag{9-21}$$

令

$$B = \frac{N_x}{D_0}\cos^2\phi + \frac{N_y}{D_0}\sin^2\phi + 2\frac{N_{xy}}{D_0}\sin\phi\cos\phi \tag{9-22}$$

则可得波数关于 ϕ 的表达式为

$$k_{\mathrm{B}} = \pm\sqrt{-\frac{B}{2} \pm \frac{1}{2}\sqrt{B^2 + 4\frac{\rho h\omega^2}{D_0}}} \tag{9-23}$$

由式 (9-22) 和式 (9-23) 可知，弯曲波波数 k_{B} 随着波传播角 ϕ 的变化而变化。当振动达到稳态后，整个板可认为是一个散射波场，将 x 和 y 方向的波数分量沿 ϕ 取平均，则散射场的平均波数可以表示为

$$k_{x1}^d = \sqrt{\frac{1}{2\pi}\int_0^{2\pi}(k_{\mathrm{B}}\cos\phi)^2\,\mathrm{d}\phi}, \qquad k_{y1}^d = \sqrt{\frac{1}{2\pi}\int_0^{2\pi}(k_{\mathrm{B}}\sin\phi)^2\,\mathrm{d}\phi} \tag{9-24}$$

板内弯曲波的群速度可以表示为

$$C_{\mathrm{g}} = \frac{\partial\omega}{\partial k_{\mathrm{B}}} = \frac{2Dk_{\mathrm{B}}^3 + Bk_{\mathrm{B}}}{\rho h\omega} \tag{9-25}$$

弯曲波的群速度同样随着传播角 ϕ 的变化而变化。与波数一样，对群速度沿传播角取平均：

$$C_{\mathrm{g}}^d = \frac{1}{2\pi}\int_0^{2\pi} C_{\mathrm{g}}\mathrm{d}\phi \tag{9-26}$$

由式 (9-24) 和式 (9-26) 的表达式可以发现，当温度发生变化时，板内应力会发生变化，即 B 会发生变化，进而改变板内弯曲波的波数和群速度。

在高频振动中，弯曲波波长较小，而近场波通常在半个波长内便会耗散掉。因此，在能量有限元分析中可仅保留位移的远场行进波：

$$w = (A_x\mathrm{e}^{-\mathrm{i}k_x^d x} + B_x\mathrm{e}^{\mathrm{i}k_x^d x})(A_y\mathrm{e}^{-\mathrm{i}k_y^d y} + B_y\mathrm{e}^{\mathrm{i}k_y^d y})\mathrm{e}^{\mathrm{i}\omega t} \tag{9-27}$$

式中，未知系数 A_x、B_x、A_y 和 B_y 分别是沿 x 轴和 y 轴正、负方向的行进波波幅。

2. 考虑热效应的能量控制方程

周期平均的能量密度可表示为

$$\begin{aligned}\overline{e}=&\frac{D_0}{4}\left[\frac{\partial^2 w}{\partial x^2}\left(\frac{\partial^2 w}{\partial x^2}\right)^*+\frac{\partial^2 w}{\partial y^2}\left(\frac{\partial^2 w}{\partial y^2}\right)^*+2\nu\frac{\partial^2 w}{\partial x^2}\left(\frac{\partial^2 w}{\partial y^2}\right)^*\right.\\&\left.+2\nu(1-\nu)\frac{\partial^2 w}{\partial x\partial y}\left(\frac{\partial^2 w}{\partial x\partial y}\right)^*+\frac{\rho h}{D_0}\frac{\partial w}{\partial t}\left(\frac{\partial w}{\partial t}\right)^*\right]\end{aligned}\tag{9-28}$$

周期平均能量强度在结构面内的分量可表示为

$$\overline{I_x}=-M_{xx}\frac{\partial^2 w}{\partial x\partial t}-M_{xy}\frac{\partial^2 w}{\partial y\partial t}+Q_x\frac{\partial w}{\partial t}\tag{9-29}$$

$$\overline{I_y}=-M_{yy}\frac{\partial^2 w}{\partial x\partial t}-M_{yx}\frac{\partial^2 w}{\partial x\partial t}+Q_y\frac{\partial w}{\partial t}\tag{9-30}$$

将式 (9-27) 代入式 (9-28)~ 式 (9-30)，可得完整的能量密度和能量强度表达式。在此基础上，将周期平均的能量密度和能量强度在波长内取平均：

$$\langle\overline{e}\rangle=\frac{k_{x1}^d k_{y1}^d}{\pi^2}\int_0^{\pi/k_{y1}^d}\int_0^{\pi/k_{x1}^d}\overline{e}\mathrm{d}y\mathrm{d}x\tag{9-31}$$

$$\langle\overline{I_x}\rangle=\frac{k_{x1}^d k_{y1}^d}{\pi^2}\int_0^{\pi/k_{y1}^d}\int_0^{\pi/k_{x1}^d}\overline{I_x}\mathrm{d}y\mathrm{d}x\tag{9-32}$$

$$\langle\overline{I_y}\rangle=\frac{k_{x1}^d k_{y1}^d}{\pi^2}\int_0^{\pi/k_{y1}^d}\int_0^{\pi/k_{x1}^d}\overline{I_y}\mathrm{d}y\mathrm{d}x\tag{9-33}$$

则时间与空间平均的能量密度可表示为

$$\begin{aligned}\langle\overline{e}\rangle=&\frac{D_0}{4}\left[\left(k_{x1}^d\right)^4+\left(k_{y1}^d\right)^4+2\left(k_{x1}^d\right)^2\left(k_{y1}^d\right)^2+\frac{\rho h\omega^2}{D_0}\right]\\&\cdot\left[|A_x|^2|A_y|^2e^{-\frac{\eta}{2}\left(k_{x1}^d x+k_{y1}^d y\right)}+|A_x|^2|B_y|^2e^{-\frac{\eta}{2}\left(k_{x1}^d x-k_{y1}^d y\right)}\right.\\&\left.+|B_x|^2|A_y|^2e^{\frac{\eta}{2}\left(k_{x1}^d x-k_{y1}^d y\right)}+|B_x|^2|B_y|^2e^{\frac{\eta}{2}\left(k_{x1}^d x+k_{y1}^d y\right)}\right]\end{aligned}\tag{9-34}$$

时间与空间平均的能量强度可表示为

$$\begin{aligned}\langle\overline{I_x}\rangle=&k_{x1}^d\omega\left[\left(k_{x1}^d\right)^2+\left(k_{y1}^d\right)^2\right]\\&\cdot\left[|A_x|^2|A_y|^2e^{-\frac{\eta}{2}\left(k_{x1}^d x+k_{y1}^d y\right)}+|A_x|^2|B_y|^2e^{-\frac{\eta}{2}\left(k_{x1}^d x-k_{y1}^d y\right)}\right.\\&\left.+|B_x|^2|A_y|^2e^{\frac{\eta}{2}\left(k_{x1}^d x-k_{y1}^d y\right)}+|B_x|^2|B_y|^2e^{\frac{\eta}{2}\left(k_{x1}^d x+k_{y1}^d y\right)}\right]\end{aligned}\tag{9-35}$$

$$\begin{aligned}\langle \overline{I_y} \rangle =& k_{y1}^d \omega \left[\left(k_{y1}^d\right)^2 + \left(k_{x1}^d\right)^2 \right] \\ & \cdot \left[|A_x|^2 |A_y|^2 e^{-\frac{\eta}{2}\left(k_{x1}^d x + k_{y1}^d y\right)} + |A_x|^2 |B_y|^2 e^{-\frac{\eta}{2}\left(k_{x1}^d x - k_{y1}^d y\right)} \right. \\ & \left. + |B_x|^2 |A_y|^2 e^{\frac{\eta}{2}\left(k_{x1}^d x - k_{y1}^d y\right)} + |B_x|^2 |B_y|^2 e^{\frac{\eta}{2}\left(k_{x1}^d x + k_{y1}^d y\right)} \right]\end{aligned} \tag{9-36}$$

根据式 (9-34)~ 式 (9-36)，在波传播方向上，时间与空间平均的能量密度与平均的能量强度之间存在如下关系：

$$\overrightarrow{\langle \overline{I} \rangle} = -\frac{8\omega \left[\left(k_{x1}^d\right)^2 + \left(k_{y1}^d\right)^2 \right]}{D_0 \eta \left[\left(k_{x1}^d\right)^4 + \left(k_{y1}^d\right)^4 + \dfrac{\rho h \omega^2}{D_0} \right]} \nabla \langle \overline{e} \rangle \tag{9-37}$$

对于一个弹性体，其稳态能量平衡方程可表示为

$$\langle \overline{\pi_{\text{in}}} \rangle - \eta\omega \langle \overline{e} \rangle = \nabla \overrightarrow{\langle \overline{I} \rangle} \tag{9-38}$$

式中，$\langle \overline{\pi_{\text{in}}} \rangle$ 是时间与空间平均的输入功率密度。将式 (9-37) 代入式 (9-38)，可得考虑温度影响的板稳态能量控制方程：

$$-\frac{8\omega \left[\left(k_{x1}^d\right)^2 + \left(k_{y1}^d\right)^2 \right]}{D_0 \eta \left[\left(k_{x1}^d\right)^4 + \left(k_{y1}^d\right)^4 + \dfrac{\rho h \omega^2}{D_0} \right]} \nabla^2 \langle \overline{e} \rangle + \eta\omega \langle \overline{e} \rangle = \langle \overline{\pi_{\text{in}}} \rangle \tag{9-39}$$

在热环境中，板内弯曲波的群速度发生变化，影响式 (9-39) 中第一项的系数，从而改变板的能量分布。

引入有限元格式对式 (9-39) 进行离散，则有

$$(\boldsymbol{E} + \boldsymbol{J})\, \boldsymbol{e} = \boldsymbol{\pi}_{\text{in}} \tag{9-40}$$

式中，$\boldsymbol{E}$ 为包含热效应的刚度矩阵；$\boldsymbol{e}$ 为待求的节点能量密度向量；$\boldsymbol{\pi}_{\text{in}}$ 为节点输入功率向量；$\boldsymbol{J}$ 为耦合边界处由能量传递、反射引起的耦合矩阵。对于简谐点激励，其作用在板上的输入功率为

$$\langle \overline{\pi_{\text{in}}} \rangle = \frac{1}{2} \text{Re}\left(F V^*\right) \tag{9-41}$$

或

$$\langle \overline{\pi_{\text{in}}} \rangle = \frac{1}{2} |F|^2 \text{Re}\left(\frac{1}{Z}\right) \tag{9-42}$$

式中，F 为简谐点激励幅值；V^* 为板内激励点处的振动速度响应共轭值；Z 为板在激励点处的阻抗。高频振动时，波长很小，故可用无限大板的阻抗近似代替：

$$Z = \frac{8\rho h \omega}{\left(k_{\text{B}}^d\right)^2} \tag{9-43}$$

其中，

$$k_{\mathrm{B}}^{d}=\sqrt{\frac{1}{2\pi}\int_{0}^{2\pi}k_{\mathrm{B}}^{2}\mathrm{d}\phi} \tag{9-44}$$

9.4.2　考虑热效应的耦合板能量传递特性

工程结构往往是由不同材料、不同几何构型及尺寸的板，以不同连接方式组合而成。当波动传递至各耦合连接处时，由于材料属性、结构形式等特征发生突变，会产生能量的传递和反射等现象。同时，在服役过程中，结构常承受非均匀热载作用，导致波的传播速度和波数等在不同位置处存在差异，同样会造成波动能量的传递与反射。因此，开展能量在耦合连接等位置处的传播特性分析，是获得复杂结构高频能量有限元解的关键。这里首先建立考虑热效应的能量传递与反射系数计算方法，进而提出非均匀热环境下耦合板的能量有限元方法。

假设温度和热应力在单元内均匀分布，即能量的传递与反射仅发生于相邻单元之间。如图 9-16(a) 所示为全局坐标系下耦合板模型示意，图 9-16(b) 所示为局部坐标系下单个板的位移 (u_j,v_j,w_j)、受力 (T_j,N_j,S_j)、热应力 (N_{xj},N_{uj},N_{xyj}) 和温度 T_j。热环境仅通过改变材料属性来影响板的面内振动特性，热应力不会对面内振动产生影响。局部坐标系下，第 j 个板的振动控制方程可写为

$$D_j\nabla^4 w+\rho_j h_j\frac{\partial^2 w}{\partial t^2}=N_{jx}\frac{\partial^2 w}{\partial x^2}+N_{jy}\frac{\partial^2 w}{\partial y^2}+2N_{jxy}\frac{\partial^2 w}{\partial x\partial y} \tag{9-45}$$

$$\frac{\partial^2 u}{\partial x^2}+\frac{1-\nu_j}{2}\frac{\partial^2 u}{\partial y^2}+\frac{1+\nu_j}{2}\frac{\partial^2 v}{\partial x\partial y}=\frac{\left(1-\nu_j^2\right)\rho_j h_j}{E_j}\frac{\partial^2 v}{\partial t^2} \tag{9-46}$$

$$\frac{\partial^2 v}{\partial x^2}+\frac{1-\nu_j}{2}\frac{\partial^2 v}{\partial y^2}+\frac{1+\nu_j}{2}\frac{\partial^2 u}{\partial x\partial y}=\frac{\left(1-\nu_j^2\right)\rho_j h_j}{E_j}\frac{\partial^2 u}{\partial t^2} \tag{9-47}$$

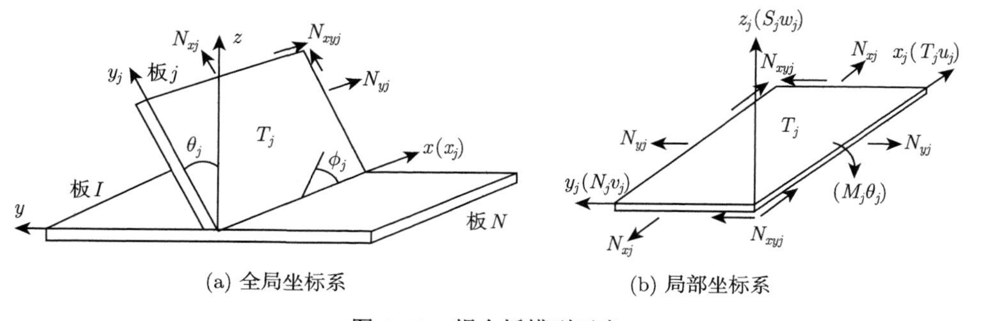

(a) 全局坐标系　　(b) 局部坐标系

图 9-16　耦合板模型示意

全局坐标系中，耦合板连接处的受力与各板在局部坐标系的受力有如下关系：

$$\boldsymbol{Q}=\sum_{j=1}^{N}\boldsymbol{R}_j\boldsymbol{F}_j \tag{9-48}$$

式中，$\boldsymbol{Q}$ 为定义于全局坐标系的力向量；$\boldsymbol{F}_j=[T_j\quad N_j\quad S_j\quad M_j]^{\mathrm{T}}$ 为定义于局部坐标系的力向量；坐标转换矩阵 $\boldsymbol{R}_j$ 表示如下：

$$\boldsymbol{R}_j=\begin{bmatrix}1&0&0&0\\0&\cos\theta_j&-\sin\theta_j&0\\0&\sin\theta_j&\cos\theta_j&0\\0&0&0&1\end{bmatrix} \tag{9-49}$$

同样地，全局坐标系下耦合处的位移 $\boldsymbol{a}=[u\quad v\quad w\quad \theta]^{\mathrm{T}}$ 与局部坐标系下 j 板在耦合处的位移 $\boldsymbol{b}_j=[u_j\quad v_j\quad w_j\quad \theta_j]^{\mathrm{T}}$ 有如下关系：

$$\boldsymbol{b}_j=\boldsymbol{R}_j^{\mathrm{T}}\boldsymbol{a} \tag{9-50}$$

根据式 (9-45)~ 式 (9-47)，热效应的板弯曲波、面内拉伸波和剪切波波数可表示为

$$\begin{cases}k_{\mathrm{B}}=\sqrt{-\dfrac{B_j}{2}\pm\dfrac{1}{2}\sqrt{B_j^2+4\dfrac{\rho_j h_j\omega^2}{D_{0j}}}}\\k_{\mathrm{L}}=\left[\rho_j\omega^2\left(1-\nu_j^2\right)/E_jh_j\right]^{1/2}\\k_{\mathrm{S}}=\left[2\rho_j\omega^2\left(1+\nu_j\right)/E_jh_j\right]^{1/2}\end{cases} \tag{9-51}$$

入射波 $\exp\left(-\mathrm{i}kx+\mu y+\mathrm{i}\omega t\right)$ 自某块板沿与 x 轴夹角为 ϕ 的方向传播，由耦合处的关系可知，所有板内透射波和反射波在 x 方向的分量均为 $\exp\left(-\mathrm{i}kx\right)$。假设 j 板中弯曲波、拉伸波和剪切波沿 y 方向的分量分别为 $\exp\left(\mu_{\mathrm{B}j}y\right)$、$\exp\left(\mu_{\mathrm{L}j}y\right)$ 和 $\exp\left(\mu_{\mathrm{S}j}y\right)$，则可有如下关系：

$$\begin{cases}\mu_{\mathrm{B}j}^2=k^2-\dfrac{1}{2}\left(-B_j\pm\sqrt{B_j^2+4\dfrac{\rho_j h_j\omega_j^2}{D_{0j}}}\right)\\\qquad=k_1^2-k_{\mathrm{B}j}^2\quad 或\quad k_1^2+k_{\mathrm{B}j}^2+B_j\\\mu_{\mathrm{L}j}^2=k^2-k_{\mathrm{L}j}^2\\\mu_{\mathrm{S}j}^2=k^2-k_{\mathrm{S}j}^2\end{cases} \tag{9-52}$$

式中，$\mu_{\mathrm{B}j}$ 有四个根，由于波向远离耦合处的方向传播，故取其中两个负根，设为

$\mu_{\mathrm{B}j1}$ 和 $\mu_{\mathrm{B}j2}$。结合式 (9-45)~ 式 (9-47)，弯曲波和面内波响应可表示为

$$\left\{\begin{array}{l} w=\sum_{n=1}^{2} a_{\mathrm{B}n} \exp \left(-\mathrm{i} k x+\mu_{\mathrm{B}jn} y+\mathrm{i} \omega t\right) \\ \left(\begin{array}{c} u \\ v \end{array}\right)=\left\{a_{\mathrm{L}}\left(\begin{array}{c} k \\ \mathrm{i} \mu_{\mathrm{L}j} \end{array}\right) \mathrm{e}^{\mu_{\mathrm{L}} y}+a_{\mathrm{S}}\left(\begin{array}{c} \mathrm{i} \mu_{\mathrm{S}j} \\ -k \end{array}\right) \mathrm{e}^{\mu_{\mathrm{S}} y}\right\} \exp (-\mathrm{i} k x+\mathrm{i} \omega t) \end{array}\right. \tag{9-53}$$

式中，$a_{\mathrm{B}n}$、a_{L} 和 a_{S} 为响应的复波幅。

根据上述推导，在耦合处有如下平衡方程：

$$\left\{\sum_{j=1}^{N} \boldsymbol{R}_{j} \boldsymbol{K}_{j} \boldsymbol{R}_{j}^{\mathrm{T}}\right\} \boldsymbol{a}=\boldsymbol{R}_{m} f_{m} \tag{9-54}$$

式中，$\boldsymbol{K}_{j}$ 为 j 板的动刚度矩阵，入射波来自 m 板。通过求解该平衡方程，可得全局坐标系中耦合处的位移响应。从而，各个波的波幅可由式 (9-50) 和式 (9-53) 计算得到。波的能量主要由行进波传播，其功率可写为 $2e_{\mathrm{T}}C_{\mathrm{g}}\sin\phi$，其中，$e_{\mathrm{T}}$ 为单位面积上的平均动能，C_{g} 为群速度。因此，不同波的功率可表示为

$$\left\{\begin{array}{l} P_{\mathrm{B}}=\dfrac{1}{2}\left(2 D k_{\mathrm{B}}^{3}+B k_{\mathrm{B}}\right) \omega a^{2} \sin \phi \\ P_{\mathrm{L}}=\dfrac{1}{2} \rho_{j} \omega^{3} k_{\mathrm{L}} a^{2} \sin \phi \\ P_{\mathrm{S}}=\dfrac{1}{2} \rho_{j} \omega^{3} k_{\mathrm{S}} a^{2} \sin \phi \end{array}\right. \tag{9-55}$$

可以发现，高温环境下，仅弯曲波的功率发生变化。

沿某方向上的能量传递系数 $\tau_{pr}^{mj}(\omega,\phi)$，可由透射波功率与入射波功率的比值计算得到。其中，m 为入射波的板编号，j 为透射波的板编号，p 为入射波的类型，r 为透射波的类型。在散射场中，能量传递系数为

$$\tau_{pr}^{mj}(\omega)=\frac{1}{2} \int_{0}^{\pi} \tau_{pr}^{mj}(\omega, \phi) \sin \phi \mathrm{d} \phi \tag{9-56}$$

能量反射系数计算方法同式 (9-56)，仅将透射波参数换为反射波参数即可。

9.4.3 非均匀热环境下耦合板能量分析流程

在能量有限元格式中，相邻单元耦合边的耦合矩阵可写为如下形式：

$$\boldsymbol{J}^{e}=(\boldsymbol{\tau}-\boldsymbol{I})(\boldsymbol{\tau}+\boldsymbol{I})^{-1} \boldsymbol{C}_{\mathrm{g}} \int \psi_{m} \psi_{j} \mathrm{d} L \tag{9-57}$$

式中，ψ_m 和 ψ_j 为拉格朗日基函数；$\boldsymbol{\tau}$ 为耦合边处的能量传递系数矩阵；$\boldsymbol{I}$ 为单位阵；$\boldsymbol{C}_{\mathrm{g}}$ 为群速度矩阵；L 为两相邻单元 m 和 j 之间的边界。由式 (9-57) 得到

模型的总体耦合矩阵并代入式 (9-40) 中，即可得考虑热效应的耦合板能量有限元格式。

基于上述热环境下的能量控制方程和能量传递与反射系数，提出如下非均匀热环境下受高频激励的耦合板能量有限元分析流程。如图 9-17 所示，首先建立有限元模型，对耦合板模型划分网格，进行有限元传热分析，在得到温度场的基础上进行有限元热应力分析，进而计算相邻单元间的能量传递和反射系数，最后计算单元刚度矩阵、耦合矩阵等，形成总体能量有限元格式，计算整个结构的能量分布。在整个求解过程中，可使用一套网格进行计算。

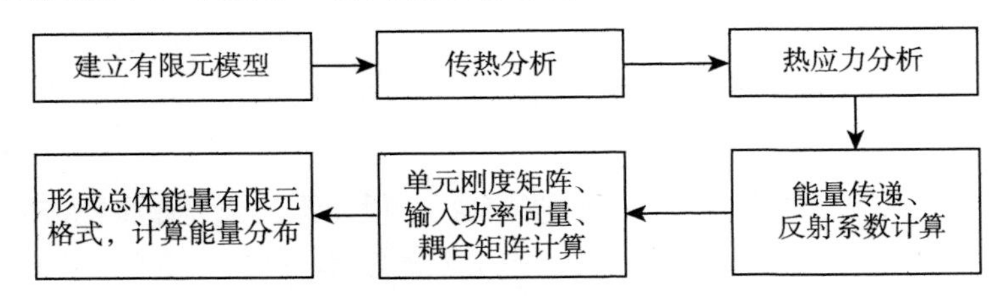

图 9-17　非均匀热环境下受高频激励的耦合板能量有限元分析流程

9.4.4　均匀热环境下简支平板能量分析

以一个简支方形平板为对象，采用上述能量有限元方法，计算其在均匀热环境下的高频振动响应，并与理论分析结果进行比较。平板边长为 1m，厚度为 0.03m，其中心处受到简谐点激励作用。材料密度为 $2700\text{kg}\cdot\text{m}^{-3}$，泊松比为 0.3，考虑弹性模量和热膨胀系数随温度 T 变化，满足如下关系：

$$\begin{cases} E = 65144 + 73.432T - 0.1618T^2 \quad (\text{MPa}) \\ \alpha = 2\times10^{-5} + 6\times10^{-9}T + 3\times10^{-12}T^2 + 10^{-14}T^3 \quad (\text{K}^{-1}) \end{cases} \tag{9-58}$$

根据边界条件，板内热应力为

$$N_x = -\frac{E\alpha\Delta Th}{1-\nu}, \quad N_y = -\frac{E\alpha\Delta Th}{1-\nu}, \quad N_{xy} = 0 \tag{9-59}$$

设 $N_x = N_y = N$，则弯曲波波数和群速度沿各个方向均为定值，可表示如下：

$$\begin{gathered} k_{\text{B}}^d = k = \sqrt{\sqrt{\left(\frac{N}{2D_0}\right)^2 + \frac{\rho h\omega^2}{D_0}} - \frac{N}{2D_0}} \\ C_{\text{g}}^d = C_{\text{g}} = \frac{2Dk_1^3 + Nk_1}{\rho h\omega} \end{gathered} \tag{9-60}$$

均匀热环境下简支板的能量控制方程可简写为

$$-\frac{C_{\text{g}}^2}{\eta\omega}\nabla^2\langle\overline{e}\rangle + \eta\omega\langle\overline{e}\rangle = \langle\overline{\pi_{\text{in}}}\rangle \tag{9-61}$$

为了验证能量有限元方法的正确性，直接从式 (9-16) 出发，采用模态叠加法得到中心点激励作用下板的横向位移响应为

$$w\left(x,y,t\right)=\sum_{m,n}\frac{4q}{\rho L_{x}L_{y}\left(\omega_{mn}^{2}-\omega^{2}\right)}\sin\frac{m\pi x}{L_{x}}\sin\frac{n\pi y}{L_{y}}\mathrm{e}^{\mathrm{i}\omega t}\tag{9-62}$$

式中，固有频率 ω_{mn} 为

$$\omega_{mn}=\sqrt{\pi^{4}\left(\frac{m^{2}}{a^{2}}+\frac{n^{2}}{b^{2}}\right)^{2}\frac{D_{0}}{\rho h}+\frac{N_{x}}{\rho h}\left(\frac{m\pi}{a}\right)^{2}+\frac{N_{y}}{\rho h}\left(\frac{n\pi}{b}\right)^{2}}\tag{9-63}$$

将式 (9-62) 代入式 (9-28) 可计算板内的周期平均能量密度分布。输入功率可由式 (9-41) 求得，速度可由式 (9-62) 对时间微分求得。

选取如表 9-12 所列的 4 个工况，参考能量密度为 $10^{-12}\mathrm{J{\cdot}m^{-2}}$。在能量有限元分析中，板划分为 31×31 个单元。通常，金属材料的阻尼较低，而在某些情况下会对结构施加阻尼减振，这里将其作用计入材料阻尼进行处理，故在不同工况中选取不同损失因子。

表 9-12　各工况参数

工况	频率/Hz	损失因子	温升/℃
1	15000	0.05	20
2	15000	0.1	20
3	25000	0.05	40
4	25000	0.1	40

图 9-18～ 图 9-21 分别为四个工况中，板能量分布的模态叠加解和能量有限元解。很明显，模态叠加解在域内波动剧烈，反映了板内的真实能量分布特征；而能量有限元解则是光滑的曲面，是经过空间平均的能量密度值，反映了板内的平均能量分布特征。

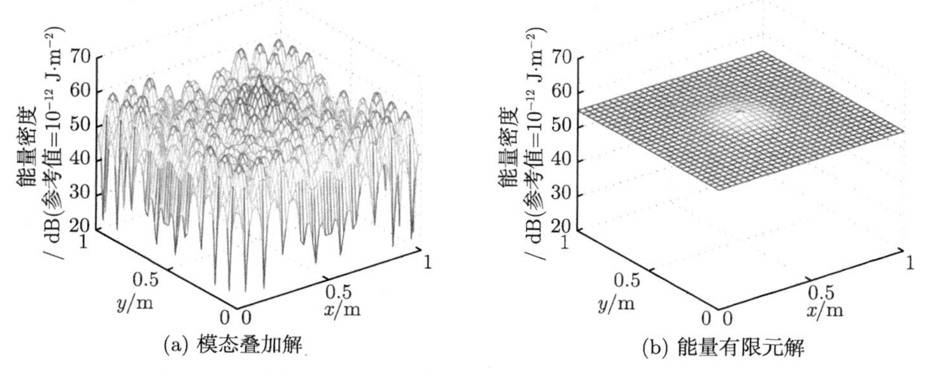

图 9-18　工况 1 中板能量分布的模态叠加解和能量有限元解

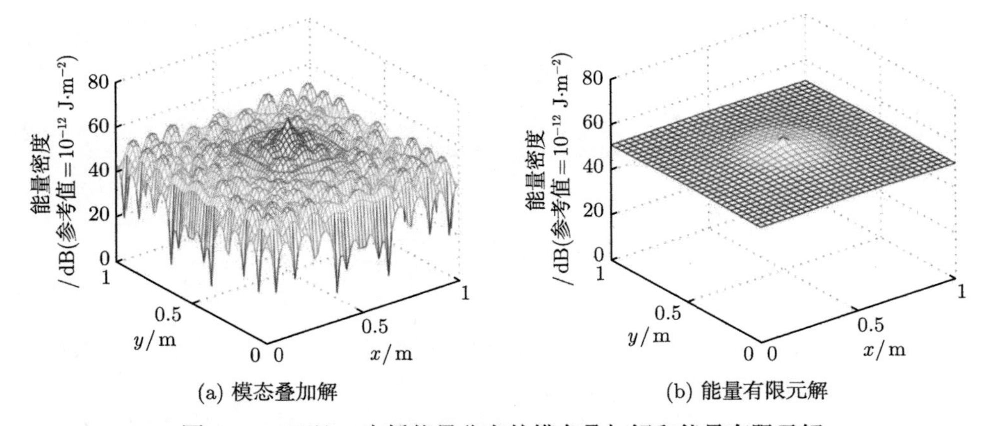

(a) 模态叠加解　　　　(b) 能量有限元解

图 9-19　工况 2 中板能量分布的模态叠加解和能量有限元解

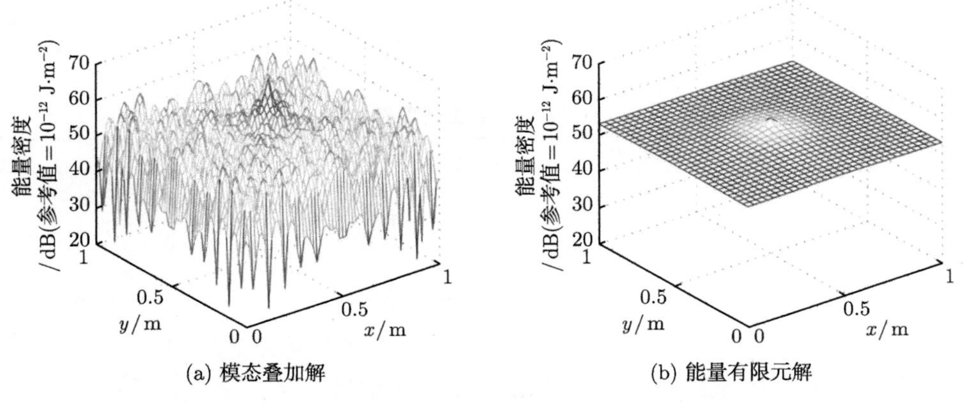

(a) 模态叠加解　　　　(b) 能量有限元解

图 9-20　工况 3 中板能量分布的模态叠加解和能量有限元解

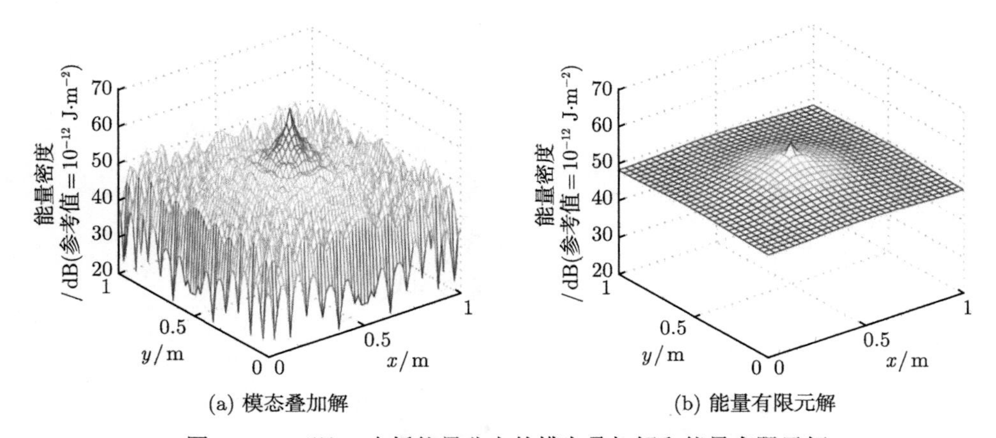

(a) 模态叠加解　　　　(b) 能量有限元解

图 9-21　工况 4 中板能量分布的模态叠加解和能量有限元解

选取板内对角线为观测线，图 9-22 所示为各工况下板参考线 $(y = x)$ 能量密度分布对比。显然，能量有限元法得到的预测结果位于模态叠加法结果的中间，很好地描述了均匀热环境中板的平均能量密度分布。在激励点处，二者差异较大，这是由于能量有限元法忽略近场波而造成的。近场波往往在半个波长内快速耗散，高频时波长较小，故两条曲线在激励点附近出现较大差异。同时可以发现，阻尼较大时，能量衰减也较快。

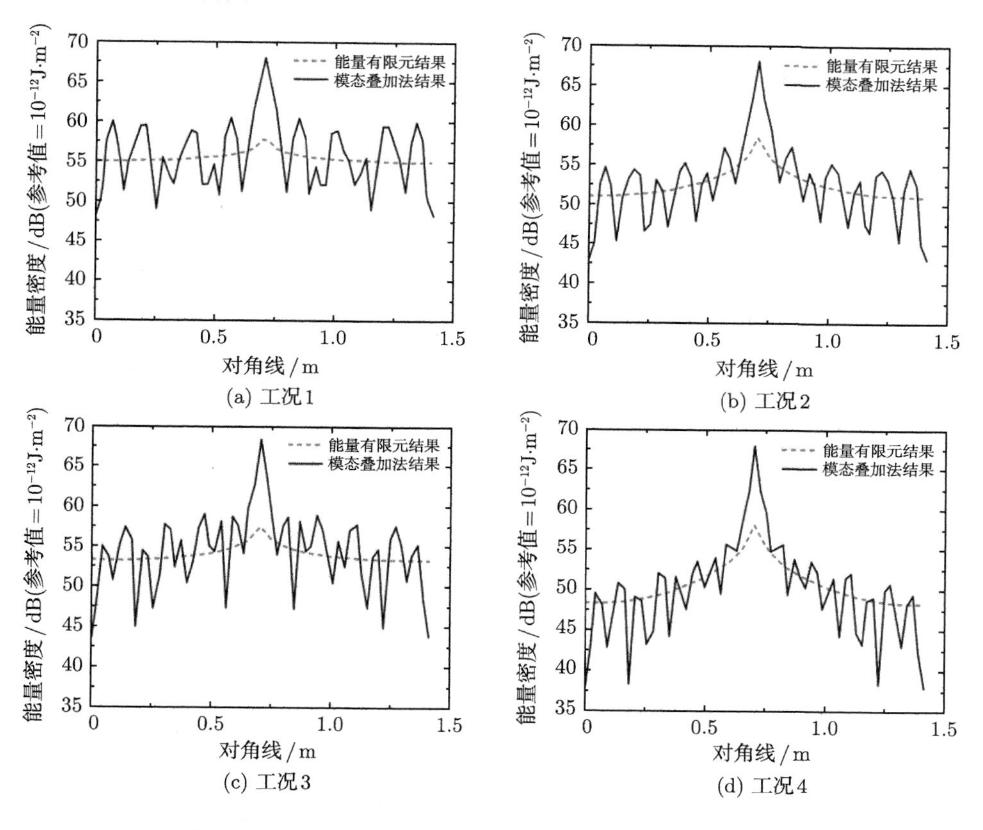

图 9-22　各工况下板参考线 $(y = x)$ 能量密度分布对比

讨论热环境对板振动能量的影响，分别在温升为 0°C和 45°C时，考察 5000～50000Hz 简谐激励作用下板的平均能量密度，结果如图 9-23 所示。可以发现，随着激励频率的升高，板的平均能量密度均在波动中不断下降，说明振动能量主要集中于低频段内。而温升为 45°C时的平均能量密度曲线整体向低频漂移，这主要由两方面原因造成：一是随着温度升高，材料弹性模量逐渐降低，使得板刚度不断降低；二是热环境变化引起的压应力对板产生了软化效应，同样使得板刚度降低。

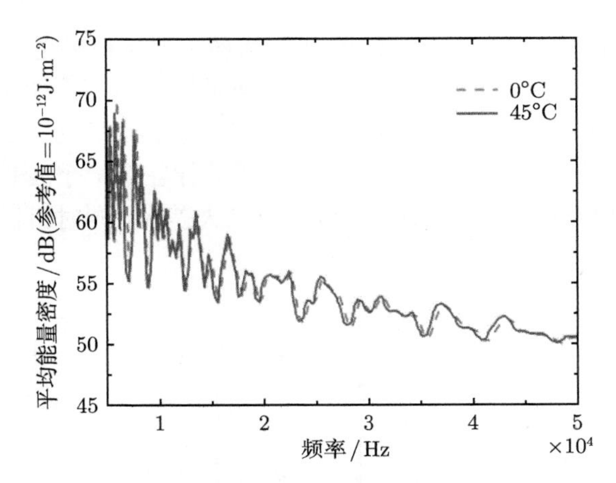

图 9-23 不同温差下板平均能量密度的频率响应曲线

分别选取频率为 15000Hz 和 20000Hz 的两组简谐激励工况，研究板平均能量密度随温度的变化，损失因子均为 0.05。从图 9-24 可以看出，当激励频率为 15000Hz 时，板平均能量密度随温度的升高逐渐降低，而当激励频率为 20000Hz 时，变化趋势相反。因此，板平均能量密度与激励频率、升温范围等均有直接关系。根据图 9-23 中温升为 0℃时的平均能量密度曲线，若激励频率在某峰值频率的左侧，则温度升高时，板内能量升高；若激励频率在某峰值频率的右侧，则温度升高时，板内能量降低。

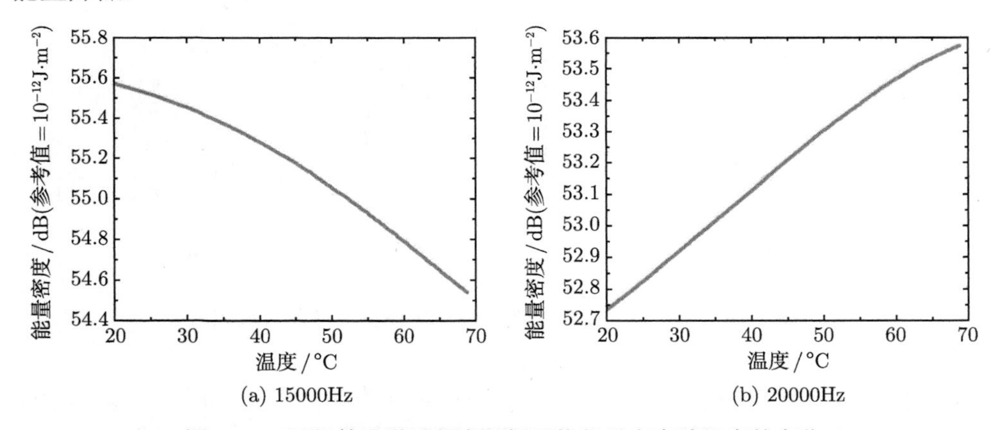

(a) 15000Hz (b) 20000Hz

图 9-24 两组简谐激励频率下板平均能量密度随温度的变化

9.4.5 非均匀热环境下耦合板能量分析

本节以图 9-25 所示的简支耦合板模型为对象，研究其在非均匀热环境下的能量分布。耦合角为直角，板 1 中心点受到频率为 15000Hz 的简谐点激励作用，考虑两组温度工况：工况 1 中，两个板的中心温升为 0℃，周边温升为 60℃；工况 2 中，两个板的中心和周边温升均为 0℃，即无热载荷作用。

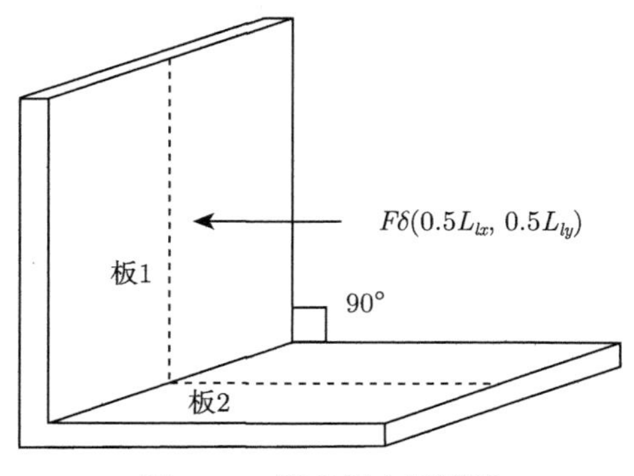

图 9-25　简支耦合板模型

根据各工况的温度条件，首先进行传热分析，获得稳态温度场，然后进行热应力分析，在此基础上计算相邻单元间的能量传递、反射系数，进而形成能量有限元格式，计算耦合板能量分布。

在开展能量有限元分析的同时，采用传统有限元方法对该耦合板进行计算，在图 9-25 所示的观测线上 (虚线)，比较两种方法计算得到的能量密度，如图 9-26 所示。可以发现，能量有限元解得到的预测结果基本位于传统有限元解的中间，很好地描述了板内的平均能量分布及其在空间上的变化趋势。图 9-26 中的圆圈是两个单元的耦合节点，在图 9-27 中对其进行放大，可以发现，由于非均匀热环境引起非均匀热应力，在两个单元间的节点处发生了能量传递和反射，造成能量值跳跃。

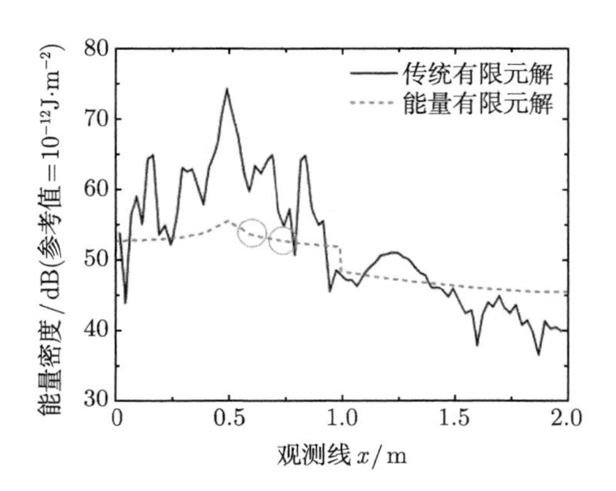

图 9-26　观测线上能量有限元解与传统有限元解对比

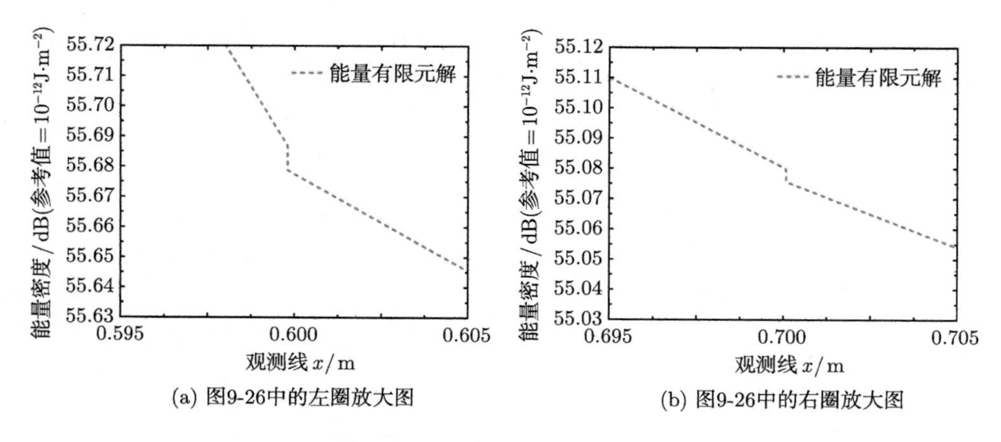

(a) 图9-26中的左圈放大图

(b) 图9-26中的右圈放大图

图 9-27 能量有限元解局部放大图

图 9-28 给出耦合板观测线上工况 1、2 能量密度对比。可以看出，板 2 内的

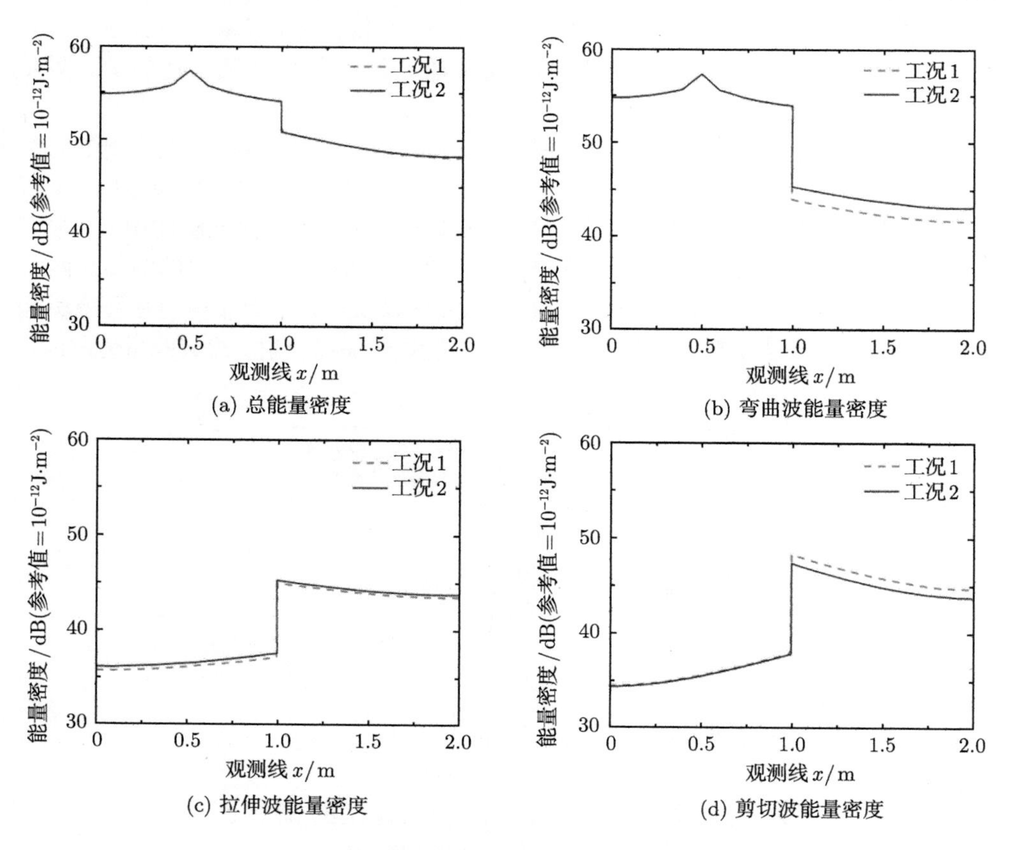

(a) 总能量密度

(b) 弯曲波能量密度

(c) 拉伸波能量密度

(d) 剪切波能量密度

图 9-28 耦合板观测线上工况 1、2 能量密度对比

总能量密度和弯曲波能量密度明显低于板 1，而其拉伸波能量密度和剪切波能量密度则更高。这是由于本模型中的激励主要引起板 1 的弯曲振动，而两板间的耦合角为直角，故板 1 的弯曲振动会引起板 2 的面内振动 (拉伸振动、剪切振动)，同时在板的总能量密度中，弯曲波能量密度占主导地位。非均匀热环境下板 2 的总能量密度、弯曲波能量密度及拉伸波能量密度较无热环境下略微降低 [如图 9-28(a)~(c) 所示]，而剪切波能量密度较无热环境下整体有所升高 [如图 9-28(d) 所示]。

在 15000Hz 的激励频率下，板内弯曲波波速约为 $660\mathrm{m\cdot s^{-1}}$，波长约为 0.044m。在有限元分析中，按一个波长内至少存在 6 个单元计算，该耦合板模型需划分约 3.7 万个单元，方能保证该频率下的动力学计算精度。在能量有限元分析中，该耦合板模型仅划分了 1922 个单元，约为有限元网格量的 1/19，自由度数约为有限元模型的 1/110。在获得受热壁板结构高频振动响应的可靠预测结果同时，能量有限元法显著降低了计算成本，有效提高了分析效率。

9.5　本章小结

本章针对受热壁板的非线性和高频声振问题开展讨论。首先借助考虑热效应的间接降阶方法，研究了受热壁板结构的非线性声振响应特性。针对降阶处理过程中的关键步骤，对比分析了两种刚度系数求解方法，发现假设位移法得到的结果相对更准确，且能在较宽的假设位移幅值范围内保持相对稳定。在此基础上，采用基于假设位移法的间接降阶方法，对热环境下典型壁板的非线性振动响应开展分析。计算结果表明，降阶方法可极大降低系统方程的自由度，显著加快非线性迭代求解速率，并能很好地捕捉结构在热屈曲前、后的非线性振动特性。

其次，采用能量有限元法，研究了受热壁板结构在高频激励作用下的响应特性。借鉴有限元的离散思想，以空间节点能量为未知量，考虑温度变化对结构刚度的影响，从振动能量传播的角度出发，建立了壁板结构的能量控制方程，推导了能量传递系数及反射系数并给出了其计算方法，进而提出了考虑热效应的耦合壁板结构能量有限元分析流程，据此对热环境下平板和耦合板结构的高频振动能量分布开展研究。计算结果表明，热环境变化产生的热应力会改变结构能量大小和分布，非均匀热会引起平板内部能量的传递和反射，从而改变结构的高频振动特性。能量有限元法在保证求解精度的同时，可显著降低仿真模型的网格和自由度规模，有效提高求解效率。

第 10 章　潮湿环境下结构的声振特性

10.1　引　言

环境湿度对复合材料结构使用寿命的影响不容忽视。与热环境的影响相类似，当结构内湿度升高时，其出现膨胀的趋势，导致结构内产生湿应力和湿变形[266−270]；同时，与温度的作用不同，湿度变化还会导致结构质量变化[271−273]，从而改变系统惯性。以上两方面因素，共同改变了复合材料结构动态响应特性[274−281]。

本章研究湿度变化对结构应变和质量的影响，建立考虑湿效应的复合材料板动力学控制方程，考察均匀湿分布下正交各向异性复合材料板的振动和声辐射特性，采用数值仿真方法验证理论模型的有效性，并对非均匀瞬态湿分布作用下加筋板的声振特性开展仿真计算，讨论湿度变化对结构动态特性的影响。

10.2　湿度对正交各向异性板声振特性的影响

假设正交各向异性矩形复合材料板在潮湿环境下受简谐激励而产生振动，板周围为无限大刚性障板。如图 10-1 所示，板在 x 方向上尺寸为 a，在 y 方向上尺寸为 b，厚度为 h，材料主方向与空间坐标重合，板的边界条件为四边简支，板内吸附了均匀水分含量 ΔC。简谐激振力 $q(t)$ 作用在坐标点 (x_0, y_0) 处，声场辐射方向为 $+z$ 方向，点 P 的远场辐射声压可由板上各个单元的振动获得。

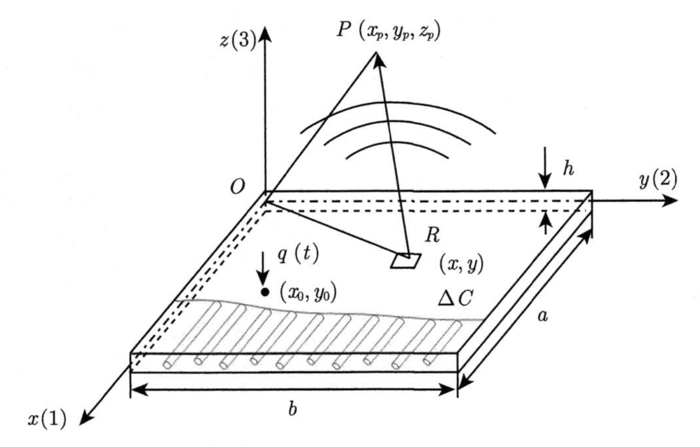

图 10-1　正交各向异性矩形复合材料板在潮湿环境下的振动示意图

考虑一个由 N 个单层组成的复合材料层合板，所有的单层都是正交各向异性板，材料主方向与坐标轴重合，即弹性主方向 1、2 和 3 分别与坐标轴 x、y 和 z 重合。因此，层合板整体也是正交各向异性。这里采用经典薄板理论进行分析。

10.2.1　湿振问题的数学模型

以u_0 和 v_0 表示层合板中面沿 x 和 y 方向的位移。板内应变和位移的关系为[282]

$$\varepsilon_x = \frac{\partial u_0}{\partial x} - z\frac{\partial^2 w}{\partial x^2} \tag{10-1}$$

$$\varepsilon_y = \frac{\partial v_0}{\partial y} - z\frac{\partial^2 w}{\partial y^2} \tag{10-2}$$

$$\gamma_{xy} = \left(\frac{\partial u_0}{\partial y} + \frac{\partial v_0}{\partial x}\right) - 2z\frac{\partial^2 w}{\partial x\,\partial y} \tag{10-3}$$

假设板在应力自由状态下的参考含湿量为 C_i，当含湿量变化到 C_f 时，层合板内状态将发生变化。若含湿量在厚度方向为均匀分布，则有[283]

$$\varepsilon_x = \frac{1}{E_1}\left(\sigma_x - \nu_{12}\sigma_y\right) + \beta_1\Delta C \tag{10-4}$$

$$\varepsilon_y = \frac{1}{E_2}\left(\sigma_y - \nu_{21}\sigma_x\right) + \beta_2\Delta C \tag{10-5}$$

$$\gamma_{xy} = \frac{1}{G_{12}}\sigma_{xy} \tag{10-6}$$

式中，E_1 和 E_2 分别为纵向和横向弹性模量；G_{12} 为剪切模量；ν_{12} 和 ν_{21} 为泊松比；β_1 和 β_2 分别为纵向和横向湿膨胀系数；$\Delta C(\%) = C_\mathrm{f} - C_\mathrm{i}$ 为含湿量变化。将式 (10-1)~ 式 (10-3) 代入式 (10-4)~ 式 (10-6)，可得应力与位移间的关系：

$$\sigma_x = \frac{E_1}{1-\nu_{12}\nu_{21}}\left[\left(\frac{\partial u_0}{\partial x} + \nu_{21}\frac{\partial v_0}{\partial y}\right) - z\left(\frac{\partial^2 w}{\partial x^2} + \nu_{21}\frac{\partial^2 w}{\partial y^2}\right) - \left(\beta_1 + \nu_{21}\beta_2\right)\Delta C\right] \tag{10-7}$$

$$\sigma_y = \frac{E_2}{1-\nu_{12}\nu_{21}}\left[\left(\frac{\partial v_0}{\partial y} + \nu_{12}\frac{\partial u_0}{\partial x}\right) - z\left(\frac{\partial^2 w}{\partial y^2} + \nu_{12}\frac{\partial^2 w}{\partial x^2}\right) - \left(\beta_2 + \nu_{12}\beta_1\right)\Delta C\right] \tag{10-8}$$

$$\sigma_{xy} = G_{12}\left(\frac{\partial u_0}{\partial y} + \frac{\partial v_0}{\partial x}\right) \tag{10-9}$$

对式 (10-7)~ 式 (10-9) 沿层合板厚度积分，可得沿板厚的内力和内力矩为

$$N_x = \int_{-h/2}^{h/2}\sigma_x \mathrm{d}z = \frac{E_1 h}{1-\nu_{12}\nu_{21}}\left(\frac{\partial u_0}{\partial x} + \nu_{21}\frac{\partial v_0}{\partial y}\right) - \frac{E_1\left(\beta_1 + \nu_{21}\beta_2\right)\Delta C h}{1-\nu_{12}\nu_{21}} \tag{10-10}$$

$$N_y=\int_{-h/2}^{h/2}\sigma_y \mathrm{d}z=\frac{E_2 h}{1-\nu_{12}\nu_{21}}\left(\frac{\partial v_0}{\partial y}+\nu_{12}\frac{\partial u_0}{\partial x}\right)-\frac{E_2\left(\beta_2+\nu_{12}\beta_1\right)\Delta C h}{1-\nu_{12}\nu_{21}} \tag{10-11}$$

$$N_{xy}=\int_{-h/2}^{h/2}\sigma_{xy}\mathrm{d}z=G_{12}h\left(\frac{\partial u_0}{\partial y}+\frac{\partial v_0}{\partial x}\right) \tag{10-12}$$

由于含湿量在板内为均匀分布，考虑边界条件的影响，湿载荷不会使层合板产生面内位移，因此式 (10-10)~ 式 (10-12) 可简化为

$$N_{x_0}=-\frac{E_1\left(\beta_1+\nu_{21}\beta_2\right)\Delta C h}{1-\nu_{12}\nu_{21}} \tag{10-13}$$

$$N_{y_0}=-\frac{E_2\left(\beta_2+\nu_{12}\beta_1\right)\Delta C h}{1-\nu_{12}\nu_{21}} \tag{10-14}$$

$$N_{xy_0}=0 \tag{10-15}$$

因此，受面内力作用的正交各向异性矩形板在简谐点激励作用下的振动控制方程为[39]

$$D_1\frac{\partial^4 w}{\partial x^4}+2D_3\frac{\partial^4 w}{\partial x^2\partial y^2}+D_2\frac{\partial^4 w}{\partial y^4}+\rho h\frac{\partial^2 w}{\partial^2 t}=N_{x_0}\frac{\partial^2 w}{\partial x^2}+N_{y_0}\frac{\partial^2 w}{\partial y^2}+2N_{xy_0}\frac{\partial^2 w}{\partial x\partial y}+q \tag{10-16}$$

式中，$D_1=\dfrac{E_1\left(1+\eta_1\mathrm{j}\right)h^3}{12\left(1-\nu_{12}\nu_{21}\right)}$、$D_2=\dfrac{E_2\left(1+\eta_2\mathrm{j}\right)h^3}{12\left(1-\nu_{12}\nu_{21}\right)}$ 和 $D_3=D_1\nu_{21}+\dfrac{G_{12}\left(1+\eta_{12}\mathrm{j}\right)h^3}{6}$ 为层合板的弯曲刚度，η_1 和 η_2 为主方向上的损失因子；η_{12} 为剪切方向上的损失因子，j 为虚数单位。简谐集中点激振力 q 为

$$q=q_0\delta\left(x-x_0,y-y_0\right)\mathrm{e}^{\mathrm{j}\omega t} \tag{10-17}$$

式中，q_0 为激振力幅值；(x_0,y_0) 为激振点坐标。根据式 (10-16)，并考虑结构吸湿后的质量增加，可得正交各向异性板在潮湿环境下的运动方程：

$$\begin{aligned}&D_1\frac{\partial^4 w}{\partial x^4}+2D_3\frac{\partial^4 w}{\partial x^2\partial y^2}+D_2\frac{\partial^4 w}{\partial y^4}+(1+\Delta C)\rho h\frac{\partial^2 w}{\partial t^2}\\=&N_{x_0}\frac{\partial^2 w}{\partial x^2}+N_{y_0}\frac{\partial^2 w}{\partial y^2}+2N_{xy_0}\frac{\partial^2 w}{\partial x\partial y}+q\end{aligned} \tag{10-18}$$

对于四边简支边界条件，可有

$$x=0,\ x=a: w=\frac{\partial^2 w}{\partial x^2}=0 \tag{10-19}$$

$$y=0,\ y=b: w=\frac{\partial^2 w}{\partial y^2}=0 \tag{10-20}$$

可将层合板的位移表示为各阶模态叠加的形式:

$$w(x,y,t)=\sum_{m,n}W_{mn}\phi_{mn}(x,y)\mathrm{e}^{\mathrm{j}\omega t} \tag{10-21}$$

式中，m 和 n 为模态因子；W_{mn} 为模态位移幅值；$\phi_{mn}(x,y)$ 为振型函数。对于四边简支条件，$\phi_{mn}(x,y)$ 可写为

$$\phi_{mn}(x,y)=\sin\frac{m\pi x}{a}\sin\frac{n\pi y}{b} \tag{10-22}$$

采用加权余量法 (伽辽金法) 对式 (10-18) 进行求解，使模态振型函数的加权积分为零，可得

$$\begin{aligned}&\iint_{\Omega}\left[D_1\frac{\partial^4 w}{\partial x^4}+2D_3\frac{\partial^4 w}{\partial x^2\partial y^2}+D_2\frac{\partial^4 w}{\partial y^4}+(1+\Delta C)\rho h\frac{\partial^2 w}{\partial t^2}\right.\\&\left.-\left(N_{x_0}\frac{\partial^2 w}{\partial x^2}+N_{y_0}\frac{\partial^2 w}{\partial y^2}+2N_{xy_0}\frac{\partial^2 w}{\partial x\partial y}\right)-q\right]\phi_{kl}(x,y)\,\mathrm{d}A=0\end{aligned} \tag{10-23}$$

将式 (10-13)~ 式 (10-15) 和式 (10-21) 代入式 (10-23) 中，根据模态振型的正交性，得到

$$\begin{aligned}&\iint_{\Omega}\left[\left(D_1\frac{\partial^4}{\partial x^4}\phi_{mn}(x,y)+2D_3\frac{\partial^4}{\partial x^2\partial y^2}\phi_{mn}(x,y)+D_2\frac{\partial^4}{\partial y^4}\phi_{mn}(x,y)\right)\right.\\&\left.\cdot\phi_{kl}(x,y)-\left(N_{x_0}\frac{\partial^2 w}{\partial x^2}+N_{y_0}\frac{\partial^2 w}{\partial y^2}+2N_{xy_0}\frac{\partial^2 w}{\partial x\partial y}\right)\phi_{kl}(x,y)\right]\mathrm{d}A\\&=\omega_{mn}^2\iint_{\Omega}(1+\Delta C)\rho h\phi_{mn}(x,y)\,\phi_{kl}(x,y)\mathrm{d}A=\begin{cases}\omega_{mn}^2, & m=k\text{ 且 }n=l\\0, & m\neq k\text{ 或 }n\neq l\end{cases}\end{aligned} \tag{10-24}$$

模态位移的幅值可表示为

$$W_{mn}=\frac{Q_{mn}}{\omega_{mn}^2-\omega^2} \tag{10-25}$$

式中，ω 为激励频率；ω_{mn} 为 (m,n) 阶模态的固有频率；Q_{mn} 为正交力，并有

$$Q_{mn}=q_0\sin\frac{m\pi x_0}{a}\sin\frac{n\pi y_0}{b} \tag{10-26}$$

将式 (10-21) 代入式 (10-24) 可得受湿板的各阶模态的固有频率 ω_{mn} 为

$$\begin{aligned}\omega_{mn}^2=&\frac{\pi^2}{(1+\Delta C)\rho h}\left\{\pi^2\left[D_1\left(\frac{m}{a}\right)^4+2D_3\left(\frac{m}{a}\right)^2\left(\frac{n}{b}\right)^2+D_2\left(\frac{n}{b}\right)^4\right]\right.\\&\left.+N_{x_0}\left(\frac{m}{a}\right)^2+N_{y_0}\left(\frac{n}{b}\right)^2\right\}\end{aligned} \tag{10-27}$$

因此，在简谐激励作用下，潮湿板的振动位移可表示为

$$w(x,y,t)=\sum_{m,n}\frac{Q_{mn}}{\omega_{mn}^2-\omega^2}\sin\frac{m\pi x}{a}\sin\frac{n\pi y}{b}\mathrm{e}^{\mathrm{j}\omega t} \tag{10-28}$$

则板的振动速度可表示为

$$v(x,y,t)=\sum_{m,n}V_{mn}\phi_{mn}(x,y)\mathrm{e}^{\mathrm{j}\omega t} \tag{10-29}$$

式中，V_{mn} 是第 (m,n) 阶模态速度系数，可表示为

$$V_{mn}=\frac{\mathrm{j}\omega Q_{mn}}{\omega_{mn}^2-\omega^2} \tag{10-30}$$

10.2.2 临界屈曲湿含量

假设含湿量在板内均匀变化，简支正交各向异性板的湿稳定性方程可写为

$$D_1\frac{\partial^4 w}{\partial x^4}+2D_3\frac{\partial^4 w}{\partial x^2\partial y^2}+D_2\frac{\partial^4 w}{\partial y^4}=N_{x_0}\frac{\partial^2 w}{\partial x^2}+N_{y_0}\frac{\partial^2 w}{\partial y^2} \tag{10-31}$$

假设屈曲后的弹性曲面为

$$w=A_{mn}\sin\frac{m\pi x}{a}\sin\frac{n\pi x}{b} \tag{10-32}$$

将式 (10-32) 代入式 (10-31)，可得

$$\pi^4\cdot\left[D_1\left(\frac{m}{a}\right)^4+2D_3\left(\frac{mn}{ab}\right)^2+D_2\left(\frac{n}{b}\right)^4\right]+N_{x_0}\left(\frac{\pi m}{a}\right)^2+N_{y_0}\left(\frac{\pi n}{b}\right)^2=0 \tag{10-33}$$

将式 (10-13)~ 式 (10-15) 代入式 (10-33)，可得板的临界屈曲含湿量 C_{cr} 为

$$C_{\mathrm{cr}}=\frac{\pi^2\left[D_1\left(\frac{m}{a}\right)^4+2D_3\left(\frac{mn}{ab}\right)^2+D_2\left(\frac{n}{b}\right)^4\right]}{\frac{h}{1-\nu_{12}\nu_{21}}\left[E_1(\beta_1+\nu_{21}\beta_2)\left(\frac{m}{a}\right)^2+E_2(\beta_2+\nu_{12}\beta_1)\left(\frac{n}{b}\right)^2\right]} \tag{10-34}$$

10.2.3 湿模态特性

首先，以临界屈曲含湿量为基准，讨论板在含湿量均匀增加时的振动和声辐射特性，在计算中考虑材料属性随含湿量的变化；其次，采用设置不同的纵向和横向弹性模量比，研究层合板刚度变化对其振动和声辐射特性的影响。

以一个矩形正交各向异性复合材料板为研究对象，其尺寸为 0.4m×0.3m×0.01m，在板上 $(a/4, b/4)$ 位置处施加幅值为 1N 的横向简谐点激励。复合材料

板在无湿环境下的物理属性为 $E_1 = 172.5\text{GPa}$，$E_2 = 6.9\text{GPa}$，$G_{12} = 3.45\text{GPa}$，$\rho = 1600\text{kg}\cdot\text{m}^{-3}$，$\nu_{12} = 0.25$，$\eta_1 = 0.0007$，$\eta_2 = 0.0067$，$\eta_{12} = 0.0112$，$\beta_1 = 0$，$\beta_2 = 0.44$。不同含湿量下材料的弹性模量如表 10-1 所示[276]。声介质为空气，其密度和声速值分别为 $\rho_0 = 1.21\text{kg}\cdot\text{m}^{-3}$ 和 $c_0 = 340\text{m}\cdot\text{s}^{-1}$。

本节所考虑的湿负载均小于临界屈曲含湿量。根据式 (10-34) 可知，当板的模态数为 (1, 2) 时，其临界屈曲含湿量 C_{cr} 为 1.48%。计算中采用含湿量 0.37%($0.25C_{\text{cr}}$)、0.74%($0.50C_{\text{cr}}$)、1.11%($0.75C_{\text{cr}}$) 和 1.47%($0.99C_{\text{cr}}$) 为湿负荷，0%定义为结构内无湿应力的参考含湿量。根据表 10-1 的数据，通过插值可得对应于上述四个含湿量的 E_2 分别为 6.63GPa、6.36GPa、6.17GPa 和 6.17GPa。

表 10-1　不同含湿量下材料的弹性模量

含湿量 $\Delta C/\%$	0	0.25	0.50	0.75	1.00	1.25	1.50
E_1/GPa	172.5	172.5	172.5	172.5	172.5	172.5	172.5
E_2/GPa	6.90	6.72	6.54	6.36	6.17	6.17	6.17
G_{12}/GPa	3.45	3.45	3.45	3.45	3.45	3.45	3.45

首先，对均匀含湿量作用下正交各向异性板的预应力模态进行分析。如图 10-2 和表 10-2 所示，随着含湿量增加，各阶模态频率下降。这一变化是由湿压应力对板的刚度折减作用产生的。在含湿量从 0%增加到 1.11%的过程中，第一阶和第二阶模态的顺序保持不变，但当含湿量达到 1.47%时，这两阶模态发生顺序交换。从图 10-2 可知，板的模态 (1, 1) 和模态 (1, 2) 曲线在含湿量约为 1.35%时发生了交叉，即模态 (1, 2) 频率开始小于模态 (1, 1) 频率，成为板的第一阶固有振动。

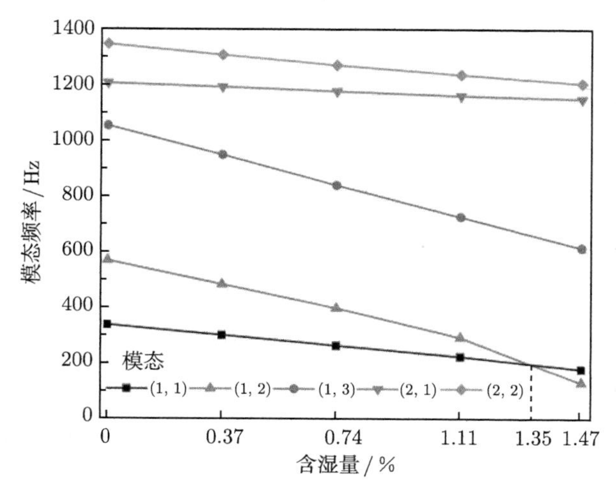

图 10-2　含湿量对正交各向异性板的模态频率的影响

表 10-2　正交各向异性板模态频率随含湿量变化　(单位：Hz)

含湿量 $\Delta C/\%$	0	0.37	0.74	1.11	1.47
第一阶	336.4 (1, 1)	301.4 (1, 1)	265.4 (1, 1)	226.5 (1, 1)	131.7 (1, 2)
第二阶	569.2 (1, 2)	487.8 (1, 2)	398.6 (1, 2)	293.3 (1, 2)	179.6 (1, 1)
第三阶	1055.6 (1, 3)	950.5 (1, 3)	841.3 (1, 3)	729.4 (1, 3)	615.6 (1, 3)
第四阶	1209.0 (2, 1)	1194.1 (2, 1)	11802 (2, 1)	1166.9 (2, 1)	1153.7 (2, 1)
第五阶	1345.8 (2, 2)	1307.7 (2, 2)	1271.5 (2, 2)	1237.2 (2, 2)	1204.1 (2, 2)

图 10-3 为复合材料板前五阶模态频率比 ($\lambda = f_C/f_0$) 随含湿量的变化，f_C 为考虑湿预应力作用的模态频率，f_0 为无湿状态下的模态频率。由图中结果可知，模态 (1, 2) 的频率比曲线斜率的绝对值最大，同时随着含湿量增加，该曲线的曲率增速最快。这是由于板模型中材料 2 方向的弹性模量远小于 1 方向的弹性模量，在高含湿量时，2 方向的刚度折减远大于 1 方向的刚度折减，这也是板在含湿量变化时发生模态交换的原因。

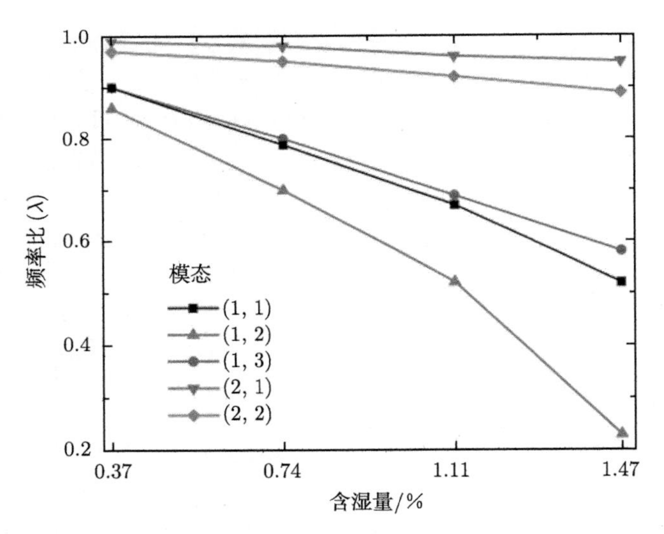

图 10-3　复合材料板前五阶模态频率比随含湿量的变化

10.2.4　受迫振动与声响应

在获得复合材料板湿模态特性的基础上，对其在潮湿环境下的受迫振动及声响应开展讨论。如图 10-4 所示，为复合材料板激励点均方速度随含湿量的变化。由计算结果可知，随着含湿量增大，板的振动响应曲线整体向低频方向漂移，这主要是由其湿模态特性决定。

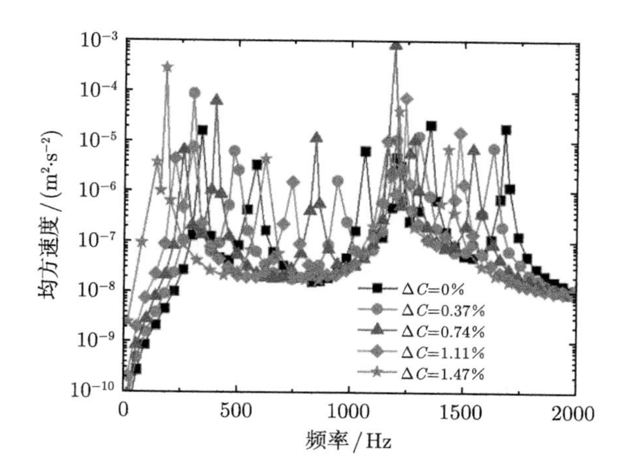

图 10-4　复合材料板激励点均方速度随含湿量的变化

如图 10-5 所示，为复合材料板声辐射响应随含湿量的变化。由计算结果可知，板外观测点处的辐射声压级及板的辐射声功率级，均随含湿量的增大整体向低频方向漂移。这与板在热环境下的振动响应变化规律相同。

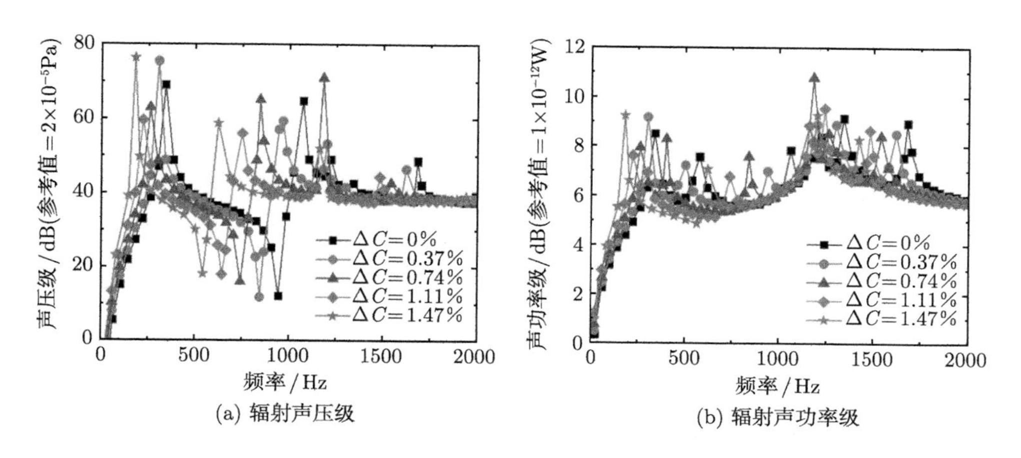

图 10-5　复合材料板声辐射响应随含湿量的变化

如图 10-6 所示，为复合材料板声辐射效率随含湿量的变化。从图中可知，随含湿量的增加，声辐射效率整体呈现出减小并向低频方向漂移的趋势。由于该板在面内两个方向上的弹性模量不同，因此具有两个吻合频率：一个与纵向传播的弯曲波相关；另一个与横向传播的弯曲波相关。在本分析中，无湿载作用时，板的两个吻合频率分别是 1220Hz 和 3850Hz，声辐射效率在两个吻合频率处分别达到极值。

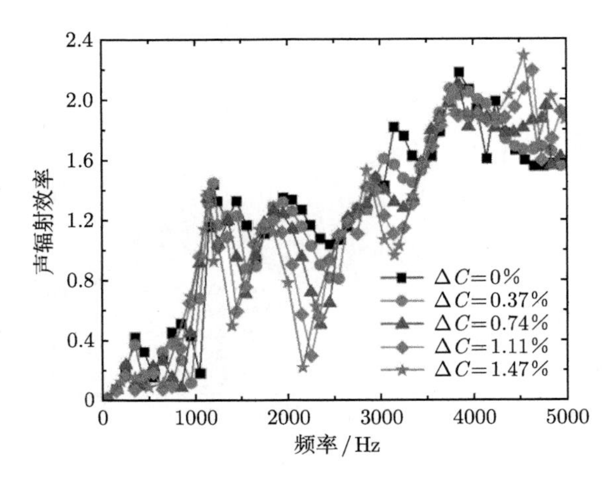

图 10-6　复合材料板声辐射效率随含湿量的变化

10.2.5　各向异性刚度对湿环境下声振特性的影响

为了讨论正交各向异性板面内刚度对其在湿环境下声振特性的影响，本节将纵向弹性模量 E_1 设定为 172.5GPa，横向弹性模量 E_2 分别设置为 6.9GPa、17.25GPa、34.5GPa 及 172.5GPa，相应的，E_2 和 E_1 的比值从 0.04 逐渐增大到 1，最终近似为各向同性板。如图 10-7 所示，为模量比对 0.37%含湿量下板均方速度的影响。可以看出，随着 E_2/E_1 的增大，复合材料板的刚度逐渐增大，使得板在所考察频率范围内的模态数减少，其在 2000Hz 范围内的共振峰数量也相应减少。

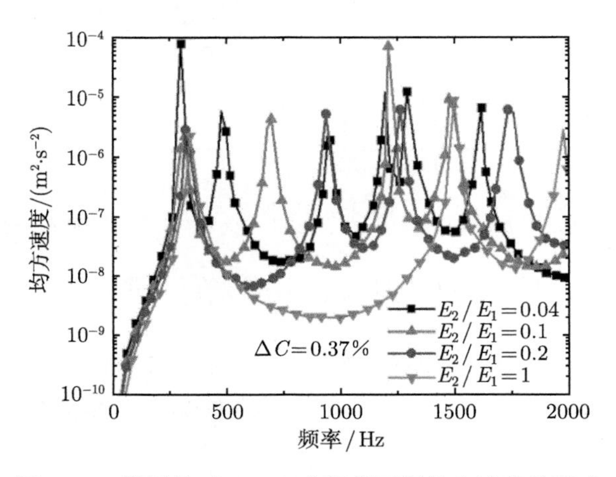

图 10-7　模量比对 0.37%含湿量下板均方速度的影响

如图 10-8 所示，为模量比对 0.37%含湿量下板声辐射响应的影响。由于板的动态响应直接决定其声辐射特性，因此，辐射声压级响应曲线的响应峰值也出现在板的共振频率处，辐射声压级及辐射声功率级响应共振峰数量也随着弹性模量比的增大而减少。

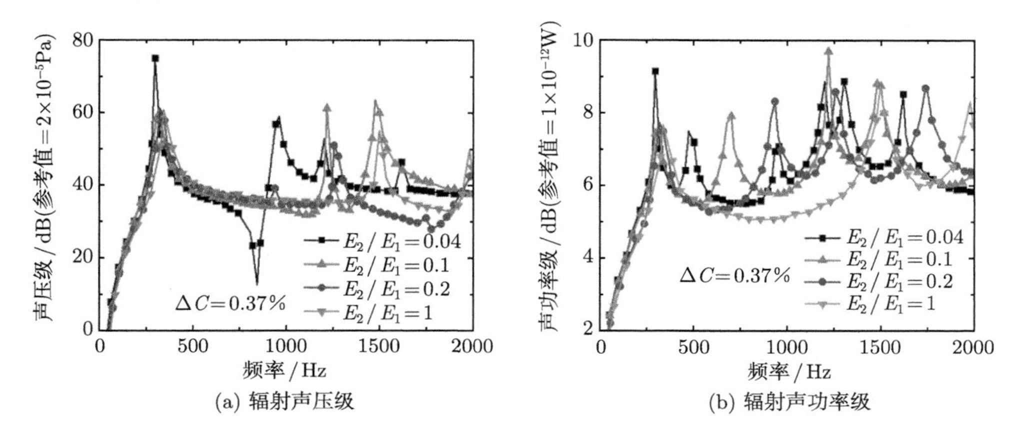

图 10-8　模量比对 0.37%含湿量下板声辐射响应的影响

如图 10-9 所示，为模量比对 0.37%含湿量下板声辐射效率的影响。由结果可知，随着模量比增大，声辐射效率曲线的波动减小，第二个吻合频率处的声辐射效率减小，并逐渐向低频段的第一个吻合频率靠近。当 E_2 与 E_1 相等时，正交各向异性板近似等效于各向同性板，其在 1500Hz 附近的吻合频率处存在一个明显的声辐射峰值，并随频率增大，声辐射效率逐渐向 1 靠近。

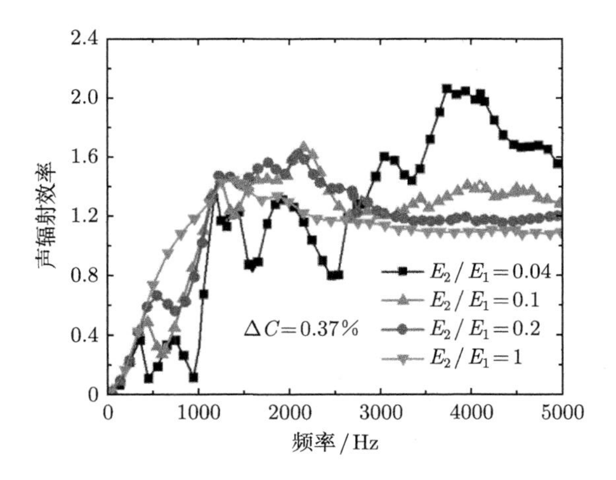

图 10-9　模量比对 0.37%含湿量下板声辐射效率的影响

10.2.6　数值分析与对比

本节采用数值仿真方法对理论结果进行验证。首先采用有限元法对复合材料板的湿模态特性开展仿真分析。由于含湿量变化导致的湿膨胀及湿应力，与温度变化导致的热膨胀及热应力在物理过程上十分相近，湿环境模拟的实现可类比热环境的模拟。因此，在有限元模拟中，将湿含量作为温度处理，将湿膨胀系数作为热膨胀系数处理。不同的是，湿环境变化会引起结构质量变化，这里需要对板的密度做相应修正。

表 10-3 中所列数据，为潮湿环境下复合材料板固有频率理论解和数值解的比较。误差定义公式为 $(|f_{\rm t}-f_{\rm N}|/f_{\rm t})\times 100\%$，其中 $f_{\rm t}$ 和 $f_{\rm N}$ 分别为固有频率的理论解和数值解。通过对比发现，理论模型对复合材料板在湿环境下固有频率的预测结果，与数值仿真结果吻合很好，除基频在湿含量较高时相对误差达到 5.24%外，其余频率值的误差均不超过 1%。且由图 10-10 中的不同含湿量下的模态振型可知，理论解与数值仿真结果均能预测到板在湿环境下发生的模态交换现象。

表 10-3　潮湿环境下复合材料板固有频率理论解和数值解的比较

含湿量 $\Delta C/\%$		0	0.37	0.74	1.11	1.47
第一阶	理论解/Hz	336.4(1, 1)	301.4(1, 1)	265.4(1, 1)	226.5(1, 1)	131.7(1, 2)
	数值解/Hz	335.5(1, 1)	300.4(1, 1)	264.2(1, 1)	225.0(1, 1)	124.8(1, 2)
	误差/%	0.27	0.33	0.45	0.66	5.24
第二阶	理论解/Hz	569.2(1, 2)	487.8(1, 2)	398.6(1, 2)	293.3(1, 2)	179.6(1, 1)
	数值解/Hz	568.6(1, 2)	486.8(1, 2)	397.0(1, 2)	290.7(1, 2)	177.8(1, 1)
	误差/%	0.11	0.21	0.40	0.89	1.00
第三阶	理论解/Hz	1055.6(1, 3)	950.5(1, 3)	841.3(1, 3)	729.4(1, 3)	615.6(1, 3)
	数值解/Hz	1058.6(1, 3)	952.9(1, 3)	843.3(1, 3)	730.7(1, 3)	616.3(1, 3)
	误差/%	0.28	0.25	0.24	0.18	0.11
第四阶	理论解/Hz	1209.0(2, 1)	1194.1(2, 1)	1180.2(2, 1)	1166.9(2, 1)	1153.7(2, 1)
	数值解/Hz	1199.6(2, 1)	1184.6(2, 1)	1170.6(2, 1)	1157.2(2, 1)	1143.8(2, 1)
	误差/%	0.78	0.80	0.81	0.83	0.86
第五阶	理论解/Hz	1345.8(2, 2)	1307.7(2, 2)	1271.5(2, 2)	1237.2(2, 2)	1204.1(2, 2)
	数值解/Hz	1335.0(2, 2)	1296.6(2, 2)	1260.0(2, 2)	1225.3(2, 2)	1191.7(2, 2)
	误差/%	0.80	0.85	0.90	0.96	1.03

其次，采用有限元–边界元联合仿真方法，对湿环境下复合材料板的振动及声辐射特性进行验证分析。这里采用的仿真流程与本书第 3 章中的数值分析一致，此处不再赘述。由图 10-11 中的对比可知，本节所建立的理论模型可以对复合材料板在湿环境下的振动速度及辐射声压级响应给出合理预测。

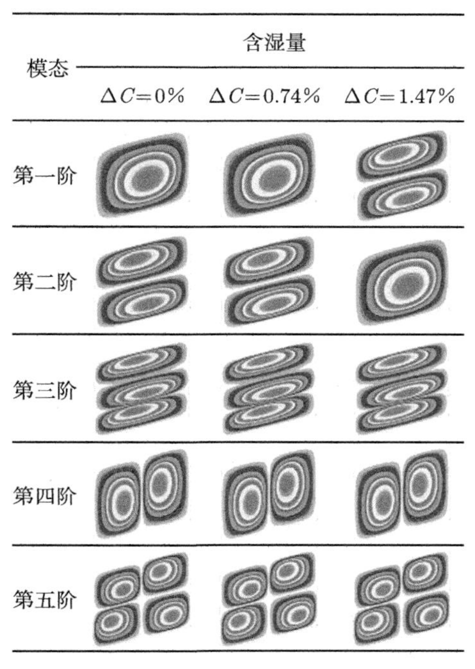

图 10-10　不同含湿量下的模态振型

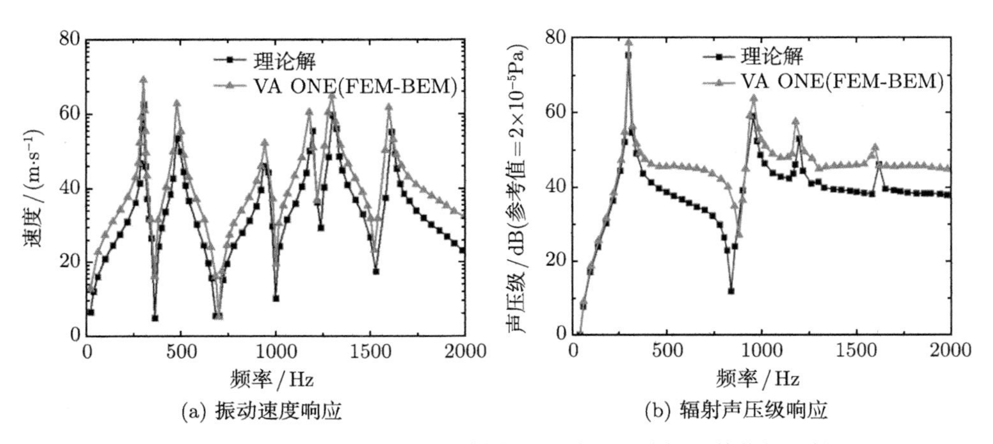

(a) 振动速度响应　(b) 辐射声压级响应

图 10-11　板的振动速度及辐射声压级响应理论解和数值解比较

10.3　非均匀湿分布对结构声振特性的影响

在装备的实际存储过程中，相对于温度变化的“快”效应，湿扩散行为属于“慢”效应，即在扩散过程中，需要充分长的时间才能在结构中达到较稳定分布。因而，水分在由高湿度区域向低湿度区域扩散的一段时间内，较易在结构中形成不均匀的湿度分布。在本节中，将以加筋层合板为对象，采用数值仿真方法对其在非均匀湿度分布下的声振特性开展研究。

10.3.1 湿扩散方程

本节，对湿扩散模型做简要描述。根据 Fick 第二定律，大多数物理和化学扩散行为都可描述为[284]

$$\frac{\partial C}{\partial t}=D\left(\frac{\partial^2 C}{\partial^2 z}+\frac{1}{A}\frac{\partial A}{\partial z}\frac{\partial C}{\partial z}\right) \tag{10-35}$$

式中，C 为湿度；D 为潮湿扩散率；A 为面积。若面积 A 是一个常数，式 (10-35) 可化为一个一维非稳定扩散方程：

$$\frac{\partial C}{\partial t}=D\left(\frac{\partial^2 C}{\partial x^2}+\frac{\partial^2 C}{\partial y^2}+\frac{\partial^2 C}{\partial z^2}\right) \tag{10-36}$$

在一定温度条件下，材料的最大吸湿能力由饱和湿度 C_{sat} 表示。对于不同材料，其吸湿能力是不同的，因此 C_{sat} 也不一样。从而，存在湿度在多种材料界面间不连续的情况。因此，通常在湿扩散计算中引入分压力的概念，即 $P=C/S$[271]，其中 S 为溶解度；或者引入一个常变量，即相对湿度，其在材料间的界面处连续，定义为

$$W=\frac{C}{C_{\text{sat}}},\quad 0\leqslant W\leqslant 1 \tag{10-37}$$

式中，$W=0$ 表示材料是全干的；$W=1$ 表示材料是吸湿饱和的。因此，式 (10-36) 可改写为

$$\frac{\partial W}{\partial t}=D\left(\frac{\partial^2 W}{\partial x^2}+\frac{\partial^2 W}{\partial y^2}+\frac{\partial^2 W}{\partial z^2}\right) \tag{10-38}$$

在现有有限元软件中，基本没有专门的潮湿扩散模块。由于热传导与湿扩散的物理过程具有相似性，因此通过对计算参量的修正，可利用有限元软件中的热传导模块来分析湿扩散问题。有限元计算湿热特性对应参数如表 10-4 所示。

表 10-4 有限元计算湿热特性对应参数

特性	热特性	湿特性
变量	温度 T	相对湿度 W
密度	ρ	1
传导率	K	$D\cdot C_{\text{sat}}$
比热容	C	C_{sat}
膨胀系数	α	$\beta\cdot C_{\text{sat}}$

10.3.2 湿环境下动力学方程

当加筋层合板的含湿量分布为 $\Delta W(x,y,z,t)$ 时，受边界条件等约束作用，结构内会出现湿应力，该应力状态 (静态) 导致结构内产生应力刚度。随后，采用结构传统刚度 $\boldsymbol{K}$ 和应力刚度 $\boldsymbol{K}_{\mathrm{s}}$ 来进行湿预应力作用下的固有振动分析：

$$\left(\boldsymbol{K}+\boldsymbol{K}_{\mathrm{s}}-\omega_k^2\boldsymbol{M}\right)\boldsymbol{\varphi}_k=0 \tag{10-39}$$

式中，$\boldsymbol{M}$ 为结构质量矩阵；ω_k 为预应力结构的圆频率；$\boldsymbol{\varphi}_k$ 为相关的模态振型。

得到预应力结构的固有振动解后，可对结构进行谐响应分析，从而得到结构在潮湿环境下的振动响应。预应力结构的动力学方程为

$$\boldsymbol{M}\ddot{\boldsymbol{U}}(t)+\boldsymbol{C}_{\mathrm{s}}\dot{\boldsymbol{U}}(t)+(\boldsymbol{K}+\boldsymbol{K}_{\mathrm{s}})\boldsymbol{U}(t)=\boldsymbol{F}(t) \tag{10-40}$$

式中，$\boldsymbol{C}_{\mathrm{s}}$ 为结构阻尼矩阵；$\boldsymbol{F}(t)$ 为激励向量；$\ddot{\boldsymbol{U}}(t)$ 为加速度向量；$\dot{\boldsymbol{U}}(t)$ 速度向量；$\boldsymbol{U}(t)$ 为位移向量。对于简谐振动，外激励可表示为 $\boldsymbol{F}(t)=\boldsymbol{F}_{\mathrm{s}}\mathrm{e}^{\mathrm{j}\omega t}$，$\boldsymbol{F}_{\mathrm{s}}$ 为激励幅值，ω 是圆频率，节点位移向量可表示为 $\boldsymbol{U}(t)=\boldsymbol{U}\mathrm{e}^{\mathrm{j}\omega t}$。代入式 (10-40) 并消去时间变量后为

$$\left(-\omega^2\boldsymbol{M}+\mathrm{j}\omega\boldsymbol{C}+\boldsymbol{K}+\boldsymbol{K}_{\mathrm{s}}\right)\boldsymbol{U}=\boldsymbol{F}_{\mathrm{s}} \tag{10-41}$$

通过求解式 (10-41)，可得结构各节点的振动位移响应，进而获得振动速度及加速度响应。

在计算结构声辐射响应时，通过瑞利积分可获得空间流场中的声压为

$$p(P)=\mathrm{j}\omega\rho_0\int_S G(Q,P)V_n\mathrm{d}S \tag{10-42}$$

式中，S 为流体与结构的界面；ρ_0 为流体密度；V_n 为结构表面的法向速度；Q 为结构表面点；P 为流场中的点；$G(Q,P)$ 为频率域内的半空间格林函数，可写为

$$G(Q,P)=\mathrm{e}^{-\mathrm{j}kr}/2\pi r \tag{10-43}$$

式中，$r=|Q-P|$。

10.3.3 湿度扩散计算

借助有限元软件 NASTRAN，模拟沿板厚度方向的瞬态湿扩散过程，以及在湿载荷作用下的预应力模态分析。随后，采用 VA ONE 的有限元–边界元求解器，计算含湿板的振动及声辐射问题。在此算例中，假设湿扩散只在层合板中发生，筋条结构为不吸湿材料。

以一个四边固支矩形加筋对称层合板为对象，其有限元模型如图 10-12 所示。板的尺寸为 380m×320m×4mm，由四层正交各向异性单层板铺设而成，每个单

层厚度为 1mm，采用 $[0/45]_s$ 方式铺设。为实现沿板厚度方向的潮湿扩散过程，采用八节点正六面体单元 (CHEXA) 构建每个单层的有限元模型，单元的尺寸为 10mm×10mm×1mm。加强筋以“井”字形铺设，沿板宽度方向的筋条间距为 0.12m，沿板长度方向的筋条间距为 0.1m。加强筋网格采用壳单元，宽度和厚度均为 4mm。

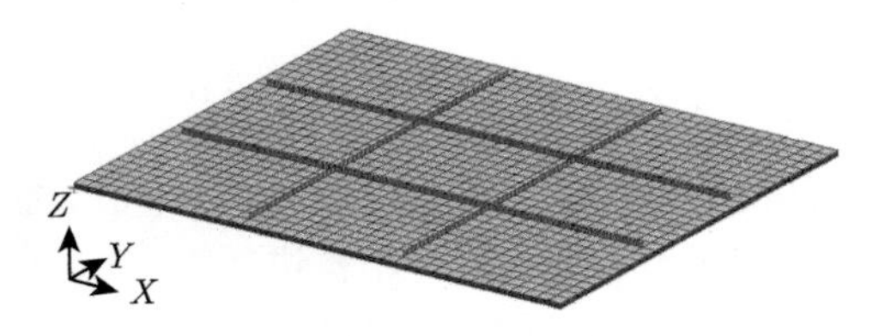

图 10-12　矩形加筋对称层合板的有限元模型

层合板的单层组成材料为碳纤维–环氧树脂，材料常数为 $E_1 = 172.5\text{GPa}$, $E_2 = E_3 = 6.9\text{GPa}$, $G_{12} = G_{13} = 3.45\text{GPa}$, $G_{23} = 1.38\text{GPa}$, $\rho = 1600\text{kg}\cdot\text{m}^{-3}$, $\nu_{12} = 0.25$, $\nu_{23} = 0.49$, $\nu_{31} = 0.01$, $\beta_1 = 0$, $\beta_2 = \beta_3 = 0.44$, $C_{\text{sat}} = 24\text{kg}\cdot\text{m}^{-3}$, $D = 0.228 \times 10^{-12}\text{m}^2\cdot\text{s}^{-1}$。假设其材料弹性常数不依赖于湿环境。筋条为非吸湿的各向同性材料，材料常数为 $E = 190\text{GPa}$, $\rho_s = 7800\text{kg}\cdot\text{m}^{-3}$, $\nu = 0.3$。声介质为空气，密度为 $1.21\text{kg}\cdot\text{m}^{-3}$，声速为 $340\text{m}\cdot\text{s}^{-1}$。

对于湿度吸收模型，初始时刻整板的含湿量为 $W = 0$，板底面的均匀湿度分布设置为 $W_u = 0.6$ (60%RH)。湿度在从加筋板底面向顶面的扩散过程中，会在沿板厚度的方向上产生梯度分布。首先，对湿扩散 400d、800d 和 1200d 三个时间点的湿度分布开展分析。如图 10-13 所示，为不同扩散时间下矩形加筋对称层合板在厚

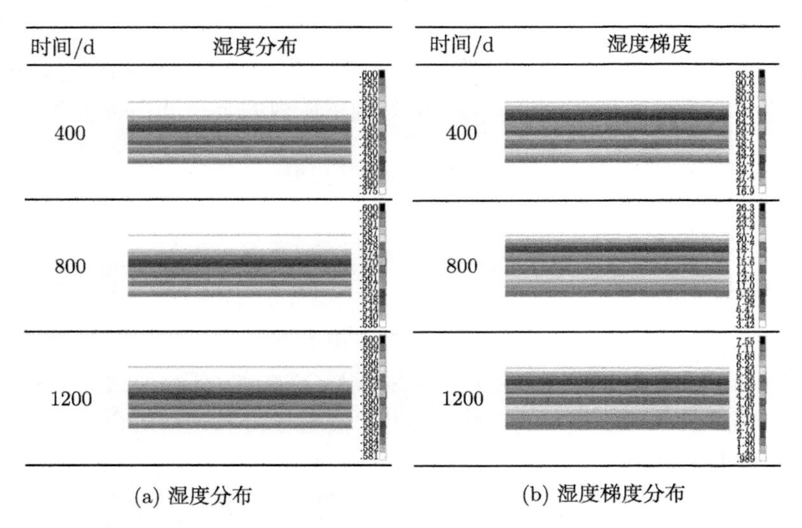

(a) 湿度分布　　(b) 湿度梯度分布

图 10-13　不同扩散时间下矩形加筋对称层合板在厚度上的湿环境状态

度上的湿环境状态。随着扩散时间的增长，湿度逐渐向层合板顶面扩散，板内含湿量整体增大。在 400d、800d 和 1200d 时，板内的最小含湿量分别为 37.5%RH、53.5%RH 和 58.1%RH。同时，随着扩散时间的推移，沿板厚度方向的湿度梯度逐渐减小，湿度分布趋于稳定。

10.3.4　湿模态分析

在时间为 0d、400d、800d 和 1200d 的四种潮湿扩散状态下，对复合材料加筋对称层合板的模态特性进行对比，从图 10-14 和表 10-5 中的结果可知，加筋对称层合板前五阶固有频率随湿度扩散时间的增大而减小。由于板中湿应力增大，使得板的有效刚度变小，从而导致其固有频率降低。同时可观察到，随时间的增长，板固有频率折减速率逐渐变小，即斜率变小。这是由于随扩散时间增大，板中湿度梯度变小，从而频率变化速率也相应降低。

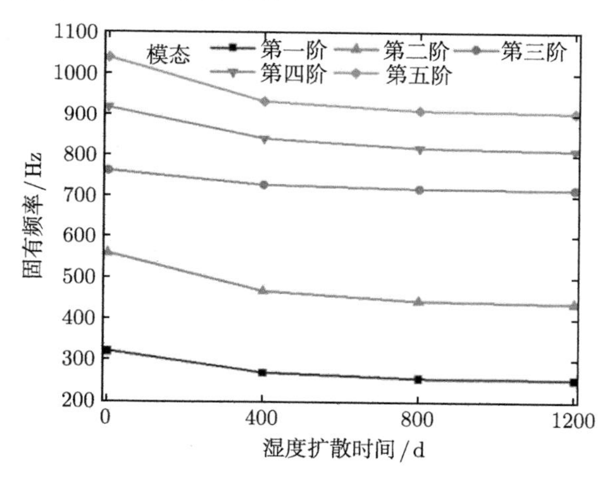

图 10-14　加筋对称层合板前五阶固有频率随湿度扩散时间的变化曲线

表 10-5　前五阶固有频率随湿度扩散时间的变化　(单位：Hz)

模态阶数	湿度扩散时间			
	0d	400d	800d	1200d
第一阶	322.4	270.8	258.1	254.3
第二阶	560.3	468.8	446.7	440.0
第三阶	762.4	727.6	719.7	717.4
第四阶	919.4	840.0	819.1	812.6
第五阶	1039.7	933.4	911.6	905.3

如图 10-15 所示，为复合材料加筋对称层合板前五阶固有频率比随湿度扩散时间的变化曲线。从图中可知，各阶模态频率比曲线的斜率均随扩散时间的增大而

减小。产生这一现象的主要原因是随着扩散时间的增大，在板厚度方向上的湿度梯度逐渐减小，由湿扩散引起的应力增加量相应减小，从而导致固有频率的下降速率降低。

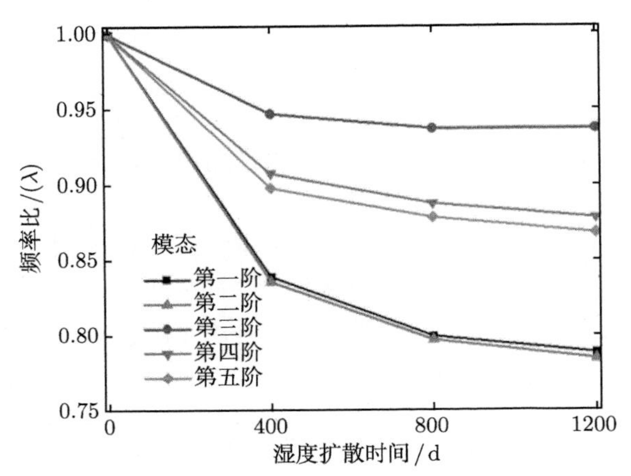

图 10-15　复合材料加筋对称层合板前五阶固有频率比随湿度扩散时间的变化曲线

10.3.5　振动和声辐射分析

以有限元计算获得的湿环境下预应力模态结果为基础，采用有限元–边界元联合仿真方法可预测复合材料加筋对称层合板在湿作用下的振动及声辐射特性。如图 10-16 所示，为加筋板振动速度与辐射声压级响应随湿度扩散时间的变化曲线。从图中可观察到两个变化趋势：① 随湿度扩散时间增大，振动速度和辐射声压级响应曲线整体向低频方向漂移；② 随湿度扩散时间增大，在相同时间段内，由于固有频率变化率减小，响应曲线向低频方向的偏移量也逐渐减小。

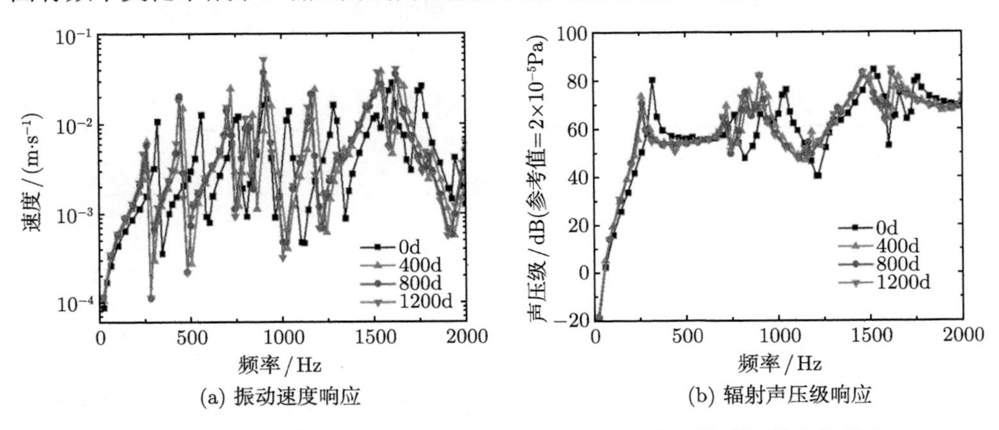

(a) 振动速度响应　　(b) 辐射声压级响应

图 10-16　加筋板振动速度与辐射声压级响应随湿度扩散时间的变化曲线

如图 10-17 所示，为加筋板辐射效率随湿度扩散时间的变化曲线。从图中可知，随着湿度扩散时间增大，辐射效率表现出向低频方向移动的趋势，且在某些频段内，辐射效率明显降低。

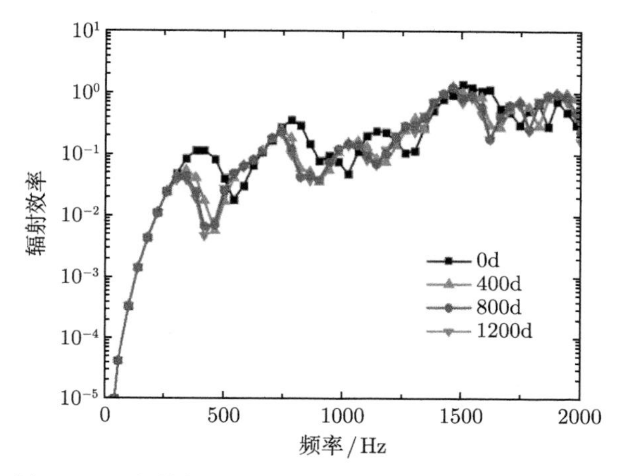

图 10-17　加筋板辐射效率随湿度扩散时间的变化曲线

10.4　本 章 小 结

本章针对复合材料结构在实际工程应用中常见的潮湿问题，类比于热环境对结构声振特性影响的处理方式，开展了潮湿环境下典型复合材料板的振动和声辐射特性研究。

以正交各向异性复合材料板为对象，建立了考虑由材料吸湿引起预应力和质量增加效应的动力学控制方程，讨论了在均匀湿度分布作用下，板的固有振动、动态响应和声辐射特性，分析了刚度变化对板声振特性的影响。

结果表明，随含湿量的升高，板受压应力作用导致刚度减小，各阶固有频率降低，板的振动响应曲线向低频方向移动，声辐射响应也向低频方向移动。这一变化趋势与结构在热环境下响应特性的变化相同。

对加筋复合材料层合板在非均匀湿度分布下的声振特性开展了数值分析。借助有限元软件中的热传导分析模块，实现了湿度在加筋层合板内的扩散分析，模拟了复合材料结构在不同时刻下的非均匀湿度分布，得到了不同湿度扩散时间下加筋板的湿模态特性，以及振动与声辐射响应特性。

参考文献

[1] 范绪箕. 气动加热与热防护系统 [M]. 北京: 科学出版社, 2004.

[2] LEONARD C P, AMUNDSEN R M, BRUCE W E. Hyper-X hot structures design and comparison with flight data[C]. AIAA/CIRA 13th International Space Planes and Hypersonics Systems and Technologies, Capua, Italy, 2005: AIAA 2005-3438.

[3] 叶正寅, 孟宪宗, 刘成, 等. 高超声速飞行器气动弹性的近期进展与发展展望 [J]. 空气动力学学报, 2018, 36(6): 984-994.

[4] 杨希明, 刘南, 郭承鹏, 等. 飞行器气动弹性风洞试验技术综述 [J]. 空气动力学学报, 2018, 36(6): 995-1008.

[5] 杨炳渊, 史晓鸣, 梁强. 高超声速有翼导弹多场耦合动力学的研究和进展 (上)[J]. 强度与环境, 2008, 35(5): 55-63.

[6] 杨炳渊, 史晓鸣, 梁强. 高超声速有翼导弹多场耦合动力学的研究和进展 (下)[J]. 强度与环境, 2008, 35(6): 55-62.

[7] GLASS D E. Ceramic matrix composite (CMC) thermal protection system (TPS) and hot structures for hypersonic vehicles[C]. 15th AIAA International Space Planes and Hypersonic Systems and Technologies Conference, Dayton Ohio, 2008: AIAA 2008-2682.

[8] 王铁军, 范学领, 孙永乐, 等. 重型燃气轮机高温透平叶片热障涂层系统中的应力和裂纹问题研究进展 [J]. 固体力学学报, 2016, 37(6): 477-517.

[9] LI J, YAN S. Thermally induced vibration of composite solar array with honeycomb panels in low earth orbit[J]. Applied Thermal Engineering, 2014: 71(1): 419-432.

[10] 吴振强, 任方, 张伟, 等. 飞行器结构热噪声试验的研究进展 [J]. 导弹与航天运载技术, 2010, 306(2): 24-30.

[11] 刘文光, 陈国平, 贺红林, 等. 结构振动疲劳研究综述 [J]. 工程设计学报, 2012, 19(1): 1-8, 24.

[12] FLORIAN K, FRANK Z, ANGELIKA B F. Crack growth mechanisms in an aged superalloy at high temperature[J]. International Journal of Fatigue, 2014, 65: 86-92.

[13] 杨超, 李国曙, 万志强. 气动热–气动弹性双向耦合的高超声速曲面壁板颤振分析方法 [J]. 中国科学: 技术科学, 2012, 42(4): 369-377.

[14] LAURIE A M, CATHERINE B, GRIFFIN P C, et al. Overview with results and lessons learned of the X-43A mach 10 flight[C]. AIAA/CIRA 13th International Space Planes and Hypersonics Systems and Technologies, Capua, Italy, 2005: AIAA 2005-3336.

[15] 关世义. 正确理解和运用飞行器的过载概念 [J]. 战术导弹技术, 2002, 23(5): 62-64.

[16] HETNARSKI R B, ESLAMI M R. Thermal Stresses-Advanced Theory and Applications[M]. Netherlands: Springer, 2008.

[17] THORNTON E A. Thermal structures: Four decades of progress[J]. Journal of Aircraft, 1992, 29(3): 485-498.

[18] THORNTON E A. Thermal buckling of plates and shells[J]. Applied Mechanics Review, 1993, 46(10): 485-506.

[19] RAYMOND D M, DAVID H C. Thermoelastic stress in the semi-infinite solid[J]. Journal of Applied Physics, 1950, 21(9): 931-933.

[20] SHARMA B. Thermal stresses in transversely isotropic semi-infinite elastic solids[J]. Journal of Applied Mechanics, 1958, 25(1): 86-88.

[21] HORVAY G. Thermal stresses in perforated plates[C]. Proceedings of 1st U.S. National Congress on Applied Mechanics, Chicago, 1952: 247.

[22] PARKUS H. Stress in a centrally heated disc[C]. Proceedings of 2nd U.S. National Congress of Applied, Mechanics, Ann Arbor, 1954: 307-311.

[23] MANKO Z. Integrated thermal-structure finite strip analysis[J]. Advances in Engineering software, 1986, 8(3): 159-165.

[24] WATERS J R, WRIGHT A J. Criteria for the distribution of nodes in multilayer walls in finite-difference thermal modelling[J]. Building and Environment, 1985, 20(3): 151-162.

[25] DEMIRDZIC I, MARTINOVIC D. Finite volume method for thermo-elasto-plastic stress analysis[J]. Computer Methods in Applied Mechanics and Engineering, 1993, 109(3-4): 331-349.

[26] GEORGE A K, EDWARD C T. A finite element formulation for thermal stress analysis. part Ⅰ: Variational formulation[J]. Nuclear Engineering and Design, 1976, 39(2-3): 267-275.

[27] 臧权同. 用有限元法对气缸–气缸体结合组作热弹性接触问题的分析 [J]. 内燃机车, 1982, 17(12): 7-14.

[28] WEINSTEIN F, PUTTER S, STAVSKY Y. Thermoelastic stress analysis of anisotropic composite sandwich plates by finite element method[J]. Computers and Structures, 1983, 17(1): 31-36.

[29] RAJU K K, RAO G V. Thermal post-buckling of a square plate resting on an elastic foundation by finite element method[J]. Computers and Structures, 1988, 28(2): 195-199.

[30] CRAIG S C. Stiffness, thermal expansion, and thermal bending formulation of stiffened fiber-reinforced composite panels[C]. 34th AIAA/ASME/ASCE/AHS/ACS Structures, Dynamics, and Materials Conference, La Jolla, CA, 1993: AIAA 93-1569-CP.

[31] WEI H N, PERETZ P F, ANTHONY M W. Thermomechanical analysis of a damaged thermal protection system[C]. 46th AIAA/ASME/ASCE/AHS/ASC Structures, Structural Dynamics and Materials Conference, Austin, Texas, 2005: AIAA 2005-2301.

[32] 何金徕, 孙秦, 范学领. 基于 ANSYS 的某弹壳热力耦合有限元分析 [J]. 航空计算技术, 2007, 37(6): 29-31.

[33] 李虎, 詹梅, 杨合, 等. 钛合金薄壁壳体强旋热力耦合有限元分析 [J]. 机械工程学报, 2008, 44(6): 187-193.

[34] 胡海岩. 机械振动基础 [M]. 北京: 北京航空航天大学出版社, 2005.

[35] TIMOSHENKO S, YOUNG D H, WEAVER W JR. Vibration Problems in Engineering[M]. Fourth Edition. New York: Wiley, 1974.

[36] WEINSTEIN A, CHIEN W Z. On the vibrations of a clamped plate under tension[J]. Quarterly of Applied Mathematics, 1943, 1(1): 61-68.

[37] CHIEN W Z. Large deflection of a circular clamped plate under uniform pressure[J]. Chinese Journal of Physics, 1947, 7: 102-113.

[38] KAUL R K, TEWARI S G. On the bounds of eigenvalues of a clamped plate in tension[J]. Journal of Applied Mathematics, 1958, 25(1): 52-56.

[39] DICKINSON S M. Lateral vibration of rectangular plates subject to in-plane forces[J]. Journal of Sound and Vibration, 1971, 16(4): 465-472.

[40] DICKINSON S M. The buckling and frequency of flexural vibration of rectangular isotropic and orthotropic plates using Rayleigh's method[J]. Journal of Sound and Vibration, 1978, 61(1): 1-8.

[41] SONI S R, RAO C L A. Vibration of orthotropic rectangular plates under inplane forces[J]. Computers and Structures, 1974, 4(5): 1105-1115.

[42] ZHANG H Y, SHEN Y P, LI Y M, et al. Effect of initial stress on the lateral modes in 1-3 piezocomposites[J]. Mechanics of Advanced Materials and Structures, 2013, 20(2): 122-129.

[43] YIN Y Q, ZHANG B, LI Y M, et al. Effect of dead load on dynamic characteristics of rotating timoshenko beams[J]. Mathematical Problems in Engineering, 2015, 2015: 1-10.

[44] 胡琦. 扁壳与微弯曲板的热振动 [J]. 浙江大学学报, 1965, 10(1): 139-145.

[45] JADEJA N D, LOO T C. Heat induced vibration of a rectangular plate[J]. Journal of Engineering for Industry, 1974, 96: 1015-1021.

[46] 吴晓, 马建勋. 正交异性矩形板非线性的固有热振动 [J]. 工程力学, 1999, 16(2): 127-133.

[47] 吴晓, 马建勋. 圆柱壳在热载荷作用下的非线性振动 [J]. 振动与冲击, 2000, 19(2): 67-69.

[48] SHU X F, ZHANG X Q, ZHANG J X. Thermoelastic free vibration of clamped circular plate[J]. Applied Mathematics and Mechanics, 2000, 21(6): 715-724.

[49] YEH Y L. The effect of thermo-mechanical coupling for a simply supported orthotropic rectangular plate on non-linear dynamics[J]. Thin-Walled Structure, 2005, 43(8): 1277-1295.

[50] KIM Y W. Temperature dependent vibration analysis of functionally graded rectangular plates[J]. Journal of Sound and Vibration, 2005, 284(3-5): 531-549.

[51] BRISCHETTO S, CARRERA E. Thermomechanical effect in vibration analysis of one-layered and two-layered plates[J]. International Journal of Applied Mechanics, 2011, 3(1): 161-185.

[52] ZHANG B, LI Y M, LU W Z. Dynamic characteristics of rotating pretwisted clamped-clamped beam under thermal stress[J]. Journal of Mechanical Science and Technology, 2016, 30(9): 4031-4042.

[53] ZHANG B, LI Y M. Nonlinear vibration of rotating pre-deformed blade with thermal gradient[J]. Nonlinear Dynamics, 2016, 86(1): 459-478.

[54] 沈守正. 构造一种新的有限元素用来求解板的热刚度和热振动 [J]. 力学情报, 1979, 9(1): 38-53.

[55] FALLON D J, THORNTON E A. An integrated finite element approach for thermal prestress effects on shells of revolution[C]. 23rd Structures, Structural Dynamics and Materials Conference, New Orleans, LA, 1982: AIAA 82-0701.

[56] GANESAN N, DHOTARAD M S. Hybrid method for analysis of thermally stressed plates[J]. Journal of Sound and Vibration, 1984, 94(2): 313-316.

[57] LIU C F, HUANG C H. Free vibration of composite laminated plates subjected to temperature changes[J]. Computers and Structures, 1996, 60(1): 95-101.

[58] 杨自春. 受热复合材料层合板的非线性热振动-Part Ⅰ: 理论及数值分析 [J]. 复合材料学报, 2000, 17(2): 74-78.

[59] 杨自春. 受热复合材料层合板的非线性热振动-Part Ⅱ: 试验研究 [J]. 复合材料学报, 2000, 17(2): 119-122.

[60] 刘芹, 任建亭, 姜节胜, 等. 复合材料薄壁圆柱壳热振动特性分析 [J]. 机械强度, 2006, 28(5): 643-648.

[61] AMABILI M, CARRA S. Thermal effects on geometrically nonlinear vibrations of rectangular plates with fixed edges[J]. Journal of Sound and Vibration, 2009, 321(3-5): 936-954.

[62] 姚海民, 薛明德, 丁勇. 大型空间结构热诱发振动的有限元分析 [J]. 清华大学学报 (自然科学版), 2002, 42(11): 1524-1527.

[63] 程乐锦, 薛明德, 唐羽烨, 等. 大型空间结构的热–结构动力学分析 [J]. 应用力学学报, 2004, 21(2): 1-9, 159.

[64] 程乐锦, 薛明德. 大型空间结构热–动力学耦合有限元分析 [J]. 清华大学学报 (自然科学版), 2004, 44(5): 681-684, 688.

[65] 史晓鸣, 杨炳渊. 瞬态加热环境下变厚度板温度场及热模态分析 [J]. 计算机辅助工程, 2006, 15(Z1): 15-18.

[66] 黄世勇, 王智勇. 热环境下的结构模态分析 [J]. 导弹与航天运载技术, 2009, (5): 50-52, 56.

[67] MARLANA N B, ANURAG S, ADAM P, et al. Thermal-acoustic analysis of a metallic integrated thermal protection system structure[C]. 51st AIAA/ASME/ASCE/AHS/ASC

Structures, Structural Dynamics, and Materials Conference, Orlando, Florida, 2010: AIAA-2010-3121.

[68] 张博, 李跃明. 基于间接迭代–热辐射边界处理新方法的典型 MTPS 结构缝隙热短路效应研究 [J]. 固体力学学报, 2013, 33(S1): 27-34.

[69] VOSTEEN L F, FULLER K E. Behavior of a cantilever plate under rapid-heating conditions[R]. Research Memorandum No. L55E20c, National Advisory Committee for Aeronautics, Washington DC, 1955: 1-19.

[70] VOSTEEN L F, MCWITHEY R R, THOMOSN R G. Effect of transient heating on vibration frequencies of some simple wing structures[R]. Technical Note No. 4054, National Advisory Committee for Aeronautics, Washington DC, 1957: 1-14.

[71] MCWITHEY R R, VOSTEEN L F. Effects of transient heating on the vibration frequencies of a prototype of the X-15 wing[R]. Technical Note No. 362, National Aeronautics and Space Administration, Washington DC, 1960: 1-23.

[72] KEHOE M W, SNYDER H T. Thermoelastic vibration test techniques[R]. Technical Memorandum No. 101742, National Aeronautics and Space Administration, Washington DC, 1991: 1-21.

[73] SNYDER H T, KEHOE M W. Determination of the effects of heating on modal characteristics of an aluminum plate with application to hypersonic vehicles[R]. Technical Memorandum No. 4274, National Aeronautics and Space Administration, Washington DC, 1991: 1-28.

[74] KEHOE M W, DEATON V C. Correlation of analytical and experimental hot structure vibration results[R]. Technical Memorandum No. 104269, National Aeronautics and Space Administration, Washington DC, 1993: 1-21.

[75] BROWN A M. Temperature-dependent modal test/analysis correlation of X-34 FASTRAC composite rocket nozzle[J]. Journal of Propulsion and Power, 2002, 18(2): 284-288.

[76] 吴大方, 赵寿根, 晏震乾, 等. 巡航导弹防热部件热–振联合试验 [J]. 航空动力学报, 2009, 24(7): 1507-1511.

[77] HUDSON L, STEPHENS C. X-37 C/SiC ruddervator subcomponent test program[R]. NASA Dryden Flight Research Center, Edwards, CA, 2009: DFRC-1069.

[78] NATALIE D S. High-temperature modal survey of a hot-structure control surface[R]. NASA Dryden Flight Research Center, Edwards, CA, 2011: NASA/TM 2011-215965.

[79] 苏华昌, 骞永博, 李增文, 等. 舵面热模态试验技术研究 [J]. 强度与环境, 2011, 38(5): 18-24.

[80] JOEN B H, KANG H W, LEE Y S. Free vibration characteristics of thermally loaded rectangular plates[J]. Key Engineering Materials, 2011, 478: 81-86.

[81] 张治君, 成竹, 王琦, 等. 热振联合环境试验技术研究 [J]. 实验力学, 2013, 28(4): 529-535.

[82] 吴大方, 赵寿根, 潘兵, 等. 高速飞行器中空翼结构高温热振动特性试验研究 [J]. 力学学报, 2013, 45(4): 598-605.

[83] TAWFIK M, RO J J, MEI C. Thermal post-buckling and aeroelastic behaviour of shape memory alloy reinforced plates[J]. Smart Materials and Structures, 2002, 11(2): 297-307.

[84] SINGHA M K, RAMACHANDRA L S, BANDYOPADHYAY J N. Vibration behavior of thermally stressed composite skew plate[J]. Journal of Sound and Vibration, 2006, 296(4-5): 1093-1102.

[85] XIA X K, SHEN H S. Vibration of postbuckled FGM hybrid laminated plates in thermal environment[J]. Engineering Structures, 2008, 30(9): 2420-2435.

[86] XIA X K, SHEN H S. Vibration of post-buckled sandwich plates with FGM face sheets in a thermal environment[J]. Journal of Sound and Vibration, 2008, 314(1-2): 254-274.

[87] FAZZOLARI F A, CARRERA E. Accurate free vibration analysis of thermo-mechanically pre/post-buckled anisotropic multilayered plates based on a refined hierarchical trigonometric Ritz formulation[J]. Composite Structures, 2013, 95: 381-402.

[88] MURPHY K D, VIRGIN L N, RIZZI S A. Free vibration of thermally loaded panels including initial imperfections and post-buckling effects[R]. Technical Memorandum No. 109097, National Aeronautics and Space Administration, Washington DC, 1994: 1-14.

[89] MURPHY K D, VIRGIN L N, RIZZI S A. The effect of thermal prestress on the free vibration characteristics of clamped rectangular plates: Theory and experiment[J]. Journal of Vibration and Acoustics, 1997, 119(2): 243-249.

[90] GENG Q, LI H, LI Y M. Dynamic and acoustic response of a clamped rectangular plate in thermal environments: Experiment and numerical simulation[J]. Journal of the Acoustical Society of America, 2014, 135(5): 2674-2682.

[91] GENG Q, WANG D, LIU Y, et al. Experimental and numerical investigations on dynamic and acoustic responses of a thermal post-buckled plate[J]. Science China Technological Sciences, 2015, 58(8): 1414-1424.

[92] DU M, GENG Q, LI Y M. Vibrational and acoustic responses of a laminated plate with temperature gradient along the thickness[J]. Composite Structures, 2016, 157: 483-493.

[93] 胡君逸, 李跃明, 李海波, 等. 考虑热应力、热变形正交各向异性板的动特性及响应规律 [J]. 工程力学, 2018, 35(8): 218-229.

[94] 李重岭, 李跃明. 不同加筋形式复合材料板热模态演化现象的数值分析 [C]. 第十九届全国复合材料学术会议, 西安, 中国, 2016: 133.

[95] 李重岭, 李跃明, 李海波, 等. 考虑热效应复合材料典型壁板结构模态演变规律 [J]. 复合材料学报, 2018, 35(4): 936-945.

[96] SHI Y, MEI C. A finite element time domain modal formulation for large amplitude free vibrations of beams and plates[J]. Journal of Sound and Vibration, 1996, 193(2): 453-464.

[97] GUO X, MEI C. Using aeroelastic modes for nonlinear panel flutter at arbitrary supersonic yawed angle[J]. AIAA Journal, 2003, 41(2): 272-279.

[98] MCEWAN M I, WRIGHT J R, COOPER J E, et al. A combined modal/finite element analysis technique for the dynamic response of a non-linear beam to harmonic excitation[J]. Journal of Sound and Vibration, 2001, 243(4): 601-624.

[99] MURAVYOV A A, RIZZI S A. Determination of nonlinear stiffness with application to random vibration of geometrically nonlinear structures[J]. Computers & Structures, 2003, 81(15): 1513-1523.

[100] GORDON R, HOLLKAMP J, SPOTTSWOOD S. Nonlinear response of a clamped-clamped beam to random base excitation[C]. Proceedings of the 8th International Conference on Recent Advances in Structural Dynamics, University of Southampton, Southampton, 2003.

[101] HOLLKAMP J J, GORDON R W, SPOTTSWOOD S M. Nonlinear sonic fatigue response prediction from finite element modal models: A comparison with experiments[C]. 44th AIAA/ASME/ASCE/AHS Structures, Structural Dynamics, and Material Conference, Virginia Norfolk, 2003: AIAA 2003-1709.

[102] HOLLKAMP J J, GORDON R W, SPOTTSWOOD S M. Nonlinear modal models for sonic fatigue response prediction: a comparison of methods[J]. Journal of Sound and Vibration, 2005, 284(3-5): 1145-1163.

[103] PRZEKOP A, RIZZI S A. Nonlinear reduced order random response analysis of structures with shallow curvature[J]. AIAA Journal, 2006, 44(8): 1767-1778.

[104] PRZEKOP A, RIZZI S A. Dynamic snap-through of thin-walled structures by a reduced-order method[J]. AIAA Journal, 2007, 45(10): 2510-2519.

[105] HOLLKAMP J J, GORDON R W. Reduced-order models for nonlinear response prediction: Implicit condensation and expansion[J]. Journal of Sound and Vibration, 2008, 318(4-5): 1139-1153.

[106] SPOTTSWOOD S M, HOLLKAMP J J, EASON T G. Reduced-order models for a shallow curved beam under combined loading[J]. AIAA Journal, 2010, 48(1): 47-55.

[107] RIZZI S A, PRZEKOP A. System identification-guided basis selection for reduced-order nonlinear response analysis[J]. Journal of Sound and Vibration, 2008, 315(3): 467-485.

[108] MIGNOLET M P, SOIZE C. Stochastic reduced order models for uncertain geometrically nonlinear dynamical systems[J]. Computer Methods in Applied Mechanics and Engineering, 2008, 197(45-48): 3951-3963.

[109] PEREZ R, MATNEY A, WANG X Q, et al. Reduced order model for the geometric nonlinear response of complex structures[C]. ASME 2012 International Design Engineering Technical Conferences and Computers and Information in Engineering Conference, American Society of Mechanical Engineers, Chicago, Illinois, 2012: 599-613.

[110] PEREZ R, WANG X Q, MIGNOLET M P. Nonintrusive structural dynamic reduced

order modeling for large deformations: Enhancements for complex structures[J]. Journal of Computational and Nonlinear Dynamics, 2014, 9(3): 031008.

[111] GORDON R W, HOLLKAMP J J. Reduced-order models for acoustic response prediction of a curved panel[C]. 52nd AIAA/ASME/ASCE/AHS/ASC Structures, Structural Dynamics and Materials Conference, Denver, Colorado, 2011: AIAA 2011-2081.

[112] PEREZ R, WANG X Q, MIGNOLET M P. Steady and unsteady nonlinear thermoelastodynamic response of panels by reduced order models[C]. 51st AIAA/ASME/ASCE/AHS/ASC Structures, Structural Dynamics, and Materials Conference, Orlando, Florida, 2010: AIAA 2010-2724.

[113] MATNEY A, PEREZ R, MIGNOLET M P. Nonlinear unsteady thermoelastodynamic response of a panel subjected to an oscillating flux by reduced order models[C]. 52nd AIAA/ASME/ASCE/AHS/ASC Structures, Structural Dynamics, and Materials Conference, Denver, Colorado, 2011: AIAA 2011-2016.

[114] PEREZ R, WANG X Q, MIGNOLET M P. Nonlinear reduced-order models for thermoelastodynamic response of isotropic and functionally graded panels[J]. AIAA Journal, 2011, 49(3): 630-641.

[115] PARANDVAR H, FARID M. Nonlinear reduced order modeling of functionally graded plates subjected to random load in thermal environment[J]. Composite Structures, 2015, 126: 174-183.

[116] PEREZ R, WANG X Q, MIGNOLET M P. Reduced order modeling for the nonlinear geometric response of cracked panels[C]. 52nd AIAA/ASME/ASCE/AHS/ASC Structures, Structural Dynamics, and Materials Conference, Denver, Colorado, 2011: AIAA 2011-2018.

[117] PEREZ R, WANG X Q, MIGNOLET M P. Prediction of displacement and stress fields of a notched panel with geometric nonlinearity by reduced order modeling[J]. Journal of Sound and Vibration, 2014, 333(24): 6572-6589.

[118] WANG X Q, PHLIPOT G, PEREZ R, et al. Reduced order modeling with local enrichments for nonlinear geometric vibration of a notched panel[C]. 56th AIAA/ASCE/AHS/ASC Structures, Structural Dynamics, and Materials Conference, Kissimmee, Florida, 2015: AIAA 2015-2054.

[119] WANG X Q, PHLIPOT G P, PEREZ R, et al. Locally enhanced reduced order modeling for the nonlinear geometric response of structures with defects[J]. International Journal of Non-Linear Mechanics, 2018, 101: 1-7.

[120] 祝丹晖, 解妙霞, 孔祥杰, 等. 复杂机械结构中高频动响应能量有限元方法研究 [J]. 中国工程科学, 2013, 15(1): 106-112.

[121] 原凯, 王建民, 韩丽, 等. 能量有限元在振动与噪声预示中的研究进展 [J]. 强度与环境, 2015, 42(3): 10-19.

[122] BELOV V D, RYBAK S A. Applicability of the transport equation in the one-dimensional wave-propagation problem[J]. Journal of Soviet Physics-Acoustics, 1975, 21: 110-114.

[123] BELOV V D, RYBAK S A. Propagation of vibrational energy in absorbing structures[J]. Journal of Soviet Physics-Acoustics, 1977, 23: 115-119.

[124] NEFSKE D J, SUNG S H. Power flow finite element analysis of dynamic systems: Basic theory and application to beams[J]. Journal of Vibration and Acoustics, 1989, 111(1): 94-100.

[125] WOHLEVER J C, BERNHARD R J. Mechanical energy flow models of rods and beams[J]. Journal of Sound and Vibration, 1992, 153(1): 1-19.

[126] BOUTHIER O M, BERNHARD R J. Models of space averaged energetics of plates[C]. 13th Aeroacoustics Conference, Tallahassee, Florida, 1990: 3921.

[127] BOUTHIER O M, BERNHARD R J. Models of space-averaged energetics of plates[J]. AIAA Journal, 1992, 30(3): 616-623.

[128] BOUTHIER O M. Energetics of vibrating systems[D]. West Lafayette: Purdue University, 1992.

[129] PHILIP E H C. Energy flow analysis of coupled structures[D]. West Lafayette: Purdue University, 1993.

[130] LANGLEY R S, HERON K H. Elastic wave transmission through plate/beam junctions[J]. Journal of Sound and Vibration, 1990, 143(2): 241-253.

[131] BITSIE F. The Structural-acoustic energy finite element method and energy boundary element method[D]. West Lafayette: Purdue University, 1996.

[132] WANG A, VLAHOPOULOS N, WU K. Development of an energy boundary element formulation for computing high-frequency sound radiation from incoherent intensity boundary conditions[J]. Journal of Sound and Vibration, 2004, 278(1-2): 413-436.

[133] ZHAO X, VLAHOPOULOS N, ALLEN T. An approach for modeling spot-welded joints in an energy finite element formulation[J]. Journal of the Acoustical Society of America, 1998, 104(3): 1834.

[134] VLAHOPOULOS N, ZHAO X, ALLEN T. An approach for evaluating power transfer coefficients for spot-welded joints in an energy finite element formulation[J]. Journal of Sound and Vibration, 1999, 220(1): 135-154.

[135] VLAHOPOULOS N, ZHAO X. Basic development of hybrid finite element method for mid frequency structural vibrations[J]. AIAA Journal, 1999, 37(11): 1495-1505.

[136] ZHAO X, VLAHOPOULOS N. A hybrid finite element formulation for mid-frequency analysis of systems with excitation applied on short members[J]. Journal of Sound and Vibration, 2000, 237(2): 181-202.

[137] ZHAO X, VLAHOPOULOS N. A basic hybrid finite element formulation for mid-frequency analysis of beams connected at an arbitrary angle[J]. Journal of Sound and Vibration, 2004, 269(1-2): 135-164.

[138] BORLASE G A, VLAHOPOULOS N. Energy finite element optimization process for reducing high-frequency vibration in large-scale structures[J]. Finite Elements in Analysis and Design, 2000, 36(1): 51-67.

[139] ZHANG W, WANG A, VLAHOPOULOS N. An alternative energy finite element formulation based on incoherent orthogonal waves and its validation for marine structures[J]. Finite Elements in Analysis and Design, 2002, 38(12): 1095-1113.

[140] ZHANG W, WANG A, VLAHOPOULOS N, et al. High-frequency vibration analysis of thin elastic plates under heavy fluid loading by an energy finite element formulation[J]. Journal of Sound and Vibration, 2003, 263(1): 21-46.

[141] ZHANG W, WANG A, VLAHOPOULOS N, et al. A vibration analysis of stiffened plates under heavy fluid loading by an energy finite element analysis formulation[J]. Finite Elements in Analysis and Design, 2005, 41(11-12): 1056-1078.

[142] ZHANG W, VLAHOPOULOS N, WU K. An energy finite element formulation for high-frequency vibration analysis of externally fluid-loaded cylindrical shells with periodic circumferential stiffeners subjected to axi-symmetric excitation[J]. Journal of Sound and Vibration, 2005, 282(3-5): 679-700.

[143] PARK D H, HONG S Y, KIL H G, et al. Power flow models and analysis of in-plane waves in finite coupled thin plates[J]. Journal of Sound and Vibration, 2001, 244(4): 651-668.

[144] PARK D H, HONG S Y, KIL H G. Power flow model of flexural waves in finite orthotropic plates[J]. Journal of Sound and Vibration, 2003, 264(1): 203-224.

[145] PARK Y H, HONG S Y. Vibrational energy flow analysis of corrected flexural waves in Timoshenko beam-Part Ⅰ: Theory of an energetic model[J]. Shock and Vibration, 2015, 13(3): 137-165.

[146] PARK Y H, HONG S Y. Vibrational energy flow analysis of corrected flexural waves in Timoshenko beam-Part Ⅱ: Application to coupled Timoshenko beams[J]. Shock and Vibration, 2006, 13(3): 167-196.

[147] PARK Y H, HONG S Y. Vibrational power flow models for transversely vibrating finite Mindlin plate[J]. Journal of Sound and Vibration, 2008, 317(3-5): 800-840.

[148] HAN J B, HONG S Y, SONG J H, et al. Vibrational energy flow models for the rayleigh-love and rayleigh-bishop rods[J]. Journal of Sound and Vibration, 2014, 333(2): 520-540.

[149] XIE M X, CHEN H L, WU J H. Transient energy density distribution of a rod under high-frequency excitation[J]. Journal of Sound and Vibration, 2011, 330(12): 2701-2706.

[150] XIE M X, IH J G, KIM T K, et al. Prediction of acoustic power transmission of fluid-filled thin pipe based on impedance-mobility approach[J]. International Journal of Aerospace and Lightweight Structures, 2013, 3(1): 135-151.

[151] XIE M X, LI Y M, CHEN H L. Prediction of high-frequency vibro-acoustic coupling

in anechoic chamber using energy finite element method and energy boundary element method[J]. Computer Modeling in Engineering and Sciences, 2012, 85(1): 65-78.

[152] WANG D, XIE M X, LI Y M. High-frequency dynamic analysis of plates in thermal environments based on energy finite element method[J]. Shock and Vibration, 2015, 2015: 157208.

[153] ZHANG W, CHEN H, ZHU D, et al. The thermal effects on high-frequency vibration of beams using energy flow analysis[J]. Journal of Sound and Vibration, 2014, 333(9): 2588-2600.

[154] KONG X, CHEN H, ZHU D, et al. Study on the validity region of energy finite element analysis[J]. Journal of Sound and Vibration, 2014, 333(9): 2601-2616.

[155] ZHU D, CHEN H, KONG X, et al. A hybrid finite element-energy finite element method for mid-frequency vibrations of built-up structures under multi-distributed loadings[J]. Journal of Sound and Vibration, 2014, 333(22): 5723-5745.

[156] WILBY J F. Aircraft interior noise[J]. Journal of Sound and Vibration, 1996, 190(3): 545-564.

[157] MAIDANIK G. Response of ribbed panels to reverberant acoustic fields[J]. Journal of the Acoustical society of America, 1962, 34(6): 809-826.

[158] WALLACE C E. Radiation resistance of a rectangular panel[J]. Journal of the Acoustical Society of America, 1972, 51(3): 946-952.

[159] 冯瑀正. 织机侧板的振动与噪声控制理论 [J]. 声学学报, 1980, 16(1): 66-69.

[160] WILLIAMS E G. A series expansion of the acoustic power radiated from planar sources[J]. Journal of the Acoustical Society of America, 1983, 73(5): 1520-1524.

[161] 孙广荣. 机械振动的声辐射及其控制 [J]. 噪声与振动控制, 1984, 4(6): 68-71.

[162] BERRY A, GUYADER J L, NICLAS J. A general formulation for the sound radiation from rectangular, baffled plates with arbitrary boundary conditions[J]. Journal of the Acoustical Society of America, 1990, 88(6): 2792-2802.

[163] ZHANG X F, LI W L. A unified approach for predicting sound radiation from baffled rectangular plates with arbitrary boundary conditions[J]. Journal of Sound and Vibration, 2010, 329(25): 5307-5320.

[164] ATALLA N, NICOLAS J, GAUTHIER C. Acoustic radiation of an unbaffled vibrating plate with general elastic boundary conditions[J]. Journal of the Acoustical Society of America, 1996, 99(3): 1484-1494.

[165] PLUYMERS B, DESMET W, VANDEPITTE D, et al. Application of an efficient wave-based prediction technique for the analysis of vibro-acoustic radiation problems[J]. Journal of Computational and Applied Mathematics, 2004, 168(1-2): 353-364.

[166] XIE G, THOMPSON D J, JONES C J C. The radiation efficiency of baffled plates and strips[J]. Journal of Sound and Vibration, 2005, 280(1-2): 181-209.

[167] 李双, 陈克安. 结构振动模态和声辐射模态之间的对应关系及其应用 [J]. 声学学报, 2007, 32(2): 171-177.

[168] PUTRA A, THOMPSON D J. Sound radiation from perforated plates[J]. Journal of Sound and Vibration, 2010, 329(20): 4227-4250.

[169] PUTRA A, THOMPSON D J. Radiation efficiency of unbaffled and perforated plates near a rigid reflecting surface[J]. Journal of Sound and Vibration, 2011, 330(22): 5443-5459.

[170] WANG D, GENG Q, LI Y M. Effect of static load on vibro-acoustic behaviour of clamped plates with geometric imperfections[J]. Journal of Sound and Vibration, 2018, 432: 155-172.

[171] 赵鑫, 张博, 李跃明. 不同边界条件下截顶正交各向异性圆锥壳的振动和声辐射研究 [J]. 振动与冲击, 2016, 35(3): 99-106.

[172] 李敬芳, 何祚镛. 有限复合阻尼结构板的随机激励振动与声辐射的研究 [J]. 中国造船, 1988, (1): 48-56.

[173] KANG Y J, BOLTON J S. A finite element model for sound transmission through foam-lined double-panel structures[J]. Journal of the Acoustical Society of America, 1996, 99(5): 2755-2765.

[174] RUZZENE M. Vibration and sound radiation of sandwich beams with honeycomb truss core[J]. Journal of Sound and Vibration, 2004, 277(4-5): 741-763.

[175] LEE J H, KIM J. Analysis of sound transmission through periodically stiffened panels by space-harmonic expansion method[J]. Journal of Sound and Vibration, 2002, 251(2): 349-366.

[176] WANG J, LU T J, WOODHOUSE J, et al. Sound transmission through lightweight double-leaf partitions: Theoretical modelling[J]. Journal of Sound and Vibration, 2005, 286(4-5): 817-847.

[177] XIN F X, LU T J, CHEN C Q. Dynamic response and acoustic radiation of double-leaf metallic panel partition under sound excitation[J]. Computational Materials Science, 2009,46(3): 728-732.

[178] XIN F X, LU T J. Analytical and experimental investigation on transmission loss of clamped double panels: implication of boundary effects[J]. Journal of the Acoustical Society of America, 2009, 125(3): 1506-1517.

[179] XIN F X, LU T J. Analytical modeling of sound transmission through clamped triple-panel partition separated by enclosed air cavities[J]. European Journal of Mechanics-A/Solids, 2011, 30(6): 770-782.

[180] 姚振汉, 杜庆华. 边界元法应用的若干近期研究及国际新进展 [J]. 清华大学学报 (自然科学版), 2001, 41(4-5): 89-93.

[181] 刘海生, 杨春庄, 陈士杰. 统计能量分析方法声振预测应用研究 [J]. 声学技术, 2010, 29(2): 192-197.

[182] 沈顺根, 李琪华, 王大云, 等. 加肋旋转壳结构噪声声辐射水弹性研究 [J]. 中国造船, 1992, (2): 55-64.

[183] 余兴倬, 方新, 周禹. 用 FEM-BEM 法预测箱型构件的声辐射 [J]. 华中理工大学学报, 1993, 21(1): 163-168.

[184] VLAHOPOULOS N, VALLANCE C, STARK R D. Numerical approach for computing noise-induced vibration from launch environments[J]. Journal of Spacecraft and Rockets, 1998, 35(3): 355-360.

[185] 尹岗, 陈花玲, 陈天宁. 薄板低频声辐射效率的研究 [J]. 西安交通大学学报, 1999, 33(3): 108-110.

[186] 丁渭平, 陈花玲. 腔体声振耦合的对称化有限元模型及其特性研究 [J]. 西安交通大学学报, 2000, 34(7): 58-62.

[187] ANDERS M W, LENNART B J. Combined finite element analysis and statistical energy analysis in mechanical intensity calculations[J]. AIAA Journal, 2000, 38(1): 123-130.

[188] BRYCE G, PHIL S, VINCENT C. Vibro-acoustic analysis of large space structures using the Hybrid FE-SEA method[C]. 46th AIAA/ASME/ASCE/AHS/ASC Structures, Structural Dynamics & Materials Conference, Austin, Texas, 2005: AIAA 2005-1987.

[189] 吴卫国, 王贵成, 马利杰. 基于远场方法的结构声辐射模态研究 [J]. 应用基础与工程科学学报, 2006, 14(1): 93-99.

[190] 贺晨, 盛美萍, 石焕文, 等. 圆柱壳体振动声辐射效率数值计算分析 [J]. 噪声与振动控制, 2006, 26(4): 51-54.

[191] LIU Z S, LU C, WANG Y Y, et al. Prediction of noise inside tracked vehicles [J]. Applied Acoustics, 2006, 67(1): 74-91.

[192] 李林凌, 黄其柏, 乔宇锋. 薄板在不同媒质中振动及声辐射特性研究 [J]. 华中科技大学学报 (自然科学版), 2007, 35(3): 67-69.

[193] LIN T R, PAN J. Sound radiation characteristics of a box-type structure[J]. Journal of Sound and Vibration, 2009, 325(4-5): 835-851.

[194] 韩峰, 胡迪科, 闫桂荣. 圆锥壳结构声振耦合特性分析 [J]. 噪声与振动控制, 2009, 29(5): 30-33.

[195] 缪旭弘, 钱德进, 姚熊亮, 等. 基于 ABAQUS 声固耦合法的水下结构声辐射研究 [J]. 船舶力学, 2009, 13(2): 319-324.

[196] 张波, 沈火明, 支伟. 有限元/边界元法求解变厚度板的声辐射 [J]. 科学技术与工程, 2010, 10(16): 8963-8971.

[197] 徐凯, 李跃明. 高速列车车厢结构声–振耦合响应数值分析 [J]. 计算机辅助工程, 2011, 20(3): 42-48.

[198] YANG X W, XU K, CHE A L, et al. Vibro-acoustic analysis of high-speed trains under aerodynamic pressure[C]. The 22nd International Congress on Sound & Vibration, Florence, Italy, 2015: 1-5.

[199] INOYAMA D, AGARWAL R, STOUMBOS T. Prediction of internal cavity vibro-acoustic environment for space vehicles[C]. 55th AIAA/ASME/ASCE/AHS/ASC Structures, Structural Dynamics, and Materials Conference, National Harbor, Maryland, 2014: AIAA 2014-1523.

[200] GENG Q, LI Y M. Analysis of dynamic and acoustic radiation characters for a flat plate under thermal environments[J]. International Journal of Applied Mechanics, 2012, 4(3): 1250028.

[201] GENG Q, LI Y M. Solutions of dynamic and acoustic responses of a clamped rectangular plate in thermal environments[J]. Journal of Vibration and Control, 2016, 22(6): 1593-1603.

[202] 李欢, 耿谦, 李跃明. 热环境下夹芯梁声振特性的理论与数值研究 [J]. 应用力学学报, 2015, 32(1): 40-45.

[203] LIU Y, LI Y M. Vibration and acoustic response of rectangular sandwich plate under thermal environment[J]. Shock and Vibration, 2013, 20(5): 1011-1030.

[204] LI W, LI Y M. Vibration and sound radiation of an asymmetric laminated plate in thermal environments[J]. Acta Mechanica Solida Sinica, 2015, 28(1): 11-22.

[205] LIU Y, LI Y M. Analyses of dynamic response and sound radiation of sandwich plate subjected to acoustic excitation under thermal environment[C]. 13th International Conference on Fracture, Beijing, China, 2013: 1-10.

[206] GENG Q, LI Y M, YANG X W. Analytical research on dynamic response and acoustic radiation characters of plates in thermal environments under acoustic excitations[C]. 20th International Congress on Sound & Vibration, Bangkok, Thailand, 2013: 1936-1943.

[207] GENG Q, DU M, LI W, et al. Vibro-acoustic characteristics of laminated plates with thermal buckling effect[C]. 25th International Congress on Sound & Vibration, Hiroshima, Japan, 2018: 1912-1919.

[208] JEYARAJ P, PADMANABHAN C, GANESAN N. Vibration and acoustic response of an isotropic plate in a thermal environment[J]. Journal of Vibration and Acoustics-Transactions of the ASME, 2008, 130(5): 051005.

[209] JEYARAJ P, GANESAN N, PADMANABHAN C. Vibration and acoustic response of a composite plate with inherent material damping in a thermal environment[J]. Journal of Sound and Vibration, 2009, 320(1-2): 322-338.

[210] KUMAR B R, GANESAN N, SETHURAMAN R. Vibro-acoustic analysis of functionally graded elliptic disc under thermal environment[J]. Mechanics of Advanced Materials and Structures, 2009, 16(2): 160-172.

[211] JEYARAJ P, PADMANABHAN C, GANESAN N. Vibro-acoustic response of a circular isotropic cylindrical shell under a thermal environment[J]. International Journal of Applied Mechanics, 2011, 3(3): 525-541.

[212] 杨雄伟, 李跃明, 闫桂荣. 考虑材料物性热效应飞行器声振耦合动态特性分析 [J]. 固体力学学报, 2010, 31(S1): 134-142.

[213] 耿谦, 李跃明, 杨雄伟. 热应力作用下结构声–振耦合响应数值分析 [J]. 计算力学学报, 2012, 29(1): 99-104.

[214] YANG X, WANG C, LI Y M, et al. Vibro-acoustic response of a thermally stressed reinforced conical shell[J]. Advanced Science Letters, 2011, 4(8-10): 2802-2806.

[215] 杨雄伟, 李跃明, 耿谦. 基于混合 FE-SEA 法高温环境飞行器宽频声振特性分析 [J]. 航空学报, 2011, 32(10): 1851-1859.

[216] YANG X W, CHEN G, LI Y M. Topological sensitivity analysis of structural sound radiation in a thermal environment[J]. International Journal of Aerospace and Lightweight Structures, 2012, 2(3): 365-382.

[217] YANG X W, CHEN G, LI Y M. Topology optimization of a bi-material plate with respect to sound radiation in a thermal environment[J]. International Journal of Aerospace and Lightweight Structures, 2012, 2(1): 87-102.

[218] YANG X W, LI Y M. Topology optimization to minimize the dynamic compliance of a bi-material plate in a thermal environment[J]. Structural and Multidisciplinary Optimization, 2013, 47(3): 399-408.

[219] YANG X W, LI Y M. Structural topology optimization on dynamic compliance at resonance frequency in thermal environments[J]. Structural and Multidisciplinary Optimization, 2014, 49(1): 81-91.

[220] YANG X W, LI Y M. Structural topology optimization on sound radiation at resonance frequencies in thermal environments[J]. Science China Physics, Mechanics & Astronomy, 2015, 58(3): 034601.

[221] 李汪颖, 杨雄伟, 李跃明. 多孔材料夹层结构声辐射特性的两尺度拓扑优化设计 [J]. 航空学报, 2016, 37(4): 1196-1206.

[222] ZHAO X, GENG Q, LI Y M. Vibration and acoustic response of an orthotropic composite laminated plate in a hygroscopic environment[J]. Journal of the Acoustical Society of America, 2013, 133(3): 1433-1442.

[223] ZHAO X, LI Y M. Vibration and acoustic responses of an orthotropic composite conical shell in a hygroscopic environment[J]. International Journal of Applied Mechanics, 2015, 7(4): 1550053.

[224] ZHAO X, ZHANG B, LI Y M. Vibration and acoustic radiation of an orthotropic composite cylindrical shell in a hygroscopic environment[J]. Journal of Vibration and Control, 2017, 23(4) 673-692.

[225] 王洪纲. 热弹性力学概论 [M]. 北京：清华大学出版社, 1989.

[226] JUNGER M C, FEIT D. Sound, Structures, and Their Interaction[M]. Cambridge, MA: MIT Press, 1972.

[227] TIMOSHENKO S P, GERE J M. Theory of Elastic Stability[M]. Second edition. New York: McGraw-Hill Book Company Incorporated, 1961.
[228] ROBERT C, DAVID M, MICHAEL P. Concepts and Application of Finite Element Analysis[M]. Third edition. New York: John Willy & Sons, 1989.
[229] SHA Y D, WEI J, GAO Z J, et al. Nonlinear response with snap-through and fatigue life prediction for panels to thermo-acoustic loadings[J]. Journal of Vibration and Control, 2014, 20(5): 679-697.
[230] 曹志远. 板壳振动理论 [M]. 北京：中国铁道出版社, 1989.
[231] 倪振华. 振动力学 [M]. 西安：西安交通大学出版社, 1989.
[232] JOHN B F. A First Course in Abstract Algebra[M]. Seventh edition. New Jersey:Addison Wesley, 2002.
[233] FAHY F, GARDONIO P. Sound and Structural Vibration: Radiation, Transmission and Response[M]. Second edition. Netherlands: Academic Press, 2007.
[234] NORTON M P, KARCZUB D G. Fundamentals of Noise and Vibration Analysis for Engineers[M]. Second edition. New York: Cambridge University Press, 2003.
[235] HOWE M S. Theory of Vortex Sound[M]. New York: Cambridge University Press, 2003.
[236] 马庆芳. 实用热物理性质手册 [M]. 北京：中国农业机械出版社, 1986.
[237] GB/T2105-91. 金属材料杨氏模量、切变模量及泊松比测量方法 (动力学法)[S]. 北京：中国标准出版社, 1991.
[238] 黄亦明. 动态法测定材料的杨氏模量 [J]. 物理与工程, 2002, 12(5): 35-36, 56.
[239] 张筠, 鹿存跃, 傅德永, 等. 用共振法测量薄板材料的弹性模量和 Poisson 比 [J]. 清华大学学报 (自然科学版), 2006, 46(9): 1608-1610.
[240] AMABILI M, PELLEGRINI M, TOMMESANI M. Experiments on large-amplitude vibrations of a circular cylindrical panel[J]. Journal of Sound and Vibration, 2003, 260(3): 537-547.
[241] MURPHY K D, FERREIRA D. Thermal buckling of rectangular plates[J]. International Journal of Solids and Structures, 2001, 38(22-23): 3979-3994.
[242] 曹志远. 复合板件的等效非经典理论解 [J]. 固体力学学报, 1981, (4): 477-490.
[243] 曹志远. 厚板的振动方程 [J]. 地震工程与工程振动, 1981, 1(1): 78-91.
[244] 徐芝纶. 弹性力学简明教程 [M]. 北京: 人民教育出版社, 1980.
[245] 何祚镛. 结构振动与声辐射 [M]. 哈尔滨：哈尔滨工程大学出版社, 2001.
[246] MINDLIN R D, YANG J. An Introduction to the Mathematical Theory of Vibrations of Elastic Plates[M]. Hackensack: World Scientific, 2006.
[247] VINSON J R, SIERAKOWSKI R L. The Behavior of Structures Composed of Composite Materials[M]. Dordrecht: Kluwer Academic Publishers, 2002.
[248] TSENG C H. An optimal modeling of multidimensional wave digital filtering network for free vibration analysis of symmetrically laminated composite FSDT plates[J]. Mechanical Systems and Signal Processing, 2015, 52-53: 465-494.

[249] SMITH E C, CHOPRA I. Formulation and evaluation of an analytical model for composite box-beams[J]. Journal of the American Helicopter Society, 1991, 36(3): 23-35.

[250] TRIPATHY B, SURYANARAYAN S. Vibration and buckling characteristics of weld-bonded rectangular plates using the flexibility function approach[J]. International Journal of Mechanical Sciences, 2008, 50(10-11): 1486-1498.

[251] ERUSLU S O, AYDOGDU M. Vibration analysis of inclusion reinforced composite square plates under various boundary conditions[J]. Journal of Reinforced Plastics and Composites, 2009, 28(8): 995-1012.

[252] RANGO R F, BELLOMO F J, NALLIM L G. A variational Ritz formulation for vibration analysis of thick quadrilateral laminated plates[J]. International Journal of Mechanical Sciences, 2015, 104: 60-74.

[253] SOLDATOS K P, MESSINA A. The influence of boundary conditions and transverse shear on the vibration of angle-ply laminated plates, circular cylinders and cylindrical panels[J]. Computer Methods in Applied Mechanics and Engineering, 2001, 190(18-19): 2385-2409.

[254] REDDY J N. Mechanics of Laminated Composite Plates and Shells: Theory and Analysis[M]. Boca Raton: CRC Press, 2004.

[255] BHAT R B. Natural frequencies of rectangular plates using characteristic orthogonal polynomials in Rayleigh-Ritz method[J]. Journal of Sound and Vibration, 1985, 102(4): 493-499.

[256] 夏巍, 赵东伟, 冯宇鹏. 基于 Mindlin 横剪变形理论的功能梯度板热屈曲分析 [J]. 应用力学学报, 2016, 33(1): 13-18, 176.

[257] HARIK I E, GUO M. Finite-element analysis of eccentrically stiffened plates in free-vibration[J]. Computers & Structures, 1993, 49(6): 1007-1015.

[258] AKSU G. Free vibration analysis of stiffened plates by including the effect of inplane inertia[J]. Journal of Applied Mechanics-Transactions of the ASME, 1982, 49(1): 206-212.

[259] BHIMARADDI A, CARR A J, MOSS P J. Finite element analysis of laminated shells of revolution with laminated stiffeners[J]. Computers & Structures, 1989, 33(1): 295-305.

[260] MUKHERJEE A, MUKHOPADHYAY M. Finite element free vibration of eccentrically stiffened plates[J]. Computers & Structures, 1988, 30(6): 1303-1317.

[261] ZENG H, BERT C W. A differential quadrature analysis of vibration for rectangular stiffened plates[J]. Journal of Sound and Vibration, 2001, 241(2): 247-252.

[262] AVERILL R, REDDY J. Thermomechanical postbuckling analysis of laminated composite shells[C]. 34th Structures, Structural Dynamics and Materials Conference, American Institute of Aeronautics and Astronautics, La Jolla, USA, 1993: 351-360.

[263] 陈塑寰. 结构振动分析的矩阵摄动理论 [M]. 重庆: 重庆出版社, 1991.

[264] 庞晶, 周凤玲, 张余. 矩阵论 [M]. 北京: 化学工业出版社, 2013.

[265] PEREZ R A, WANG X Q, MIGNOLET M P. Nonlinear reduced order models for thermoelastodynamic response of isotropic and FGM panels[C]. 50th AIAA/ASME/ASCE/AHS/ASC Structures, Structural Dynamics, and Materials Conference, American Institute of Aeronautics and Astronautics, Palm Springs, 2009: AIAA 2009-2309.

[266] KHOSHBAKHT M, LIN M W, BERMAN J B. Analysis of moisture-induced stresses in an FRP composites reinforced masonry structure[J]. Finite Elements in Analysis and Design, 2006, 42(5): 414-429.

[267] JACQUEMIN F, FREOUR S, GUILLEN R. Analytical modeling of transient hygroelastic stress concentration-application to embedded optical fiber in a non-uniform transient strain field[J]. Composites Science and Technology, 2006, 66(3-4): 397-406.

[268] 巫松, 蒋廷彪, 杨道国, 等. PBGA 器件潮湿扩散和湿热应力的有限元分析 [J]. 电子元件与材料, 2004, 23(6): 42-44, 52.

[269] 叶安林, 秦连城, 康雪晶. 潮湿扩散及湿热应力对叠层封装件可靠性影响 [J]. 电子元件与材料, 2008, 27(1): 69-73.

[270] 蒋海华, 马孝松. SiP 器件回流焊时湿热应力的分析 [J]. 电子元件与材料, 2009, 28(1): 56-59.

[271] GALLOWAY J E, MILES B M. Moisture absorption and desorption predictions for plastic ball grid array packages[J]. IEEE Transactions on Components, Packaging, and Manufacturing Technology—Part A, 1997, 20(3): 274-279.

[272] WONG E H, RAJOO R, KOH S W, et al. The mechanics and impact of hygroscopic swelling of polymeric materials in electronic packaging[J]. Journal of Electronic Packaging, 2002, 124(2): 122-126.

[273] 别俊龙, 孙学伟, 贾松良. 吸收湿气对微电子塑料封装影响的研究进展 [J]. 力学进展, 2007, 37(1): 35-47.

[274] CHEN L, CHEN Y M. Vibrations of hygrothermal elastic composite plates[J]. Engineering Fracture Mechanics, 1988, 31(2): 209-220.

[275] SAI R K S, SINHA P K. Hygrothermal effects on the free vibration of laminated composite plates[J]. Journal of Sound and Vibration, 1992, 158(1): 133-148.

[276] PARHI P K, BHATTACHARYYA S K, SINHA P K. Hygrothermal effects on the dynamic behavior of multiple delaminated composite plates and shells[J]. Journal of Sound and Vibration, 2001, 248(2): 195-214.

[277] 吴晓. 复合材料层合矩形板非线性湿热振动 [J]. 振动与冲击, 2002, 21(1): 29-31.

[278] RAO V V S, SINHA P K. Dynamic response of multidirectional composites in hygrothermal environments[J]. Composite Structures, 2004, 64(3-4): 329-338.

[279] NAIDU N V S, SINHA P K. Nonlinear finite element analysis of laminated composite shells in hygrothermal environments[J]. Composite Structures, 2005, 69(4): 387-395.

[280] NAIDU N V S, SINHA P K. Nonlinear transient analysis of laminated composite shells in hygrothermal environments[J]. Composite Structures, 2006, 72(3): 280-288.

[281] NAIDU N V S, SINHA P K. Nonlinear free vibration analysis of laminated composite shells in hygrothermal environments[J]. Composite Structures, 2007, 77(4): 475-483.

[282] TIMOSHENKO S, GOODIER J N. Theory of Elasticity[M]. New York: McGraw-Hill, 1951.

[283] KAW A K. Mechanics of Composite Materials[M]. Boca Raton: Taylor & Francis, 2006.

[284] JOST W. Diffusion in Solids, Liquids, Gases[M]. New York: Academic, 1952.

附　　录

附录 A　式 (7-19) 中各系数表达式

层合板达芬方程中的各系数为

$$G_1 = \frac{abg_{11}}{4g_{12}} \tag{A-1}$$

$$G_2 = \frac{\kappa\pi^4 g_{21}}{4abg_{22}} \tag{A-2}$$

$$G_3 = \frac{1}{4}ab\pi^4\left[\frac{1}{16A_{11}a^4} - \frac{A_{11}a^4 - A_{22}b^4}{8a^4b^4\left(A_{11}A_{22} - A_{12}^2\right)}\right] \tag{A-3}$$

式中，g_{11}、g_{12}、g_{21} 和 g_{22} 为与刚度项相关的参数，其具体形式为

$$\begin{aligned} g_{11} =& ab^4\kappa\pi^3 R_2 F_x A_{55} D_{66} + a^2b^2\pi^4 R_0\left(2D_{12}D_{66} + D_{12}^2 - D_{11}D_{22}\right) \\ &+a^2b^3\kappa\pi^3 R_2 F_y\left(A_{55}D_{66} + A_{55}D_{12} - A_{44}D_{11}\right) \\ &-a^2b^4\kappa\pi^2 R_0\left(A_{44}D_{11} + A_{55}D_{66}\right) \\ &+a^3b^2\kappa\pi^3 R_2 F_x\left(A_{55}D_{22} - A_{44}D_{12} - A_{44}D_{66}\right) + a^3b^4\kappa^2\pi R_2 F_x A_{44}A_{55} \\ &-a^4\pi^4 R_0 D_{22}D_{66} - a^4b\kappa\pi^3 R_2 F_y A_{44}D_{66} \\ &-a^4b^2\kappa\pi^2 R_0\left(A_{55}D_{22} + A_{44}D_{66}\right) \\ &-a^4b^3\kappa^2\pi R_2 F_y A_{44}A_{55} - a^4b^4\kappa^2 R_0 A_{44}A_{55} - b^4\pi^4 R_0 D_{11}D_{66} \end{aligned} \tag{A-4}$$

$$\begin{aligned} g_{12} =& a^2b^2\pi^4\left(2D_{12}D_{66} + D_{12}^2 - D_{11}D_{22}\right) \\ &-a^2b^2\kappa\pi^2 A_{44}D_{11} - a^2b^4\kappa\pi^2 A_{55}D_{66} \\ &-a^4\pi^4 D_{22}D_{66} - a^4b^2\kappa\pi\left(\kappa D_{22}A_{55} + \pi A_{44}D_{66}\right) \\ &-a^4b^4\kappa^2 A_{44}A_{55} - b^4\pi^4 D_{11}D_{66} \end{aligned} \tag{A-5}$$

$$\begin{aligned} g_{21} =& a^2b^4\pi^2\left(A_{55}D_{11}D_{22} - A_{55}D_{12}^2 - 2A_{55}D_{12}D_{66} + A_{44}D_{11}D_{66}\right) \\ &+a^2b^6\kappa A_{44}A_{55}D_{11} \\ &+a^4b^2\pi^2\left(A_{55}D_{22}D_{66} - A_{44}D_{12}^2 - 2A_{44}D_{12}D_{66} + A_{44}D_{11}D_{22}\right) \\ &+2a^4b^4\kappa A_{44}A_{55}\left(D_{12} + 2D_{66}\right) + a^6b^2\kappa A_{44}A_{55}D_{22} \\ &+a^6\pi^2 A_{44}D_{22}D_{66} + b^6\pi^2 A_{55}D_{11}D_{66} \end{aligned} \tag{A-6}$$

$$\begin{aligned} g_{22} = & a^2b^2\pi^4\left(D_{11}D_{22} - D_{12}^2 - 2D_{12}D_{66}\right) + a^2b^4\kappa\pi^2\left(A_{44}D_{11} + A_{55}D_{66}\right) \\ & + a^4b^2\kappa\pi^2\left(A_{44}D_{66} + A_{55}D_{22}\right) + a^4b^4\kappa^2A_{44}A_{55} \\ & + a^4\pi^4D_{22}D_{66} + b^4\pi^4D_{11}D_{66} \end{aligned} \tag{A-7}$$

式 (A-4) 中，系数 $F_x = \dfrac{ab^2m\pi\kappa F_{x1}}{F_{x2}}$ 及 $F_y = \dfrac{a^2bn\kappa\pi F_{y1}}{F_{y2}}$ 同样是与刚度相关的参数，其具体形式为

$$F_{x1} = a^2n^2\pi^2\left(A_{44}D_{12} + A_{44}D_{66} - A_{55}D_{22}\right) - a^2b^2\kappa A_{44}A_{55} - b^2m^2\pi^2A_{55}D_{66} \tag{A-8}$$

$$\begin{aligned} F_{x2} = & a^2b^2m^2n^2\pi^4\left(D_{11}D_{22} - 2D_{12}D_{66} - D_{12}^2\right) \\ & + a^2b^4m^2\pi^2\kappa\left(A_{44}D_{11} + A_{55}D_{66}\right) \\ & + a^4b^4\kappa^2A_{44}A_{55} + a^4n^4\pi^4D_{22}D_{66} \\ & + b^4m^4\pi^4D_{11}D_{66} + a^4b^2n^2\pi^2\kappa\left(A_{55}D_{22} + A_{44}D_{66}\right) \end{aligned} \tag{A-9}$$

$$F_{y1} = b^2m^2\pi^2A_{55}\left(D_{12} + D_{66} - A_{44}D_{11}\right) - a^2n^2\pi^2A_{44}D_{66} - a^2b^2\kappa A_{44}A_{55} \tag{A-10}$$

$$F_{y2} = F_{x2} \tag{A-11}$$

附录 B　式 (7-67)~ 式 (7-71) 中各系数表达式

层合板无量纲振动方程组中的各系数为

$\delta_1=A_{66}\lambda^2/A_{11}$,　$\delta_2=(A_{12}+A_{66})\lambda/A_{11}$,　$\delta_3=(A_{12}+A_{66})\lambda^2/A_{11}$,

$\delta_4=-12a^3/\left(A_{11}h^2\right)$,　$\delta_5=R_0a^2/A_{11}$,　$\delta_6=A_{66}/[(A_{12}+A_{66})\lambda]$,

$\delta_7=A_{22}\lambda/(A_{12}+A_{66})$,　$\delta_8=A_{66}/(A_{12}+A_{66})$,　$\delta_9=A_{22}\lambda^2/(A_{12}+A_{66})$,

$\delta_{10}=-12a^2b/\left[(A_{12}+A_{66})h^2\right]$,　$\delta_{11}=R_0ab/(A_{12}+A_{66})$,　$\delta_{12}=24\sqrt{3}a^3A_{55}/\left(A_{11}h^3\right)$,

$\delta_{13}=12a^2A_{55}/\left(A_{11}h^2\right)$,　$\delta_{14}=24\sqrt{3}a^3A_{44}\lambda/\left(A_{11}h^3\right)$,　$\delta_{15}=12a^2\lambda^2A_{44}/\left(A_{11}h^2\right)$,

$\delta_{16}=1/2$,　$\delta_{17}=A_{12}\lambda/A_{11}$,　$\delta_{18}=A_{12}\lambda^2/(2A_{11})$,

$\delta_{19}=-12a^2/\left(A_{11}h^2\right)$,　$\delta_{20}=A_{12}\lambda^2/A_{11}$,　$\delta_{21}=A_{12}\lambda^2/(2A_{11})$,

$\delta_{22}=A_{22}\lambda^3/A_{11}$,　$\delta_{23}=A_{22}\lambda^4/(2A_{11})$,　$\delta_{24}=-12a^2\lambda^2/\left(A_{11}h^2\right)$,

$\delta_{25}=2A_{66}\lambda^2/A_{11}$,　$\delta_{26}=2A_{66}\lambda/A_{11}$,　$\delta_{27}=-24a^2\lambda/\left(A_{11}h^2\right)$,

$\delta_{28}=A_{66}\lambda/A_{11}$,　$\delta_{29}=A_{22}\lambda^4/A_{11}$,　$\delta_{30}=-12a^3\lambda/\left(A_{11}h^2\right)$,

$\delta_{31}=12R_0a^4/\left(A_{11}h^2\right)$,　$\delta_{32}=D_{66}\lambda^2/D_{11}$,　$\delta_{33}=(D_{12}+D_{66})\lambda/D_{11}$,

$\delta_{34}=-A_{55}a^2/D_{11}$,　$\delta_{35}=-A_{55}ah/\left(2\sqrt{3}D_{11}\right)$,　$\delta_{36}=-a^2/D_{11}$,

$\delta_{37}=R_2a^2/D_{11}$,　$\delta_{38}=(D_{21}+D_{66})/(D_{22}\lambda)$,　$\delta_{39}=D_{66}/\left(D_{22}\lambda^2\right)$,

$\delta_{40}=-A_{44}bh/\left(2\sqrt{3}D_{22}\right)$,　$\delta_{41}=-A_{44}b^2/D_{22}$,　$\delta_{42}=-b^2/D_{22}$,

$\delta_{43}=R_2b^2/D_{22}$,　$\delta_{44}=\delta_4/a$,　$\delta_{45}=\delta_4/b$,

$\delta_{46}=\delta_{10}/b$,　$\delta_{47}=\delta_{10}/a$,　$\delta_{48}=\delta_{36}/a$,

$\delta_{49}=\delta_{36}/b$,　$\delta_{50}=\delta_{42}/a$,　$\delta_{51}=\delta_{42}/b$。

附录 C　受热加筋板应变能及各分量表达式

在本书 8.2.1 小节受热加筋板内的能量推导中，由位移表示的面板应变能为

$$
\begin{aligned}
U_{\mathrm{pm}}=\frac{1}{2}\int_A & A_{11}\left(u_{,x}+\frac{1}{2}w_{,x}^2\right)^2+A_{22}\left(v_{,y}+\frac{1}{2}w_{,y}^2\right)^2 \\
& +A_{66}\left(u_{,y}+v_{,x}+w_{,x}w_{,y}\right)^2 \\
& +2A_{12}\left(u_{,x}+\frac{1}{2}w_{,x}^2\right)\left(v_{,y}+\frac{1}{2}w_{,y}^2\right) \\
& +2A_{16}\left(u_{,x}+\frac{1}{2}w_{,x}^2\right)\left(u_{,y}+v_{,x}+w_{,x}w_{,y}\right) \\
& +2A_{26}\left(v_{,y}+\frac{1}{2}w_{,y}^2\right)\left(u_{,y}+v_{,x}+w_{,x}w_{,y}\right)+B_{11}\left(u_{,x}+\frac{1}{2}w_{,x}^2\right)\psi_{x,x} \\
& +B_{22}\left(v_{,y}+\frac{1}{2}w_{,y}^2\right)\psi_{y,y}+B_{66}\left(u_{,y}+v_{,x}+w_{,x}w_{,y}\right)\left(\psi_{y,x}+\psi_{x,y}\right) \\
& +B_{12}\left[\left(u_{,x}+\frac{1}{2}w_{,x}^2\right)\psi_{y,y}+\left(v_{,y}+\frac{1}{2}w_{,y}^2\right)\psi_{x,x}\right] \\
& +B_{16}\left[\left(u_{,x}+\frac{1}{2}w_{,x}^2\right)\left(\psi_{y,x}+\psi_{x,y}\right)+\left(u_{,y}+v_{,x}+w_{,x}w_{,y}\right)\psi_{x,x}\right] \\
& +B_{26}\left[\left(v_{,y}+\frac{1}{2}w_{,y}^2\right)\left(\psi_{y,x}+\psi_{x,y}\right)+\left(u_{,y}+v_{,x}+w_{,x}w_{,y}\right)\psi_{y,y}\right] \\
& -N_x^T\left(u_{,x}+\frac{1}{2}w_{,x}^2\right)-N_y^T\left(v_{,y}+\frac{1}{2}w_{,y}^2\right) \\
& -N_{xy}^T\left(u_{,y}+v_{,x}+w_{,x}w_{,y}\right)\mathrm{d}A
\end{aligned}
\tag{C-1}
$$

$$
\begin{aligned}
U_{\mathrm{pb}}=\frac{1}{2}\int_A & B_{11}\left(u_{,x}+\frac{1}{2}w_{,x}^2\right)\psi_{x,x}+B_{22}\left(v_{,y}+\frac{1}{2}w_{,y}^2\right)\psi_{y,y} \\
& +B_{66}\left(u_{,y}+v_{,x}+w_{,x}w_{,y}\right)\left(\psi_{y,x}+\psi_{x,y}\right) \\
& +B_{12}\left[\left(u_{,x}+\frac{1}{2}w_{,x}^2\right)\psi_{y,y}+\left(v_{,y}+\frac{1}{2}w_{,y}^2\right)\psi_{x,x}\right] \\
& +B_{16}\left[\left(u_{,x}+\frac{1}{2}w_{,x}^2\right)\left(\psi_{y,x}+\psi_{x,y}\right)+\left(u_{,y}+v_{,x}+w_{,x}w_{,y}\right)\psi_{x,x}\right] \\
& +B_{26}\left[\left(v_{,y}+\frac{1}{2}w_{,y}^2\right)\left(\psi_{y,x}+\psi_{x,y}\right)+\left(u_{,y}+v_{,x}+w_{,x}w_{,y}\right)\psi_{y,y}\right] \\
& +D_{11}\psi_{x,x}^2+D_{22}\psi_{y,y}^2+D_{66}\left(\psi_{y,x}+\psi_{x,y}\right)^2+2D_{12}\psi_{x,x}\psi_{y,y} \\
& +2D_{16}\psi_{x,x}\left(\psi_{y,x}+\psi_{x,y}\right)+2D_{26}\psi_{y,y}\left(\psi_{y,x}+\psi_{x,y}\right)-M_x^T\psi_{x,x} \\
& -M_y^T\psi_{y,y}-M_{xy}^T\left(\psi_{y,x}+\psi_{x,y}\right)\mathrm{d}A
\end{aligned}
\tag{C-2}
$$

$$U_{\mathrm{ps}}=\frac{1}{2}\int_{A}A_{44}\left(w_{,y}+\psi_{y}\right)^{2}+A_{55}\left(w_{,x}+\psi_{x}\right)^{2}+2A_{45}\left(w_{,y}+\psi_{y}\right)\left(w_{,x}+\psi_{x}\right)\mathrm{d}A \tag{C-3}$$

在第 i 个 x-加筋梁的应变能中，各系数的表达式为

$$\left(A_{ij},B_{ij},D_{ij},E_{ij},F_{ij}\right)^{sxi}=\int_{A_{sxi}}\bar{Q}_{ij}^{\prime sxi}\left(1,z_{s},z_{s}^{2},y_{s},y_{s}^{2}\right)\mathrm{d}A\quad(i,j=1,6) \tag{C-4}$$

$$\left(A_{55},E_{55},F_{55}\right)^{sxi}=\kappa_{s}\int_{A_{sxi}}\bar{Q}_{55}^{\prime sxi}\left(1,y_{s},y_{s}^{2}\right)\mathrm{d}A \tag{C-5}$$

$$\begin{aligned}&\left[\begin{pmatrix}N_{x}^{T}\\N_{xy}^{T}\end{pmatrix},\begin{pmatrix}M_{x}^{T1}\\M_{xy}^{T1}\end{pmatrix},\begin{pmatrix}M_{x}^{T2}\\M_{xy}^{T2}\end{pmatrix}\right]^{sxi}\\&=\int_{A_{sxi}}\begin{pmatrix}\bar{Q}_{11}^{\prime}&\bar{Q}_{16}^{\prime}\\\bar{Q}_{16}^{\prime}&\bar{Q}_{66}^{\prime}\end{pmatrix}\begin{pmatrix}\alpha_{x}\\\alpha_{xy}\end{pmatrix}^{sxi}\Delta T\left(1,z_{s},y_{s}\right)\mathrm{d}A\end{aligned} \tag{C-6}$$

对于平行层合方式 (type a)，有

$$A_{ij}^{sxi}=w_{xi}\sum_{k=1}^{l_{xi}}\bar{Q}_{ij}^{\prime sxi,(k)}\left(z_{k}^{\prime}-z_{k-1}^{\prime}\right)\quad(i,j=1,6) \tag{C-7}$$

$$B_{ij}^{sxi}=w_{xi}\sum_{k=1}^{l_{xi}}\bar{Q}_{ij}^{\prime sxi,(k)}\left[e_{xi}\left(z_{k}^{\prime}-z_{k-1}^{\prime}\right)+\frac{1}{2}\left(z_{k}^{\prime 2}-z_{k-1}^{\prime 2}\right)\right]\quad(i,j=1,6) \tag{C-8}$$

$$\begin{aligned}D_{ij}^{sxi}=&w_{xi}\sum_{k=1}^{l_{xi}}\bar{Q}_{ij}^{\prime sxi,(k)}\left[e_{xi}^{2}\left(z_{k}^{\prime}-z_{k-1}^{\prime}\right)+e_{xi}\left(z_{k}^{\prime 2}-z_{k-1}^{\prime 2}\right)\right.\\&\left.+\frac{1}{3}\left(z_{k}^{\prime 3}-z_{k-1}^{\prime 3}\right)\right]\quad(i,j=1,6)\end{aligned} \tag{C-9}$$

$$A_{55}^{sxi}=\kappa_{s}w_{xi}\sum_{k=1}^{l_{xi}}\bar{Q}_{55}^{\prime sxi,(k)}\left(z_{k}^{\prime}-z_{k-1}^{\prime}\right) \tag{C-10}$$

$$E_{55}^{sxi}=0 \tag{C-11}$$

$$F_{55}^{sxi}=\frac{\kappa_{s}w_{xi}^{3}}{12}\sum_{k=1}^{l_{xi}}\bar{Q}_{55}^{\prime sxi,(k)}\left(z_{k}^{\prime}-z_{k-1}^{\prime}\right) \tag{C-12}$$

$$\begin{pmatrix}N_{x}^{T}\\N_{xy}^{T}\end{pmatrix}^{sxi}=w_{xi}\Delta T\sum_{k=1}^{l_{p}}\begin{pmatrix}\bar{Q}_{11}^{\prime}&\bar{Q}_{16}^{\prime}\\\bar{Q}_{16}^{\prime}&\bar{Q}_{66}^{\prime}\end{pmatrix}^{sxi,(k)}\begin{pmatrix}\alpha_{x}\\\alpha_{xy}\end{pmatrix}^{sxi,(k)}\left(z_{k}^{\prime}-z_{k-1}^{\prime}\right) \tag{C-13}$$

$$\begin{pmatrix}M_{x}^{T1}\\M_{xy}^{T1}\end{pmatrix}^{sxi}=\frac{1}{2}w_{xi}\Delta T\sum_{k=1}^{l_{p}}\begin{pmatrix}\bar{Q}_{11}^{\prime}&\bar{Q}_{16}^{\prime}\\\bar{Q}_{16}^{\prime}&\bar{Q}_{66}^{\prime}\end{pmatrix}^{sxi,(k)}\begin{pmatrix}\alpha_{x}\\\alpha_{xy}\end{pmatrix}^{sxi,(k)}\left(z_{k}^{\prime 2}-z_{k-1}^{\prime 2}\right) \tag{C-14}$$

$$\begin{pmatrix} M_x^{T2} \\ M_{xy}^{T2} \end{pmatrix}^{sxi} = \mathbf{0} \tag{C-15}$$

对于垂直层合方式 (type b)，有

$$A_{ij}^{sxi} = h_{xi} \sum_{k=1}^{l_{xi}} \bar{Q}_{ij}^{\prime sxi,(k)} \left(y_k' - y_{k-1}'\right) \quad (i,j=1,6) \tag{C-16}$$

$$B_{ij}^{sxi} = e_{xi} h_{xi} \sum_{k=1}^{l_{xi}} \bar{Q}_{ij}^{\prime sxi,(k)} \left(y_k' - y_{k-1}'\right) \quad (i,j=1,6) \tag{C-17}$$

$$D_{ij}^{sxi} = \left(\frac{h_{xi}^3}{12} + e_{xi}^2 h_{xi}\right) \sum_{k=1}^{l_{xi}} \bar{Q}_{ij}^{\prime sxi,(k)} \left(y_k' - y_{k-1}'\right) \quad (i,j=1,6) \tag{C-18}$$

$$A_{55}^{sxi} = \kappa_s h_{xi} \sum_{k=1}^{l_{xi}} \bar{Q}_{55}^{sxi,(k)} \left(y_k' - y_{k-1}'\right) \tag{C-19}$$

$$E_{55}^{sxi} = \frac{\kappa_s h_{xi}}{2} \sum_{k=1}^{l_{xi}} \bar{Q}_{55}^{sxi,(k)} \left(y_k'^2 - y_{k-1}'^2\right) \tag{C-20}$$

$$F_{55}^{sxi} = \frac{\kappa_s h_{xi}}{3} \sum_{k=1}^{l_{xi}} \bar{Q}_{55}^{sxi,(k)} \left(y_k'^3 - y_{k-1}'^3\right) \tag{C-21}$$

$$\begin{pmatrix} N_x^T \\ N_{xy}^T \end{pmatrix}^{sxi} = h_{xi} \Delta T \sum_{k=1}^{l_p} \begin{pmatrix} \bar{Q}_{11}' & \bar{Q}_{16}' \\ \bar{Q}_{16}' & \bar{Q}_{66}' \end{pmatrix}^{sxi,(k)} \begin{pmatrix} \alpha_x \\ \alpha_{xy} \end{pmatrix}^{sxi,(k)} \left(y_k' - y_{k-1}'\right) \tag{C-22}$$

$$\begin{pmatrix} M_x^{T1} \\ M_{xy}^{T1} \end{pmatrix}^{sxi} = \mathbf{0} \tag{C-23}$$

$$\begin{pmatrix} M_x^{T2} \\ M_{xy}^{T2} \end{pmatrix}^{sxi} = \frac{1}{2} h_{xi} \Delta T \sum_{k=1}^{l_p} \begin{pmatrix} \bar{Q}_{11}' & \bar{Q}_{16}' \\ \bar{Q}_{16}' & \bar{Q}_{66}' \end{pmatrix}^{sxi,(k)} \begin{pmatrix} \alpha_x \\ \alpha_{xy} \end{pmatrix}^{sxi,(k)} \left(y_k'^2 - y_{k-1}'^2\right) \tag{C-24}$$

在第 i 个 y-加筋梁的应变能中，各系数的表达式为

$$(A_{ij}, B_{ij}, D_{ij}, E_{ij}, F_{ij})^{syi} = \int_{A_{syi}} \bar{Q}_{ij}^{\prime syi} \left(1, z_s, z_s^2, y_s, y_s^2\right) \mathrm{d}A \quad (i,j=2,6) \tag{C-25}$$

$$(A_{44}, E_{44}, F_{44})^{syi} = \kappa_s \int_{A_{sxi}} \bar{Q}_{44}^{\prime syi} \left(1, y_s, y_s^2\right) \mathrm{d}A \tag{C-26}$$

$$
\left(\begin{pmatrix} N_y^T \\ N_{xy}^T \end{pmatrix}, \begin{pmatrix} M_y^{T1} \\ M_{xy}^{T1} \end{pmatrix}, \begin{pmatrix} M_y^{T2} \\ M_{xy}^{T2} \end{pmatrix}\right)^{syi} = \int_{A_{sxi}} \begin{pmatrix} \bar{Q}'_{22} & \bar{Q}'_{26} \\ \bar{Q}'_{26} & \bar{Q}'_{66} \end{pmatrix} \begin{pmatrix} \alpha_y \\ \alpha_{xy} \end{pmatrix}^{syi} \Delta T\left(1, z_s, x_s\right) \mathrm{d}A \tag{C-27}
$$

对于平行层合方式 (type a)，有

$$
A_{ij}^{syi} = w_{yi} \sum_{k=1}^{l_{yi}} \bar{Q}_{ij}^{\prime syi,(k)} \left(z'_k - z'_{k-1}\right) \quad (i, j = 2, 6) \tag{C-28}
$$

$$
B_{ij}^{syi} = w_{yi} \sum_{k=1}^{l_{yi}} \bar{Q}_{ij}^{\prime syi,(k)} \left[e_{yi}\left(z'_k - z'_{k-1}\right) + \frac{1}{2}\left(z_k'^2 - z_{k-1}'^2\right)\right] \quad (i, j = 2, 6) \tag{C-29}
$$

$$
D_{ij}^{syi} = w_{yi} \sum_{k=1}^{l_{yi}} \bar{Q}_{ij}^{\prime syi,(k)} \left[e_{yi}^2\left(z'_k - z'_{k-1}\right) + e_{yi}\left(z_k'^2 - z_{k-1}'^2\right) + \frac{1}{3}\left(z_k'^3 - z_{k-1}'^3\right)\right] \quad (i, j = 2, 6) \tag{C-30}
$$

$$
A_{44}^{syi} = \kappa_s w_{yi} \sum_{k=1}^{l_{yi}} \bar{Q}_{44}^{syi,(k)} \left(z'_k - z'_{k-1}\right) \tag{C-31}
$$

$$
E_{44}^{syi} = 0 \tag{C-32}
$$

$$
F_{44}^{syi} = \frac{\kappa_s w_{yi}^3}{12} \sum_{k=1}^{l_{yi}} \bar{Q}_{44}^{syi,(k)} \left(z'_k - z'_{k-1}\right) \tag{C-33}
$$

$$
\begin{pmatrix} N_y^T \\ N_{xy}^T \end{pmatrix}^{syi} = w_{yi} \Delta T \sum_{k=1}^{l_{yi}} \begin{pmatrix} \bar{Q}'_{22} & \bar{Q}'_{26} \\ \bar{Q}'_{26} & \bar{Q}'_{66} \end{pmatrix}^{syi,(k)} \begin{pmatrix} \alpha_y \\ \alpha_{xy} \end{pmatrix}^{syi,(k)} \left(z'_k - z'_{k-1}\right) \tag{C-34}
$$

$$
\begin{pmatrix} M_y^{T1} \\ M_{xy}^{T1} \end{pmatrix}^{syi} = \frac{1}{2} w_{yi} \Delta T \sum_{k=1}^{l_{yi}} \begin{pmatrix} \bar{Q}'_{22} & \bar{Q}'_{26} \\ \bar{Q}'_{26} & \bar{Q}'_{66} \end{pmatrix}^{syi,(k)} \begin{pmatrix} \alpha_y \\ \alpha_{xy} \end{pmatrix}^{syi,(k)} \left(z_k'^2 - z_{k-1}'^2\right) \tag{C-35}
$$

$$
\begin{pmatrix} M_y^{T2} \\ M_{xy}^{T2} \end{pmatrix}^{syi} = \mathbf{0} \tag{C-36}
$$

对于垂直层合方式 (type b)，有

$$
A_{ij}^{syi} = h_{yi} \sum_{k=1}^{l_{yi}} \bar{Q}_{ij}^{\prime syi,(k)} \left(x'_k - x'_{k-1}\right) \quad (i, j = 2, 6) \tag{C-37}
$$

$$B_{ij}^{syi} = e_{yi} h_{yi} \sum_{k=1}^{l_{yi}} \bar{Q}_{ij}^{\prime syi,(k)} \left(x_k' - x_{k-1}'\right) \quad (i,j = 2,6) \tag{C-38}$$

$$D_{ij}^{syi} = \left(\frac{h_{yi}^3}{12} + e_{yi}^2 h_{yi}\right) \sum_{k=1}^{l_{yi}} \bar{Q}_{ij}^{\prime syi,(k)} \left(x_k' - x_{k-1}'\right) \quad (i,j = 2,6) \tag{C-39}$$

$$A_{44}^{syi} = \kappa_s h_{yi} \sum_{k=1}^{l_{yi}} \bar{Q}_{44}^{syi,(k)} \left(x_k' - x_{k-1}'\right) \tag{C-40}$$

$$E_{44}^{syi} = \frac{\kappa_s h_{yi}}{2} \sum_{k=1}^{l_{yi}} \bar{Q}_{44}^{syi,(k)} \left(x_k'^2 - x_{k-1}'^2\right) \tag{C-41}$$

$$F_{44}^{syi} = \frac{\kappa_s h_{yi}}{3} \sum_{k=1}^{l_{yi}} \bar{Q}_{44}^{syi,(k)} \left(x_k'^3 - x_{k-1}'^3\right) \tag{C-42}$$

$$\begin{pmatrix} N_y^T \\ N_{xy}^T \end{pmatrix}^{syi} = h_{yi} \Delta T \sum_{k=1}^{l_{yi}} \begin{pmatrix} \bar{Q}_{22}' & \bar{Q}_{26}' \\ \bar{Q}_{26}' & \bar{Q}_{66}' \end{pmatrix}^{syi,(k)} \begin{pmatrix} \alpha_y \\ \alpha_{xy} \end{pmatrix}^{syi,(k)} \left(x_k' - x_{k-1}'\right) \tag{C-43}$$

$$\begin{pmatrix} M_y^{T1} \\ M_{xy}^{T1} \end{pmatrix}^{syi} = \mathbf{0} \tag{C-44}$$

$$\begin{pmatrix} M_y^{T2} \\ M_{xy}^{T2} \end{pmatrix}^{syi} = \frac{1}{2} h_{yi} \Delta T \sum_{k=1}^{l_{yi}} \begin{pmatrix} \bar{Q}_{22}' & \bar{Q}_{26}' \\ \bar{Q}_{26}' & \bar{Q}_{66}' \end{pmatrix}^{syi,(k)} \begin{pmatrix} \alpha_y \\ \alpha_{xy} \end{pmatrix}^{syi,(k)} \left(x_k'^2 - x_{k-1}'^2\right) \tag{C-45}$$

附录 D　式 (8-75) 中各矩阵表达式

在受热加筋板的非线性动力学方程中，质量矩阵具有如下格式：

$$\boldsymbol{M}=\begin{pmatrix} \boldsymbol{M}^{uu} & \boldsymbol{M}^{uv} & \boldsymbol{M}^{uw} & \boldsymbol{M}^{u\psi_x} & \boldsymbol{M}^{u\psi_y} \\ \boldsymbol{M}^{vu} & \boldsymbol{M}^{vv} & \boldsymbol{M}^{vw} & \boldsymbol{M}^{v\psi_x} & \boldsymbol{M}^{v\psi_y} \\ \boldsymbol{M}^{wu} & \boldsymbol{M}^{wv} & \boldsymbol{M}^{ww} & \boldsymbol{M}^{w\psi_x} & \boldsymbol{M}^{w\psi_y} \\ \boldsymbol{M}^{\psi_x u} & \boldsymbol{M}^{\psi_x v} & \boldsymbol{M}^{\psi_x w} & \boldsymbol{M}^{\psi_x\psi_x} & \boldsymbol{M}^{\psi_x\psi_y} \\ \boldsymbol{M}^{\psi_y u} & \boldsymbol{M}^{\psi_y v} & \boldsymbol{M}^{\psi_y w} & \boldsymbol{M}^{\psi_y\psi_x} & \boldsymbol{M}^{\psi_y\psi_y} \end{pmatrix} \tag{D-1}$$

为书写方便，这里引入以下符号：

$$I_{\bar{m}\bar{n}}^{(\alpha)(pq)}=a^{1-p}b^{1-q}\phi_{\bar{m}}^{(\alpha)(p)}\varphi_{\bar{n}}^{(\alpha)(q)} \tag{D-2}$$

$$I_{sxi,\bar{m}\bar{n}}^{(\alpha)(pq)}=a^{1-p}\phi_{\bar{m}}^{(\alpha)(p)}\varphi_{sxi,\bar{n}}^{(\alpha)(q)} \tag{D-3}$$

$$I_{syi,\bar{m}\bar{n}}^{(\alpha)(pq)}=b^{1-q}\phi_{syi,\bar{m}}^{(\alpha)(p)}\varphi_{\bar{n}}^{(\alpha)(q)} \tag{D-4}$$

$$I_{m\bar{m}n\bar{n}}^{(\alpha,\beta)(pqrs)}=a^{1-p-q}b^{1-r-s}\phi_{m\bar{m}}^{(\alpha,\beta)(pq)}\varphi_{n\bar{n}}^{(\alpha,\beta)(rs)} \tag{D-5}$$

$$I_{sxi,m\bar{m}n\bar{n}}^{(\alpha,\beta)(pqrs)}=a^{1-p-q}\phi_{m\bar{m}}^{(\alpha,\beta)(pq)}\varphi_{sxi,n\bar{n}}^{(\alpha,\beta)(rs)} \tag{D-6}$$

$$I_{syi,m\bar{m}n\bar{n}}^{(\alpha,\beta)(pqrs)}=b^{1-r-s}\phi_{syi,m\bar{m}}^{(\alpha,\beta)(pq)}\varphi_{n\bar{n}}^{(\alpha,\beta)(rs)} \tag{D-7}$$

其中，

$$\phi_{\bar{m}}^{(\alpha)(p)}=\int_0^1\frac{\mathrm{d}^{(p)}X_m^{(\alpha)}}{\partial\xi^{(p)}}\mathrm{d}\xi,\quad \phi_{syi,\bar{m}}^{(\alpha)(p)}=\left.\frac{\mathrm{d}^{(p)}X_m^{(\alpha)}}{\partial\xi^{(p)}}\right|_{\xi=\xi_i} \tag{D-8}$$

$$\varphi_{\bar{n}}^{(\alpha)(q)}=\int_0^1\frac{\mathrm{d}^{(q)}Y_m^{(\alpha)}}{\mathrm{d}\eta^{(q)}}\mathrm{d}\eta,\quad \varphi_{sxi,\bar{n}}^{(\alpha)(q)}=\left.\frac{\mathrm{d}^{(q)}Y_m^{(\alpha)}}{\mathrm{d}\eta^{(q)}}\right|_{\eta=\eta_i} \tag{D-9}$$

$$\phi_{m\bar{m}}^{(\alpha,\beta)(pq)}=\int_0^1\frac{\mathrm{d}^{(p)}X_m^{(\alpha)}}{\partial\xi^{(p)}}\frac{\mathrm{d}^{(q)}X_{\bar{m}}^{(\beta)}}{\partial\xi^{(q)}}\mathrm{d}\xi,\quad \phi_{syi,m\bar{m}}^{(\alpha,\beta)(pq)}=\left.\frac{\mathrm{d}^{(p)}X_m^{(\alpha)}}{\mathrm{d}\xi^{(p)}}\frac{\mathrm{d}^{(q)}X_{\bar{m}}^{(\beta)}}{\mathrm{d}\xi^{(q)}}\right|_{\xi=\xi_i} \tag{D-10}$$

$$\varphi_{n\bar{n}}^{(\alpha,\beta)(rs)}=\int_0^1\frac{\mathrm{d}^{(r)}Y_m^{(\alpha)}}{\mathrm{d}\eta^{(r)}}\frac{\mathrm{d}^{(s)}Y_{\bar{m}}^{(\beta)}}{\mathrm{d}\eta^{(s)}}\mathrm{d}\eta,\quad \varphi_{sxi,n\bar{n}}^{(\alpha,\beta)(rs)}=\left.\frac{\mathrm{d}^{(r)}Y_m^{(\alpha)}}{\mathrm{d}\eta^{(r)}}\frac{\mathrm{d}^{(s)}Y_{\bar{m}}^{(\beta)}}{\mathrm{d}\eta^{(s)}}\right|_{\eta=\eta_i} \tag{D-11}$$

以此类推定义 $I_{m\bar{m}\hat{m}n\bar{n}\hat{n}}^{(\alpha,\beta,\gamma)(klpqrs)}$ 和 $I_{m\bar{m}\hat{m}\tilde{m}n\bar{n}\hat{n}\tilde{n}}^{(\alpha,\beta,\gamma,\delta)(ijklpqrs)}$，则质量矩阵 $\boldsymbol{M}$ 中各非零元素为

$$\begin{aligned} M_{m\bar{m}n\bar{n}}^{uu}=&m_{p1}I_{m\bar{m}n\bar{n}}^{(u,u)(0000)}+\sum_{i=1}^{n_x}m_{sxi1}I_{sxi,m\bar{m}n\bar{n}}^{(u,u)(0000)}\\ &+\sum_{i=1}^{n_y}\left(m_{syi1}I_{syi,m\bar{m}n\bar{n}}^{(u,u)(0000)}+m_{syi7}I_{syi,m\bar{m}n\bar{n}}^{(u,u)(0011)}\right)\end{aligned} \tag{D-12}$$

$$M_{m\bar{m}n\bar{n}}^{uv}=M_{m\bar{m}n\bar{n}}^{vu}=\frac{1}{2}\sum_{i=1}^{n_x}m_{sxi5}I_{sxi,m\bar{m}n\bar{n}}^{(u,v)(0100)}+\frac{1}{2}\sum_{i=1}^{n_y}m_{syi5}I_{syi,m\bar{m}n\bar{n}}^{(u,v)(0010)} \tag{D-13}$$

$$\begin{aligned}M_{m\bar{m}n\bar{n}}^{u\psi_x}=M_{m\bar{m}n\bar{n}}^{\psi_x u}=&\frac{1}{2}\sum_{i=1}^{n_x}m_{sxi4}I_{sxi,m\bar{m}n\bar{n}}^{(u,\psi_x)(0000)}\\&+\frac{1}{2}\sum_{i=1}^{n_y}\left(m_{syi4}I_{syi,m\bar{m}n\bar{n}}^{(u,\psi_x)(0000)}+m_{syi8}I_{syi,m\bar{m}n\bar{n}}^{(u,\psi_x)(0011)}\right)\end{aligned} \tag{D-14}$$

$$M_{m\bar{m}n\bar{n}}^{u\psi_y}=M_{m\bar{m}n\bar{n}}^{\psi_y u}=\frac{1}{2}\sum_{i=1}^{n_x}m_{sxi6}I_{sxi,m\bar{m}n\bar{n}}^{(u,\psi_y)(0100)}+\frac{1}{2}\sum_{i=1}^{n_y}m_{syi6}I_{syi,m\bar{m}n\bar{n}}^{(u,\psi_y)(0010)} \tag{D-15}$$

$$\begin{aligned}M_{m\bar{m}n\bar{n}}^{vv}=&m_{p1}I_{m\bar{m}n\bar{n}}^{(v,v)(0000)}+\sum_{i=1}^{n_x}\left(m_{sxi1}I_{sxi,m\bar{m}n\bar{n}}^{(v,v)(0000)}+m_{sxi7}I_{sxi,m\bar{m}n\bar{n}}^{(v,v)(1100)}\right)\\&+\sum_{i=1}^{n_y}m_{syi1}I_{syi,m\bar{m}n\bar{n}}^{(v,v)(0000)}\end{aligned} \tag{D-16}$$

$$M_{m\bar{m}n\bar{n}}^{v\psi_x}=M_{m\bar{m}n\bar{n}}^{\psi_x v}=\frac{1}{2}\sum_{i=1}^{n_x}m_{sxi6}I_{sxi,m\bar{m}n\bar{n}}^{(v,\psi_x)(1000)}+\frac{1}{2}\sum_{i=1}^{n_y}m_{syi6}I_{syi,m\bar{m}n\bar{n}}^{(v,\psi_x)(0001)} \tag{D-17}$$

$$\begin{aligned}M_{m\bar{m}n\bar{n}}^{v\psi_y}=M_{m\bar{m}n\bar{n}}^{\psi_y v}=&\frac{1}{2}\sum_{i=1}^{n_x}\left(m_{sxi4}I_{sxi,m\bar{m}n\bar{n}}^{(v,\psi_y)(0000)}+m_{sxi8}I_{sxi,m\bar{m}n\bar{n}}^{(v,\psi_y)(1100)}\right)\\&+\frac{1}{2}\sum_{i=1}^{n_y}m_{syi4}I_{syi,m\bar{m}n\bar{n}}^{(v,\psi_y)(0000)}\end{aligned} \tag{D-18}$$

$$M_{m\bar{m}n\bar{n}}^{ww}=m_{p1}I_{m\bar{m}n\bar{n}}^{(w,w)(0000)}+\sum_{i=1}^{n_x}m_{sxi1}I_{sxi,m\bar{m}n\bar{n}}^{(w,w)(0000)}+\sum_{i=1}^{n_y}m_{syi1}I_{syi,m\bar{m}n\bar{n}}^{(w,w)(0000)} \tag{D-19}$$

$$M_{m\bar{m}n\bar{n}}^{w\psi_x}=M_{m\bar{m}n\bar{n}}^{\psi_x w}=\frac{1}{2}\sum_{i=1}^{n_y}m_{syi5}I_{syi,m\bar{m}n\bar{n}}^{(w,\psi_x)(0000)} \tag{D-20}$$

$$M_{m\bar{m}n\bar{n}}^{w\psi_y}=M_{m\bar{m}n\bar{n}}^{\psi_y w}=\frac{1}{2}\sum_{i=1}^{n_x}m_{sxi5}I_{sxi,m\bar{m}n\bar{n}}^{(w,\psi_y)(0000)} \tag{D-21}$$

$$\begin{aligned}M_{m\bar{m}n\bar{n}}^{\psi_x\psi_x}=&m_{p2}I_{m\bar{m}n\bar{n}}^{(\psi_x,\psi_x)(0000)}+\sum_{i=1}^{n_x}m_{sxi2}I_{sxi,m\bar{m}n\bar{n}}^{(\psi_x,\psi_x)(0000)}\\&+\sum_{i=1}^{n_y}\left(m_{syi2}I_{syi,m\bar{m}n\bar{n}}^{(\psi_x,\psi_x)(0000)}+m_{syi10}I_{syi,m\bar{m}n\bar{n}}^{(\psi_x,\psi_x)(0011)}\right)\end{aligned} \tag{D-22}$$

$$M_{m\bar{m}n\bar{n}}^{\psi_x\psi_y}=M_{m\bar{m}n\bar{n}}^{\psi_y\psi_x}=\frac{1}{2}\sum_{i=1}^{n_x}m_{sxi9}I_{sxi,m\bar{m}n\bar{n}}^{(\psi_x,\psi_y)(0100)}+\frac{1}{2}\sum_{i=1}^{n_y}m_{syi9}I_{syi,m\bar{m}n\bar{n}}^{(\psi_x,\psi_y)(0010)} \tag{D-23}$$

$$M_{m\bar{m}n\bar{n}}^{\psi_y\psi_y}=m_{p2}I_{m\bar{m}n\bar{n}}^{(\psi_y,\psi_y)(0000)}+\sum_{i=1}^{n_x}\left(m_{sxi3}I_{sxi,m\bar{m}n\bar{n}}^{(\psi_y,\psi_y)(0000)}+m_{sxi10}I_{sxi,m\bar{m}n\bar{n}}^{(\psi_y,\psi_y)(1100)}\right)+\sum_{i=1}^{n_y}m_{syi3}I_{syi,m\bar{m}n\bar{n}}^{(\psi_y,\psi_y)(0000)} \tag{D-24}$$

刚度矩阵与质量矩阵形式相同。其中，线性刚度矩阵 $\boldsymbol{K}$ 中的各非零元素分别为

$$K_{m\bar{m}n\bar{n}}^{uu}=A_{11}I_{m\bar{m}n\bar{n}}^{(u,u)(1100)}+A_{16}I_{m\bar{m}n\bar{n}}^{(u,u)(1001)}+A_{16}I_{m\bar{m}n\bar{n}}^{(u,u)(0110)}+A_{66}I_{m\bar{m}n\bar{n}}^{(u,u)(0011)}+\sum_{i=1}^{n_x}A_{11}^{sxi}I_{sxi,m\bar{m}n\bar{n}}^{(u,u)(1100)}+\sum_{i=1}^{n_y}F_{22}^{syi}I_{syi,m\bar{m}n\bar{n}}^{(u,u)(0022)} \tag{D-25}$$

$$K_{m\bar{m}n\bar{n}}^{uv}=K_{m\bar{m}n\bar{n}}^{vu}=A_{12}I_{m\bar{m}n\bar{n}}^{(u,v)(1001)}+A_{16}I_{m\bar{m}n\bar{n}}^{(u,v)(1100)}+A_{26}I_{m\bar{m}n\bar{n}}^{(u,v)(0011)}+A_{66}I_{m\bar{m}n\bar{n}}^{(u,v)(0110)}-\sum_{i=1}^{n_x}E_{11}^{sxi}I_{sxi,m\bar{m}n\bar{n}}^{(u,v)(1200)}-\sum_{i=1}^{n_y}E_{22}^{syi}I_{syi,m\bar{m}n\bar{n}}^{(u,v)(0021)} \tag{D-26}$$

$$K_{m\bar{m}n\bar{n}}^{u\psi_x}=B_{11}I_{m\bar{m}n\bar{n}}^{(u,\psi_x)(1100)}+B_{16}\left(I_{m\bar{m}n\bar{n}}^{(u,\psi_x)(1001)}+I_{m\bar{m}n\bar{n}}^{(u,\psi_x)(0110)}\right)+B_{66}I_{m\bar{m}n\bar{n}}^{(u,\psi_x)(0011)}+\sum_{i=1}^{n_x}\left(e_{xi}A_{11}^{sxi}I_{sxi,m\bar{m}n\bar{n}}^{(u,\psi_x)(1100)}+B_{11}^{sxi}I_{sxi,m\bar{m}n\bar{n}}^{(u,\psi_x)(1100)}\right)+\sum_{i=1}^{n_y}e_{yi}F_{22}^{syi}I_{syi,m\bar{m}n\bar{n}}^{(u,\psi_x)(0022)} \tag{D-27}$$

$$K_{m\bar{m}n\bar{n}}^{u\psi_y}=B_{12}I_{m\bar{m}n\bar{n}}^{(u,\psi_y)(1001)}+B_{16}I_{m\bar{m}n\bar{n}}^{(u,\psi_y)(1100)}+B_{26}I_{m\bar{m}n\bar{n}}^{(u,\psi_y)(0011)}+B_{66}I_{m\bar{m}n\bar{n}}^{(u,\psi_y)(0110)}+\sum_{i=1}^{n_x}\left(B_{16}^{sxi}I_{sxi,m\bar{m}n\bar{n}}^{(u,\psi_y)(1100)}-e_{xi}E_{11}^{sxi}I_{sxi,m\bar{m}n\bar{n}}^{(u,\psi_y)(1200)}\right)-\sum_{i=1}^{n_y}e_{yi}E_{22}^{syi}I_{syi,m\bar{m}n\bar{n}}^{(u,\psi_y)(0021)} \tag{D-28}$$

$$K_{m\bar{m}n\bar{n}}^{vv}=A_{22}I_{m\bar{m}n\bar{n}}^{(v,v)(0011)}+A_{26}\left(I_{m\bar{m}n\bar{n}}^{(v,v)(1001)}+I_{m\bar{m}n\bar{n}}^{(v,v)(0110)}\right)+A_{66}I_{m\bar{m}n\bar{n}}^{(v,v)(1100)}+\sum_{i=1}^{n_x}F_{11}^{sxi}I_{sxi,m\bar{m}n\bar{n}}^{(v,v)(2200)}+\sum_{i=1}^{n_y}A_{22}^{syi}I_{syi,m\bar{m}n\bar{n}}^{(v,v)(0011)} \tag{D-29}$$

$$K_{m\bar{m}n\bar{n}}^{v\psi_x}=B_{12}I_{m\bar{m}n\bar{n}}^{(v,\psi_x)(0110)}+B_{16}I_{m\bar{m}n\bar{n}}^{(v,\psi_x)(1100)}+B_{26}I_{m\bar{m}n\bar{n}}^{(v,\psi_x)(0011)}+B_{66}I_{m\bar{m}n\bar{n}}^{(v,\psi_x)(1001)}-\sum_{i=1}^{n_x}e_{xi}E_{11}^{sxi}I_{sxi,m\bar{m}n\bar{n}}^{(v,\psi_x)(2100)}+\sum_{i=1}^{n_y}\left(B_{26}^{syi}I_{syi,m\bar{m}n\bar{n}}^{(v,\psi_x)(0011)}-e_{yi}E_{22}^{syi}I_{syi,m\bar{m}n\bar{n}}^{(v,\psi_x)(0012)}\right) \tag{D-30}$$

$$K_{m\bar{m}n\bar{n}}^{v\psi_y} = B_{22}I_{m\bar{m}n\bar{n}}^{(v,\psi_y)(0011)} + B_{26}\left(I_{m\bar{m}n\bar{n}}^{(v,\psi_y)(1001)} + I_{m\bar{m}n\bar{n}}^{(v,\psi_y)(0110)}\right) + B_{66}I_{m\bar{m}n\bar{n}}^{(v,\psi_y)(1100)}$$
$$+ \sum_{i=1}^{n_x} e_{xi}F_{11}^{sxi}I_{sxi,m\bar{m}n\bar{n}}^{(v,\psi_y)(2200)} + \sum_{i=1}^{n_y}\left(e_{yi}A_{22}^{syi}I_{syi,m\bar{m}n\bar{n}}^{(v,\psi_y)(0011)} + B_{22}^{syi}I_{syi,m\bar{m}n\bar{n}}^{(v,\psi_y)(0011)}\right) \tag{D-31}$$

$$K_{m\bar{m}n\bar{n}}^{ww} = A_{44}I_{m\bar{m}n\bar{n}}^{(w,w)(0011)} + A_{45}\left(I_{m\bar{m}n\bar{n}}^{(w,w)(1001)} + I_{m\bar{m}n\bar{n}}^{(w,w)(0110)}\right) + A_{55}I_{m\bar{m}n\bar{n}}^{(w,w)(1100)}$$
$$+ \sum_{i=1}^{n_x} A_{55}^{sxi}I_{sxi,m\bar{m}n\bar{n}}^{(w,w)(1100)} + \sum_{i=1}^{n_y} A_{44}^{syi}I_{syi,m\bar{m}n\bar{n}}^{(w,w)(0011)} \tag{D-32}$$

$$K_{m\bar{m}n\bar{n}}^{w\psi_x} = A_{45}I_{m\bar{m}n\bar{n}}^{(w,\psi_x)(0010)} + A_{55}I_{m\bar{m}n\bar{n}}^{(w,\psi_x)(1000)}$$
$$+ \sum_{i=1}^{n_x} A_{55}^{sxi}I_{sxi,m\bar{m}n\bar{n}}^{(w,\psi_x)(1000)} - \sum_{i=1}^{n_y} E_{44}^{syi}I_{syi,m\bar{m}n\bar{n}}^{(w,\psi_x)(0011)} \tag{D-33}$$

$$K_{m\bar{m}n\bar{n}}^{w\psi_y} = A_{44}I_{m\bar{m}n\bar{n}}^{(w,\psi_y)(0010)} + A_{45}I_{m\bar{m}n\bar{n}}^{(w,\psi_y)(1000)}$$
$$- \sum_{i=1}^{n_x} E_{55}^{sxi}I_{sxi,m\bar{m}n\bar{n}}^{(w,\psi_y)(1100)} + \sum_{i=1}^{n_y} A_{44}^{syi}I_{syi,m\bar{m}n\bar{n}}^{(w,\psi_y)(0010)} \tag{D-34}$$

$$K_{m\bar{m}n\bar{n}}^{\psi_x\psi_x} = A_{55}I_{m\bar{m}n\bar{n}}^{(\psi_x,\psi_x)(0000)} + D_{11}I_{m\bar{m}n\bar{n}}^{(\psi_x,\psi_x)(1100)}$$
$$+D_{16}\left(I_{m\bar{m}n\bar{n}}^{(\psi_x,\psi_x)(1001)} + I_{m\bar{m}n\bar{n}}^{(\psi_x,\psi_x)(0110)}\right)$$
$$+D_{66}I_{m\bar{m}n\bar{n}}^{(\psi_x,\psi_x)(0011)} + \sum_{i=1}^{n_x}\left(e_{xi}^2A_{11}^{sxi}I_{sxi,m\bar{m}n\bar{n}}^{(\psi_x,\psi_x)(1100)} + A_{55}^{sxi}I_{sxi,m\bar{m}n\bar{n}}^{(\psi_x,\psi_x)(0000)}\right.$$
$$\left. + 2e_{xi}B_{11}^{sxi}I_{sxi,m\bar{m}n\bar{n}}^{(\psi_x,\psi_x)(1100)} + D_{11}^{sxi}I_{sxi,m\bar{m}n\bar{n}}^{(\psi_x,\psi_x)(1100)}\right) + \sum_{i=1}^{n_y}\left(D_{66}^{syi}I_{syi,m\bar{m}n\bar{n}}^{(\psi_x,\psi_x)(0011)}\right.$$
$$\left. + e_{yi}^2F_{22}^{syi}I_{syi,m\bar{m}n\bar{n}}^{(\psi_x,\psi_x)(0022)} + F_{44}^{syi}I_{syi,m\bar{m}n\bar{n}}^{(\psi_x,\psi_x)(0011)}\right) \tag{D-35}$$

$$K_{m\bar{m}n\bar{n}}^{\psi_x\psi_y} = D_{12}I_{m\bar{m}n\bar{n}}^{(\psi_x,\psi_y)(1001)} + D_{16}I_{m\bar{m}n\bar{n}}^{(\psi_x,\psi_y)(1100)}$$
$$+ D_{26}I_{m\bar{m}n\bar{n}}^{(\psi_x,\psi_y)(0011)} + D_{66}I_{m\bar{m}n\bar{n}}^{(\psi_x,\psi_y)(0110)}$$
$$+ A_{45}I_{m\bar{m}n\bar{n}}^{(\psi_x,\psi_y)(0000)} + \sum_{i=1}^{n_x}\left(e_{xi}B_{16}^{sxi}I_{sxi,m\bar{m}n\bar{n}}^{(\psi_x,\psi_y)(1100)} + D_{16}^{sxi}I_{sxi,m\bar{m}n\bar{n}}^{(\psi_x,\psi_y)(1100)}\right.$$
$$\left. - e_{xi}^2E_{11}^{sxi}I_{sxi,m\bar{m}n\bar{n}}^{(\psi_x,\psi_y)(1200)} - E_{55}^{sxi}I_{sxi,m\bar{m}n\bar{n}}^{(\psi_x,\psi_y)(0100)}\right) + \sum_{i=1}^{n_y}\left(e_{yi}B_{26}^{syi}I_{syi,m\bar{m}n\bar{n}}^{(\psi_x,\psi_y)(0011)}\right.$$
$$\left. + D_{26}^{syi}I_{syi,m\bar{m}n\bar{n}}^{(\psi_x,\psi_y)(0011)} - e_{yi}^2E_{22}^{syi}I_{syi,m\bar{m}n\bar{n}}^{(\psi_x,\psi_y)(0021)} - E_{44}^{syi}I_{syi,m\bar{m}n\bar{n}}^{(\psi_x,\psi_y)(0010)}\right) \tag{D-36}$$

$$
\begin{aligned}
K_{m\bar{m}n\bar{n}}^{\psi_y\psi_y} &= A_{44}I_{m\bar{m}n\bar{n}}^{(\psi_y,\psi_y)(0000)} + D_{22}I_{m\bar{m}n\bar{n}}^{(\psi_y,\psi_y)(0011)} \\
&\quad + D_{26}\left(I_{m\bar{m}n\bar{n}}^{(\psi_y,\psi_y)(1001)} + I_{m\bar{m}n\bar{n}}^{(\psi_y,\psi_y)(0110)}\right) \\
&\quad + D_{66}I_{m\bar{m}n\bar{n}}^{(\psi_y,\psi_y)(1100)} + \sum_{i=1}^{n_x}\left(D_{66}^{sxi}I_{sxi,m\bar{m}n\bar{n}}^{(\psi_y,\psi_y)(1100)} + e_{xi}^2F_{11}^{sxi}I_{sxi,m\bar{m}n\bar{n}}^{(\psi_y,\psi_y)(2200)}\right. \\
&\quad \left. + F_{55}^{sxi}I_{sxi,m\bar{m}n\bar{n}}^{(\psi_y,\psi_y)(1100)}\right) + \sum_{i=1}^{n_y}\left(e_{yi}^2A_{22}^{syi}I_{syi,m\bar{m}n\bar{n}}^{(\psi_y,\psi_y)(0011)} + A_{44}^{syi}I_{syi,m\bar{m}n\bar{n}}^{(\psi_y,\psi_y)(0000)}\right. \\
&\quad \left. + 2e_{yi}B_{22}^{syi}I_{syi,m\bar{m}n\bar{n}}^{(\psi_y,\psi_y)(0011)} + D_{22}^{syi}I_{syi,m\bar{m}n\bar{n}}^{(\psi_y,\psi_y)(0011)}\right)
\end{aligned} \tag{D-37}
$$

温度载荷产生的线性刚度矩阵 $\boldsymbol{K}^{\mathrm{T}}$ 中仅有一个非零子块:

$$
\begin{aligned}
K_{m\bar{m}n\bar{n}}^{Tww} &= N_x^T I_{m\bar{m}n\bar{n}}^{(w,w)(1100)} + N_{xy}^T\left(I_{m\bar{m}n\bar{n}}^{(w,w)(1001)} + I_{m\bar{m}n\bar{n}}^{(w,w)(0110)}\right) \\
&\quad + N_y^T I_{m\bar{m}n\bar{n}}^{(w,w)(0011)} + \sum_{i=1}^{n_x} N_x^{Tsxi} I_{sxi,m\bar{m}n\bar{n}}^{(w,w)(1100)} + \sum_{i=1}^{n_y} N_y^{Tsyi} I_{syi,m\bar{m}n\bar{n}}^{(w,w)(0011)}
\end{aligned} \tag{D-38}
$$

一阶非线性刚度矩阵 $\boldsymbol{K}^{N1}$ 中非零元素为

$$
\begin{aligned}
& K_{m\bar{m}n\bar{n}}^{N1uw} \\
&= \frac{1}{2}\sum_{k=1}^{M}\sum_{l=1}^{N} q_{kl}^{(w)}\left(A_{11}I_{m\bar{m}kn\bar{n}l}^{(u,w,w)(111000)} + A_{12}I_{m\bar{m}kn\bar{n}l}^{(u,w,w)(100011)} + A_{16}I_{m\bar{m}kn\bar{n}l}^{(u,w,w)(011100)}\right. \\
&\quad \left. + 2A_{16}I_{m\bar{m}kn\bar{n}l}^{(u,w,w)(101001)} + A_{26}I_{m\bar{m}kn\bar{n}l}^{(u,w,w)(000111)} + 2A_{66}I_{m\bar{m}kn\bar{n}l}^{(u,w,w)(001101)}\right) \\
&\quad + \frac{1}{2}\sum_{i=1}^{n_x}\sum_{k=1}^{M}\sum_{l=1}^{N} q_{kl}^{(w)} A_{11}^{sxi} I_{sxi,m\bar{m}kn\bar{n}l}^{(u,w,w)(111000)} + \frac{1}{2}\sum_{i=1}^{n_y}\sum_{k=1}^{M}\sum_{l=1}^{N} q_{kl}^{(w)} A_{26}^{syi} I_{syi,m\bar{m}kn\bar{n}l}^{(u,w,w)(000111)}
\end{aligned} \tag{D-39}
$$

$$
\begin{aligned}
& K_{m\bar{m}n\bar{n}}^{N1vw} \\
&= \frac{1}{2}\sum_{k=1}^{M}\sum_{l=1}^{N} q_{kl}^{(w)}\left(A_{12}I_{m\bar{m}kn\bar{n}l}^{(v,w,w)(011100)} + A_{16}I_{m\bar{m}kn\bar{n}l}^{(v,w,w)(111000)} + A_{22}I_{m\bar{m}kn\bar{n}l}^{(v,w,w)(000111)}\right. \\
&\quad \left. + 2A_{26}I_{m\bar{m}kn\bar{n}l}^{(v,w,w)(001101)} + A_{26}I_{m\bar{m}kn\bar{n}l}^{(v,w,w)(100011)} + 2A_{66}I_{m\bar{m}kn\bar{n}l}^{(v,w,w)(101001)}\right) \\
&\quad + \frac{1}{2}\sum_{i=1}^{n_x}\sum_{k=1}^{M}\sum_{l=1}^{N} q_{kl}^{(w)} A_{16}^{sxi} I_{sxi,m\bar{m}kn\bar{n}l}^{(v,w,w)(111000)} + \frac{1}{2}\sum_{i=1}^{n_y}\sum_{k=1}^{M}\sum_{l=1}^{N} q_{kl}^{(w)} A_{22}^{syi} I_{syi,m\bar{m}kn\bar{n}l}^{(v,w,w)(000111)}
\end{aligned} \tag{D-40}
$$

$$
\begin{aligned}
&K_{m\bar{m}n\bar{n}}^{N1w\psi_x} \\
=&\sum_{k=1}^{M}\sum_{l=1}^{N} q_{kl}^{(w)}\left(B_{11}I_{m\bar{m}kn\bar{n}l}^{(w,w,\psi_x)(111000)}+B_{12}I_{m\bar{m}kn\bar{n}l}^{(w,w,\psi_x)(001110)}+2B_{16}I_{m\bar{m}kn\bar{n}l}^{(w,w,\psi_x)(011010)}\right.\\
&\left.+B_{16}I_{m\bar{m}kn\bar{n}l}^{(w,w,\psi_x)(110001)}+B_{26}I_{m\bar{m}kn\bar{n}l}^{(w,w,\psi_x)(000111)}+2B_{66}I_{m\bar{m}kn\bar{n}l}^{(w,w,\psi_x)(010011)}\right)\\
&+\sum_{i=1}^{n_x}\sum_{k=1}^{M}\sum_{l=1}^{N} q_{kl}^{(w)}B_{11}^{sxi}I_{sxi,m\bar{m}kn\bar{n}l}^{(w,w,\psi_x)(111000)}+\sum_{i=1}^{n_y}\sum_{k=1}^{M}\sum_{l=1}^{N} q_{kl}^{(w)}B_{26}^{syi}I_{syi,m\bar{m}kn\bar{n}l}^{(w,w,\psi_x)(000111)}
\end{aligned}
\tag{D-41}
$$

$$
\begin{aligned}
&K_{m\bar{m}n\bar{n}}^{N1w\psi_y} \\
=&\sum_{k=1}^{M}\sum_{l=1}^{N} q_{kl}^{(w)}\left(B_{12}I_{m\bar{m}kn\bar{n}l}^{(w,w,\psi_y)(110001)}+B_{16}I_{m\bar{m}kn\bar{n}l}^{(w,w,\psi_y)(111000)}+B_{22}I_{m\bar{m}kn\bar{n}l}^{(w,w,\psi_y)(000111)}\right.\\
&\left.+B_{26}I_{m\bar{m}kn\bar{n}l}^{(w,w,\psi_y)(001110)}+2B_{26}I_{m\bar{m}kn\bar{n}l}^{(w,w,\psi_y)(010011)}+2B_{66}I_{m\bar{m}kn\bar{n}l}^{(w,w,\psi_y)(011010)}\right)\\
&+\sum_{i=1}^{n_x}\sum_{k=1}^{M}\sum_{l=1}^{N} q_{kl}^{(w)}B_{16}^{sxi}I_{sxi,m\bar{m}kn\bar{n}l}^{(w,w,\psi_y)(111000)}+\sum_{i=1}^{n_y}\sum_{k=1}^{M}\sum_{l=1}^{N} q_{kl}^{(w)}B_{22}^{syi}I_{syi,m\bar{m}kn\bar{n}l}^{(w,w,\psi_y)(000111)}
\end{aligned}
\tag{D-42}
$$

$$
\begin{aligned}
&K_{m\bar{m}n\bar{n}}^{N1wu}=2K_{m\bar{m}n\bar{n}}^{N1uw},\quad K_{m\bar{m}n\bar{n}}^{N1wv}=2K_{m\bar{m}n\bar{n}}^{N1vw},\\
&K_{m\bar{m}n\bar{n}}^{N1\psi_x w}=\frac{1}{2}K_{m\bar{m}n\bar{n}}^{N1w\psi_x},\quad K_{m\bar{m}n\bar{n}}^{N1\psi_y w}=\frac{1}{2}K_{m\bar{m}n\bar{n}}^{N1w\psi_y}
\end{aligned}
\tag{D-43}
$$

二阶非线性刚度矩阵 $\boldsymbol{K}^{N2}$ 中仅有一个子块非零，为

$$
\begin{aligned}
K_{m\bar{m}n\bar{n}}^{N2ww}=&\sum_{k=1}^{M}\sum_{l=1}^{N}\sum_{p=1}^{M}\sum_{q=1}^{N} q_{kl}^{(w)}q_{pq}^{(w)}\left(\frac{1}{2}A_{11}I_{m\bar{m}kpn\bar{n}lq}^{(w,w,w,w)(11110000)}\right.\\
&+A_{12}I_{m\bar{m}kpn\bar{n}lq}^{(w,w,w,w)(00110011)}+2A_{16}I_{m\bar{m}kpn\bar{n}lq}^{(w,w,w,w)(01110001)}\\
&+\frac{1}{2}A_{22}I_{m\bar{m}kpn\bar{n}lq}^{(w,w,w,w)(00001111)}+2A_{26}I_{m\bar{m}kpn\bar{n}lq}^{(w,w,w,w)(00010111)}\\
&\left.+2A_{66}I_{m\bar{m}kpn\bar{n}lq}^{(w,w,w,w)(00110011)}\right)\\
&+\sum_{i=1}^{n_x}\sum_{k=1}^{M}\sum_{l=1}^{N}\sum_{p=1}^{M}\sum_{q=1}^{N}\frac{1}{2}q_{kl}^{(w)}q_{pq}^{(w)}A_{11}^{sxi}I_{sxi,m\bar{m}kn\bar{n}l}^{(w,w,w,w)(11110000)}\\
&+\sum_{i=1}^{n_y}\sum_{k=1}^{M}\sum_{l=1}^{N}\sum_{p=1}^{M}\sum_{q=1}^{N}\frac{1}{2}q_{kl}^{(w)}q_{pq}^{(w)}A_{22}^{syi}I_{syi,m\bar{m}kn\bar{n}l}^{(w,w,w,w)(00001111)}
\end{aligned}
\tag{D-44}
$$

由式 (D-39)~ 式 (D-44) 可知，结构一阶和二阶非线性刚度矩阵分别是横向挠度的一次函数和二次函数，当结构在横向小幅振动时，两个刚度矩阵将趋于零。温

度载荷列阵为

$$Q_{\bar{m}\bar{n}}^{Tu} = N_x^T I_{\bar{m}\bar{n}}^{(u)(10)} + N_{xy}^T I_{\bar{m}\bar{n}}^{(u)(01)} + \sum_{i=1}^{n_x} N_x^{Tsxi} I_{\bar{m}\bar{n}}^{(u)(10)} - \sum_{i=1}^{n_y} M_y^{T2syi} I_{\bar{m}\bar{n}}^{(u)(02)} \tag{D-45}$$

$$Q_{\bar{m}\bar{n}}^{Tv} = N_{xy}^T I_{\bar{m}\bar{n}}^{(v)(10)} + N_y^T I_{\bar{m}\bar{n}}^{(v)(01)} - \sum_{i=1}^{n_x} M_x^{T2sxi} I_{\bar{m}\bar{n}}^{(v)(20)} + \sum_{i=1}^{n_y} N_y^{Tsyi} I_{\bar{m}\bar{n}}^{(v)(01)} \tag{D-46}$$

$$\begin{aligned} Q_{\bar{m}\bar{n}}^{T\psi_x} =& M_x^T I_{\bar{m}\bar{n}}^{(\psi_x)(10)} + M_{xy}^T I_{\bar{m}\bar{n}}^{(\psi_x)(01)} + \sum_{i=1}^{n_x} \left(e_{xi} N_x^{Tsxi} + M_x^{T1sxi}\right) I_{\bar{m}\bar{n}}^{(\psi_x)(10)} \\ &+ \sum_{i=1}^{n_y} \left(M_{xy}^{T1syi} I_{\bar{m}\bar{n}}^{(\psi_x)(01)} - e_{yi} M_y^{T2syi} I_{\bar{m}\bar{n}}^{(\psi_x)(02)}\right) \end{aligned} \tag{D-47}$$

$$\begin{aligned} Q_{\bar{m}\bar{n}}^{T\psi_y} =& M_{xy}^T I_{\bar{m}\bar{n}}^{(\psi_y)(10)} + M_y^T I_{\bar{m}\bar{n}}^{(\psi_y)(01)} + \sum_{i=1}^{n_y} \left(e_{yi} N_y^{Tsyi} + M_y^{T1syi}\right) I_{\bar{m}\bar{n}}^{(\psi_y)(01)} \\ &+ \sum_{i=1}^{n_x} \left(M_{xy}^{T1sxi} I_{\bar{m}\bar{n}}^{(\psi_y)(10)} - e_{xi} M_x^{T2sxi} I_{\bar{m}\bar{n}}^{(\psi_y)(20)}\right) \end{aligned} \tag{D-48}$$

机械载荷向量中仅有一个元素非零，为

$$Q_{\bar{m}\bar{n}}^{Fw} = ab \int_0^1 \int_0^1 P X_{\bar{m}}^{(w)}(\xi) Y_{\bar{n}}^{(w)}(\eta) \mathrm{d}\xi \mathrm{d}\eta \tag{D-49}$$